快乐
儿童毛衣
2180

谭阳春 主编

辽宁科学技术出版社

· 沈阳 ·

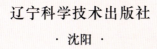

本书编委会

主　编　谭阳春

编　委　罗　超　贺　丹　李玉栋　贺梦瑶

图书在版编目（CIP）数据

快乐儿童毛衣 2180 / 谭阳春主编. — 沈阳：辽宁
科学技术出版社，2012.9
ISBN 978-7-5381-7645-2

Ⅰ. ①快…　Ⅱ. ①谭…　Ⅲ. ①童服—毛衣—编织—图
集　Ⅳ. ① TS941.763.1-64

中国版本图书馆 CIP 数据核字（2012）第 196334 号

如有图书质量问题，请电话联系
湖南攀辰图书发行有限公司
地　　　址：长沙市车站北路 236 号芙蓉国土局 B
　　　　　　栋 1401 室
邮　　　编：410000
网　　　址：www.penqen.cn
电　　　话：0731-82276692　82276693

出版发行：辽宁科学技术出版社
　　　　　（地址：沈阳市和平区十一纬路 29 号　邮编：110003）
印　刷　者：湖南新华精品印务有限公司
经　销　者：各地新华书店
幅面尺寸：210mm × 285mm
印　　张：20
字　　数：120 千字
出版时间：2012 年 9 月第 1 版
印刷时间：2012 年 9 月第 1 次印刷
责任编辑：卢山秀　攀　辰
封面设计：多米诺设计·咨询　吴颖辉　黄凯妮
版式设计：攀辰图书
责任校对：合　力

书　　号：ISBN 978-7-5381-7645-2
定　　价：39.80 元

联系电话：024-23284376
邮购热线：024-23284502
淘宝商城：http://lkjcbs.tmall.com
E-mail：lnkjc@126.com
http://www.lnkj.com.cn
本书网址：www.lnkj.cn/uri.sh/7645

0001

0002

0003

0004

3

0005

0006

0007

0008

0009

0010

0011

0012

0013

0014

0015

0016

0017

0018

0019

0020

7

0021

0022

0023

0024

0025

0026

0027

0028

0029

0030

0031

0032

0033

0034

0035

0036

11

0037

0038

0039

0040

0041

0042

0043

0044

13

0045

0046

0047

0048

0049

0050

0051

0052

15

0053

0054

0055

0056

0057

0058

0059

0060

0061

0062

0063

0064

0065

0066

0067

0068

0069

0070

0071

0072

0073

0074

0075

0076

0077

0078

0079

0080

0081

0082

0083

0084

0085

0086

0087

0088

0089

0090

0091

0092

0093

0094

0095

0096

26

0097

0098

0099

0100

0101

0102

0103

0104

0105

0106

0107

0108

0109

0110

0111

0112

0113

0114

0115

0116

0117

0118

0119

0120

0121

0122

0123

0124

0125

0126

0127

0128

34

0129

0130

0131

0132

0133

0134

0135

0136

0137

0138

0139

0140

0141

0142

0143

0144

0145

0146

0147

0148

0149

0150

0151

0152

0153

0154

0155

0156

0157

0158

40

0159

0160

0161

0162

0163

0164

41

0165

0166

0167

0168

0169

0170

0171

0172

0173

0174

0175

0176

43

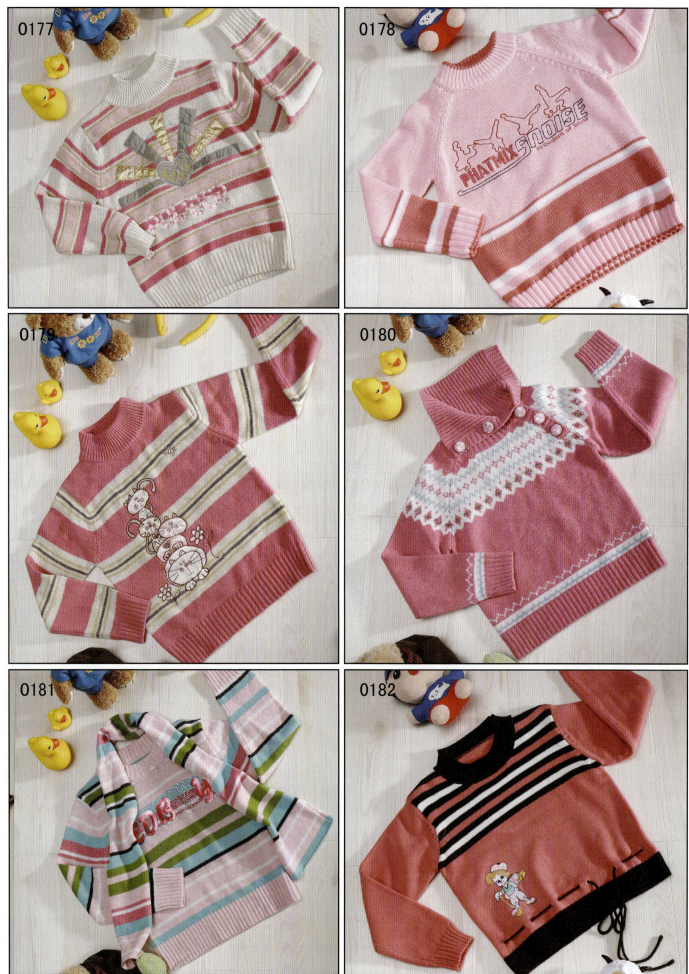

0177

0178

0179

0180

0181

0182

0183

0184

0185

0186

0187

0188

45

0189

0190

0191

0192

0193

0194

46

0195

0196

0197

0198

0199

0200

0201

0202

0203

0204

0205

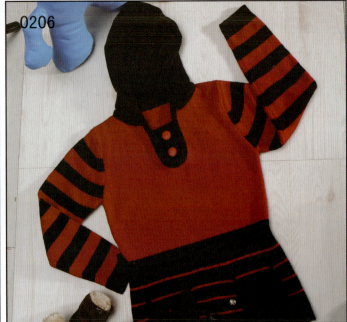

0206

0207

0208

0209

0210

0211

0212

0213

0214

0215

0216

0217

0218

0219

0220

0221

0222

0223

0224

0225

0226

0227

0228

0229

0230

0231

0232

0233

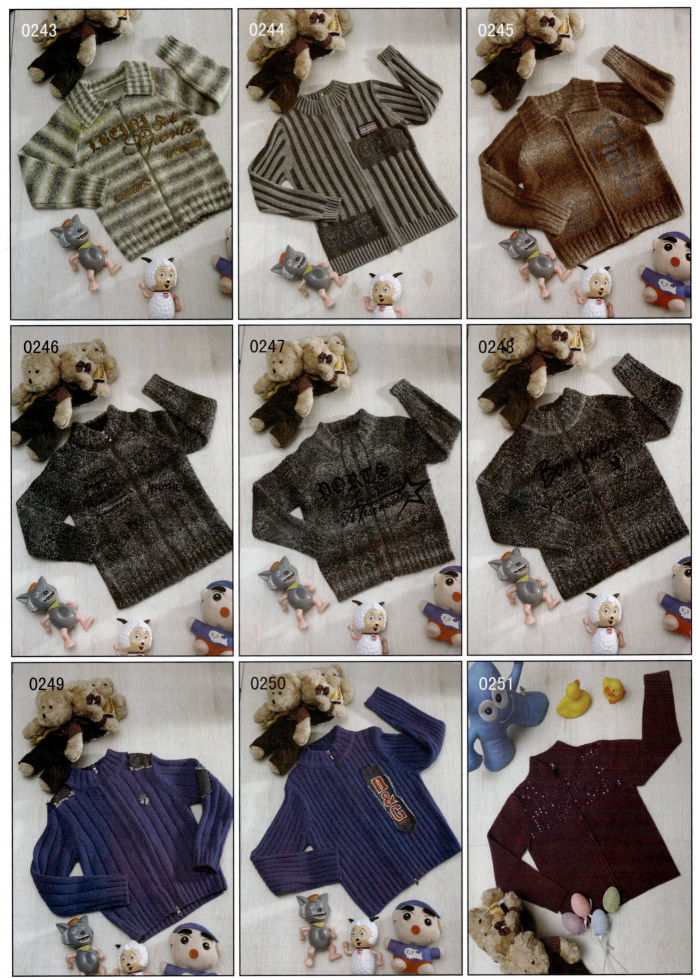

0243

0244

0245

0246

0247

0248

0249

0250

0251

0252

0253

0254

0255

0256

0257

0258

0259

0260

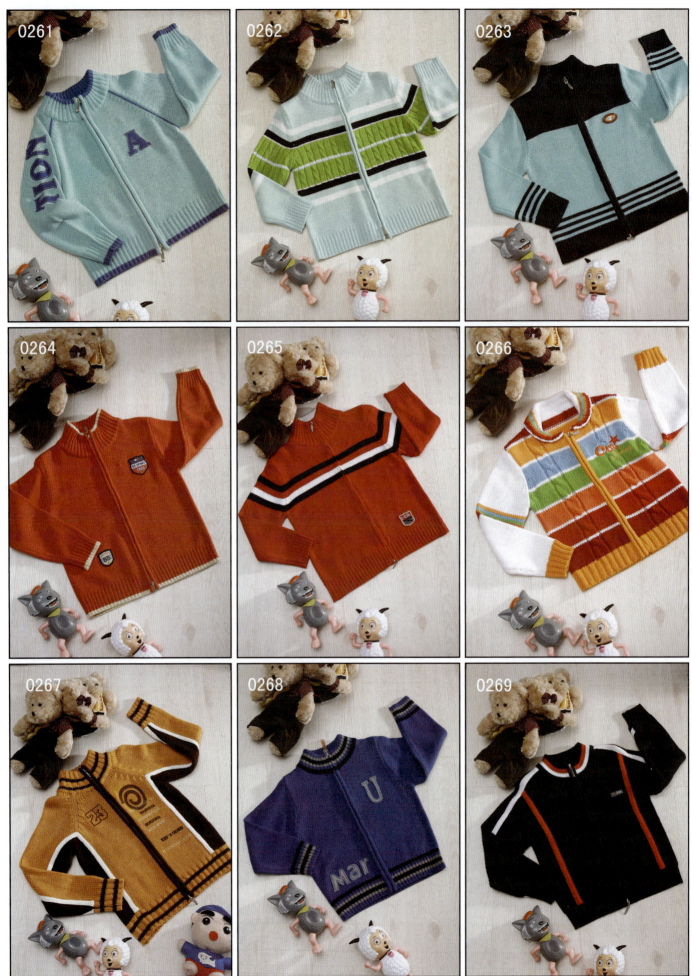

0261

0262

0263

0264

0265

0266

0267

0268

0269

0270

0271

0272

0273

0274

0275

0276

0277

0278

0279

0280

0281

0282

0283

0284

0285

0286

0287

58

0297

0298

0299

0300

0301

0302

0303

0304

0305

0315

0316

0317

0318

0319

0320

0321

0322

0323

0324

0325

0326

0327

0328

0329

0330

0331

0332

0333

0334

0335

0336

0337

0338

0339

0340

0341

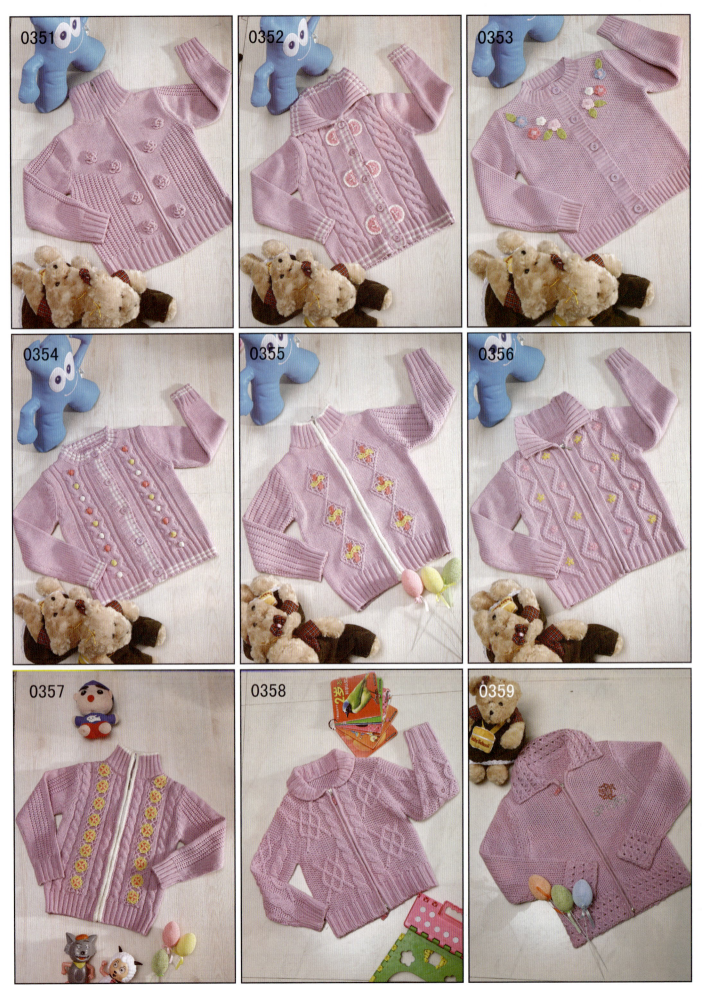

0351

0352

0353

0354

0355

0356

0357

0358

0359

0369

0370

0371

0372

0373

0374

0375

0376

0377

0390

0391

0392

0393

0394

0395

0396

0397

0398

0399

0400

0401

0402

0403

0404

0405

0406

0407

0408

0409

0410

0411

0412

0413

0414

0415

0416

0417

0418

0419

0420

0421

0422

0423

0424

0425

72

0426 0427 0428 0429
0430 0431 0432 0433
0434 0435 0436 0437

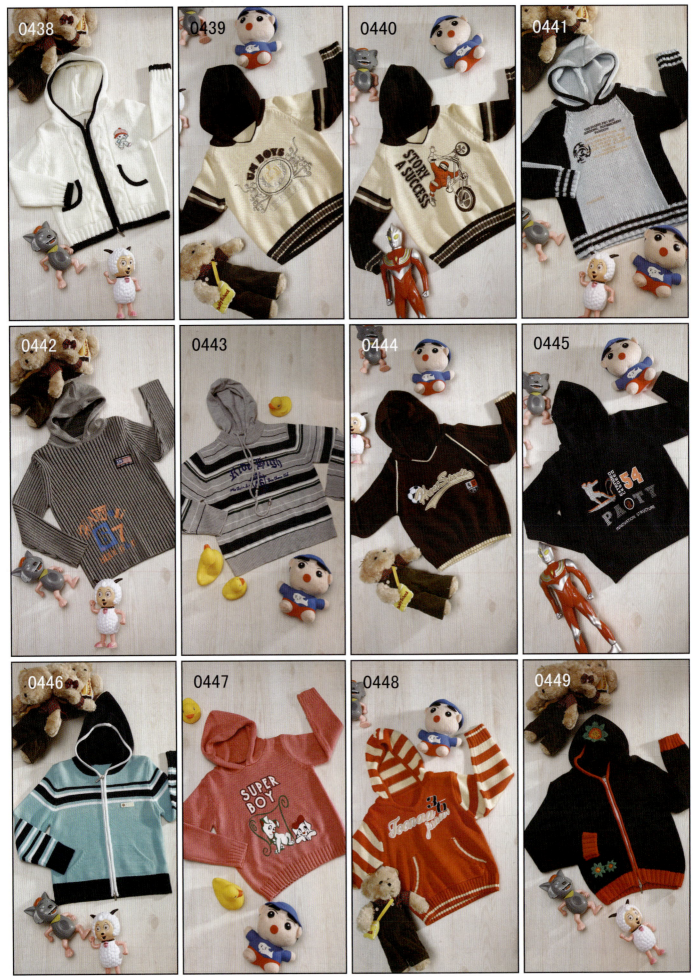

0438

0439

0440

0441

0442

0443

0444

0445

0446

0447

0448

0449

0450 0451 0452 0453
0454 0455 0456 0457
0458 0459 0460 0461

0462

0463

0464

0465

0466

0467

0468

0469

0470

0471

0472

0473

0474

0475

0476

0477

0478

0479

0480

0481

0482

0483

0484

0485

77

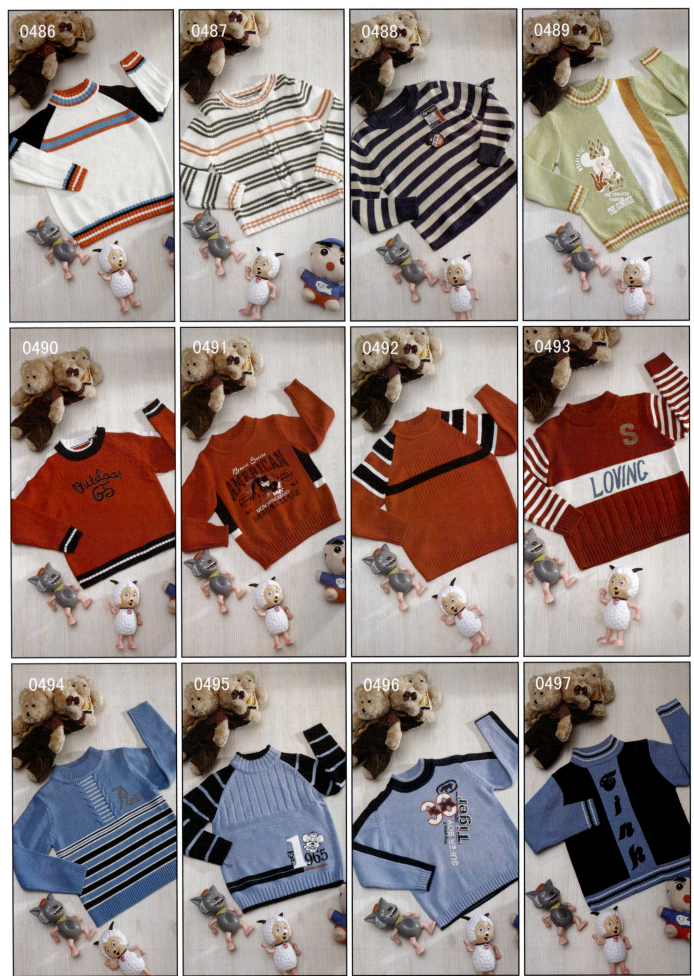

0498 0499 0500 0501

0502 0503 0504 0505

0506 0507 0508 0509

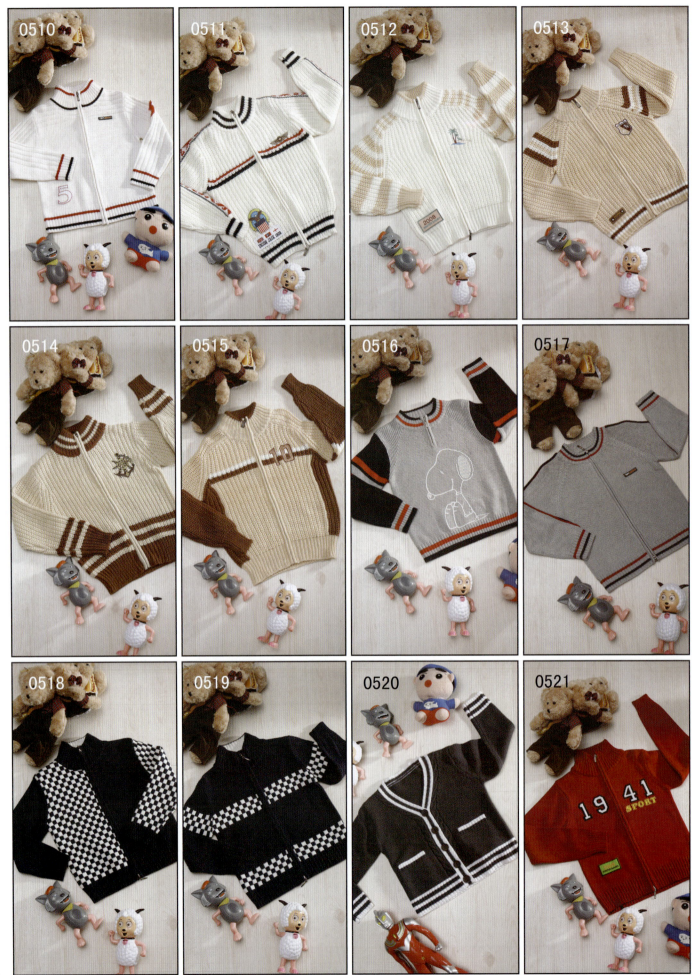

0510

0511

0512

0513

0514

0515

0516

0517

0518

0519

0520

0521

0522 0523 0524 0525
0526 0527 0528 0529
0530 0531 0532 0533

0534

0535

0536

0537

0538

0539

0540

0541

0542

0543

0544

0545

0546

0547

0548

0549

0550

0551

0552

0553

0554

0555

0556

0557

0558
0559
0560
0561
0562
0563
0564
0565
0566
0567
0568
0569

0570
0571
0572
0573
0574
0575
0576
0577
0578
0579
0580
0581

0582

0583

0584

0585

0586

0587

0588

0689

0590

0591

0592

0593

0594

0595

0596

0597

0598

0599

0600

0601

0602

0603

0604

0605

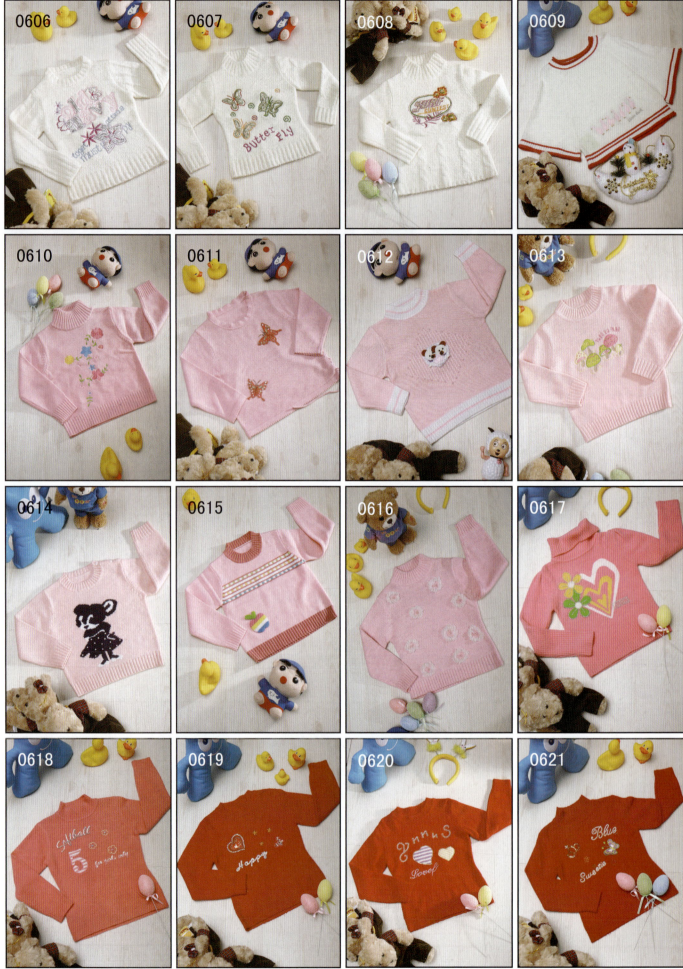

0606

0607

0608

0609

0610

0611

0612

0613

0614

0615

0616

0617

0618

0619

0620

0621

0638

0639

0640

0641

0642

0643

0644

0645

0646

0647

0648

0649

0650

0651

0652

0653

0654
0655
0656
0657
0658
0659
0660
0661
0662
0663
0664
0665
0666
0667
0668
0669

0670

0671

0672

0673

0674

0675

0676

0677

0678

0679

0680

0681

0682

0683

0684

0685

0686
0687
0688
0689
0690
0691
0692
0693
0694
0695
0696
0697
0698
0699
0700
0701

0718

0719

0720

0721

0722

0723

0724

0725

0726

0727

0728

0729

0730

0731

0732

0733

0734

0735

0736

0737

0738

0739

0740

0741

0742

0743

0744

0745

0746

0747

0748

0749

96

0750 0751 0752 0753
0754 0755 0756 0757
0758 0759 0760 0761
0762 0763 0764 0765

0766

0767

0768

0769

0770

0771

0772

0773

0774

0775

0776

0777

0778

0779

0780

0781

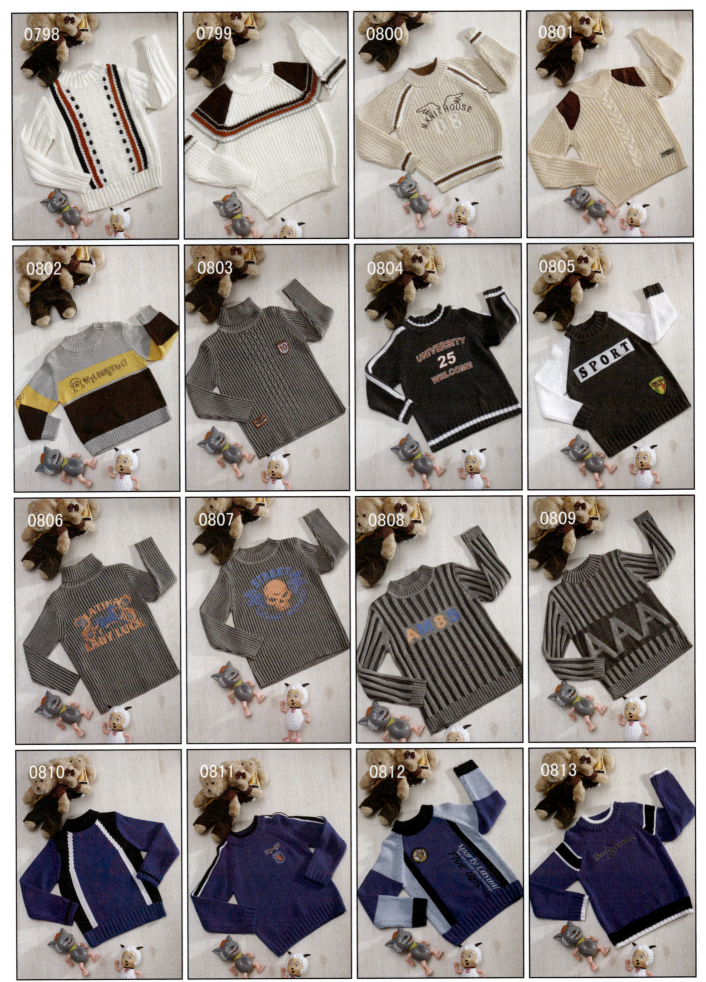

0830

0831

0832

0833

0834

0835

0836

0837

0838

0839

0840

0841

0842

0843

0844

0845

0846

0847

0848

0849

0850

0851

0852

0853

0854

0855

0856

0857

0858

0859

0860

0861

0878

0879

0880

0881

0882

0883

0884

0885

0886

0887

0888

0889

0890

0891

0892

0893

0894 0895 0896 0897

0898 0899 0900 0901

0902 0903 0904 0905

0906 0907 0908 0909

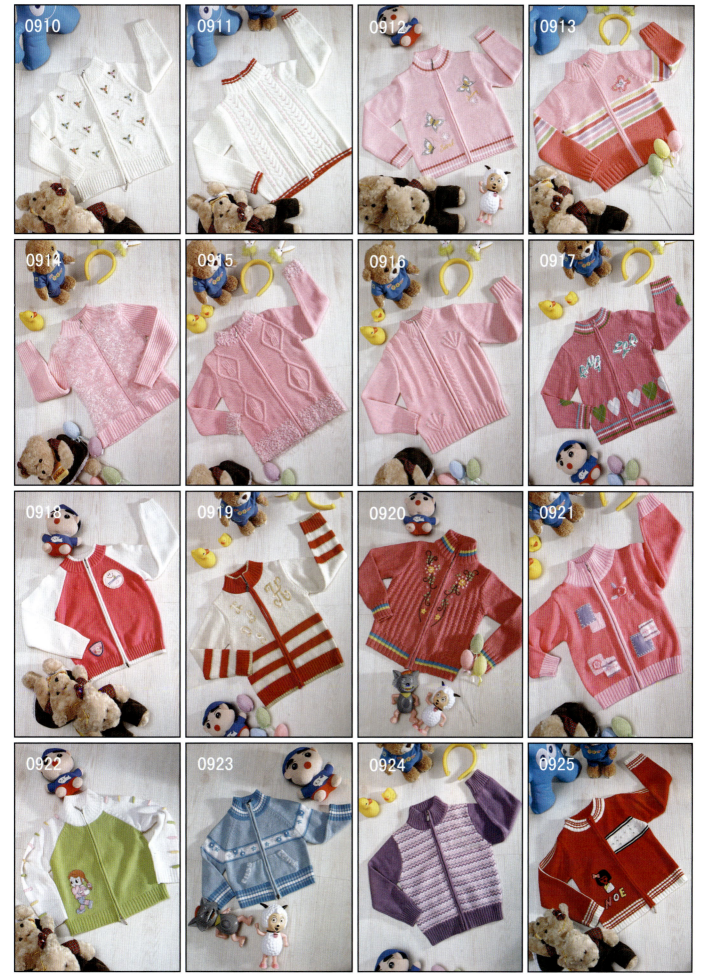

0910

0911

0912

0913

0914

0915

0916

0917

0918

0919

0920

0921

0922

0923

0924

0925

0926

0927

0928

0929

0930

0931

0932

0933

0934

0935

0936

0937

0938

0939

0940

0941

0942

0943

0944

0945

0946

0947

0948

0949

0950

0951

0952

0953

0954

0955

0956

0957

109

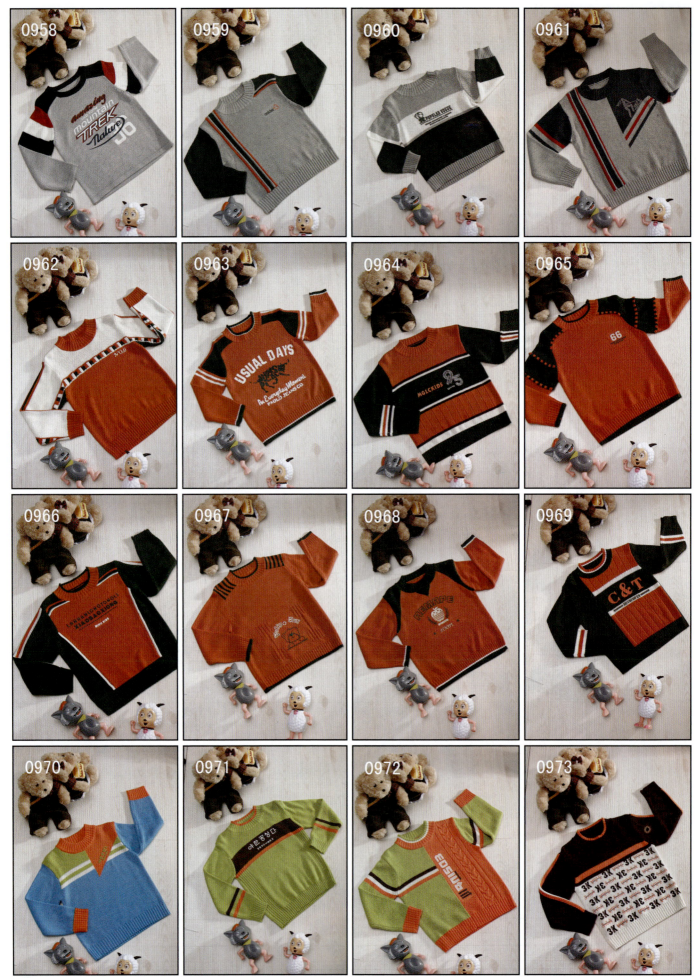

0958 0959 0960 0961
0962 0963 0964 0965
0966 0967 0968 0969
0970 0971 0972 0973

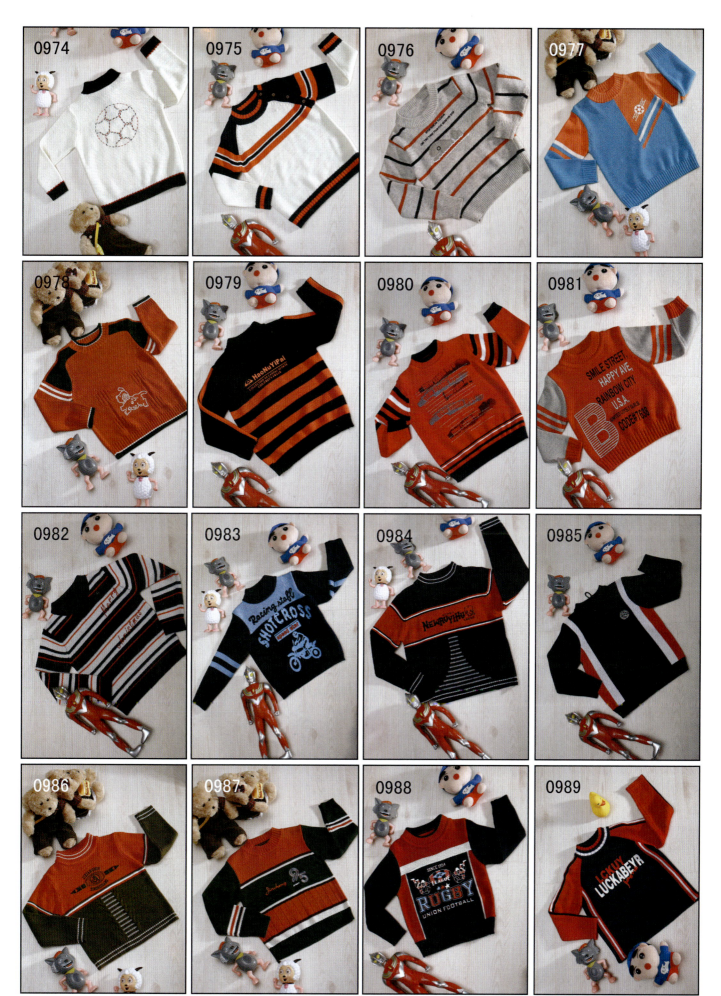

0974

0975

0976

0977

0978

0979

0980

0981

0982

0983

0984

0985

0986

0987

0988

0989

111

0990
0991
0992
0993
0994
0995
0996
0997
0998
0999
1000
1001
1002
1003
1004
1005

0001

【成品规格】见图
【工具】 10号棒针 1.5mm钩针
【材料】白色、粉红色粗棉毛线
【制作过程】起织花样A前片，然后改织花样B、花样C。起织时两侧同时减2针，然后织成插肩袖窿，插肩减针方法为4-2-6，减针时在第10针及倒数第10针的位置减针，两侧针数减少12针，织至18行，织片内侧减针织成衣领，方法为2-2-1，2-1-2，织至24行，收针断线。按花样D、花样E钩出花边和小花，缝合在衣身上。

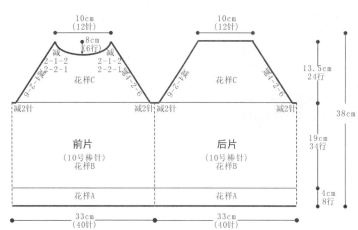

花样A   花样B   花样C   花样D（领边图解）   花样E（小花图解）

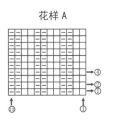 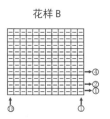 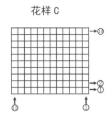  

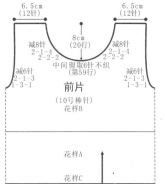

0002

【成品规格】见图
【工具】10号棒针 1.5mm钩针
【材料】黄色、白色棉毛线
【制作过程】前片起58针编织花样A，然后改织花样B。两侧袖窿减针方法也相同，织至第59行时，中间留取6针不织，两端相反方向减针编织，各减少8针，方法为2-2-2，2-1-4，最后两肩部余下12针，收针断线。按花样C将花边缝在下摆处。

花样A   花样B

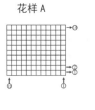

花样C（各衣边花边图解）

0003

【成品规格】见图
【工具】10号棒针 1.5mm钩针
【材料】白色、粉红色粗棉毛线
【制作过程】起织花样A前片，然后改织花样B和花样C。起织时两侧同时减2针，然后织成插肩袖窿，插肩减针方法为4-2-6，减针时在第10针及倒数第10针的位置减针，两侧针数减少12针，织至18行，织片内侧减针织成衣领，方法为2-2-1，2-1-2，织至24行，收针断线。按花样D和花样E钩出花边和小花，缝合在衣身上。

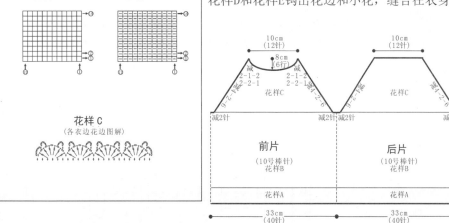

花样C   花样B   花样A   花样D（领边图解）   花样E（小花图解）

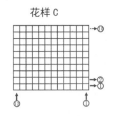 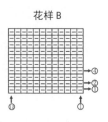 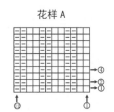 

0004

【成品规格】见图
【工具】7号棒针
【材料】白色羊毛绒线 拉链1条
【制作过程】前片分左、右2片编织，分别按图起37针，织10cm单罗纹后，改织花样。左、右两边按图示收成袖窿。用同样方法编织完成另一片。门襟边和帽子分织与前片缝合。缝上拉链。

单罗纹

花样

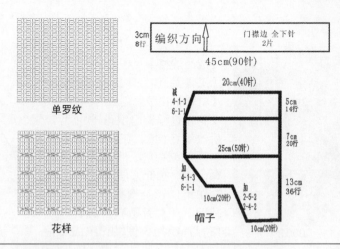

3cm 8行 编织方向 门襟边 全下针 2片
45cm(90针)

20cm(40针)
减 4-1-3 6-1-1
5cm 14行
25cm(50针) 7cm 20行
加 4-1-1 6-1-1 加 2-5-2 2-4-2
13cm 36行
10cm(20针)
帽子
10cm(20针)

6cm(12针) 7.5cm(15针)
6cm(17行)
领口减针 4-1-2 2-1-3 2-2-2
6cm 17行
4-2-4 平收3针
12cm 34行
5cm(10针)
左前片
花样
19cm 53行
单罗纹
10cm 28行
18.5cm(37针)

0005

【成品规格】见图
【工具】7号棒针
【材料】粉红色羊毛绒线 粉红色长毛绒线 拉链1条
【制作过程】前片分左、右2片编织，分别按图起35针，织5cm双罗纹后，改织花样，左、右两边按图示收成袖窿。用同样方法编织完成另一片。帽子另织，与前片缝合。缝上拉链。

6cm(12针) 6.5cm(13针)
6cm(17行)
领口减针 4-1-2 2-1-3 2-2-2
4-2-4 平收3针
5cm(10针)
左前片
花样
双罗纹
15cm 42行
18cm 50行
5cm 14行
17.5cm(35针)

花样 全下针 双罗纹

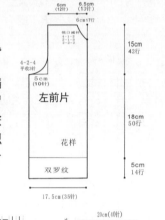

20cm(40针)
减 4-1-3 6-1-1
5cm 14行
25cm(50针) 7cm 20行
加 4-1-1 6-1-1 加 2-5-2 2-4-2
13cm 36行
10cm(20针)
帽子
10cm(20针)

0006

【成品规格】见图
【工具】7号棒针
【材料】粉红色毛线 拉链1条
【制作过程】前片起80针织花样A，改织花样B7cm，织3行，开始织花样C，织至42cm时收前领窝，领窝的收针法是先平收2针，再每隔1~5cm开始收肩，先平收4针，再隔1针收1针，收两行。帽子另织花样B，与前片缝合。缝上拉链。

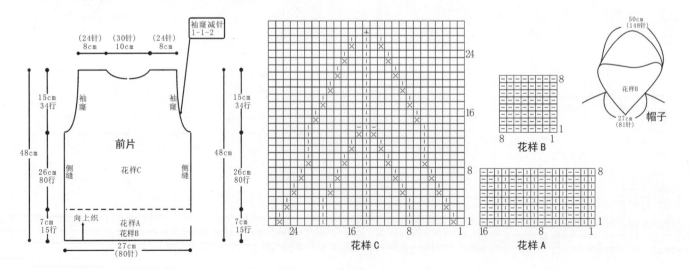

(24针) (30针) (24针)
8cm 10cm 8cm
袖窿减针 1-1-2
15cm 34行 袖窿 袖窿 15cm 34行
48cm 48cm
26cm 80行 侧缝 前片 花样C 侧缝 26cm 80行
7cm 15行 向上织 花样A 花样B 7cm 15行
27cm(80针)

24 16 8 1
花样 C

50cm(148针)
花样B
27cm(81针)
帽子

8 8 1
花样 B

16 8 1
花样 A

114

0007

【成品规格】见图
【工具】15号棒针
【材料】蓝色毛线 拉链1条
【制作过程】前片分左右2片编织，分别按图起40针织花样A，改织花样B7cm，织3行，开始织花样C，织至42cm时收前领窝，领窝的收针法是先平收2针，再每隔1行收1针，收4次，织至45cm开始收肩，先平收4针，再隔1行收1针，收两行。帽子另织花样B，与前片缝合。缝上拉链。

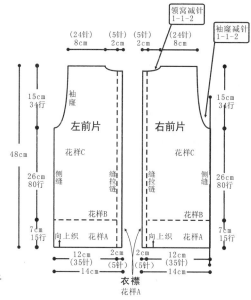

领窝减针 1-1-2
袖窿减针 1-1-2
(24针) 8cm (5针) 2cm (5针) 2cm (24针) 8cm
15cm 34行
袖窿
左前片
右前片
花样C
花样C
48cm
26cm 80行
侧缝
缝拉链
缝拉链
侧缝
7cm 15行
花样B
花样B
向上织 花样A
向上织 花样A
12cm (35针) 2cm (5针) 2cm (5针) 12cm (35针)
14cm 14cm
衣襟 花样A

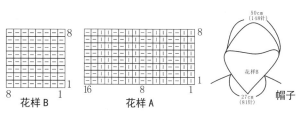

花样C
16 8 1

花样B
8 1

花样A
16 1

50cm (148针)
花样B
27cm (81针)
帽子

0008

【成品规格】见图
【工具】9号棒针
【材料】红色毛线 拉链1条
【制作过程】前片分左右2片编织，分别按图起28针双罗纹针后编织花样，袖窿减针同后片，身长共编织到28cm时开始前衣领减针，按结构图减完针后收针断线。帽子另织，与前片缝合。缝上拉链。

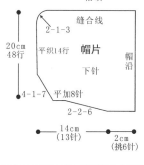

帽顶
缝合线
2-1-3
20cm 48行
平织14行 帽片
下针 帽沿
4-1-7 平加8针
2-2-6
14cm (13针) 2cm (挑6针)

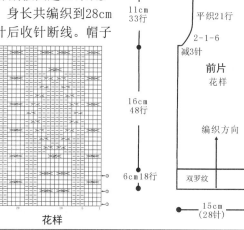

7cm (11针)
7cm (11针)
5cm (10行)
平织2行
平收4针
11cm 33行
平织21行
平织21行
2-1-6
2-1-6
减3针
减3针
16cm 48行
前片
花样
花样
编织方向
编织方向
6cm18行
双罗纹
15cm (28针)
15cm (28针)

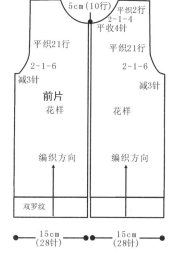

花样

0009

【成品规格】见图
【工具】11号、12号棒针 1.5mm钩针
【材料】红色棉毛线 拉链1条
【制作过程】前片为一片编织，从衣摆往上编织，起104针，先织6行花样A，改织花样B，一边织一边两侧减针，方法为30-1-5，织至68行，改织花样E，花样E共织30行，然后改织花样C，织20行，然后将织片从中间分开成左右2片分别编织，先织左片，左片的右边是衣襟侧，织至152行，左侧开始袖窿减针，方法为1-4-1，2-1-5，织至196行，第197行将右侧收11针，然后开始减针织成前领，方法为2-2-2，2-1-1，减针后不加减针织至210行的总长度，肩部余下18针。领片另织花样D，与前片缝合。缝上拉链。

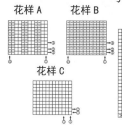

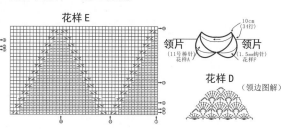

花样A 花样B

花样C

花样E

领片
领片
10cm (34针)
(11号棒针) 花样A
(1.5mm钩针) 花样F

花样D
(领边图解)

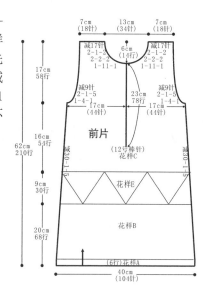

7cm (18针)
13cm (34针)
7cm (18针)
减17针
2-1-5
2-2-2
2-2-3
1-1-1
6cm (14行)
减17针
2-1-5
2-2-2
2-2-3
1-1-1
17cm 58行
减9针
2-1-5
1-4-1
23cm 78行
减9针
2-1-5
1-4-1
17cm (44针)
17cm (44针)
62cm 210行
16cm 54行
减30针
减30针
前片
(12号棒针) 花样C
花样E
9cm 30行
20cm 68行
花样B
(6行)花样A
40cm (104针)

115

0010

【成品规格】见图
【工具】7号棒针 绣花针
【材料】红色羊毛绒线 装饰花1朵 纽扣5枚
【制作过程】前片按图起37针，织2cm单罗纹后，改织17cm全下针，门襟按编织方向另织6cm双罗纹，与前片缝合，多余部分缝合翻领，左、右两边按图示收成袖窿。用同样方法编织完成另一片。缝上装饰花和纽扣。

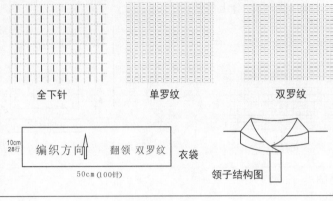

全下针　　单罗纹　　双罗纹

10cm
28行　编织方向↑　翻领 双罗纹　衣袋
50cm（100针）

领子结构图

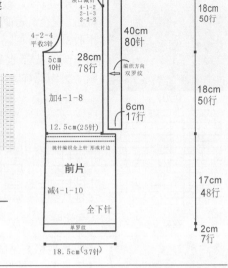

6cm（12针）　15cm（30针）　6cm（12针）
8cm22行
领口减针
4-1-2
2-1-3
2-2-2
4-2-4
平收3针
5cm
10针　28cm
78行　40cm
80针
编织方向
双罗纹
加4-1-8
6cm
17行
12.5cm（25针）
挑针编织全上针 形成衬边
前片
减4-1-10
全下针
单罗纹
18.5cm（37针）
18cm
50行
18cm
50行
17cm
48行
2cm
7行

0011

【成品规格】见图
【工具】7号棒针
【材料】红色羊毛绒线 装饰扣12枚
【制作过程】前片分上下片编织，上片按图起37针，织12cm全下针，左、右两边按图示均匀减针，收成袖窿，其中门襟留10针织单罗纹。下片起42针，织22cm全下针，其中门襟留10针织单罗纹，下片打皱褶与上片缝合。领子另织12cm单罗纹，与前片缝合。缝上装饰扣。

12cm
34行　编织方向↑　领子 双罗纹
49cm（98针）

领子结构图

双罗纹　　全下针

单罗纹

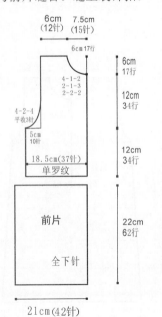

6cm（12针）　7.5cm（15针）
6cm 17行
6cm
17行
4-1-2
2-1-3
2-2-2
4-2-4
平收3针
5cm
10针
18.5cm（37针）
单罗纹
12cm
34行
12cm
34行

前片
全下针
22cm
62行

21cm（42针）

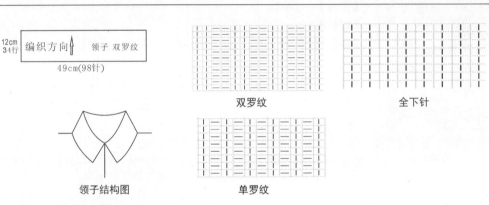

6cm
17行　编织方向↑　门襟 双罗纹 2片
49cm（98针）

0012

【成品规格】见图
【工具】7号棒针
【材料】红色羊毛绒线 扣子7枚
【制作过程】前片分左、右2片编织，分别按图起37针，织2cm单罗纹后，依次织18cm全下针、5cm单罗纹和12cm全下针，左、右两边按图示收成袖窿。用同样方法编织完成另一片。门襟和肩部衬边、衣襟、帽子按图另织好，与前片缝合。缝上拉链。

全下针

5cm
14行　编织方向↑　肩部衬边 2片
12cm（24针）

双罗纹　　单罗纹

20cm（40针）
5cm
14行
4-1-3
6-1-2
25cm（50针）
7cm
20行
4-1-1
2-2-2
13cm
36行
帽子
10cm（20针）

衣袋
花样B
15cm（30针）
14cm
39行

6cm（12针）　15cm（30针）
6cm 17行
领口减针
4-1-2
2-1-3
2-2-2
4-2-4
平收3针
5cm
10针
左前片
全下针
单罗纹
16.5cm（33针）
全下针
单罗纹
18.5cm（37针）
18cm
50行
12cm
34行
5cm
14行
18cm
50行
2cm
7行

0013

【成品规格】见图
【工具】8号棒针
【材料】白色棉毛线
【制作过程】前后片以机器边起针编织双罗纹，衣身编织基本针法。

15.5cm　6cm　13.5cm
(39针)　(15针)　(33针)

袖山中央（减针）
2行平
2-2-2
行针回
(11)针埋针

袖山右（减针）
2-2-3
2-1-1
2-2-2
2-1-1
2-2-2
2-1-1
2-2-3
2-1-1
2-2-1
行针回
(7)针埋针

11.5cm
36行

2cm
6行

9.5cm
30行

前片
花样

3cm
(7针)

3cm
(7针)

21.5cm
66行

8号棒针

24cm(60针)制作
24cm

3cm
12行

(60针)拾
双罗纹
8号棒针

双罗纹

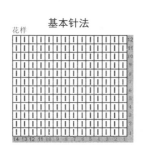
花样　　基本针法

0014

【成品规格】见图
【工具】8号棒针
【材料】白色棉毛线
【制作过程】前片以机器边起针编织双罗纹，衣身编织下针，按图示减袖窿、前领窝、后领窝。

5.5cm　16cm　5.5cm
(13针)　(40针)　(13针)

0cm
8cm
24cm

15cm
46行

3.5cm
(9针)

3.5cm
(9针)

双罗纹　前片　双罗纹
花样

Sweet

21cm
64行

14cm

3cm
12行

17cm
(42针)　17cm
(42针)

双罗纹
8号棒针

袖衣圈（减针）
32行平
6-1-1
2-1-3
2-2-1
行针埋针
(3)针埋针

前领衣圈（减针）
4行平
4-1-2
2-1-2
2-2-1
2-1-1
2-5-1
行针回
(8)针停针

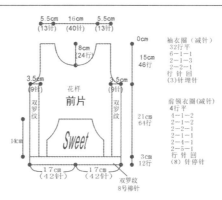

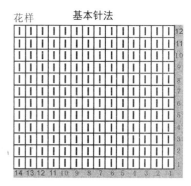
花样　　基本针法

0015

【成品规格】见图
【工具】7号棒针
【材料】红色、浅红色、白色羊毛绒线　拉链1条　亮片若干
【制作过程】前片分左、右2片编织，分别按图起35针，先织5cm双罗纹后，改织全下针，并间色，左、右两边按图示收成袖窿。对称织出另一前片。帽子另织，与前片缝合。缝上拉链和亮片。

全下针　　　双罗纹

帽子

20cm(40针)
减
4-1-3
6-1-1
5cm
14行
25cm(50针)
7cm
20行
减
4-1-
2-5-1
10cm(20针)
加
2-5-1
4-2-
13cm
36行
10cm(20针)

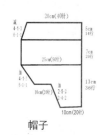

0016

【成品规格】见图
【工具】8号棒针
【材料】红色棉毛线
【制作过程】前片以机器边起针编织双罗纹，衣身编织基本针法，按图示减袖窿、前领窝、后领窝。帽子另织，与领子缝合。

5.5cm　16cm　5.5cm
(13针)　(40针)　(13针)

8cm
24cm

15cm
46行

3.5cm
(9针)

3.5cm
(9针)

前片

21cm
64行

14cm

3cm
12行

17cm
(42针)　17cm
(42针)

双罗纹
8号棒针

风帽后角（收针）
2-1-4

帽子

拾收口10针（架空）
1-10-3

20cm
66行

袖衣圈（减针）
32行平
6-1-1
2-1-3
2-2-1
行针回
(3)针埋针

前领衣圈（减针）
4行平
4-1-2
2-1-2
2-2-1
2-1-1
2-5-1
行针回
(8)针停针

6cm　6.5cm
(11针)

6cm17行

领口减针
4-1-2
2-1-1
2-2-2

15cm
42行

4-2-4
平收3针

5cm
(10针)

左前片

全下针

18cm
50行

双罗纹

5cm
14行

17.5cm
(35针)

领子结构图

16cm(36针)拾针

22针拾针

横向织3cm高
双针罗纹

17cm
(40行)

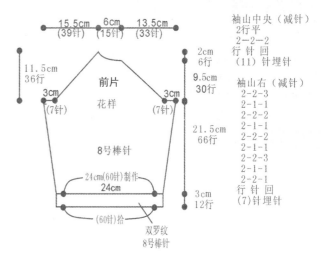

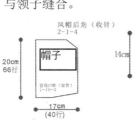

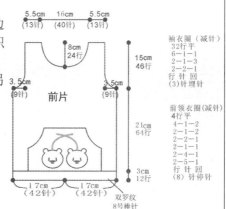

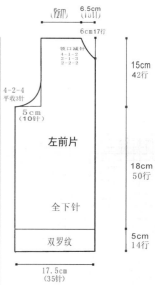

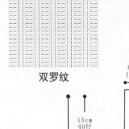

0017

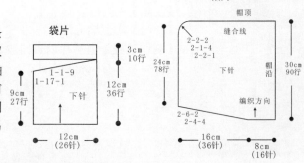

【成品规格】见图
【工具】9号棒针 环形针
【材料】米黄色开司米线 起绒布料 拉链1条
【制作过程】分左、右2片编织，起52针双罗纹针边后编织下针前片，均减至40针，袖窿减针同后片，身长共编织到39cm时开始前衣领减针，按结构图减完针后收针断线。同样方法编织完成另一片。袋片和帽片按图另织，与前片缝合。缝上拉链。

袋片

1-1-9
1-17-1
下针

3cm
10行

12cm
36行

9cm
27行

12cm
(26针)

帽片

帽顶
缝合线
2-2-2
2-1-4
2-2-1
下针
帽沿

24cm
78行

30cm
90行

编织方向

2-6-2
2-4-4

16cm
(36针)   8cm
(16针)

双罗纹

6cm
(12针)   6cm
(12针)

5cm(15行)
2-1-1
1-1-3
1-9-1

左前片   右前片

15cm
46行

4-2-4
减3针   4-2-4
减3针

44cm
132行

下针   下针

21.5cm
64行

编织方向

7.5cm
22行

18.5cm
(40针)   18.5cm
(40针)

双罗纹   双罗纹

23.5cm
(52针)   23.5cm
(52针)

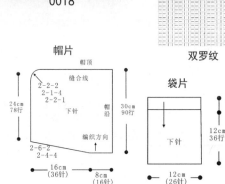

0018

【成品规格】见图
【工具】9号棒针 环形针
【材料】米黄色开司米线 起绒布料若干
【制作过程】分左、右2片编织，起52针双罗纹针边后编织下针前片，均减至40针，袖窿减针同后片，身长共编织到39cm时编织到39cm时开始前衣领减针，按结构图减完针后收针断线。用同样方法编织完成另一片。

双罗纹

帽片

帽顶
缝合线
2-2-2
2-1-4
2-2-1
下针
帽沿

24cm
78行

30cm
90行

编织方向

2-6-2
2-4-4

16cm
(36针)   8cm
(16针)

袋片

下针

3cm
10行

12cm
36行

12cm
(26针)

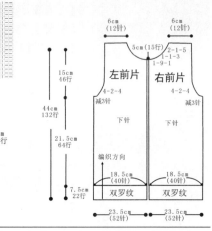

6cm
(12针)   6cm
(12针)

5cm(15行)
2-1-5
1-9-1

左前片   右前片

15cm
46行

4-2-4
减3针   4-2-4
减3针

44cm
132行

下针   下针

21.5cm
64行

编织方向

7.5cm
22行

18.5cm
(40针)   18.5cm
(40针)

双罗纹   双罗纹

23.5cm
(52针)   23.5cm
(52针)

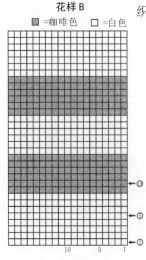

0019

【成品规格】见图
【工具】9号棒针 5号钩针
【材料】奶白色毛线 咖啡色毛线 纽扣5枚
【制作过程】分左、右2片编织，起52针配色双罗纹针边花样B，均减至40针，编织花样A前片，花样A织22行平收花样针作袋口，返回行时平加减掉的针数继续花样编织，身长共编织到39cm时开始前衣领减针，按结构图减完针后收针断线；用同样方法编织完成另一片。帽片另织花样B，与前片缝合。缝上纽扣。

花样B

■=咖啡色 □=白色

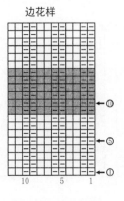

边花样

花样A

■ = ⊞

装饰花球

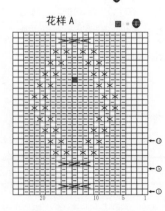

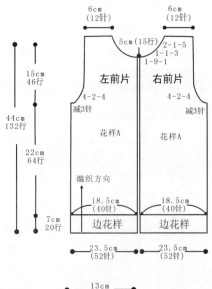

6cm
(12针)   6cm
(12针)

5cm(15行)
2-1-1
1-1-3
1-9-1

左前片   右前片

15cm
46行

4-2-4
减3针   4-2-4
减3针

44cm
132行

花样A   花样A

22cm
64行

编织方向

7cm
20行

18.5cm
(40针)   18.5cm
(40针)

边花样   边花样

23.5cm
(52针)   23.5cm
(52针)

帽片

13cm
(28针)

花样B

2-2-28   编织方向   2-2-28

22cm
82行

平织26行   帽边   帽顶   帽边

64cm
(140针)

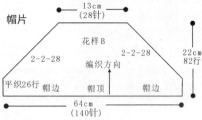

0020

【成品规格】见图
【工具】7号棒针 绣花针
【材料】绿色羊毛绒线 绣花图案若干 拉链1条
【制作过程】前片分左、右2片编织，分别按图起37针，织全下针，左、右两边按图示收成袖窿。领子另织单罗纹，与前片缝合，开成双层立领。缝上拉链和图案。

12cm
34行
编织方向 ↑ 双层立领 单罗纹
49cm（98针）

18cm
36针
12cm
34行
单罗纹
31cm
50针
领子结构图

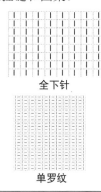

全下针

单罗纹

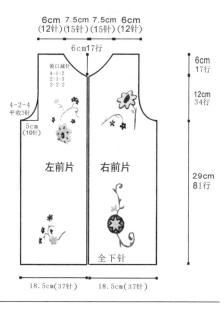

6cm 7.5cm 7.5cm 6cm
（12针）（15针）（15针）（12针）
6cm17行
领口减针
4-1-2
2-1-3
2-2-2
4-2-4
平收3针
5cm
（10针）
左前片　右前片
6cm
17行
12cm
34行
29cm
81行
18.5cm（37针）　18.5cm（37针）
全下针

0021

【成品规格】见图
【工具】15号棒针
【材料】2股开司米线
【制作过程】前片起80针织花样B，织至6cm后改织花样A。按图示减针，织至完成。

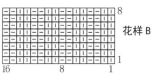

8
花样B
16　　8　　1

花样A

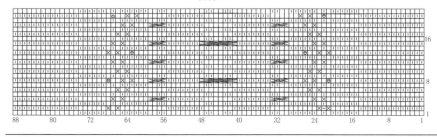

88　80　72　64　56　48　40　32　24　16　8　1

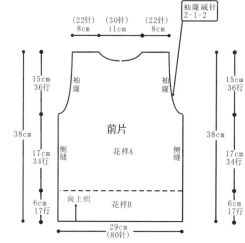

袖窿减针
2-1-2
（22针）（30针）（22针）
8cm　11cm　8cm
15cm
36行
袖窿　袖窿
38cm
前片
花样A
侧缝　侧缝
17cm
34行
15cm
36行
38cm
17cm
34行
6cm
17行
向上织　花样B
6cm
17行
29cm
（80针）

0022

【成品规格】见图
【工具】4号、5号棒针
【材料】红色棉毛线 彩色绣花线少量
【制作过程】前片配色见图。用5号棒针以普通起针法起8针，按下摆加针，下针编织8cm，不加减针织17cm，按前袖窿减针，扭针双罗纹针织6行后，花样编织4行再改为扭针双罗纹针编织，同时按前领减针织出前领。

扭针双罗纹针

| 8 | 7 | 6 | 5 | 4 | 3 | 2 | 1 |

花样

| 8 | 7 | 6 | 5 | 4 | 3 | 2 | 1 |

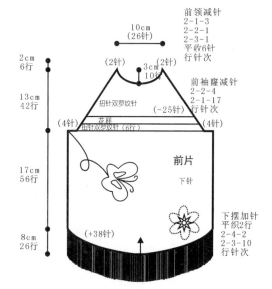

前领减针
2-1-3
2-2-1
2-3-1
平收6针
行针次
10cm
（26针）
2cm
6行
（2针）　（2针）
3cm
10行
前袖窿减针
2-2-4
2-1-17
行针次
13cm
42行
扭针双罗纹针
（-25针）
花样
扭针双罗纹针（6行）
（4针）　（4针）
17cm
56行
前片
下针
8cm
26行
（+38针）
下摆加针
平织2行
2-4-2
2-3-10
行针次
3cm
（8针）

【成品规格】见图
【工具】10号、12号棒针 1.5mm钩针
【材料】红色粗棉毛线 红色中细棉线
【制作过程】前片起8针，起织花样A，一边织一边两侧加针，方法为2-2-4，2-1-6，4-1-2，两侧各加16针，织至28行，然后不加减针往上编织，织至48行，改织花样B，织至52行，两侧同时减2针，然后织成插肩袖窿，插肩减针方法为2-1-12，两侧针数减少12针，织至70行，织片内侧减针织成衣领，方法为2-2-1，2-1-2，织至76行，收针断线。

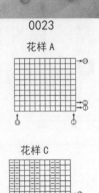

0023

花样A

花样B

花样C

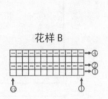

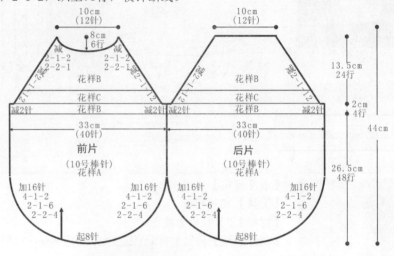

0024

【成品规格】见图
【工具】7号棒针
【材料】红色羊毛绒线 亮片若干
【制作过程】前片按图起74针，织8cm花样B后，改织花样A，左、右两边按图示收成袖窿。缝上亮片。

花样A

花样B

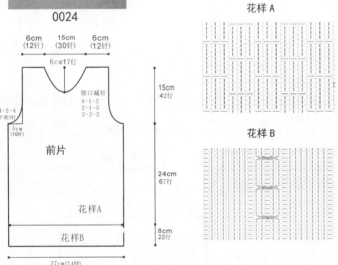

双罗纹

0025

【成品规格】见图
【工具】9号棒针
【材料】白色毛线 长拉链1条 短拉链2条 装饰毛领1条
【制作过程】起96针编织双罗纹针边，织28行，将双罗纹针中的上针2针并1针编织，均减22针，即减至74针，然后编织下针后片，身长编织到31cm，开始袖窿减针，按图完成减针编织至肩部。袖装饰片、装饰带片、袋片按图另织下针，与衣身缝合。领片按图挑针。缝上拉链和毛领。

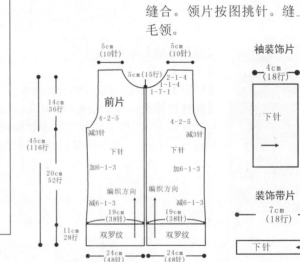

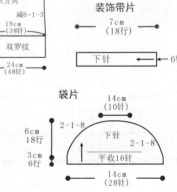

袖装饰片

装饰带片

袋片

0026

【成品规格】见图
【工具】9号棒针 5号钩针
【材料】浅紫色毛线 纽扣3枚
【制作过程】起104针双罗纹针边后编织花样前片，均减至80针，袖窿减针同后片，身长共编织到39cm时开始前衣领减针，按结构图减完针后收针断线。按单元花图解钩织好后，缝在前片上。缝上纽扣。

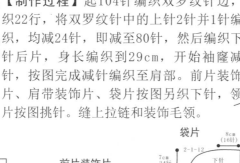

单元花

花样

0027

【成品规格】见图
【工具】9号棒针
【材料】粉色毛线 拉链1条 装饰毛领1条
【制作过程】起104针编织双罗纹针边，织22行，将双罗纹针中的上针2针并1针编织，均减24针，即减至80针，然后编织下针后片，身长编织到29cm，开始袖窿减针，按图完成减针编织至肩部。前片装饰片、肩带装饰片、袋片按图另织下针，领片按图挑针。缝上拉链和装饰毛领。

领片

袋片

肩带装饰片

前片装饰片

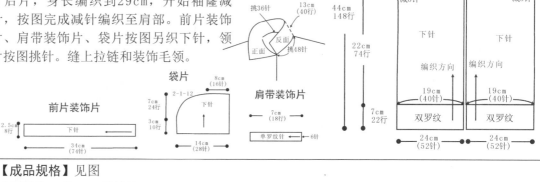

前片

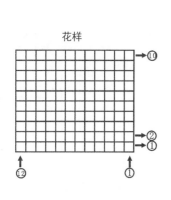

0028

【成品规格】见图
【工具】10号、12号棒针
【材料】玖红色棉毛线
【制作过程】起织前片，单罗纹针起针法，起104针，编织2行单罗纹针后，改织花样，织至116行，两侧需要同时减针织成袖窿，减针方法为1-4-1、2-1-6，两侧针数各减少10针，余下84针继续编织，两侧不再加减针，织至第167行时，中间留取38针不织，两端相反方向减针编织，各减少2针，方法为2-1-2，最后两肩部余下21针，收针断线。

花样

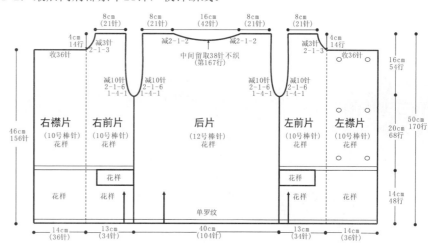

0029

【成品规格】见图
【工具】7号棒针
【材料】浅玫红色羊毛绒线
【制作过程】前片按图起74针，织3cm双罗纹后，改织花样，左、右两边按图示收成袖窿。

双罗纹　　　　　全下针　　　　　花样

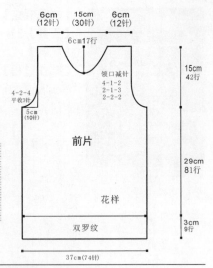

6cm（12针）　15cm（30针）　6cm（12针）
6cm17行
领口减针
4-1-2
2-1-3
2-2-2
15cm 42行
4-2-4
平收3针
5cm（10针）
前片
29cm 81行
花样
双罗纹
3cm 9行
37cm（74针）

0030

【成品规格】见图
【工具】10号棒针
【材料】蓝色棉线
【制作过程】前片起60针，织花样A6cm后，织花样B，织至33cm插肩减针，方法为1-2-1，2-1-11，织至43cm长，织片余34针。

22.5cm（34针）
减2-1-11
减2针
10cm 22行
前片
（10号棒针）
花样B
27cm 60行
花样A
40cm（60针）
6cm 14行

花样A

花样B

【成品规格】见图
【工具】6号棒针
【材料】蓝色棉线　蓝色纽扣4枚
【制作过程】前片普通起针法起40针，花样A编织8cm；按图示织上针和花样B，上针编织17cm后按前袖窿减针织袖窿，织4cm后前2针收针，继续按前袖窿减针及前领减针织出袖窿和前领。门襟处织双罗纹，并留纽洞，缝上纽扣。

0031

双罗纹

花样A

花样B

10cm（12针）
2cm 2行
前领减针
2-3-1
平收2针
行针次
（2针）
（2针）
双罗纹
2cm（8行）
前袖窿减针
2-2-4
2-1-5
行针次
13cm 18行
（1针）
（-13针）
4cm（6行）
17cm 24行
上针（6针）
前片
花样B（28针）
上针（6针）
8cm 12行
花样A
32cm（40针）

0032

【成品规格】见图
【工具】7号棒针
【材料】湖蓝色羊毛绒线　纽扣4枚
【制作过程】前片按图起74针，先用钩针钩织花样A，再改织花样B，左、右两边按图示收成插肩袖。领子另织18cm双罗纹。缝上纽扣。

花样A

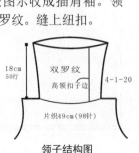

领子结构图
18cm 50行
双罗纹
高领扣子边
片织49cm（98针）
4-1-20

花样B

双罗纹

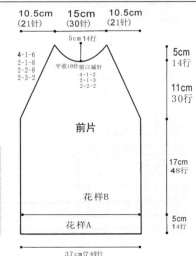

10.5cm（21针）　15cm（30针）　10.5cm（21针）
5cm 14行
领口减针
4-1-6
2-1-8
2-2-8
2-3-2
平收10针
4-1-2
2-1-3
2-2-2
5cm 14行
11cm 30行
前片
17cm 48行
花样B
花样A
37cm（74针）
5cm 14行

0033

【成品规格】见图
【工具】12号棒针
【材料】粉红色棉线 纽扣8枚
【制作过程】左前片起39针，织花样A8cm后改织花样B，织至41cm左侧袖窿减针，减针方法为1-4-1，2-1-5，织至53cm右侧前领减针，减针方法为2-1-9，共减9针，左前片共织59cm长。用同样方法相反方向织右前片。缝上纽扣。

0034

【成品规格】见图
【工具】12号棒针
【材料】粉红色棉线 纽扣5枚
【制作过程】左前片起92针织花样A，织23cm收针，将织片缝合成折衣摆，沿边挑起49针，织花样B，织4行改织花样C，织至41cm左侧袖窿减针，减针方法为1-4-1，2-1-5，织至53cm右侧前领减针，减针方法为1-4-1，2-2-6，共减16针，左前片共织59cm长。用同样方法相反方向织右前片。缝上纽扣。

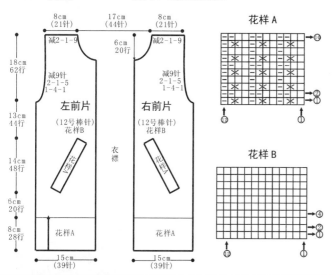

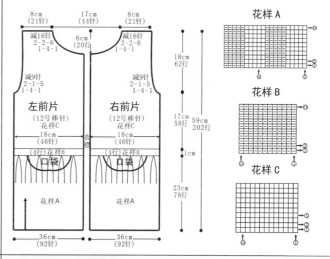

0035

【成品规格】见图
【工具】10号、12号棒针
【材料】粉红色棉线 纽扣6枚 系带1根
【制作过程】前片织1行上针再织4行下针，与起针合并成双层，中间穿入系带，继续往上编织，改为花样B与花样C组合编织，组合方法为：6针花样B+14针花样C+132针花样B+14针花样C+6针花样B，重复往上编织至68行。门襟处织花样A。缝上纽扣，系上系带。

0036

【成品规格】见图
【工具】12号棒针
【材料】蓝色、白色棉线 纽扣6枚
【制作过程】左前片起49针，右侧织8针花样A作为衣襟，余下针数织花样C，织20cm衣身改织花样B，织至41cm左侧袖窿减针，方法为1-4-1，2-1-5，织至53cm右侧前领减针，方法为1-15-1，2-2-6，共减27针，左前片共织59cm长。用同样方法相反方向织右前片。缝上纽扣。

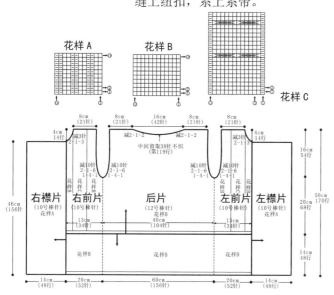

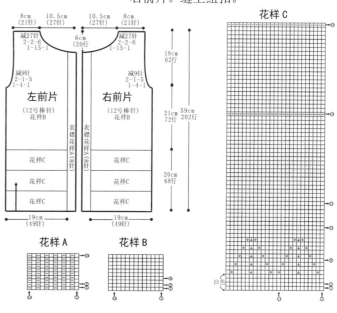

【成品规格】见图
【工具】7号棒针
【材料】白色羊毛绒线 纽扣6枚
【制作过程】前片分左、右2片编织，左前片按图起22针，织3cm双罗纹后，改织花样，左、右两边按图示收成袖窿。门襟另织花样，对称织出右前片。缝上纽扣。

0037

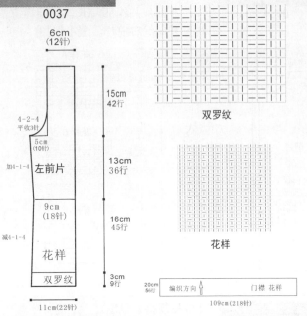

6cm
(12针)

15cm
42行

4-2-4
平收3针

5cm
(10针)

加4-1-4

左前片

13cm
36行

9cm
(18针)

减4-1-4

16cm
45行

花样

双罗纹

3cm
9行

11cm(22针)

双罗纹

花样

20cm
56行　编织方向　门襟 花样
109cm(218针)

【成品规格】见图
【工具】4号棒针 3mm钩针
【材料】白色棉线 8枚圆形纽扣
【制作过程】前片(左、右2片)双罗纹起针法起50针，双罗纹织3cm；花样织18.5cm后按袖窿减针及前领减针织出袖窿和前领。在指定位置开扣眼。对称织出另一片前片，不用开扣眼。缝上纽扣。

0038

衣领缘编织

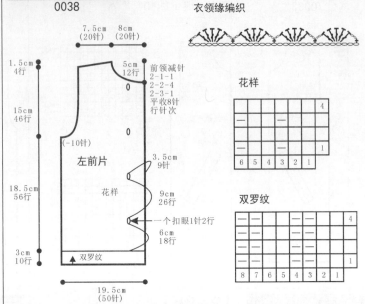

7.5cm(20针)　8cm(20针)

1.5cm
4行

15cm
46行

5cm
12针
0

前领减针
2-1-1
2-2-4
2-3-1
平收8针
行针次

(-10针)

左前片

花样

18.5cm
56行

3.5cm
9针

9cm
26行

一个扣眼1针2行

6cm
18行

3cm
10行

双罗纹

19.5cm(50针)

花样

					4
—					
6	5	4	3	2	1

双罗纹

							4
—							
—							
8	7	6	5	4	3	2	1

【成品规格】见图
【工具】5号棒针
【材料】含金丝粉色线 4枚金色纽扣
【制作过程】前片(左、右两片)普通起针法起18针，下针织18.5cm后按袖窿减针织出袖窿。织完底边挑24针，扭针双罗纹织8cm后双罗纹针收针。对称织另一片，缝上纽扣。

0039

扭针双罗纹

	Q	Q			Q	Q		6
	Q	Q			Q	Q		5
	Q	Q			Q	Q		4
	Q	Q			Q	Q		3
	Q	Q			Q	Q		2
	Q	Q			Q	Q		1
8	7	6	5	4	3	2	1

7.5cm
(12针)

16.5cm
26行

(-6针)

左前片

下针

18.5cm
30行

11.5cm
(18针)

8cm
22行

扭针双罗纹

挑11.5cm
(24针)

【成品规格】见图
【工具】12号棒针
【材料】粉红色棉线 纽扣4枚
【制作过程】右前片从右往左织，起96针，织花样B，起织时右侧加针织成袖窿，方法为2-2-6,1-24-1，织12行后平织22行，织片变成132针，暂时不织。衣襟处织花样A。用同样方法相反方向编织左前片。缝上纽扣。

0040

花样A　花样B

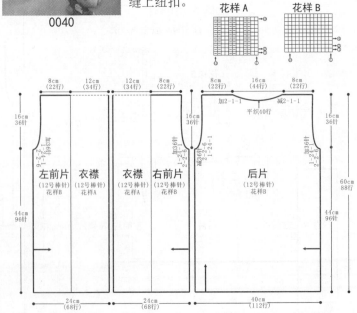

8cm(22行)　12cm(34行)　12cm(34行)　8cm(22行)　8cm(22行)　16cm(44行)　8cm(22行)

16cm
36针

加2-1-1
平织40行
减2-1-1

16cm
36针

16cm
36针

加3针
2-1-4
2-2-6

左前片
(12号棒针)
花样B

衣襟
(12号棒针)
花样A

衣襟
(12号棒针)
花样A

加36针
2-2-6
1-24-1

右前片
(12号棒针)
花样B

加36针
1-24-1
2-2-6

后片
(12号棒针)
花样B

44cm
96针

44cm
96针

60cm
88行

24cm(68行)　24cm(68行)　40cm(112行)

0041

【成品规格】见图
【工具】13号棒针
【材料】紫红色、浅紫色、白色棉线
【制作过程】前片按图织197行时，将织片分成左、右2片分别编织，中间减针织成衣领，方法为2-1-23，各减23针，织至258行，两肩部各余下20针，前片共织76cm长。前摆片按图织花样A与花样B。

花样B

花样A

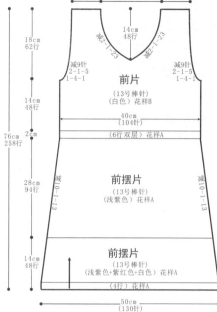

8cm
(20针)
17cm
(46针)
8cm
(20针)

14cm
48行

减2-1-23

18cm
62行

减9针
2-1-5
1-4-1

前片
(13号棒针)
(白色) 花样B

减9针
2-1-5
1-4-1

76cm
258行

14cm
48行

40cm
(104针)

(6行双层) 花样A

2cm

减10-1-13

前摆片
(13号棒针)
(浅紫色) 花样A

减10-1-13

28cm
94行

14cm
48行

前摆片
(13号棒针)
(浅紫色+紫红色+白色) 花样A

(4行) 花样A

50cm
(130针)

0042

【成品规格】见图
【工具】13号棒针
【材料】深紫色、浅紫色、白色棉线
【制作过程】按图织至第149行两侧开始袖窿减针，方法为1-4-1，2-1-5，同时中间留取22针不织，两侧前领处完整减针，方法为2-2-8，2-1-6，各减22针，织至210行，两肩部各余下10针，前片共织62cm长。前摆片按图织花样A与花样B。

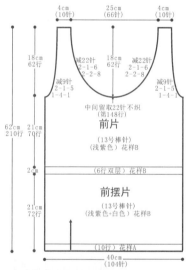

0044

【成品规格】见图
【工具】13号棒针
【材料】深紫色、浅紫色、白色棉线
【制作过程】按图织至第149行两侧开始袖窿减针，方法为1-4-1，2-1-5，同时中间留取22针不织，两侧前领完整减针，方法为2-2-8，2-1-6，各减22针，织至210行，两肩部各余下10针。前片共织62cm长。衣领及前襟片按图织花样A与花样B。

4cm
(10针)
25cm
(66针)
4cm
(10针)

18cm
62行

减22针
2-1-6
2-2-8

18cm
62行

减22针
2-1-6
2-2-8

减9针
2-1-5
1-4-1

减9针
2-1-5
1-4-1

中间留取22针不织
(第148行)

62cm
210行

21cm
70行

前片
(13号棒针)
(浅紫色) 花样B

2cm

(6行双层) 花样B

前摆片
(13号棒针)
(浅紫色+白色) 花样B

21cm
72行

(10行) 花样A

40cm
(104针)

花样A

花样B

花样A

花样B

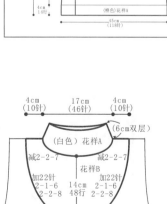

0043

【成品规格】见图
【工具】13号棒针 纽扣3枚
【材料】橙色、黄色、白色棉线
【制作过程】按图织至142行时两侧开始袖窿减针，减针方法为1-4-1，2-1-5，同时中间留取22针不织，两侧前领减针，减针方法为2-2-8，2-1-6，各减22针，织至204行，两肩部各余下10针。前片按图织花样A与花样B，共织60cm长。缝上纽扣。

4cm
(10针)
25cm
(66针)
4cm
(10针)

18cm
62行

减22针
2-1-6
2-2-8

18cm
62行

减9针
2-1-5
1-4-1

减9针
2-1-5
1-4-1

40cm
(104针)

60cm
204行

38cm
128行

前片
(橙色+黄色+白色) 花样B
(13号棒针)

减18行
2-1-7

减18行
2-1-7

4cm
14行

(橙色) 花样A

45cm
(118针)

花样A

花样B

4cm
(10针)
17cm
(46针)
4cm
(10针)

(白色) 花样A

(6cm双层)

18cm
62行

减2-2-7

减2-2-7

花样B

加22针
2-1-6
2-2-8

14cm
48行

加22针
2-1-6
2-2-8

起22针

衣领及前襟片
(13号棒针)
(浅紫色+白色) 花样B

4cm
(10针)
25cm
(66针)
4cm
(10针)

18cm
62行

减22针
2-1-6
2-2-8

19cm
62行

减22针
2-1-5
1-4-1

减9针
2-1-5
1-4-1

中间留取22针不织
(第148行)

62cm
210行

前片
(13号棒针)
(紫色) 花样B

40cm
(104针)

花样A

前摆片
(13号棒针)
(紫色) 花样B

21cm
72行

(双层8行) 花样A

50cm
(130针)

125

0045

【成品规格】见图
【工具】7号棒针
【材料】黑色、白色羊毛绒线 纽扣2枚 衣袋
绳子2根
【制作过程】前片按图起74针，先织双层平针
底边后，改织全下针，并间色，左、右两边按
图示收成袖隆。缝上纽扣和衣袋绳。

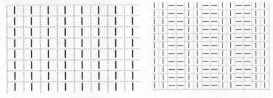

全下针　　　双罗纹

双层平针底边图解

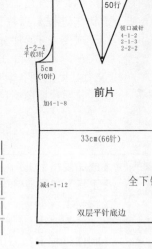

6cm(12针)　15cm(30针)　6cm(12针)
18cm 50行
领口减针
4-1-2
2-1-3
2-2-2
4-2-4 平收3针
5cm(10针)
前片
加4-1-8
33cm(66针)
减4-1-12
全下针
双层平针底边
37cm(74针)
18cm 50行
15cm 42行
22cm 62行

0046

【成品规格】见图
【工具】7号棒针
【材料】黑色、白色羊毛绒
线 纽扣2枚 衣袋绳子2根
【制作过程】前片按图起74
针，织5cm双罗纹后，改织
14cm全下针，腰部织6cm双罗
纹，左、右两边按图示收成
袖隆。缝上纽扣和衣袋绳。

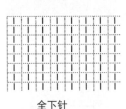
全下针

双罗纹

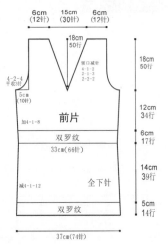

6cm(12针)　15cm(30针)　6cm(12针)
18cm 50行
领口减针
4-1-2
2-1-3
2-2-2
4-2-4 平收3针
5cm(10针)
加4-1-8
前片
双罗纹
33cm(66针)
全下针
双罗纹
减4-1-12
37cm(74针)
18cm 50行
12cm 34行
6cm 17行
14cm 39行

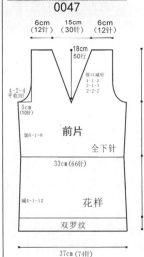

0047

【成品规格】见图
【工具】7号棒针
【材料】黑色、白色羊毛绒线 纽扣2枚 亮
珠若干
【制作过程】前片按图起74针，织5cm双罗
纹后，改织18cm花样，再织全下针，并间
色，左、右两边按图示收成袖隆。缝上纽
扣和亮珠。

6cm(12针)　15cm(30针)　6cm(12针)
18cm 50行
领口减针
4-1-2
2-1-3
2-2-2
4-2-4 平收3针
5cm(10针)
加4-1-8
前片
全下针
33cm(66针)
花样
双罗纹
减4-1-12
37cm(74针)
18cm 50行
14cm 39行
18cm 50行
5cm 14行

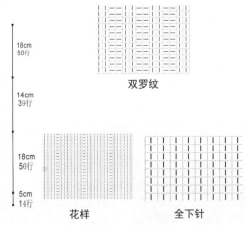
双罗纹

花样　　　全下针

0048

【成品规格】见图
【工具】3.5mm棒针
【材料】红色、黑色、白色羊毛绒线 纽扣2枚 腰带扣
子1个 亮片若干
【制作过程】前片按图起74针，织5cm双罗纹后，改织
全下针，并间色，左、右两边按图示收成袖隆。前领
片、衣袋、腰带另织，按图缝合。缝上纽扣和亮片。

全下针　　　双罗纹

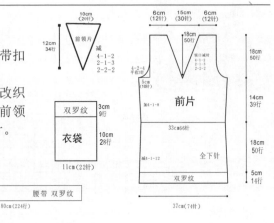

10cm(20针)
前领片减
4-1-2
4-1-3
2-2-2
12cm 34行

双罗纹
衣袋
11cm(22针)
3cm 9行
10cm 28行

8cm 16行
编织方向　　腰带 双罗纹
80cm(224针)

6cm(12针)　15cm(30针)　6cm(12针)
18cm 50行
领口减针
4-1-2
2-1-3
2-2-2
4-2-4 平收3针
5cm(10针)
前片
加4-1-8
33cm66针
减4-1-12
全下针
双罗纹
37cm(74针)
18cm 50行
14cm 39行
18cm 50行
5cm 14行

0049

【成品规格】见图
【工具】13号棒针
【材料】灰色、蓝色棉线
【制作过程】按图织至第148行两侧开始袖窿减针，方法为1-4-1，2-1-5，同时中间留取22针不织，两侧前领完整减针，方法为2-2-8，2-1-6，各减22针，织至210行，两肩部各余下10针。前片按花样A与花样B共织62cm长。

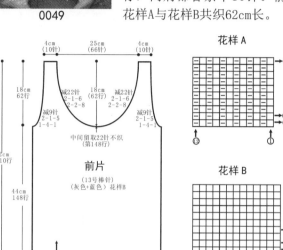

花样A

花样B

0050

【成品规格】见图
【工具】10号棒针
【材料】灰色粗棉线
【制作过程】前片分为左、右2片分别编织。从衣摆往上编织，先织左前片，起36针，先织4行花样A后，改织花样B，织至76行时，改织花样C，织至110行，左侧开始袖窿减针，方法为1-3-1，2-1-5，同时右侧衣领减针，方法为2-1-12，织至150行，肩部余下16针。左前片共织62cm长。用同样方法相反方向编织右前片。

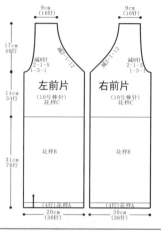 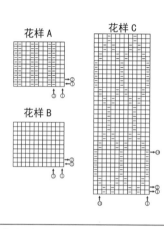

花样A

花样C

花样B

0051

【成品规格】见图
【工具】3.5mm棒针
【材料】灰色羊毛绒线 纽扣子4枚
【制作过程】前片分左、右2片编织，分别按图起37针，织8cm双罗纹后，改织17cm全下针，再织花样，左、右两边按图示收成袖窿。对称织出另一片，缝上纽扣。

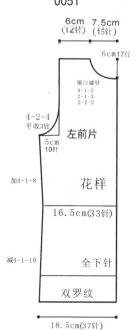

全下针

花样

双罗纹

0052

【成品规格】见图
【工具】13号棒针
【材料】灰色、玫红色、天蓝色棉线
【制作过程】前片按花样织至42行时，第43行中间留取16针不织，两侧相反方向减针，方法为2-2-4，2-1-7，各减15针，织至82行，两肩部各余下20针收针断线。

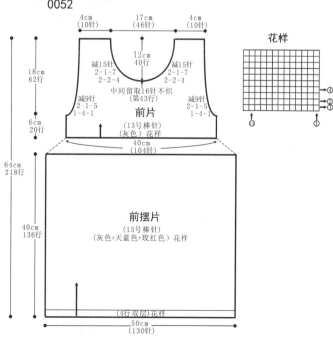

花样

127

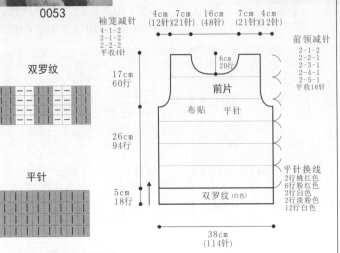

【成品规格】见图
【工具】5号、6号棒针
【材料】白色、淡粉色、桃红色、粉红色毛线
【制作过程】前片用3.0mm棒针起114针，从下往上用白色线织双罗纹5cm，用3.25mm棒针织平针并按图示换线，织到26cm处开挂肩，按图解两边分别收袖窿、收领子。

0053

袖笼减针
4-1-2
2-1-2
平收4针

双罗纹

4cm 7cm 16cm 7cm 4cm
(12针)(21针)(48针)(21针)(12针)

前领减针
2-1-2
2-2-1
2-3-1
2-4-1
2-5-1
平收16针

17cm 60行

6cm 20针

前片
布贴　平针

26cm 94行

平针换线
2行桃红色
6行粉红色
2行白色
2行淡粉色
12行白色

平针

5cm 18行
双罗纹(白色)

38cm (114针)

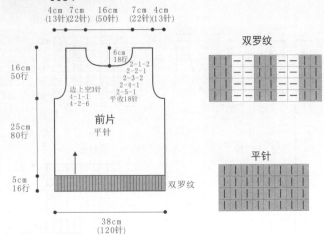

【成品规格】见图
【工具】5号、6号棒针
【材料】粉色、玫红色毛线
【制作过程】前片用3.0mm棒针、玫红色线起120针，从下往上织双罗纹5cm，换3.25mm棒针、粉色线织平针，织到25cm处开挂肩，按图解两边分别收袖窿、收领子。

0054

4cm 7cm 16cm 7cm 4cm
(13针)(22针)(50针)(22针)(13针)

双罗纹

16cm 50行

6cm 18针

2-1-2
2-2-1
2-3-2
2-4-1
2-5-1
平收18针

边上空3针
4-1-1
4-2-6

25cm 80行

前片
平针

平针

5cm 16行
双罗纹

38cm (120针)

【成品规格】见图
【工具】7号棒针
【材料】浅紫色、红色羊毛绒线
【制作过程】前片按图起74针，织5cm双罗纹后，改织全下针，并编入图案，左、右两边按图示收成插肩袖。

0055

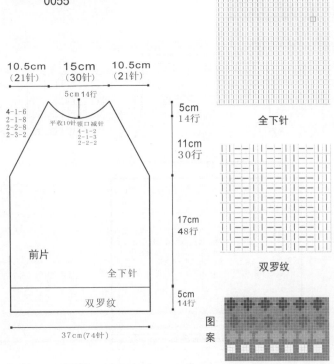

10.5cm 15cm 10.5cm
(21针)(30针)(21针)

5cm 14行

4-1-6
2-1-8
2-2-8
2-3-2

平收10针领口减针
4-1-2
2-1-3
2-2-2

5cm 14行
11cm 30行
17cm 48行
5cm 14行

前片
全下针

双罗纹

37cm(74针)

全下针

双罗纹

图案

【成品规格】见图
【工具】3号、4号棒针
【材料】紫色、白色、咖啡色绒线
【制作过程】前片用3号棒针咖啡色线双罗纹起148针，按图配色双罗纹织8cm，换4号棒针紫色线织18.5cm后按袖窿减针及前领减针织出袖窿和前领。衣领另织双罗纹。

0056

双罗纹

衣领　双罗纹

折山处加2针
(配色8行咖6行
白6行咖6行白
后都为咖啡色)

6cm 30行
16cm (46针)
6cm 30行
22cm (64针)

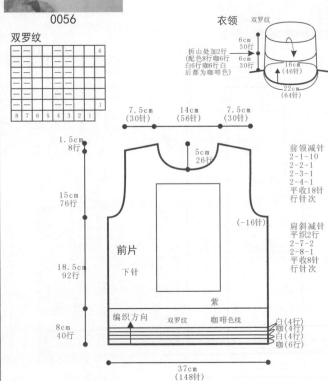

7.5cm 14cm 7.5cm
(30针)(56针)(30针)

1.5cm 8行

5cm 26行

前领减针
2-1-10
2-2-1
2-3-1
2-4-1
平收18针
行针次

15cm 76行

(-16针)

肩斜减针
平织2行
2-7-2
2-8-1
平收8针
行针次

18.5cm 92行

前片
下针

紫

8cm 40行

编织方向　双罗纹　咖啡色线

白(4行)
咖(4行)
白(4行)
咖(6行)

37cm (148针)

0057

【成品规格】见图
【工具】12号棒针
【材料】紫色羊毛线
【制作过程】前片按图织4行花样A后，改织花样B，织至24cm后再改织花样A4cm。织至58cm收前领，中间留取12针不织，两侧减2-1-4，2-2-6，前片共织64cm长。

花样A

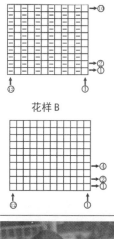

花样B

8cm
(21针)
17cm
(44针)
8cm
(21针)

减16针
2-1-4
2-2-6
6cm
20行
减16针
2-1-4
2-2-6

中间留取12针不织
(第93行)

减9针
2-1-5
1-4-1
减9针
2-1-5
1-4-1

前片
(12号棒针)
花样B

16cm
52行

20cm
68行

64cm
216行

40cm
(104针)

4cm

(14行)花样A

前摆
(12号棒针)
花样B

24cm
82针

(4行)花样A

48cm
(124针)

0058

【成品规格】见图
【工具】12号棒针
【材料】紫色宝宝绒线 腰扣1枚
【制作过程】起148针编织双罗纹针边10cm后编织下针前片，身长编织到25cm，开始袖窿减针，身长共编织到35cm时开始前衣领减针，按结构图减完针后收针断线。下摆片另织20cm下针，腰带片另织双罗纹。缝上腰扣。

腰带片

下摆片

20cm
96针

下针

编织方向

55cm
(176针)

待织罗纹

95cm
456行

5cm
(22针)

6cm
(24针)
13cm
(54针)
6cm
(24针)

5cm(24针)
4-1-2
2-2-1
1-2-1

平收34针

15cm
72行

减5针
4-2-9

前片
下针

4-2-9
减5针

40cm
192行

15cm
72行

编织方向

10cm
48行

双罗纹

35cm
(148针)

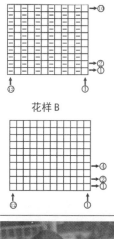

0059

【成品规格】见图
【工具】12号棒针
【材料】紫色羊毛线
【制作过程】前片按图织24cm花样C后，改织花样A4cm再改织花样B。织至58cm收前领，中间留取12针不织，两侧减2-1-4，2-2-6，前片共织64cm长。

8cm
(21针)
17cm
(44针)
8cm
(21针)

减16针
2-1-4
2-2-6
6cm
20行
减16针
2-1-4
2-2-6

中间留取12针不织
(第93行)

减9针
2-1-5
1-4-1
减9针
2-1-5
1-4-1

前片
(12号棒针)
花样B

16cm
52行

20cm
68行

64cm
216行

4cm

(14行)花样A

前摆
(12号棒针)
花样C

24cm
82针

40cm
(104针)

花样A

花样B

花样C

白色
紫色
白色
紫色

0060

【成品规格】见图
【工具】12号棒针
【材料】紫色羊毛线
【制作过程】前片与下摆片相同的方法编织。织花样A与花样B至58cm收前领，中间留取12针不织，两侧减2-1-4，2-2-6，前片共织64cm长。

8cm
(21针)
17cm
(44针)
8cm
(21针)

减16针
2-1-4
2-2-6
6cm
20行
减16针
2-1-4
2-2-6

中间留取12针不织
(第93行)

减9针
2-1-5
1-4-1
减9针
2-1-5
1-4-1

前片
(12号棒针)
花样B

16cm
52行

20cm
68行

64cm
216行

4cm

(14行)花样A

前摆
(12号棒针)
花样B

24cm
82针

40cm
(104针)

挑起96针
环织
6cm
(20行)

领
(12号棒针)
花样A

花样A

花样B

0061

【成品规格】见图
【工具】12号棒针
【材料】花色、蓝色、白色棉线
【制作过程】起104针织花样A前片，然后改织花样B。不加减针织至136行，第137起将织片中间留取20针不织，两侧减针织成前领，方法为2-2-4，2-1-4，两侧各减12针，织至156行，两肩部各余下21针，收针断线。

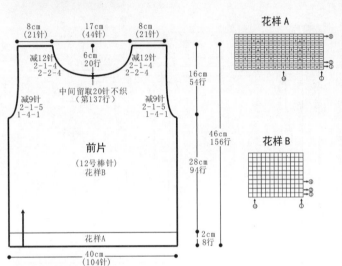

花样A

花样B

8cm（21针）　17cm（44针）　8cm（21针）
减12针 2-1-4 2-2-4 ／ 6cm 20针 ＼ 减12针 2-1-4 2-2-4
中间留取20针不织（第137行）
减9针 2-1-5 1-4-1 ／ ＼ 减9针 2-1-5 1-4-1
前片（12号棒针）花样B
花样A
16cm 54行
46cm 156行
28cm 94行
2cm 8行
40cm（104针）

0062

【成品规格】见图
【工具】12号棒针
【材料】蓝色、绿色、白色、红色、粉红色棉线
【制作过程】前片起104针，织花样，各种颜色混合编织，织至30袖窿减针，方法为1-4-1，2-1-5，织至40cm，收前领，中间留取14针不织，两侧减2-2-6，2-1-2，前片共织46cm长。

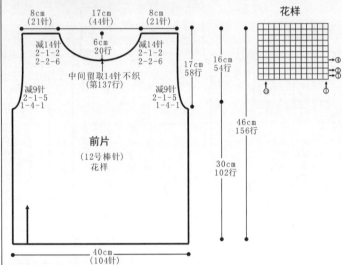

花样

8cm（21针）　17cm（44针）　8cm（21针）
减14针 2-1-2 2-2-6 ／ 6cm 20针 ＼ 减14针 2-1-2 2-2-6
中间留取14针不织（第137行）
减9针 2-1-5 1-4-1 ／ ＼ 减9针 2-1-5 1-4-1
前片（12号棒针）花样
16cm 54行
17cm 58行
46cm 156行
30cm 102行
40cm（104针）

0063

【成品规格】见图
【工具】7号棒针 小号钩针
【材料】橙色、黄色羊毛绒线 钩花3朵
【制作过程】前片按图起74针，织5cm双罗纹后，改织全下针，并间色，左、右两边按图示收成袖窿。翻领按图另织。钩上钩花。

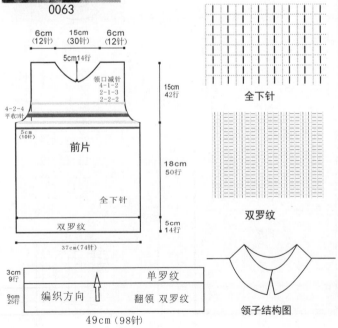

全下针

双罗纹

6cm（12针）　15cm（30针）　6cm（12针）
5cm14行
领口减针 4-1-2 2-1-3 2-2-2
4-2-4 平收3针
5cm 10针
前片
全下针
双罗纹
15cm 42行
18cm 50行
5cm 14行
37cm（74针）

3cm 9行
9cm 25行
编织方向
单罗纹
翻领 双罗纹
49cm（98针）

领子结构图

0064

【成品规格】见图
【工具】13号棒针
【材料】红色、黑色、白色棉线
【制作过程】前片用红色棉线起104针，织花样A，织6cm后改织花样B和图案，织至30cm袖窿减针，减针方法为1-4-1，2-1-5，织至32cm收前领，中间留取48针不织，两侧减2-2-2，2-1-5，前片共织46cm长。

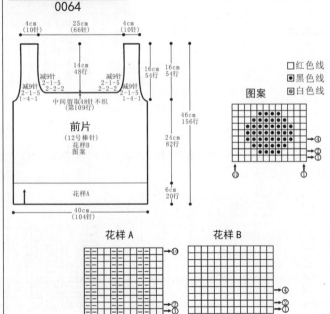

图案
□红色线
◉黑色线
◎白色线

花样A　　花样B

4cm（10针）　25cm（66针）　4cm（10针）
减9针 2-1-5 2-2-2 1-4-1 ／ 14cm 48行 ＼ 减9针 2-1-5 2-2-2 1-4-1
中间留取48针不织（第109行）
前片（12号棒针）花样B 图案
花样A
16cm 54行
46cm 156行
24cm 82行
6cm 20行
40cm（104针）

0065

【成品规格】见图

【工具】12号棒针

【材料】藏蓝色、白色、粉红色、黄色、绿色棉线

【制作过程】起织左前片，双罗纹针起针法，起49针，起织花样A，织20行后改为四种组合编织花样B，织至58行，左侧减针织成袖窿，减针方法为1-3-1，2-1-27，共减30针，继续往上织至156行，右侧减针织成前领，方法为1-11-1，2-1-7，共减18针，织至170行，收针断线。用同样的方法相反方向编织右前片。

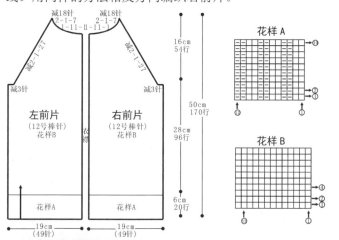

0066

【成品规格】见图

【工具】10号棒针

【材料】红色、白色、粉红色、蓝色、绿色、黑色棉线

【制作过程】起织左前片，双罗纹针起针法，起24针，起织花样A，织10行后改织花样B，织至58行，左侧减针织成袖窿，减针方法为1-3-1，2-1-2，共减5针，继续往上织至79行，右侧减针织成前领，方法为1-3-1，2-1-4，共减7针，织至86行，肩部余下12针，收针断线。用同样的方法相反方向编织右前片。

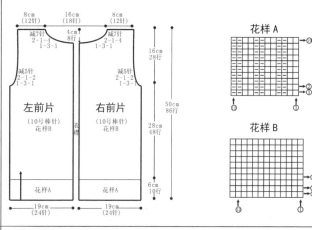

0067

【成品规格】见图

【工具】10号棒针

【材料】蓝色、红色、粉红色、黄色、白色棉线

【制作过程】起织左前片，双罗纹针起针法起24针，起织花样A，织10行后改织花样B，织至58行，左侧减针织成袖窿，减针方法为1-3-1，2-1-2，共减5针，继续往上织至79行，右侧减针织成前领，方法为1-3-1，2-1-4，共减7针，织至86行，肩部余下12针，收针断线。用同样的方法相反方向编织右前片。

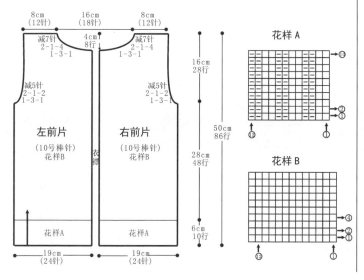

0068

【成品规格】见图

【工具】10号棒针

【材料】黑色、白色、红色、黄色、蓝色棉线

【制作过程】起织左前片，双罗纹针起针法起24针，起织花样A，织10行后改织花样B，织至58行，左侧减针织成袖窿，减针方法为1-3-1，2-1-2，共减5针，继续往上织至79行，右侧减针织成前领，方法为1-3-1，2-1-4，共减7针，织至86行，肩部余下12针，收针断线。用同样的方法相反方向编织右前片。

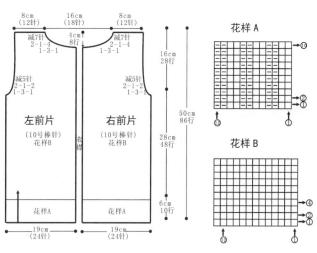

131

【成品规格】见图

【工具】4号棒针

【材料】黄色、黑色棉线 装饰毛线少许

【制作过程】前片普通起针法起122针,下针织17cm后按前袖窿减针(小燕子收针法)及前领减针织出袖窿和前领。下摆起32针,织10cm花样。

0069

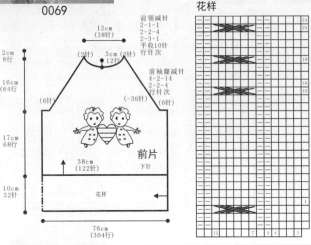

花样

前领减针
2-1-1
2-2-4
2-3-1
平收10针
行行次

前袖窿减针
4-2-14
2-2-4
行针次

前片
下针

38cm
(122针)

花样

76cm
(304行)

【成品规格】见图

【工具】3号、4号棒针

【材料】粉色中粗棉线 装饰线若干

【制作过程】前片4号棒针普通起针法起102针,下针编织18cm后,按袖窿减针及前领减针织出袖笼和前领。织完底边换3号棒针挑136针,双罗纹针编织8cm后,双罗纹针收针。衣领按图挑针。

0070

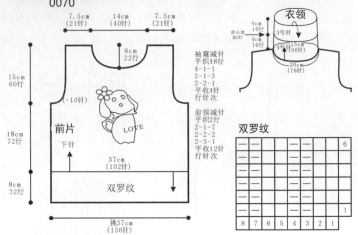

衣领

3号针

双罗纹

袖窿减针
平织48行
4-1-1
2-1-3
2-2-1
平收4针
行针次

前领减针
平织2针
2-1-7
2-2-2
2-3-1
平收12针
行针次

前片
下针

37cm
(102针)

双罗纹

挑37cm(136针)

【成品规格】见图

【工具】12号棒针

【材料】粉红色、杏色、咖啡色棉线

【制作过程】前片用杏色线起104针,织花样A6cm后,改织花样B和图案,织30行后全部改为粉红色线编织,织至30cm袖窿减针,减针方法为1-4-1,2-1-5,织至40cm,收前领,中间留取14针不织,两侧减2-2-6,2-1-2,前片共织46cm长。领片另织花样A。

0071

前片
(12号棒针)
花样B
图案

减14针
2-1-1
1-1-2
2-2-6

减9针
2-1-5
1-4-1

花样A

40cm
(104针)

领
(12号棒针)
花样A

挑起94针
环织

花样A

图案

□粉红色色线
□咖啡色色线
□杏色线

花样B

【成品规格】见图

【工具】5号、6号棒针

【材料】红色、白色毛线

【制作过程】前片用5号棒针起106针,从下往上织双罗纹6cm,按图示换线,换6号棒针织平针,织到25cm处开挂肩,按图解两边分别收袖窿、收领子。领子按图另织双罗纹。

0072

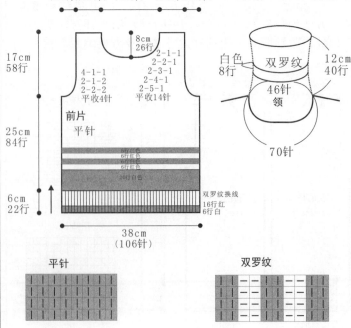

4cm 7cm 16cm 7cm 4cm
(11针)(20针)(44针)(20针)(11针)

前片
平针

4-1-1
2-1-2
2-2-2
平收4针

2-2-1
2-4-1
2-5-1
平收14针

白色
8行

双罗纹

46针
领

70针

38cm
(106针)

平针

双罗纹

132

0073

【成品规格】见图
【工具】13号棒针
【材料】红色、白色棉线 纽扣4枚
【制作过程】按图织至第149行两侧开始袖窿减针，方法为1-4-1，2-1-5，同时中间留取22针不织，两侧前领完整减针，方法为2-2-8，2-1-6，各减22针，织至210行，两肩部各余下10针。前片按图织花样A与花样B，共织62cm长。缝上纽扣。

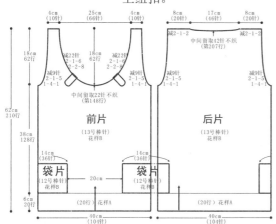

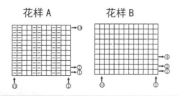

花样A　　花样B

0074

【成品规格】见图
【工具】13号棒针
【材料】红色、白色棉线 纽扣2枚
【制作过程】按图织至第149行两侧开始袖窿减针，方法为1-4-1，2-1-5，同时中间留取22针不织，两侧前领完整减针，方法为2-2-8，2-1-6，各减22针，织至210行，两肩部各余下10针。前片按图织花样A、花样B和花样C，共织62cm长。缝上纽扣。

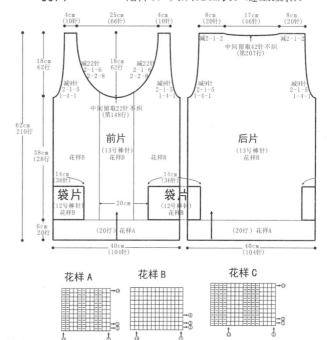

花样A　　　　花样B　　　　花样C

0075

【成品规格】见图
【工具】13号棒针
【材料】红色棉线
【制作过程】起织左前片，双罗纹针起针法，起36针，起织花样A，织28行后，改织花样B，织至148行，第149行左侧开始袖窿减针，方法为1-4-1，2-1-5，织至156行，第157行右侧开始前领减针，方法为6-1-9，织至210行。用同样方法相反方向织出另一片。

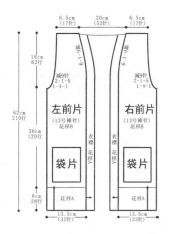

花样A

花样B

0076

【成品规格】见图
【工具】12号棒针
【材料】红色棉线 纽扣8枚
【制作过程】左前片起49针，织花样C，织20cm后改织花样A，织4cm改织花样B，衣襟侧编织12针花样D，余下针数织花样B，织至41cm左侧袖窿减针，减针方法为1-4-1，2-1-5。织至53cm右侧前领减针，方法为1-7-1，2-2-6，共减19针，左前片共织59cm长。缝上纽扣。

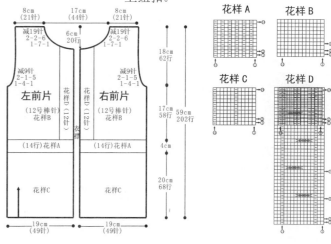

花样A　　花样B

花样C　　花样D

0077

【成品规格】见图
【工具】10号棒针
【材料】蓝色棉线 纽扣5枚
【制作过程】起织左前片，双罗纹针起针法，起29针织花样A，织6行后，改织花样B，织至80行，左侧减针织成插肩袖窿，减针方法为1-4-1，2-1-16，左侧针数减少20针，织至100行，右侧减针织成前领，方法为1-2-1，2-1-6，织至112行，余下1针，收针断线。用同样的方法相反方向编织右前片。缝上纽扣。

花样A

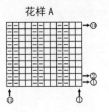

花样B

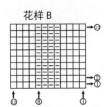

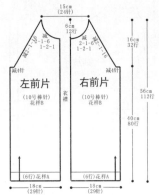

【成品规格】见图
【工具】10号棒针
【材料】白色纯羊毛线 粉色毛线 纽扣4枚
【制作过程】左、右前片起5针织花样B，织9cm后开始从侧边挑30针连同5针，共35针织花样C，织4行，接着织花样A，同时在30针处加1针，每隔一行加1针，加5次在靠近花样A空3针加鱼骨针（花样C），织至20cm开始收袖窿。缝上纽扣。

0078

花样B

花样C

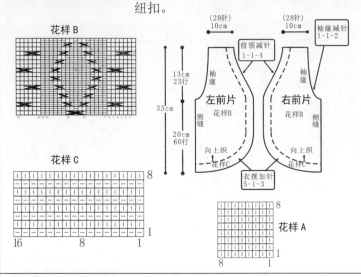

0079

【成品规格】见图
【工具】7号棒针
【材料】浅玫红色羊毛绒线 纽扣5枚
【制作过程】前片分左、右2片，左前片按图起40针，织3cm单罗纹后，改织花样，门襟的位置留6针，来回行都是织全下针，左右2边按图示收成袖窿。领子另织10cm双罗纹，对称织出另一前片。缝上纽扣。

单罗纹

双罗纹

全下针

花样

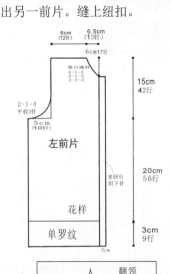

【成品规格】见图
【工具】7号棒针
【材料】粉色毛线 纽扣3枚
【制作过程】左、右前片起5针织花样B，织9cm后开始从侧边挑30针连同5针，共35针织花样C，织4行，接着织花样A，同时在30针处加1针，每隔一行加1针，加5次在靠近花样A空3针加鱼骨针（花样C），织至20cm开始收袖窿。缝上纽扣。

0080

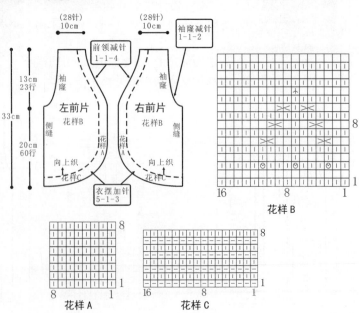

花样B

花样A

花样C

【成品规格】见图
【工具】12号棒针
【材料】白色棉线 腰带扣1枚
【制作过程】前片的编织按图织花样A、B、C、D，织至第171行时，中间留取16针不织，两端相反方向减针编织，各减少8针，方法为2-2-2，2-1-4，最后两肩部各余下17针，收针断线。缝上腰带扣。

0081

【成品规格】见图
【工具】12号棒针
【材料】白色棉线
【制作过程】前片按图编织花样A、B、C，织至第171行时，中间留取16针不织，两端相反方向减针编织，各减少8针，方法为2-2-2，2-1-4，最后两肩部各余下17针，收针断线。

0082

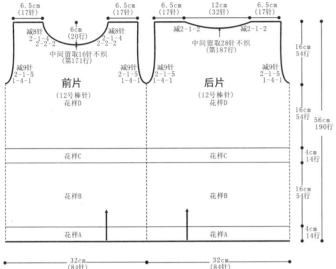

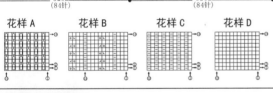

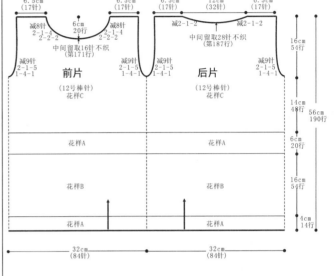

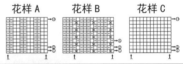

0083

【成品规格】见图
【工具】10号棒针
【材料】绿色粗棉线
【制作过程】前片为一片编织。从衣摆往上编织，起72针，先织14行花样A后，改织花样C20行再织花样B，一边织一边两侧减针，方法为18-1-5，织至110行，两侧开始袖窿减针，方法为1-2-1，2-1-4，织至98行，第99行开始前领减针，方法是中间留取12针不织，两侧各减6针，方法为2-2-2，2-1-4，减针后不加减针织至110行，两肩部各余下13针。前身片共织62cm长。

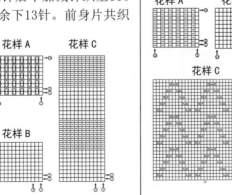

0084

【成品规格】见图
【工具】12号棒针
【材料】蓝色棉线 珍珠若干 腰带扣1枚
【制作过程】前片与前摆片相同的方法编织。按图织花样A、B、C，织至58cm收前领，中间留取12针不织，两侧减2-1-4，2-2-6，前片共织64cm长。缝上腰带扣。

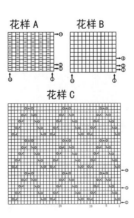

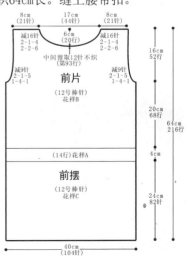

135

0085

【成品规格】见图
【工具】7号棒针 绣花针
【材料】浅玫红色羊毛绒线 绣花图案若干
【制作过程】前片按图起74针，织5cm单罗纹后，改用钩针钩织花样，左、右两边按图示收成袖窿。用绣花针绣上图案。

0086

【成品规格】见图
【工具】7号棒针
【材料】粉红色、蓝色、橙色羊毛绒线 绣花图案若干 拉链1条
【制作过程】前片分左、右2片编织，左前片按图起36针，织5cm双罗纹后，改织全下针，并间色，左、右两边按图示收成插肩袖。缝上拉链，用绣花针绣上图案。

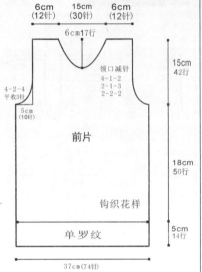

单罗纹

前片

6cm(12针) 15cm(30针) 6cm(12针)
6cm17行
15cm 42行
领口减针
4-1-2
2-1-3
2-2-2
4-2-4 平收3针
5cm(10针)
18cm 50行
钩织花样
单罗纹
5cm 14行
37cm(74针)

全下针

双罗纹

左前片 全下针 双罗纹

10.5cm(21针) 7.5cm(15针)
领口减针
4-1-2
2-1-3
2-2-2
4-1-6
2-1-8
2-2-8
2-3-2
5cm 14行
11cm 30行
17cm 48行
5cm 14行
18cm(36针)

0087

【成品规格】见图
【工具】8号棒针
【材料】绿色棉线
【制作过程】前片以机器边起针编织双罗纹针，衣身编织基本针法，按图示减袖窿，后领、前领。

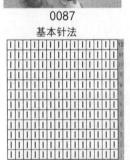

基本针法

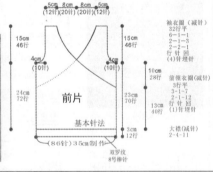

前片
基本针法

5cm(12针) 8cm(20针) 8cm(20针) 5cm(12针)
15cm 46行
4cm(10针)
15cm 46行
4cm(10针)
24cm 72行
23cm 70行
3cm 12行
(86针)3.5cm制作
双罗纹 8号棒针

袖衣圈（减针）
32行平
6-1-1
2-1-3
2-2-1
行 针 回
(4)针埋针
10cm 28行
前领衣圈（减针）
3行平
3-1-7
2-1-12
行 针 回
(1)针埋针
13cm 40行
大襟（减针）
2-4-11

0088

【成品规格】见图
【工具】8号棒针
【材料】白色、蓝色棉线
【制作过程】前片以机器边起针编织双罗纹针，衣身编织基本针法与花样，按图示减袖窿、前领窝、后领窝。

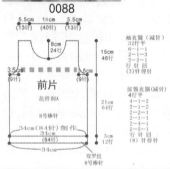

双罗纹

花样

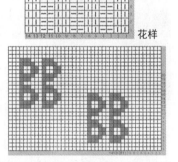

前片
花样例A
8号棒针

5.5cm(13针) 16cm(40针) 5.5cm(13针)
8cm 24行
15cm 46行
3.5cm(9针) 5cm(9针)
21cm 64行
3cm 12行
34cm(84针)制作
(84针)
34cm

袖衣圈（减针）
32行平
6-1-1
2-1-3
2-2-1
行 针 回
(3)针埋针
前领衣圈（减针）
4行平
4-1-2
2-1-2
2-2-1
2-4-1
行 针 回
(8)针埋针
双罗纹 8号棒针

0089

【成品规格】见图
【工具】1.7mm棒针
【材料】天蓝色、白色纯羊毛线
【制作过程】起90针编织前片，织7cm后改织花样，身长共编织到38cm时开始前衣领减针，按结构图减完针后收针断线。

花样

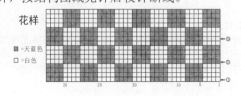

■=天蓝色
□=白色

20 15 10 5 1

前片
花样
下针

7cm(16针) 14cm(34针) 7cm(16针)
6cm(18行) 平收18针
2-1-5
1-1-3
15cm 46行
44cm
4-2-4 减4针
4-2-4 减4针
22cm 68行
编织方向
38cm(90针)
7cm 28行
33cm(90针)

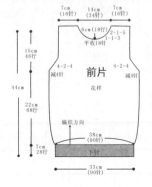

0090

【成品规格】见图
【工具】9号、10号棒针
【材料】天蓝色、白色、绿色、粉色、黄色宝宝绒线
【制作过程】起90针编织下针前片，织7cm后改织花样。身长共编织到38cm时开始前衣领减针，按结构图减完针后收针断线。

花样

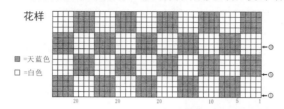

■=天蓝色
□=白色

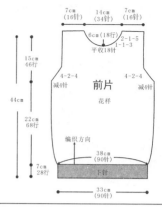

前片
花样

7cm(16针) 14cm(34针) 7cm(16针)
6cm(18行)
平收18针 2-1-5 1-1-3
15cm 46行
44cm
4-2-4 减4针 4-2-4 减4针
22cm 68行
编织方向
38cm(90针)
7cm 28行
下针
33cm(90针)

0091

【成品规格】见图
【工具】12号棒针
【材料】蓝色、白色、黄色、绿色棉线
【制作过程】前片按图织花样A与花样B。不加减针织至136行，第137起将织片中间留取20针不织，两侧减针织成前领，方法为2-2-4，2-1-4，两侧各减12针，织至156行，两肩部各余下21针，收针断线。

前片
(12号棒针)
花样B

8cm(21针) 17cm(44针) 8cm(21针)
减12针 2-1-4 2-2-2   6cm 20行   减12针 2-1-4 2-2-2
中间留取20针不织(第137行)
减9针 2-1-5 1-4-1   减9针 2-1-5 1-4-1
16cm 54行
28cm 94行
46cm 156行
花样A
40cm(104针)

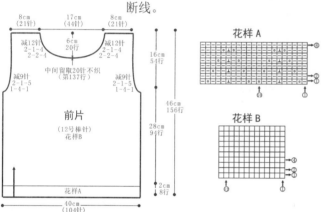

花样A

花样B

0092

【成品规格】见图
【工具】9号棒针
【材料】天蓝色、白色、黑色毛线 蕾丝边若干
【制作过程】前片织24行下针，然后配色编织花样前片，均加10针，即加至90针，袖窿减针，身长共编织到38cm时开始前衣领减针，按结构图减完针后收针断线。缝上蕾丝边。

前片
花样

7cm(16针) 14cm(34针) 7cm(16针)
6cm(18行)
平收18针 2-1-5 1-1-3
15cm 46行
45cm 138行
4-2-4 减4针 4-2-4 减4针
22cm 68行
编织方向
38cm(90针)
8cm 24行
下针
34cm(80针)

花样 □=白色 ■=天蓝色 ■=黑色

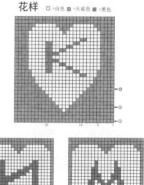

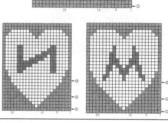

0093

【成品规格】见图
【工具】4号棒针
【材料】白色、粉色中粗棉线 装饰毛线
【制作过程】前片普通起针法起106针，配色(看前片配色)下针织17cm后按袖窿减针及前领减针织出袖窿和前领。织完底边挑140针，双罗纹配色编织9.5cm后双罗纹收针。

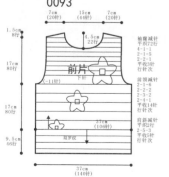

前片
下针

7cm(20针) 15cm(44针) 7cm(20针)
1.5cm 8行
4.5cm 22行
袖窿减针 平收72针 4-1-1 2-1-5 2-2-1 平收3针 行针次
17cm 80行
前领减针 2-1-6 2-2-2 2-4-1 平收14针 行针次
17cm 80行
斜肩减针 平收2针 2-3-3 行针次
9.5cm 46行
双罗纹
37cm(106针)
37cm(140针)

领针法图

折山处

双罗纹

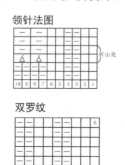

0094

【成品规格】见图
【工具】7号棒针 小号钩针
【材料】白色、紫红色羊毛绒线 亮珠若干 钩织小花4朵
【制作过程】前片按图起74针，织5cm双罗纹后，改织全下针，并间色和编入图案，左、右两边按图示收成袖窿。缝上亮珠和小花。

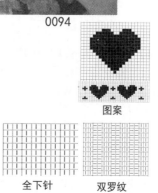

图案

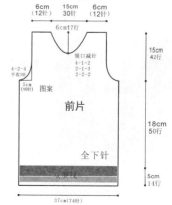

前片
全下针

6cm(12针) 15cm(30针) 6cm(12针)
6cm17行
4-2-4 平收3针
领口减针 4-1-2 2-1-3 2-2-2
15cm 42行
5cm(10针) 图案
18cm 50行
双罗纹
5cm 14行
37cm(74针)

全下针

双罗纹

137

【成品规格】见图
【工具】3号、4号棒针
【材料】天蓝色、白色毛线
【制作过程】前片用2.5mm棒针起144针，用蓝色线从下往上织双罗纹5cm，换2.75mm棒针织平针，并按图解换色编织，织到28cm处开挂肩，按图分别收袖窿、收领子。

0095

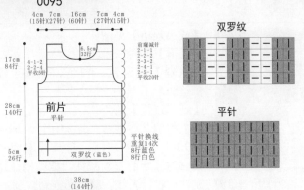

双罗纹

平针

【成品规格】见图
【工具】3号、4号棒针
【材料】紫色、黑色、粉色、淡粉色、白色棉线
【制作过程】前片紫色线3号棒针双罗纹起针法起112针，双罗纹编织6cm；换4号棒针配色编织（如图）21cm后按前袖窿减针（小燕子收针法）及前领减针织出袖窿和前领。衣领按图另织。

0096

衣领
（紫色线双螺纹）

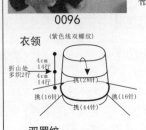

双罗纹

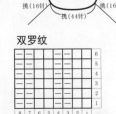

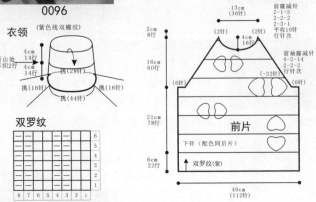

【成品规格】见图
【工具】12号棒针
【材料】红色、白色、蓝色棉线 纽扣3枚
【制作过程】前片红色线起104针，织花样A，织6cm后改为8行蓝色与4行红色间隔编织，织花样B，织至30cm改为8行白色与4行红色间隔编织，袖窿减针，方法为1-4-1，2-1-5。织至40cm，收前领，中间留取14针不织，两侧减2-2-6，2-1-2，织至45cm，右肩部织21针花样A，前片共织46cm长，右肩留起1个扣眼，继续编织1cm的长度。缝上纽扣。

0097

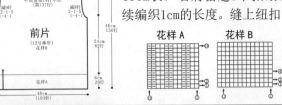

花样A　花样B

【成品规格】见图
【工具】12号棒针
【材料】深蓝色、白色、天蓝色、黄色棉线
【制作过程】前片白色线起104针，织花样A，织6cm后改织花样B图案，织至30cm袖窿减针，方法为1-4-1，2-1-5。织至40cm，收前领，中间留取14针不织，两侧减2-2-6，2-1-2，前片共织46cm长。

0098

图案c

图案d

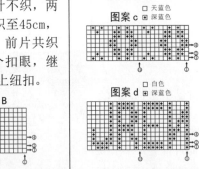

图案a

图案b

花样A

花样B

【成品规格】见图
【工具】12号棒针
【材料】黑色、白色棉线 黑色、白色、橙色丝线少量 纽扣3枚
【制作过程】前片黑色棉线起104针，织花样A，织6cm后改织花样B和图案，织至30cm改织白色棉线，袖窿减针，减针方法为1-4-1，2-1-5。织6行后改织黑色线，织6行后改织白色线，织至40cm，收前领，中间留取14针不织，两侧减2-2-6，2-1-2，织至45cm，右肩部织21针花样A，前片共织46cm长，右肩留起1个扣眼，继续编织1cm的长度。缝上纽扣。

0099

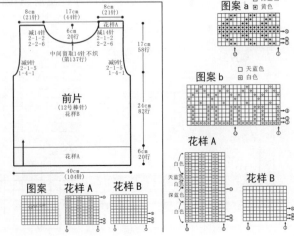

图案　花样A　花样B

【成品规格】见图
【工具】12号棒针
【材料】深蓝色、白色、红色棉线
【制作过程】起织前片，双罗纹针起针法，起104针织花样A，织20行，从第21行起，改织花样B，织至88行，改为白色与蓝色线间隔编织，织至102行，两侧减针织成袖窿，不加减针织至136行，从第137起将织片中间留取20针不织，两侧减针织成前领，织至156行，两肩部各余下21针，收针断线。

0100

前片

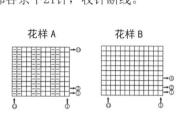

花样A　　花样B

【成品规格】见图
【工具】8号棒针
【材料】紫色、白色毛线
【制作过程】前片以机器边起针编织双罗纹针，衣身编织花样，胸前用白色毛线编织，编织按图示减袖窿、前领窝、后领窝。

0101
花样

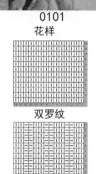

双罗纹

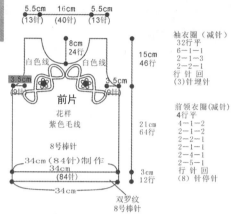

前片
花样
紫色毛线
8号棒针
34cm（84针）制作

袖衣圈（减针）
32行平
6-1-1
2-1-3
2-2-1
行针回
(3)针埋针

前领衣圈（减针）
4行平
4-1-2
2-1-2
2-2-1
2-1-1
2-4-1
2-5-1
行针回
(8)针停针

双罗纹
8号棒针

【成品规格】见图
【工具】6号、7号棒针
【材料】粉色、枣红色毛线
【制作过程】前片用6号棒针、枣红色线起96针，从下往上织双罗纹1cm，换粉色线继续织双罗纹4cm，织3cm花样A换7号棒针、粉色线织平针，织到12cm处按图解换线，织到14cm处，开挂肩，按图解织花样B，两边分别收袖窿、收领子。缝上布贴。

0102
花样A

平针

花样B

双罗纹

前片换线图

前片
平针
双罗纹

【成品规格】见图
【工具】12号棒针
【材料】蓝色、黑色、白色棉线
【制作过程】前片用蓝色线起104针，织花样A，织6cm改为黑色线织花样B，织至30cm改为白色线编织，插肩减针，方法为1-4-1，2-1-27。白色线织26行改回黑色线编织，并织入图案，织至43cm，中间收20针，两侧减针织成前领，减2-2-5，织至46cm长，两侧各余1针。

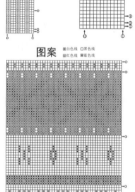

花样A　0103　花样B

图案

前片
图案（62行）
减4针
中间收20针（第147行）
黑色（50行）（12号棒针）花样B
花样A

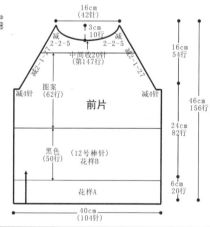

40cm（104针）

【成品规格】见图
【工具】3.5mm棒针　绣花针
【材料】紫啡色、白色羊毛绒线　亮珠、毛毛球、丝绸花边若干
【制作过程】前片按图起74针，织5cm双罗纹后，改织全下针，并编入图案，左、右两边按图示收成袖窿。缝上亮珠、毛毛球和丝绸花边。

0104

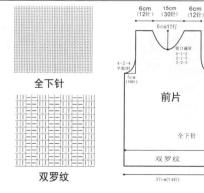

全下针

双罗纹

前片
全下针
双罗纹

0105

【成品规格】见图
【工具】12号棒针
【材料】黑色、白色棉线
【制作过程】前上片用黑色线起104针，织花样B，按图案a颜色搭配。织4cm后袖窿减针，减针方法为1-4-1，2-1-5。织至16cm收前领，中间留取12针不织，两侧减2-1-4，2-2-6，前片共织20cm长。按图织前下片。

花样A 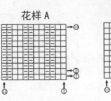 花样B

图案a

图案b □黑色 回白色

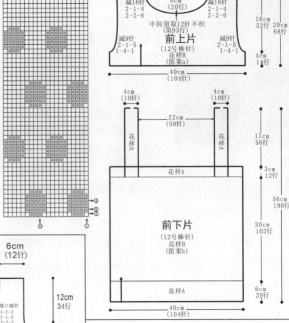

前上片
(12号棒针)
花样B
(图案a)

前下片
(12号棒针)
花样B
(图案b)

花样A

0106

【成品规格】见图
【工具】7号棒针
【材料】黑色羊毛绒线
【制作过程】前片按图起74针，织双罗纹，至织完成，左、右两边按图示收成袖窿。领子另织双罗纹。

双罗纹

领子结构图

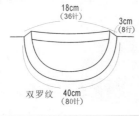

双罗纹

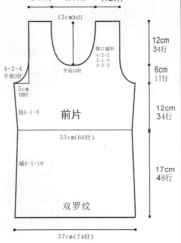

前片

双罗纹

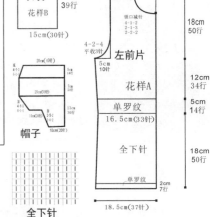

衣袋
花样B

帽子

左前片
花样A
单罗纹
全下针
单罗纹

全下针

0107

【成品规格】见图
【工具】7号棒针
【材料】灰色羊毛绒线 纽扣7枚
【制作过程】前片分左、右2片编织，分别按图起37针，织2cm单罗纹后，依次织18cm全下针、5cm单罗纹和12cm花样A，将左、右两边按图示收成袖窿。衣襟另织14cm花样B，帽子、前片衬边、门襟另织，按图缝合。缝上纽扣。

前片衬边
2片

花样A 花样B 双罗纹 单罗纹

门襟 双罗纹 2片

0108

【成品规格】见图
【工具】12号棒针
【材料】蓝色棉线
【制作过程】前片的编织方法与后片相同，织花样A与花样B织至第171行时，中间留取26针不织，两端相反方向减针编织，各减少8针，方法为2-2-2，2-1-4，最后两肩部各余下21针，收针断线。

花样B

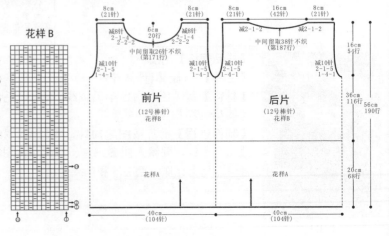

前片
(12号棒针)
花样B

后片
(12号棒针)
花样B

花样A 花样A

花样A

花样A

0109

【成品规格】见图
【工具】10号棒针
【材料】白色棉线 纽扣4枚
【制作过程】起36针,右侧织18针花样B,左侧织18针花样A作为衣襟,织至24cm右侧袖窿减针,方法为1-2-1,2-1-3。右前片共织40cm长。用同样的方法相反方向编织左前片。注意左前片衣襟要留双排扣眼共4个。缝上纽扣。

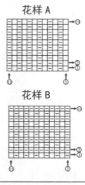

花样A

花样B

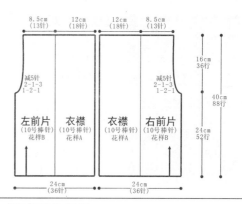

0110

【成品规格】见图
【工具】7号棒针 小号钩针
【材料】白色羊毛绒线 纽扣8枚
【制作过程】前片分左、右2片编织,分别按图起41针,织3cm双罗纹后,改织花样,左、右两边按图示收成袖窿。对称织出另一前片。缝上纽扣。

左前片

花样

双罗纹

【成品规格】见图
【工具】10号棒针
【材料】白色棉线 纽扣4枚
【制作过程】左前片起36针,右侧织18针花样B,左侧织18针花样A作为衣襟,织至32cm右侧袖窿减针,方法为1-2-1,2-1-3。右前片共织48cm长。用同样的方法相反方向编织左前片。注意左前片衣襟要留双排扣眼共4个。缝上纽扣。

0111

花样A

花样B

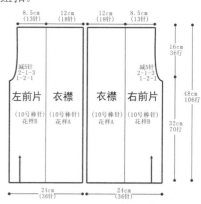

0112

【成品规格】见图
【工具】11号棒针
【材料】白色毛线 纽扣6枚
【制作过程】前片(左片、右片)起18针织双罗纹针,织13行后约7cm然后开始织平针,织到袖窿处如图示门襟,挑起衣边。横织如图花样,领处预留2cm并按如图位置开扣眼共6个。缝上纽扣。

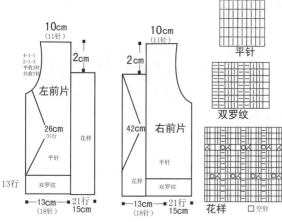

左前片

右前片

平针

双罗纹

花样 □空针

0113

【成品规格】见图
【工具】13号棒针
【材料】紫红色、浅紫色、白色棉线
【制作过程】前片编织花样A与花样B织至第176行,将织片分成左、右2片分别编织,中间减针织成衣领,方法为2-2-17,各减34针,织至224行,两肩部各余下9针。前片共织66cm长。衣领及前襟按图另织。

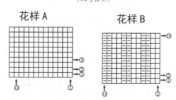

衣领及前襟片

花样A

花样B

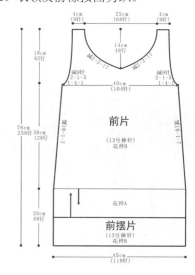

前片

花样A

前摆片

141

0114

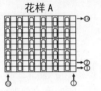

花样A

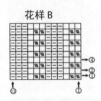

花样B

【成品规格】见图
【工具】12号棒针
【材料】玫红色棉线
【制作过程】左前片起20针，起织花样B，一边织一边右侧衣摆加针，从第123行起，左侧减针织成袖窿，右侧减针织成衣领，方法为2-1-21，减针后不加减针往上织至176行，最后肩部余下21针，收针断线。用相同方法相反方向编织右前片。

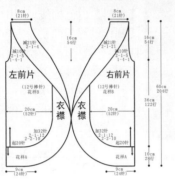

0115

花样A

花样B

【成品规格】见图
【工具】12号棒针
【材料】玫红色棉线
【制作过程】起织左前片，下针起针法，起20针，起织花样B，一边织一边右侧衣摆加针，方法为2-2-10，2-1-12，将织片加至52针，然后不加减针往上编织至122行，从第123行起，左侧减针织成袖窿，减针方法为1-4-1，2-1-6，共减10针，右侧减针织成衣领，方法为2-1-21，减针不加减针往上织至176行，最后肩部余下21针，收针断线。用相同方法相反方向编织右前片。

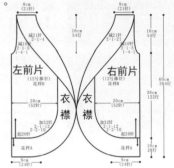

0116

花样A

花样B

【成品规格】见图
【工具】11号棒针
【材料】紫色毛线
【制作过程】身片从上往下环织。织花样B全下针，用别针标记出第1-2针、25-26针、49-50针、73-74针作为加针的前后左右中心骨，从第35行起开始在每条中心骨的两侧加针，方法为2-1-55，编织到143行，织片变为444针。

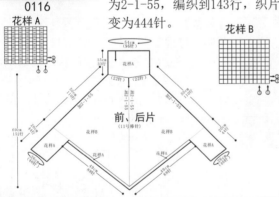

0117

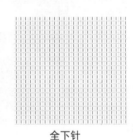

【成品规格】见图
【工具】7号棒针
【材料】粉红色羊毛绒线 亮片图案
【制作过程】前片按图起74针，织全下针，左、右两边按图示收成插肩袖窿。

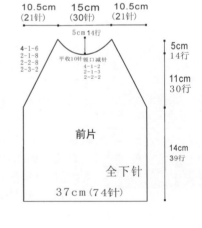

0118

【成品规格】见图
【工具】7号棒针
【材料】粉色棉线 蕾丝花边 粉色马海毛线 亮片 珠子
【制作过程】前片起84针，编织花样B，织22行后均匀减针成66针编织花样A。织15cm高度后按图示减针，形成前片袖、前片领口。缝上蕾丝花边和亮片。

花样A

花样B

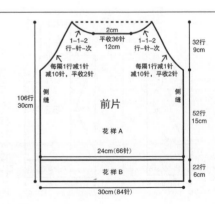

0119

【成品规格】见图
【工具】4号、5号棒针
【材料】红色细棉线 红色中粗棉线 拉链1条 字母装饰贴1张
【制作过程】前片起96针织下针，按图收袖窿和领口，另起24针，按编织方向织花样。装上拉链和装饰贴。

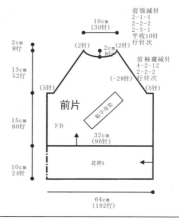

10cm
(30针)
前领减针
2-1-1
2-2-2
2-3-1
平收10针
行行次
(2针)
2cm
8行
2cm(2针)
前袖窿减针
4-2-12
行行次
(-28针)
(5针)
13cm
52行
(5针)
15cm
60行
前片
贴字母贴
下针
15cm
60行
32cm
(96针)
10cm
24针
花样A
64cm
(192行)

花样A

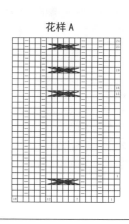

0120

【成品规格】见图
【工具】7号棒针
【材料】蓝色羊毛绒线
【制作过程】前片按图起74针，织5cm双罗纹后，改织全下针，并间色，左、右两边按图示收成袖窿。领子另织18cm单罗纹。

单罗纹

全下针

双罗纹

6cm
(12针)
15cm
(30针)
6cm
(12针)
6cm17行
领口减针
4-1-2
2-1-3
2-2-2
5cm
(10针)
平收
4-2-4
15cm
42行
前片
全下针
18cm
50行
双罗纹
37cm(74针)
20cm(40针)

18cm
50行
单罗纹
4-1-20
围织49cm(98针)
领子结构图

0122

【成品规格】见图
【工具】7号棒针
【材料】白色羊毛绒线 领子金属扣1枚 装饰扣3枚
【制作过程】前片分上、下片编织，上片按图起37针，织12cm全下针，左、右两边按图示均匀减针，收成袖窿，其中门襟留10针织单罗纹。下片起42针，织22cm全下针，其中门襟留10针织单罗纹。缝上纽扣。

全下针

单罗纹

0121

全下针

双罗纹

花样

6cm
(12针)
7.5cm
6cm17行
4-1-2
2-1-3
2-2-2
平收
4-2-4
5cm
(10针)
前片
全下针
18.5cm(37针)
21cm(42针)

6cm
17行
12cm
34行
12cm
34行
22cm
62行

【成品规格】见图
【工具】7号棒针
【材料】白色毛线 纽扣4枚 装饰丝绸和亮片若干 绳子1根
【制作过程】前片按图起82针，织5cm双罗纹后，改织17cm花样，再分成左、右2片编织全下针。缝上纽扣和亮片，系上绳子。

6cm
(12针)
15cm
(30针)
6cm
(12针)
6cm17行
平收10针
领口减针
4-1-2
2-1-3
2-2-2
4-2-4
平收
5cm
(10针)
前片
全下针
花样
减4-1-10
双罗纹
37cm(74针)
41cm(82针)

18cm
50行
12cm
34行
17cm
48行
5cm
14行

0123

【成品规格】见图
【工具】7号棒针
【材料】蓝色、白色羊毛绒线 纽扣8枚
【制作过程】前片按图起74针，织5cm双罗纹后，改织24cm全下针，并编入图案，左、右两边按图示收成袖窿。缝上纽扣。

图案

27cm
(54针)
6cm17行
平收15针
领口减针
4-1-2
2-1-3
2-2-2
4-2-4
平收3针
5cm
(10针)
前片
图案
加4-1-8
33cm(66针)
减4-1-10
全下针
双罗纹
37cm(74针)

18cm
50行
11cm
31行
13cm
36行
5cm
14行

0124

【成品规格】见图
【工具】7号棒针
【材料】蓝色羊毛绒线 白色、黄色、粉红色珠线少许 装饰扣1枚
【制作过程】前片按图起74针，织8cm双罗纹后，改织36cm全下针，左、右两边按图示收成袖窿。领子按图织双罗纹。缝上扣子。

0125

【成品规格】见图
【工具】12号、13号棒针 绣花针
【材料】红色、白色棉线 纽扣8枚
【制作过程】前片用红色线起104针，织花样A，织6cm后改织花样C与花样A组合编织，组合方法如结构图所示，织至30cm袖窿减针，减针方法为1-4-1，2-1-5。织至32cm，收前领，中间留取22针不织，两侧减2-2-8，2-1-6，前片共织46cm长。衣领及前襟片按花样A、花样B编织。缝上纽扣。

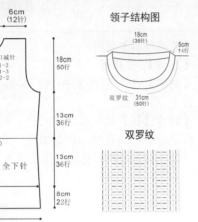

6cm(12针) 15cm(30针) 6cm(12针)
领子结构图
6cm17行
平收10针 领口减针 1-1-2 2-1-3 2-2-2
18cm 50行
18cm(36行)
5cm 14行
双罗纹 31cm 起22针(50针)
双罗纹
4-2-4 平收3针
5cm(10针)
加4-1-8
前片
33cm(66针)
13cm 36行
13cm 36行
减4-1-10
全下针
双罗纹
8cm 22行
37cm(74针)

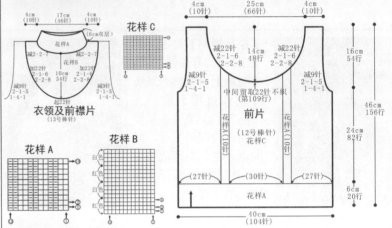

4cm(10针) 17cm(46针) 4cm(10针)
花样C
(6cm双层)
花样A
减2-2-7 花样B 减2-2-7
减22针 2-1-6 10cm 34行 减22针 2-1-6
减9针 2-1-5 1-4-1 减9针 2-1-5 1-4-1
起22针
衣领及前襟片(13号棒针)
花样A
花样B
白色 红色 白色 红色 白色

4cm(10针) 25cm(66针) 4cm(10针)
减22针 2-1-6 2-2-8 14cm 48行 减22针 2-1-6 2-2-8
16cm 54行
减9针 2-1-5 1-4-1 减9针 2-1-5 1-4-1
中间留取22针不织(第109针)
前片(12号棒针)花样C
花样A(10针) 花样A(10针)
46cm 156行
24cm 82行
(27针) (30针) (27针)
花样B
6cm 20行
40cm(104针)

0126

【成品规格】见图
【工具】7号棒针
【材料】红色、浅蓝色羊毛绒线
【制作过程】前片按图起74针，织5cm双罗纹后，改织全下针，左、右两边按图示收成插肩袖。领子织双罗纹。

0127

【成品规格】见图
【工具】7号棒针 小号钩针
【材料】红色、白色羊毛绒线
【制作过程】前片按图起74针，织5cm双罗纹后，改织全下针，并间色和编入图案，左、右两边按图示收成袖窿。前领另织双罗纹，并间色，与前片缝合。

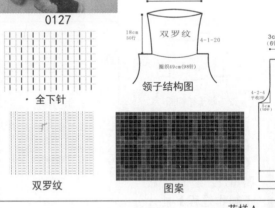

20cm(40针)
双罗纹
18cm 50行
圈织19cm(98针)
4-1-20
领子结构图
双罗纹 全下针

10.5cm 21针 15cm 30针 10.5cm 21针
4-1-6 2-1-8 2-2-4 2-3-2
5cm14行 平收10针 领口减针 1-1-2 2-1-4 2-2-2
5cm 14行
11cm 30行
前片
17cm 48行
全下针
双罗纹
5cm 14行
37cm(74针)

全下针

20cm(40针)
双罗纹
18cm 50行
圈织49cm(98针)
领子结构图

双罗纹 图案

3cm(6针) 21cm(42针) 3cm(6针)
4-2-4 平收6针 5cm(10行) 平收28针 2-1-3 2-1-4
15cm 42行
前片 图案 全下针
18cm 50行
双罗纹 5cm 14行
37cm(74针)

0128

【成品规格】见图
【工具】12号棒针
【材料】红色、白色、蓝色棉线 绿色丝线少量
【制作过程】前片用红色线起104针，织花样A，织6cm后改织花样B和图案，织至30cm袖窿减针，减针方法为1-4-1，2-1-5。织至40cm，收前领，中间留取14针不织，两侧减2-2-6，2-1-2，前片共织46cm长。

8cm(21针) 17cm(44针) 8cm(21针)
减14针 2-1-2 2-2-6 6cm 20行 减14针 2-1-2 2-2-6
16cm 54行
减9针 2-1-5 1-4-1 中间留取14针不织(第137行) 减9针 2-1-5 1-4-1
前片(12号棒针)花样B
46cm 156行
24cm 82行
花样A
6cm 20行
40cm(104针)

花样A
白色 天蓝色 白色 深蓝色 白色
减7针
花样B

图案

0129

【成品规格】见图
【工具】7号棒针
【材料】白色、粉红色羊毛绒线 腰间绳子1根
【制作过程】前片分上、下片编织，上片按图起74针，织全下针，左、右两边按图示收成袖窿。下片先织双层平针底边后，改织全下针，并间色。将上、下片缝合。领子另织单罗纹，腰间系上绳子。

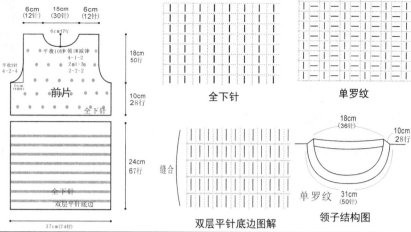

6cm（12针）　15cm（30针）　6cm（12针）
6cm17行
平收10针 领口减针
4-1-2
2针1-3次
2-2-2
18cm 50行
前片
10cm 28行
全下针
24cm 67行
全下针
双层平针底边
37cm（74针）

全下针　　单罗纹

18cm（36针）　10cm 28行
缝合
单罗纹　31cm
双层平针底边图解　　领子结构图

0130

【成品规格】见图
【工具】7号棒针
【材料】白色、红色羊毛绒线
【制作过程】前片按图起74针，织16cm花样后，改织全下针，左、右两边按图示收成袖窿。

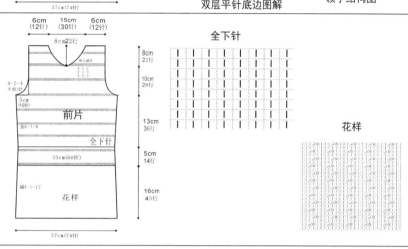

6cm（12针）　15cm（30针）　6cm（12针）
8cm22行
领口减针
4-1-3
2-1-3
2-2-2
8cm 22行
4-2-4
平收3针
5cm（10针）
前片
10cm 28行
加4-1-8
全下针
13cm 36行
33cm（66针）
5cm 14行
减4-1-12
花样
16cm 45行
37cm（74针）

全下针

花样

0131

【成品规格】见图
【工具】7号棒针
【材料】白色、蓝色、红色、绿色、黄色棉线各少许
【制作过程】前片起160针，织花样A6cm后，改织花样B，每隔15行两边各收1针，收8次，织至28cm不加不减针织至32cm，再每隔10行两边各加1针，加4次，织至38cm留袖窿，在两边同时各平收2针。然后隔4行两边收1针，收4次。织至48cm收前后领窝（前片织至43cm）平收20针，每隔1行收1针，收4次。领子另织花样A。

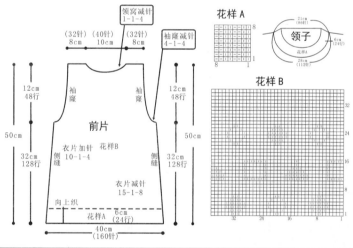

领窝减针
1-1-4
（32针）（40针）（32针）
8cm　10cm　8cm
袖窿减针
4-1-4
12cm 48行
袖窿　　　　袖窿
12cm 48行
50cm
前片
50cm
32cm 128行
侧缝
衣片加针
10-1-4
花样B
侧缝
32cm 128行
衣片减针
15-1-8
向上织
花样A　6cm（24针）
40cm（160针）

花样A
领子
花样A
21cm（86针）
6cm（24针）
28cm（112针）
花样B

0132

【成品规格】见图
【工具】7号棒针
【材料】粉红色、红色羊毛绒线 绿色毛线少许
【制作过程】前片按图起74针，织5cm双罗纹后，改织24cm全下针，并编入图案，左、右两边按图示收成袖窿。

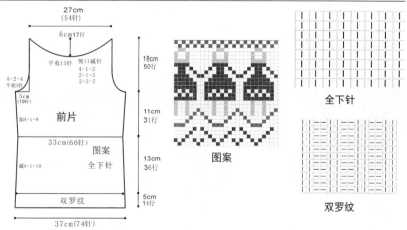

27cm（54针）
6cm17行
平收15针 领口减针
4-2-4
2-1-3
2-2-2
18cm 50行
4-2-4
平收3针
5cm（10针）
加4-1-8
前片
11cm 31行
33cm（66针）
图案
13cm 36行
减4-1-10
全下针
5cm 14行
双罗纹
37cm（74针）

图案

全下针

双罗纹

【成品规格】见图
【工具】7号棒针 绣花针
【材料】粉红色羊毛绒线 绣花若干 绳子1根
【制作过程】前片按图起74针，织3cm单罗纹后，改织21cm花样，再织全下针，左、右两边按图示收成插肩袖。领子另织单罗纹。绣上绣花，系上绳子。

0133

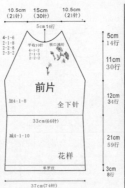

【成品规格】见图
【工具】7号棒针
【材料】粉红色、黄色、蓝色、白色羊毛绒线
【制作过程】前片按图起74针，先织双层平针底边后，改织花样16cm，并间色，再织全下针18cm，左、右两边按图示收成袖窿。

0134

10.5cm   15cm   10.5cm
(21针)   (30针)   (21针)
5cm14行
领口减针
4-1-6
4-1-2
2-2-2
2-3-2
前片
全下针   加4-1-8
33cm(66针)   减4-1-10
花样
单罗纹

5cm 14行
11cm 30行
12cm 34行
21cm 59行
3cm 8行
37cm(74针)

领子结构图
18cm(36针) 4cm 11行
单罗纹 31cm(50针)

单罗纹   全下针   花样

6cm   15cm   6cm
(12针)   (30针)   (12针)
6cm17行
平收10针   领窝减针
4-2-4
平均收
5针   前片
加4-1-8 全下针
33cm(66针)
双层平针底边 花样
减4-1-12
37cm(74针)

18cm 50行
15cm 42行
3cm 8行
16cm 45行

花样
单罗纹
全下针
缝合
双层平针底边图解

领子结构图
18cm(36针) 4cm 11行
单罗纹 31cm(50针)

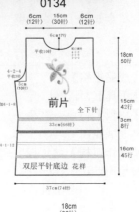

0135

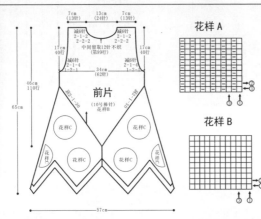

7cm(13针) 12cm(24针) 7cm(13针)
减6针   减6针
2-1-2   2-2-2
2-2-2   2-1-4
中间留取12针不织(第99行)
减6针   减6针
2-1-4   2-1-4
2-1-2   2-1-2
17cm40行   34cm(68针)   17cm40行
前片
46cm110行
（10号棒针）花样B
65cm
加2-1-30
花样C 花样C
花样C 花样C
花样C 花样C
57cm

花样A
花样B
花样C

【成品规格】见图
【工具】10号棒针 1.5mm钩针
【材料】粉红色粗棉线
【制作过程】前片为一片编织。按花样A、B、C从衣摆往上编织，起2针，两侧一边织一边加针，方法为2-1-30，将织片加至62针，不加减针往上织至70针。

0137

【成品规格】见图
【工具】7号棒针
【材料】粉红色羊毛绒线 其他色毛线若干
【制作过程】前片按图起74针，织10cm花样后，改织5cm全上针，再织全上针，左、右两边按图示收成袖窿。

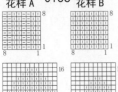

0136

【成品规格】见图
【工具】15号棒针
【材料】白色、蓝色、红色、绿色、黄色毛线
【制作过程】前片起160针，织花样A，织6cm后改织花样B，每隔15行两边各收1针，收8次，织至28cm不加不减针织至32cm，再每隔10行两边各加1针，加4次，织至38cm留袖窿，在两边同时各平收2针。然后隔4行两边收1针，收4次。按花样C、D、E织好图案缝合。

花样A   花样B

8 8
1 1

花样C   花样D

8 16
1 1

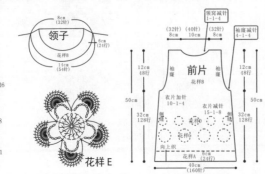

领子减针
1-1-4
8cm(32针)
领子
6cm(24行)
花样B
14cm(54针)

领窝减针
1-1-4
(32针)(40针)(32针)
8cm 10cm 8cm

袖窿减针
4-1-4
12cm48行 前片 12cm48行
袖窿   袖窿
花样B
50cm   50cm
衣片加针
10-1-4
32cm128行 衣片减针 32cm128行
15-1-8
侧缝   侧缝
向上织
花样A 6cm(24针)
40cm(160针)

花样E

全下针
全上针

6cm 15cm 6cm
(12针) (30针) (12针)
8cm22针
领窝减针
4-2-4
平均收
8针
前片
19cm 53行
全下针
全上针
花样
37cm(74针)

8cm 22行
10cm 28行
5cm 14行
10cm 28行

花样

【成品规格】见图
【工具】7号棒针 2.0mm钩针
【材料】粉色、白色棉线
【制作过程】前片以平针方式起70针，编织10行后，上、下两行两两并针，形成双层底边，改织花样B，编织26cm后改织花样A，并在左、右两边同时按图解减针，形成袖窿。用钩针钩出花饰缝在前片。

0138

6cm
(11针)
15cm
(28针)
6cm
(11针)

领口减针
4-1-2
2-1-3
2-2-2
平收5针

花样A

5cm 腰下减针
(10行)4-2-4
平收2针

前片
花样B

双层底边

37cm
(70针)

花饰

花样A

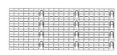

双层底边

上下两行两两并针，形成双层底边

花样B

【成品规格】见图
【工具】15号棒针
【材料】白色纯羊毛线
【制作过程】前片按图起针，先织10cm双罗纹后，织全下针，按图示收袖窿，织至完成。

0139

双罗纹

全下针

27cm
(54针)

6cm17行

平收15针
4-1-2
2-1-3
2-2-2

领口减针

18cm
50行

4-2-4
平收3针

5cm
(10针)

前片
33cm(66针)

11cm
31行

加4-1-8

13cm
36行

减4-1-10

全下针

双罗纹

10cm
28行

37cm(74针)

0140

【成品规格】见图
【工具】10号棒针
【材料】粉红色粗棉线

【制作过程】前片为一片编织。从衣摆往上编织，起70针，先织10行花样A，从第11行起改织花样B，一边织一边两侧减针，方法为20-1-4，织至94行，从第95行起，两侧开始袖窿减针，方法为1-2-1，2-1-4，织至114行，第115行将织片中间24针留取不织，两侧各余下13针不加减针织至134行，收针断线。前片共织56cm长。

花样A

花样B

7cm
(13针)
13cm
(24针)
7cm
(13针)

8cm
20行

减2针

17cm
40行

减6针
2-1-4
1-2-1

减6针
2-1-4
1-2-1

17cm
40行

34cm
(62针)

56cm
134行

前片
(10号棒针)
花样B

减20-1-4

减20-1-4

35cm
(84针)

(10行)花样A

39cm
(70针)

【成品规格】见图
【工具】7号棒针
【材料】白色羊毛绒线 拉链1条
【制作过程】前片按图起74针，织5cm双罗纹后，改织花样，左、右两边按图示收成袖窿。缝上拉链。

0141

6cm
(12针)
15cm
(30针)
6cm
(12针)

5cm14行

5cm
14行

领口减针
4-1-2
2-1-2
2-2-2

5cm
14行

5cm
14行

4-2-4
平收3针

6cm
17行

5cm
(10针)

前片

花样

双罗纹

37cm(74针)

双罗纹

花样

17cm
48行

5cm
14行

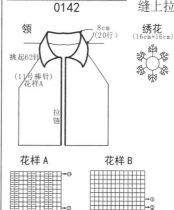

0142

【成品规格】见图
【工具】11号棒针
【材料】白色棉线 粉红色绒线 粉红色丝线若干 拉链1条
【制作过程】前片起36针，织花样A，织6cm后改织花样B，织至30cm，左侧平收4针，插肩减针，方法为2-1-19，织至42cm，左侧平收7针，减2-1-5，织至46cm长，余1针，用同样方法相反方向织右前片。领按图另织。缝上拉链。

领

8cm
(20行)

挑起62针
(11号棒针)
花样A

拉链

花样A

花样B

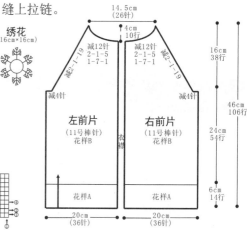

绣花
(16cm×16cm)

14.5cm
(26针)

4cm
10行

减12针
2-1-5
1-7-1

减12针
2-1-5
1-7-1

16cm
38行

减2-1-19

减2-1-19

减4针

减4针

左前片
(11号棒针)
花样B

右前片
(11号棒针)
花样B

46cm
106行

24cm
54行

6cm
14行

花样A

花样A

20cm
(36针)

20cm
(36针)

147

0143

【成品规格】见图
【工具】6号棒针
【材料】白色、紫色棉线
【制作过程】前片用6号棒针起92针，从下往上用紫、白色线相间织下针6cm双罗纹，用白色织平针，腰部两边各收5针，按图解编织。领口按图挑双罗纹。

双罗纹

平针

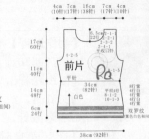

领口

挑40针

6cm
(22行)

双罗纹
(紫色白色相间)

60针

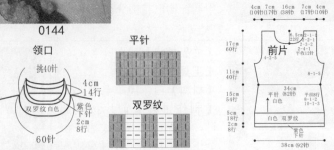

4cm 7cm 16cm 7cm 4cm
(10针)(17针)(38针)(17针)(10针)

17cm
60行

6.5cm 2-1-1
(22行) 2-2-1
2-3-2
2-4-1
4-2-5

前片
平针

11cm
40行

14cm
48针

34cm
(82针)

平针(紫)
4行(白)
4行(紫)
4行(白)
10-1-3

6cm
24行

双罗纹
(紫色白色相间)

38cm(92针)

【成品规格】见图
【工具】6号棒针
【材料】白色、紫色棉线 红线少许
【制作过程】前片用6号棒针起92针，从下往上用紫色线织下针2cm，换白线织双罗纹5cm，继续用白线织下针，收放针按图解编织。领口按图挑双罗纹。

0144

平针

双罗纹

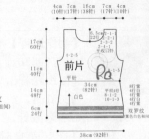

领口

挑40针

4cm
14行

双罗纹 白色 紫色
下针
2cm
8行

60针

4cm 7cm 16cm 7cm 4cm
(10针)(17针)(38针)(17针)(10针)

17cm
60行

6.5cm 2-1-1
2-2-1
2-3-2
2-4-1
平针12针
4-2-5

前片

11cm
40行

8-1-5

15cm
54行

34cm
(82针)
白色

平针
8-1-2
8-1-2
10-1-3

18cm
2cm
8行

白色 双罗纹

紫色
下针

38cm(92针)

0145

【成品规格】见图
【工具】12号、13号棒针
【材料】白色、深紫色棉线
【制作过程】前片用白色线起104针，织花样B，织2cm后与起针合并成双层衣摆，织至30cm袖窿减针，织至32cm，收前领，中间留取22针不织，前片共织46cm长。衣领及前襟按图织花样A及花样B。

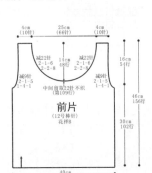

4cm 17cm 4cm
(10针)(46针)(10针)

花样A
减2-2-7

5cm
18行

花样B
减2-2-7

加22针
10cm
34行
加9针
2-1-6
2-2-8

加9针
2-1-6
1-4-1

起22针

衣领及前襟片
(13号棒针)

花样A   花样B

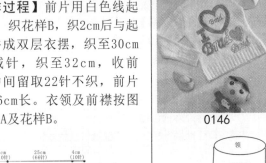

4cm 25cm 4cm
(10针)(66针)(10针)

减22针
2-1-6
1-4-1

14cm
48行

减22针
2-1-6
1-4-1

16cm
54行

前片
(12号棒针)
花样B

中间留取22针不织
(第109行)

46cm
156行

30cm
102行

40cm
(104针)

【成品规格】见图
【工具】14号棒针
【材料】白色毛线
【制作过程】前片起160针，织双罗纹针7cm，然后织全平针，织到袖窿处，领窝处留2cm高。领口织12cm双罗纹。

0146

领
双罗纹

12cm
(50行)

13cm
(54针)

平针

双罗纹

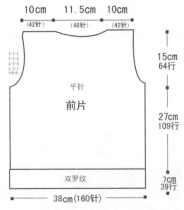

10cm 11.5cm 10cm
(42针) (48针) (42针)

4-1-1
7-1-2
2-2-2
2-3-1
平针减针

15cm
64行

平针

前片

27cm
109行

双罗纹

7cm
39行

38cm(160针)

0147

【成品规格】见图
【工具】12号棒针
【材料】白色棉线
【制作过程】起织前片，右袖口起织，下针起针法，起23针，起织花样B，共织20行，改织花样A，织4行后，两侧开始加针，方法为18-1-8，共织156行，在织片左侧加起36针，开始编织衣身，左侧衣摆一边织一边加针，方法为2-2-14，2-1-8，4-1-3，共加39针，织至212行，右侧前领减针，方法为1-4-1，2-2-6，织至232行，右侧半片编织完成，继续用相同方法相反方向编织左半片。

花样A   花样B

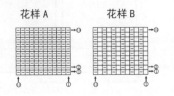

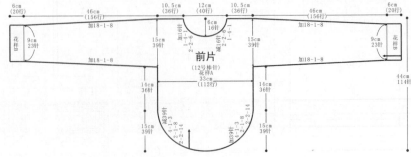

6cm 46cm 10.5cm 12cm 10.5cm 46cm 6cm
(20行) (156针) (36针) (40针) (36针) (156针) (20行)

花样B
9cm
23针

加18-1-8

6cm
16针
加16针
2-1-4

2-2-6
1-4-1

加16针
2-1-4

加18-1-8

9cm
23针

花样B

前片
(12号棒针)
花样A
33cm
(112行)

14cm
36针

14cm
36针

44cm
114针

15cm
39行

减39针
4-1-3
2-1-8
2-2-14

15cm
39行

0148

【成品规格】见图
【工具】12号棒针
【材料】白色、绿色、红色、蓝色、黄色棉线
【制作过程】白色线起364针，起织花样A，织8行后，改织花样B，白色线与彩色线间隔编织，如图所示。一边织一边将织片均匀减针，减针方法为每5针减1针，每织28行减针一圈，减4次后，每隔26行减一圈针，减2次，共织172行，织片余下96针，编织帽子。

前、后片

花样A

花样B

0149

【成品规格】见图
【工具】12号棒针 1.5mm钩针
【材料】白色、粉红色棉线
【制作过程】起织，起2针花样，左侧一边织一边加针，方法为2-1-114，共织228行，织片加至116针，然后不加减针往上织168行，左侧开始减针，方法为2-1-114，织至624行，织片余下2针，收针断线。

花样
披肩片

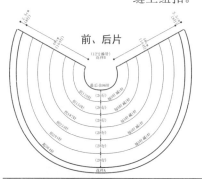
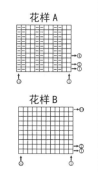

0150

【成品规格】见图
【工具】12号棒针
【材料】白色、绿色、红色、蓝色、黄色棉线 纽扣3枚
【制作过程】白色线起364针，起织花样A，织8行后，改织花样B，白色线与彩色线间隔编织，如图所示。一边织一边将织片均匀减针，减针方法为每5针减1针，每织28行减针一圈，减4次后，每隔26行减一圈针，减2次，共织172行，织片余下96针，编织衣领。缝上纽扣。

前、后片

花样A

花样B

0151

【成品规格】见图
【工具】10号棒针
【材料】粉红色棉线 拉链1条
【制作过程】前片沿衣摆片边沿挑起244针，左右两侧各织12针花样A，中间220针织花样B，将织片分成四部分编织，左前片32针，左袖片57针，后片66针，右袖片57针，右前片32针，一边织一边在四条插肩缝左右减针，减18-2-7，织至36cm，织片余下132针。领另织花样C。缝上拉链。

花样A
花样B
花样C

领

右前片
左前片

0152

【成品规格】见图
【工具】12号棒针
【材料】红色、蓝色、白色棉线
【制作过程】红色线起364针，起织花样B，白色线与彩色线间隔编织，如图所示。一边织一边将织片均匀减针，减针方法为每5针减1针，每织36行减针一圈，减1次，每隔28行减针一圈，减3次后，每隔26行减针一圈，减2次，共织172行，织片余下96针，编织衣领。

花样A

花样B

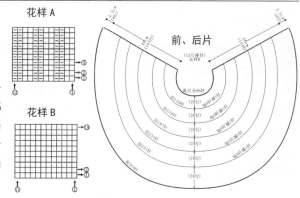
前、后片

0153

【成品规格】见图
【工具】7号棒针
【材料】粉红色、白色、蓝色羊毛绒线 丝绸和丝带缝制的前领若干
【制作过程】前片按图起74针，织5cm双罗纹后，改织全下针，至18cm时分2片编织，并均匀减针。缝上丝带缝制的前领。

双罗纹

全下针

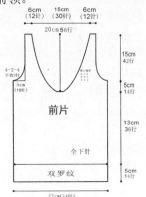

0154 领子结构图

【成品规格】见图
【工具】7号棒针
【材料】白色羊毛绒线 黑色、蓝色毛线少许 丝绸布料缝制的衣领一件
【制作过程】前片按图起74针，织5cm双罗纹后，改织全下针，并间色，左、右两边按图示收成袖窿。领子另织双罗纹。缝上丝绸布缝制的衣领。

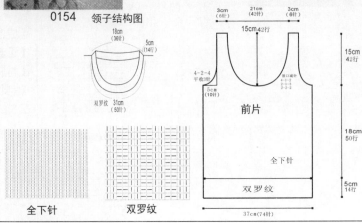

全下针 双罗纹

0155

【成品规格】见图
【工具】7号棒针
【材料】粉红、白色、蓝色羊毛绒线 丝绸和丝带缝制的前领若干
【制作过程】前片按图起74针，织5cm双罗纹后，改织全下针，织至18cm时分2片编织，并均匀减针。缝上丝带缝制的前领。

全下针

双罗纹

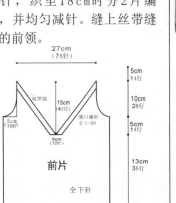

0156

【成品规格】见图
【工具】7号棒针
【材料】粉红色羊毛绒线 亮珠和领子丝绸花边若干
【制作过程】前片按图起74针，织5cm双罗纹后，改织全下针，左、右两边按图示收成袖窿。缝上亮珠和丝绸花边。

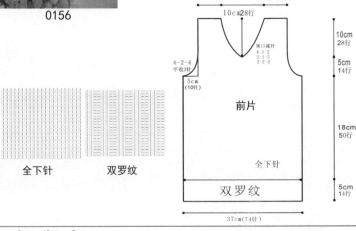

全下针 双罗纹

0157

【成品规格】见图
【工具】7号棒针
【材料】白色、紫色羊毛绒线 纽扣2枚
【制作过程】前片按图起74针，织5cm双罗纹后，改织全下针，并间色，左、右两边按图示收成袖窿。领子按领口花样另织好。缝上纽扣。

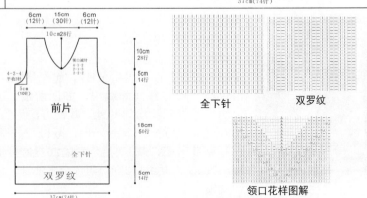

全下针 双罗纹

领口花样图解

0158

【成品规格】见图
【工具】7号棒针
【材料】紫色羊毛绒线
【制作过程】前片由上、下部分组成，上部分按图起74针，织全下针，左、右2边按图示收成袖窿。下部分织15cm花样，按图缝合。领子按领口花样另织好。

6cm(12针) 15cm(30针) 6cm(12针)

15cm42行

领口减针
4-1-2
2-1-3
2-2-2

15cm42行
3cm8行
14cm39行

前片
全下针

4-2-4平收3行
5cm(10针)
加4-1-8

37cm(74针)

花样
编织方向

15cm30行

37cm(103行)

领子结构图

全下针

花样

领口花样图解

0159

【成品规格】见图
【工具】7号棒针
【材料】粉红色羊毛绒线 纽扣5枚
【制作过程】前片分上、下片编织，上片按图起37针，织12cm花样，左、右2边按图示均匀减针，收成袖窿，下片起42针，织22cm全下针。缝上纽扣。

6cm(12针) 7.5cm(15针)
6cm17行

全下针

双罗纹

单罗纹

4-2-4平收3行
5cm(10针)

花样
18.5cm(37针)

6cm17行
12cm34行
12cm34行

前片
全下针
22cm62行

21cm(42针)

0162

【成品规格】见图
【工具】7号棒针
【材料】粉红色羊毛绒线 纽扣5枚
【制作过程】前片按图起82针，织10cm双罗纹后，改织14cm全下针，再分成左、右2片织花样。缝上纽扣。

6cm(12针) 15cm(30针) 6cm(12针)

6cm17行

平收10针
领口减针
4-1-2
2-1-3
2-2-2

4-2-4平收3行
5cm(10针)

花样
37cm(74针)
前片
减4-1-10
全下针

18cm50行
12cm34行
14cm39行
8cm22行

41cm(82针)

花样

全下针

双罗纹

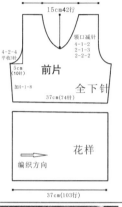

0161

【材料】粉红色羊毛绒线 纽扣10枚
【制作过程】起32针，先织20行花样A，改织花样B，织至56行，织4行双层针，与4行单层针间隔编织，织至76行，改织花样C，织至110行，左侧开始袖窿减针，用同样方法相反方向编织右前片。

【成品规格】见图
【工具】7号棒针

花样A 花样B

花样C

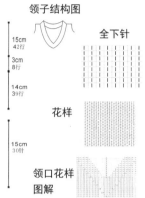

9cm(16针) 9cm(16针)

17cm40行

减针
2-1-3
3-1-1

17cm40行

左前片
(10号棒针)
花样C

右前片
(10号棒针)
花样C

14cm33行

花样B
名称

花样B

花样B
口袋

花样B
口袋

花样A

花样A

62行150行

27cm90行

8cm20行

18cm(32针) 18cm(32针)

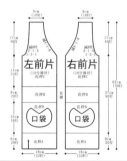

【制作过程】前片分左、右2片编织，分别按图起24针，织5cm花样后，改织全下针，左、右两边按图示收成袖窿，门襟另织，与前片缝合。

【成品规格】见图
【工具】10号棒针
【材料】粉红色粗棉线

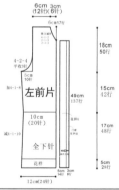

0160

6cm(12针) 3cm(6针)
6cm17行

4-2-4平收3行

4-1-10

左前片

10cm(20针)

减4-1-10

全下针

花样

花样A

18cm50行
15cm42行
17cm48行
5cm28行

12cm(24针) 5cm 3cm
8行

花样

全下针

双罗纹

花样

全下针

双罗纹

6cm(12针) 15cm(30针)
6cm17行

领口减针
4-2-4平收3行
5cm(10针)
加4-1-8

4-2-4
2-1-3
2-2-2

左前片

花样

双罗纹
16.5cm(33针)

全下针

双罗纹

18cm50行
12cm34行
5cm14行
17cm48行
3cm8行

18.5cm(37针)

0163

【成品规格】见图
【工具】7号棒针
【材料】粉红色羊毛绒线 纽扣3枚 衣袋绳子2根
【制作过程】前片分左、右2片编织，分别按图起37针，织3cm双罗纹后，依次织17cm全下针、5cm双罗纹和12cm花样，左、右两边按图示收成袖窿。对称织出另一前片。缝上纽扣和衣袋绳。

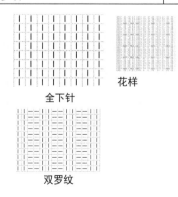

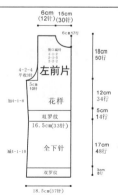

151

【成品规格】见图
【工具】7号棒针
【材料】粉红色羊毛绒线 纽扣3枚
【制作过程】前片按图起74针，织8cm单罗纹后，改织全上针，左、右两边按图示收成袖窿，前片织至36cm时，分左、右两边编织。缝上纽扣。

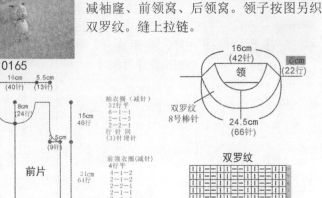

【成品规格】见图
【工具】8号棒针
【材料】红色、白色、粉红色羊毛绒线 拉链1条
【制作过程】前片以机器边起针编织双罗纹针，衣身编织基本针法与花样，按图示减袖窿、前领窝、后领窝。领子按图另织双罗纹。缝上拉链。

0164

单罗纹

全上针

0165

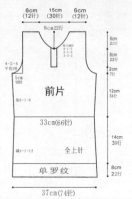

6cm（12针） 8cm（30针）22行 6cm（12针）
4-2-4 平收3针
5cm 10针
前片
33cm（66针）
全上针
减4-1-12
单罗纹
37cm（74针）
8cm 22行
8cm 22行
12cm 34行
14cm 39行
8cm 22行

5.5cm（13针） 16cm（40针） 5.5cm（13针）
8cm（24针）
3.5cm（9针） 3.5cm（9针）
前片
双罗纹 8号棒针
17cm（42针） 17cm（42针）
15cm 46行
21cm 64行
3cm 12行

袖衣圈（减针）
32行平
6-1-1
2-1-3
2-2-1
行 针 回
（3）针埋针

前领衣圈（减针）
4行平
4-1-2
2-1-2
2-2-1
2-1-1
2-4-1
2-5-1
行 针 回
（8）针停针

16cm（42针） 6cm（22行）
领
双罗纹 8号棒针
24.5cm（66针）

双罗纹

【成品规格】见图
【工具】8号棒针
【材料】红色、白色、粉红色羊毛绒线 拉链1条
【制作过程】前片以机器边起针编织双罗纹针，衣身编织基本针法与花样，按图示减袖笼、前领窝、后领窝。领子按图另织双罗纹。缝上拉链。

【成品规格】见图
【工具】13号棒针
【材料】白色、橙色棉线 拉链1条
【制作过程】前片用白色线编织中间，起116针，织花样A，织至30cm插肩减针，方法为1-2-1，4-2-13。织至40cm，中间收10针，继续织至44cm，左右各平收18针，然后减针织成衣领，减2-2-4，织至46cm长，两侧各余1针。领及衣襟按图织花样B。缝上拉链。

0166

5.5cm（13针） 16cm（40针） 5.5cm（13针）
8cm（24针）
3.5cm（9针） 3.5cm（9针）
前片
双罗纹 8号棒针
17cm（42针） 17cm（42针）
15cm 46行
21cm 64行
3cm 12行

袖衣圈（减针）
32行平
6-1-1
2-1-3
行 针 回
（3）针埋针

前领衣圈（减针）
4行平
4-1-2
2-1-2
2-2-1
2-1-1
2-5-1
行 针 回
（8）针停针

16cm（42针） 6cm（22行）
领
双罗纹 8号棒针
24.5cm（66针）

双罗纹

0167

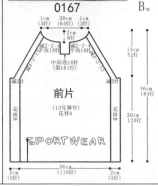

1cm（3针） 16cm（64针） 1cm（3针）
2cm 8行
中间收10针（第161行）
前片（13号棒针）花样A
花样B 花样B
36cm（116针）
2cm（5针） 2cm（5针）
13cm 52行
46cm 184行
30cm 120cm
SPORTWEAR

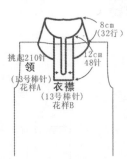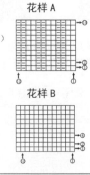

挑起210针
领（13号棒针）花样A
衣襟（13号棒针）花样B
8cm（32行）
12cm 48针

花样A

花样B

0168

【成品规格】见图
【工具】12号棒针

【材料】浅绿色、绿色、白色 拉链1条
【制作过程】左前片绿色线起49针，织花样，织6cm后改为浅绿色、绿色、白色三色线间隔编织，如图案，织至30cm左侧袖窿减针，方法为1-4-1，2-1-5，织至40cm右侧前领减针，方法为1-7-1，2-2-6，共减19针，左前片共织46cm长。缝上拉链。

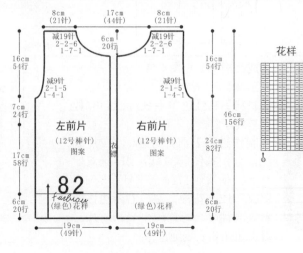

8cm（21针） 17cm（44针） 8cm（21针）
减19针 1-7-1 6cm 20行 减19针 1-7-1
减9针 2-1-5 1-4-1 减9针 2-1-5 1-4-1
左前片（12号棒针）图案 右前片（12号棒针）图案
82
（绿色）花样 （绿色）花样
19cm（49针） 19cm（49针）
16cm 54行
7cm 24行
17cm 58行
6cm 20行
16cm 54行
46cm 156行
24cm 82行
6cm 20行

图案

花样

□ 浅绿色
⊠ 白色
■ 绿色

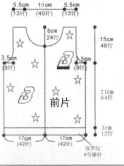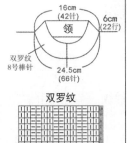

【成品规格】见图
【工具】12号棒针
【材料】蓝色棉线 白色、粉红色长绒线 拉链1条
【制作过程】左前片用蓝色线起104针，织花样，织8行与起针合并成双层边，改为蓝色、白色、粉红色间隔编织，如图案，织至30cm左侧袖窿减针，方法为1-4-1，2-1-5，织至40cm右侧前领减针，方法为1-7-1，2-2-6，共减19针，左前片共织46cm长。缝上拉链。

0169

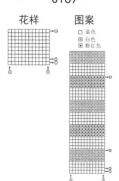

花样　　图案

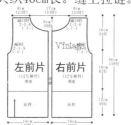

【成品规格】见图
【工具】10号棒针
【材料】天蓝色、白色、绿色、橙色棉线 拉链1条
【制作过程】起36针，织双罗纹5cm后，改织全下针，按图示收袖窿和领口。翻领另织10cm双罗纹及缝合。缝上拉链。

0170

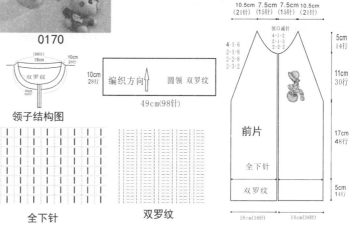

领子结构图

全下针　　双罗纹

【成品规格】见图
【工具】11号棒针
【材料】白色、粉红色、蓝色、绿色、黄色棉线
【制作过程】起织前片，双罗纹针起针法，用粉红色线起80针，起织花样A，织4行后，改为白色线编织，共织16行，改织花样B，织至78行，改为五色线结合编织。

0171

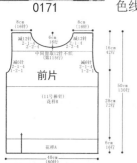

前片

花样A

花样B

【制作过程】起织左前片，双罗纹针起针法，起24针，起织花样A，织10行后，改织花样B，织至58行，左侧减针织成袖窿，减针方法为1-3-1，2-1-2，共减5针，继续往上织至79行，右侧减针织成前领，方法为1-3-1，2-1-4，共减7针，织至86行，肩部余下12针，收针断线。用同样的方法相反方向编织右前片。

0172

左前片　右前片

【成品规格】见图
【工具】10号棒针
【材料】白色、粉红色、绿色、黑色棉线

花样A　　花样B

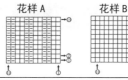

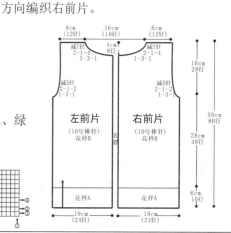

【成品规格】见图
【工具】9号棒针
【材料】粉色、玫红色、黄色、秋香绿色、橘红色毛线 拉链1条
【制作过程】前片按图编织花样，身长共编织到39cm时开始前衣领减针，按结构图减完针后收针断线。缝上拉链。

0173

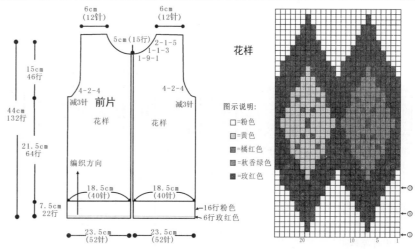

花样

图示说明：
□ 粉色
□ 黄色
■ 橘红色
■ 秋香绿色
■ 玫红色

【成品规格】见图
【工具】9号棒针
【材料】粉紫色、白色、橘红色、绿色、黄色、深蓝色毛线
【制作过程】前片身长共编织到40cm时开始前衣领减针，按结构图减完针后收针断线。领片按图挑针。

0174

【成品规格】见图
【工具】10号棒针
【材料】紫色、白色羊毛绒线 贴图1枚 拉链1条
【制作过程】前片分左右2片编织，分别按图起24针，织5cm花样A后，改织花样B，左右两边按图示收成插肩袖。缝上拉链和贴图。

0175

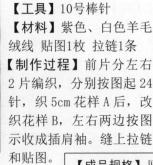

0176

【成品规格】见图
【工具】10号棒针
【材料】天蓝色、白色、绿色、橙色棉线 拉链1条
【制作过程】左前片起24针，起织花样A，织10行后，改织花样B，织至58行，左侧减针织成袖窿，右侧减针织成前领，织至86行，肩部余下12针，收针断线。用同样的方法相反方向编织右前片。缝上拉链。

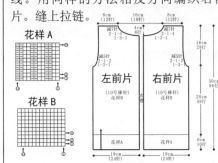

花样

□=粉紫色 ■=蓝色 □=黄色
□=桔红色 □=绿色 □=白色

前片

领片

花样A

左前片
(10号棒针)
花样B

右前片
(10号棒针)
花样B

花样A

花样A 花样B

左前片
(10号棒针)
花样B

右前片
(10号棒针)
花样B

花样A

花样B

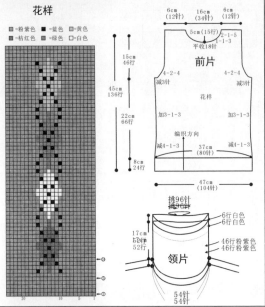

0177

【成品规格】见图
【工具】15号棒针
【材料】粉红色、白色羊毛绒线 绣花图案若干
【制作过程】前片按图起74针，织5cm双罗纹后，改织全下针，并间色，左、右两边按图示收成袖窿。领子按图另织单罗纹，缝上绣花图案。

前片

全下针

双罗纹

单罗纹

全下针

双罗纹

领子结构图

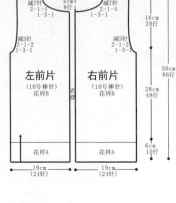

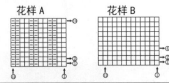

0178

【成品规格】见图
【工具】3号、4号棒针
【材料】粉色、红色、白色棉线 粉色、黑色绣花线若干
【制作过程】前片配色见图。用红色线3号棒针双罗纹起针法起112针，双罗纹编织6cm；换4号棒针织21cm后减针织出袖窿和前领。

前片

绣字母处

双罗纹

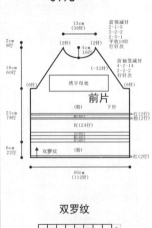

0179

【成品规格】见图
【工具】7号棒针 绣花针
【材料】粉红色、白色羊毛绒线 绣花图案若干
【制作过程】前片按图起74针，织5cm双罗纹后，改织全下针并间色，左、右两边按图示收成袖窿。

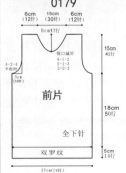

前片

全下针

双罗纹

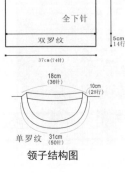

0180

0180
【成品规格】见图
【工具】7号棒针
【材料】白色、红色、浅蓝色羊毛绒线 纽扣5枚
【制作过程】前片按图起74针，织5cm双罗纹后，改织全下针，并编入图案，左、右两边按图示收成插肩袖。缝上纽扣。

全下针

双罗纹

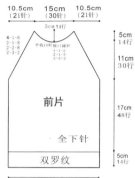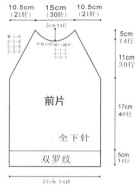

10.5cm(21针) 15cm(30针) 10.5cm(21针)
5cm14行
4-1-6 2-1-8 2-2-8 2-3-2
平收10针 袖口减针 4-1-2 2-1-3 2-2-2
5cm 14行
11cm 30行
前片 全下针
17cm 48行
双罗纹
5cm 14行
37cm 74针

0181
【成品规格】见图
【工具】7号棒针 绣花针
【材料】粉红色、白色羊毛绒线 亮片图案若干
【制作过程】前片按图起74针，织5cm双罗纹后，改织全下针，并间色，左、右两边按图示收成袖窿。围巾织15cm全下针。缝上亮片图案。

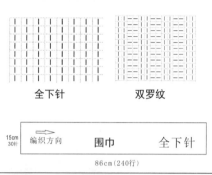

0181

全下针 双罗纹

6cm(12针) 15cm(30针) 6cm(12针)
6cm17行
4-2-4 平收(10针)
领口减针 4-1-2 2-1-3 2-2-2
15cm 42行
前片 全下针
18cm 50行
5cm 14行
37cm(74针)

15cm 30针 编织方向 围巾 全下针
86cm(240行)

0182
【成品规格】见图
【工具】7号棒针 绣花针
【材料】红色、黑色、白色羊毛绒线 贴图1个
【制作过程】前片按图起74针，织5cm双罗纹后，改织全下针，并间色，左、右两边按图示收成袖窿。贴上贴图。

0182

双罗纹

全下针

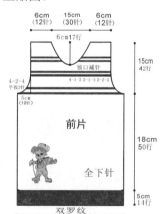

6cm(12针) 15cm(30针) 6cm(12针)
6cm17行
4-2-4 平收3针
领口减针 4-1-2-2-1-3-2-2-2
5cm(10针)
15cm 42行
前片 全下针
18cm 50行
5cm 14行
双罗纹
37cm(74针)

0183
【成品规格】见图
【工具】12号棒针
【材料】紫色羊毛线 烫钻2片
【制作过程】前片按图织花样A、B、C，织至58cm收前领，中间留取12针不织，两侧减2-1-4，2-2-6，前片共织64cm长。领子按图织花样A。缝上烫钻。

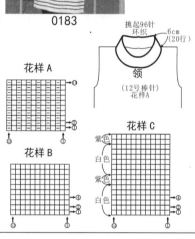

0183

挑起96针 环织 6cm(20行)
领 (12号棒针) 花样A

花样A

花样B

花样C
紫色 白色 紫色 白色

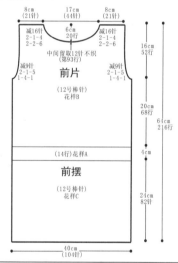

8cm(21针) 17cm(44针) 8cm(21针)
减16针 2-1-4 2-2-6 6cm 20行 减16针 2-1-4 2-2-6
中间留取12针不织(第93行)
减9针 2-1-5 1-4-1 前片 (12号棒针) 花样B 减9针 2-1-5 1-4-1
16cm 52行
20cm 68行
64cm 216针
(14行)花样A
前摆 (12号棒针) 花样C
4cm
24cm 82针
40cm(104针)

0184
【成品规格】见图
【工具】12号棒针
【材料】白色、绿色、蓝色、红色、黄色棉线 纽扣2枚
【制作过程】起织前片，按图织花样A和花样B，织至184行，从第185行起将织片中间留取20针不织，两侧减针织成前领，织至204行，两肩部各余下21针，左侧肩部收针断线，右侧肩部继续往上编织花样A，织3行后，留起2个纽扣眼，共织6行，收针断线。缝上纽扣。

0184

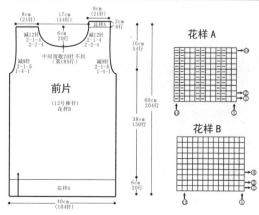

8cm(21针) 17cm(44针) 8cm(21针) 2cm 6针
减12针 2-1-4 2-2-4 6cm 20行 减12针 2-1-4 2-2-4 花样A
中间留取20针不织(第185行)
减9针 2-1-5 1-4-1 前片 (12号棒针) 花样B 减9针 2-1-5 1-4-1
16cm 51行
60cm 204行
38cm 130行
6cm 20行
花样A
40cm(104针)

花样A

花样B

【成品规格】见图
【工具】12号棒针
【材料】粉红色、白色、红色、蓝色、黄色、绿色棉线 纽扣2枚
【制作过程】起织前片，双罗纹针起针法，用粉红色线起104针织花样A，织至20行后，改为六色线组合编织，织花样B，织至136行，两侧减针织成插肩袖窿。缝上纽扣。

0185

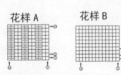

前片

花样A 花样B

【材料】白色、蓝色、红色毛线
【制作过程】用白色线起76针双罗纹针边后编织花样前片，身长共编织到27cm，开始袖窿减针，按图完成减针编织至肩部。身长织到39.5cm时开始前衣领减针，按结构图减完针后收针断线。

0186
【成品规格】见图
【工具】9号棒针

花样

前片

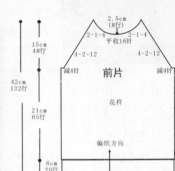

【成品规格】见图
【工具】9号棒针
【材料】白色、红色、浅蓝色毛线
【制作过程】用白色线起104针编织双罗纹针边，共织22行，将双罗纹针中的上针2针并1针编织，均减24针，即减至80针，然后配色编织花样前片，身长编织到29cm，开始袖窿减针。

0187

前片
花样

编织方向

双罗纹

领片
双罗纹

挑96针

【成品规格】见图
【工具】7号棒针
【材料】红色羊毛绒线 白色毛线少许，拉链1条 字母图案若干
【制作过程】前片分左、右2片编织，分别按图起35针，织6cm双罗纹后，改织全下针，并间色，左、右两边按图示收成袖窿。领子按图另织双罗纹。缝上拉链和字母图案。

0189

前片
全下针
双罗纹

领子结构图

双罗纹

全下针

双罗纹

【成品规格】见图
【工具】7号棒针
【材料】红色、白色羊毛绒线 拉链1条 贴图1枚
【制作过程】前片分左、右2片编织，分别按图起35针，织6cm单罗纹后，改织花样，并间色，左、右两边按图示收成袖窿。缝上拉链和贴图。

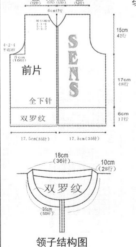

0190

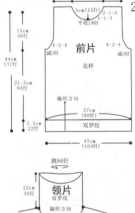

0188

【成品规格】见图
【工具】12号棒针
【材料】红色、黑色、粉红色、白色、绿色棉线
【制作过程】起织前片，用红色线起104针，起织花样A，织20行后，改为四种线组合编织花样B，织至32行，全部改用红色线编织，织至116行，改为四种线组合编织。

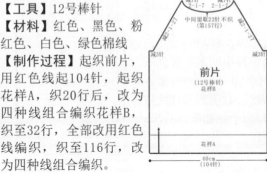

前片
(12号棒针)
花样B

花样A

花样A

花样B

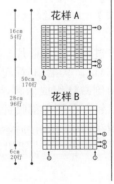

花样

单罗纹

左前片
花样

单罗纹

【成品规格】见图
【工具】7号棒针
【材料】红色、深蓝色、白色毛线 拉链1条
【制作过程】前片以机器边起针编织双罗纹针，衣身编织下针，按图示减袖窿、前领窝、后领窝。缝上拉链。

0191

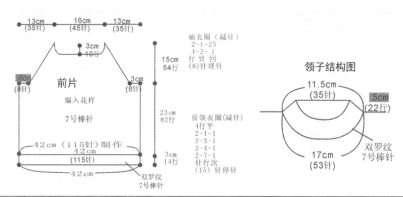

前片
编入花样
7号棒针
42cm（115针）制作
42cm
（115针）
42cm
双罗纹
7号棒针

13cm（35针） 16cm（45针） 13cm（35针）
3cm 10行
（8针）
（8针）
15cm 54行
23cm 82行
3cm 14行

袖衣圈（减针）
2-1-25
4-2-1
行 针 回
（8）针埋针
前领衣圈（减针）
4行平
2-1-1
2-3-1
2-4-1
2-7-1
针行次
（15）针停针

领子结构图
11.5cm（35针）
.5cm（22行）
17cm（53针）
双罗纹
7号棒针

【成品规格】见图
【工具】7号棒针
【材料】深蓝色羊毛绒线 拉链1条
【制作过程】前片分左、右2片编织，分别按图起35针，织6cm双罗纹后，改织全下针，左、右两边按图示收成袖窿。缝上拉链。

0192

全下针
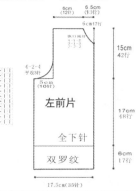
双罗纹

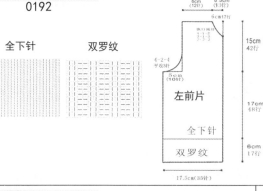

左前片
全下针
双罗纹

6cm（12针） 6.5cm（13行）
6cm17行
15cm 42行
4-2-4 平收3针
5cm（10行）
17cm 48行
6cm 17行
17.5cm（35针）

【成品规格】见图
【工具】8号棒针
【材料】天蓝色、深蓝色、白色毛线 拉链1条
【制作过程】前片以机器边起针编织双罗纹针，衣身编织花样，按图示减袖窿、前领窝、后领窝，对称织出另一前片。缝上拉链。

0193

花样
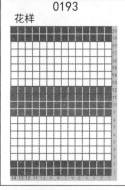

领子结构图
17.5cm（46针）
6cm 22行
26cm（70针）
双罗纹
8号棒针

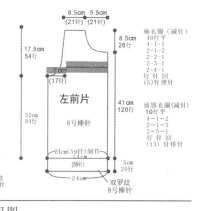

左前片
8号棒针

8.5cm（21针） 5.5cm（21针）
8.5cm 26行
17.5cm 54行
7cm（17针）
32cm 94行
41cm 120行
24cm（59针）制作
（59针）
5cm 20行
24cm
双罗纹
8号棒针

袖衣圈（减针）
40行平
4-1-1
2-1-2
2-2-1
2-3-1
2-4-1
行 针 回
（5）针埋针
前领衣圈（减针）
10行平
4-1-2
2-1-3
2-3-1
行 针 回
（13）针停针

【成品规格】见图
【工具】7号棒针
【材料】深蓝色羊毛绒线 拉链1条 字母图案若干
【制作过程】前片分左、右2片编织，分别按图起35针，织6cm双罗纹后，改织全下针，左、右两边按图示收成袖窿。对称织出另一前片。缝上拉链和字母图案。

0194

全下针

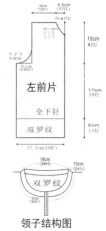

双罗纹

左前片
全下针
双罗纹

6cm（12针） 6.5cm（13行）
6cm17行
15cm 42行
4-2-4 平收3针
6cm（10行）
17cm 48行
6cm 17行
17.5cm（35针）

18cm（36针） 10cm（28针）
双罗纹
领子结构图

【成品规格】见图
【工具】9号棒针
【材料】灰色、蓝色宝宝绒线 装饰标贴1枚
【制作过程】灰色线起96针，配蓝色线编织双罗纹针边，然后灰色编织下针前片，身长共编织到28cm，开始袖窿减针，按图完成减针编织至肩部。缝上装饰标贴。

0195

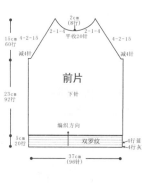

前片
下针
编织方向
双罗纹

2cm（8针）
15cm 60行 4-2-15 平收20针 4-2-15
减4针 减4针
23cm 92行
5cm 20行
37cm（96针）

【成品规格】见图
【工具】15号棒针
【材料】白色、黑色纯羊毛线
【制作过程】前片按图起针，织双罗纹10cm后，改织全下针，按图示收袖窿和领口，织至完成。

0196

全下针 单罗纹

前片
全下针
双罗纹

6cm（12针） 15cm（30针） 6cm（12针）
6cm17行
18cm 50行
领口减针
4-1-2
2-1-3
2-2-2
4-2-4 平收5针
5cm（10行）
19cm 53行
10cm 28行
37cm（74针）

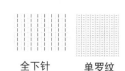

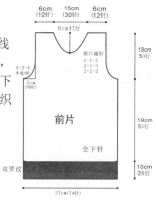

0197

【制作过程】前片蓝色线起104针，织花样A，织6cm后改为白色线织花样B，织至30cm袖窿减针，方法为1-4-1，2-1-5，织至40cm，收前领，中间留取14针不织，两侧减2-2-6，2-1-2，前片共织46cm长。领子按图织花样A。

【成品规格】见图
【工具】12号棒针
【材料】白色、红色、蓝色棉线各少量

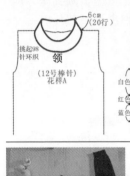

挑起98针环织
领
（12号棒针）
花样A

8cm（21针）　17cm（44针）　8cm（21针）
减14针
2-1-2
2-2-6
中间留取14针不织（第137行）
减14针
2-1-5
1-4-1

6cm（20行）
17cm 58行
46cm 156行
21cm 82行
6cm 20行

前片
（12号棒针）
花样B

6cm（20行）
40cm（104针）

花样A

花样B

白色
红色
蓝色

0198

【成品规格】见图
【工具】9号棒针
【材料】黄色、灰色、黑色、红色宝宝绒线 装饰标贴1枚
【制作过程】黄色线起96针，按花样配黑色线编织双罗纹针边，然后用黄色线编织下针前片，身长共编织到28cm，开始袖窿减针，按图完成减针编织至肩部。缝上装饰标贴。

2cm（8针）
15cm 4-2-15 60行
43cm 172行
23cm 92行
5cm 20行

平针20针

前片
黄色下针

编织方向

4行黑
4行黄
双罗纹

37cm（96针）

花样

■=黑色
□=灰色
■=红色

10　5　1

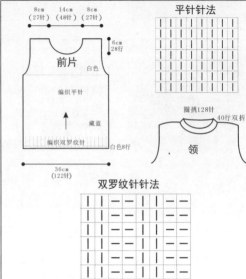

8cm（27针）　14cm（48针）　8cm（27针）

6cm 28针

前片
白色

编织平针

藏蓝

编织双罗纹针

白色8行

36cm（122针）

平针针法

圈挑128针

40行双折

领

双罗纹针针法

0201

【成品规格】见图
【工具】7号棒针
【材料】黑色、白色羊毛绒线 亮片图案若干
【制作过程】前片按图起74针，先织双层平针底边后，改织全下针，并间色，左、右两边按图示收成袖窿。缝上亮片图案。

缝合
双层平针底边图解

全下针

6cm（12针）　15cm（30针）　6cm（12针）

6cm17行

4-2-4
平收8针

15cm 42行
18cm 50行
5cm 14行

前片

全下针

双层平针底边

37cm（74针）

3cm（6针）　15cm（30针）　3cm（6针）

领口留12针
2-2-4
2-1-3
2-2-2

18cm 50行
12cm 34行
6cm 17行
14cm 39行
5cm 14行

加4-1-8

前片

双罗纹
33cm（66针）

全下针

减4-1-12

双罗纹

37cm（74针）

0202

【成品规格】见图
【工具】7号棒针
【材料】黑色、白色羊毛绒线 纽扣3枚 衣袋绳子2根
【制作过程】前片按图起74针，织5cm双罗纹后，改织14cm全下针，并间色，腰部织6cm双罗纹，前领口留12针后，分2片编织，左、右两边按图示收成袖窿。衣袋按图另织，缝上纽扣和绳子。

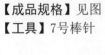

双罗纹 3cm 9针
衣袋 10cm 28行

11cm（22针）

全下针

双罗纹

0199

【成品规格】见图
【工具】12号棒针
【材料】藏蓝色、白色羊毛绒线 布贴1套
【制作过程】前片起122针，编织8行双罗纹后，改织平针，离衣长6cm处收前领。领子按图挑针，缝上布贴。

0200

【成品规格】见图
【工具】9号棒针
【材料】红色、蓝色、白色开司米线 拉绒布料若干
【制作过程】前片起织双罗纹5cm后，改织下针。身长共编织到27cm，开始袖窿减针，按图完成减针后平织16行至肩部。身长织到40cm时开始前衣领减针，按结构图减完针后收针断线。

9cm（18针）　14cm（28针）　9cm（18针）

2cm（8针）
平织16行
平织20针　领针2-1-4

15cm 64行
22cm 92行
5cm 21行

减4针
6-2-8

前片
红色下针

编织方向

双罗纹

37cm（104针）

双罗纹

【成品规格】 见图
【工具】 7号棒针
【材料】 咖啡色、白色羊毛绒线 前领装饰绳子2根
【制作过程】 前片按图起74针，织5cm双罗纹后，改织全下针，并间色，左、右两边按图示收成袖窿。前领系上绳子。

0203

全下针

【成品规格】 见图
【工具】 7号棒针
【材料】 深啡色、红色、白色羊毛绒线
【制作过程】 前片由上、下片组成，上片分别按图起74针，织3cm单罗纹后，改织全下针，左、右两边按图示收成袖窿。领子按图另织双罗纹。

0204

领子结构图

双罗纹

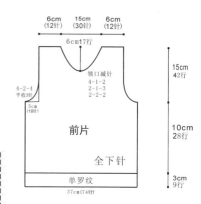

6cm (12针)　15cm (30针)　6cm (12针)
6cm17行
领口减针
4-1-2
2-1-3
2-2-2
15cm 42行
10cm 28行
3cm 9行
4-2-4 平收3针
3cm (10针)
前片
全下针
单罗纹
37cm (74针)

双罗纹　全下针

【成品规格】 见图
【工具】 7号棒针
【材料】 黑色、红色、白色羊毛绒线 纽扣10枚
【制作过程】 前片分左右2片编织，分别按图起37针，织5cm双罗纹后，改织全下针，并间色，左、右两边按图示收成袖窿。对称织出另一前片。缝上纽扣。

0205

6cm (12针)　7.5cm (15针)
6cm17行
领口减针
4-1-2
2-1-3
2-3-2
18cm 50行
4-2-4 平收3针
5cm (10针)
加4-1-8
左前片
16.5cm (33针)
15cm 42行
全下针
减4-1-10
17cm 48行
双罗纹
18.5cm (37针)

全下针

双罗纹

【成品规格】 见图
【工具】 7号棒针
【材料】 黑色、红色羊毛绒线 纽扣2枚 衣袋绳子2根
【制作过程】 前片按图起74针，织5cm双罗纹后，改织14cm全下针，并间色，左、右两边按图示收成袖窿。衣袋和帽子按图另织好。缝上纽扣，系上衣袋绳子。

0206

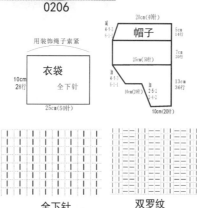

20cm (40针)
减4-1-3
帽子
25cm (50针)
5cm 14行
7cm 20行
用装饰绳子索紧
10cm 28行
衣袋
全下针
25cm (50针)
13cm 36行
加1
10cm (20针)
减1 2-5-2 1-3-1
10cm (20针)

全下针　双罗纹

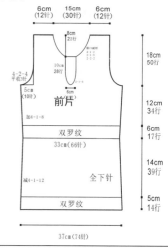

6cm (12针)　15cm (30针)　6cm (12针)
8cm 22行
领口减针
4-2-4 平收3针
10cm 28行
5cm (10针)
加4-1-8
前片
18cm 50行
12cm 34行
双罗纹
6cm 17行
33cm (66针)
14cm 39行
减4-1-12
全下针
双罗纹
5cm 14行
37cm (74针)

【成品规格】 见图
【工具】 13号棒针
【材料】 白色棉线
【制作过程】 前片按图织花样A与花样B，织至第77行两侧开始袖窿减针，同时将织片从中间分开成左前片和右前片，分别编织，以左前片为例，起织时右侧减针织成衣领，织至138行，肩部余下20针。收针断线，用相同方法相反方向编织右前片。

0207

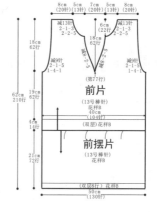

8cm (20针)　5cm (13针)　7cm (20针)　5cm (13针)　8cm (20针)
减13针
2-1-5
2-1-3
2-2-5
18cm 62行
减9针
2-1-5
1-4-1
减针 (第77行)
22针
减针
2-1-5
2-1-3
2-2-5
减13针
18cm 62行
前片
(13号棒针)
花样B
40cm
(双层)花样B
62cm 210行
19cm 72行
4cm 14行
前摆片
(13号棒针)
花样B
21cm 72行
(双层8行)花样B
50cm
(130针)

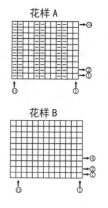

花样A

花样B

0208

【成品规格】见图
【工具】13号棒针
【材料】浅灰色、白色棉线
【制作过程】前片按图编织花样A与花样B，织至第129行，将织片分成左、右2片分别编织，先织左片，起织时右侧减针织成前领，织至第149行左侧开始袖窿减针，减针后不加减针织至210行，肩部余下20针，收针断线。用相同的方法相反方向编织右前片。

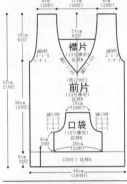

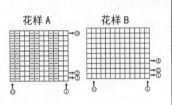

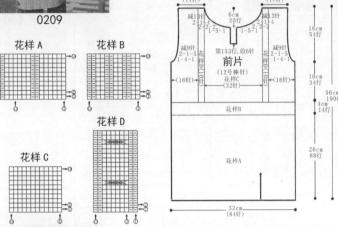

【成品规格】见图
【工具】12号棒针
【材料】灰色棉线
【制作过程】起织前片，下针起针法，起84针，起织花样A，共织88行，改织花样B，织至102行，改为花样C与花样D组合编织，组合方法如结构图所示，重复往上编织至136行，两侧需要同时减针织成袖窿。

0209

0210

【成品规格】见图
【工具】13号棒针
【材料】粉红色、红色、白色棉线
【制作过程】编织前片，按图编织花样A与花样B，织至第129行，将织片分成左、右2片分别编织，先织左前片，起织时右侧减针织成前领，织至第149行左侧开始袖窿减针，减针后不加减针织至210行，肩部余下20针，收针断线。用相同的方法相反方向编织右前片。

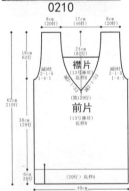

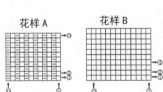

【成品规格】见图
【工具】12号棒针
【材料】灰色棉线 纽扣3枚
【制作过程】前片起84针，起织花样A，共织88行，改织花样B，织至102行，改织花样C，中间编织10针花样B，重复往上编织至136行，两侧需要同时减针织成袖窿，减针方法为1-4-1，2-1-5，两侧针数减少9针，余下66针继续编织，两侧不再加减针，织至第171行时中间留取16针不织，两端相反方向减针编织，各减少8针，方法为2-2-2，2-1-4，最后两肩部余下17针，收针断线。缝上纽扣。

0212

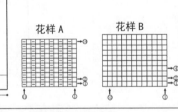

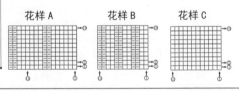

0211

【成品规格】见图
【工具】13号棒针
【材料】红色、白色棉线
【制作过程】编织前片，按图编织花样A与花样B，织至第129行，将织片分成左、右2片，分别编织，先织左片，起织时右侧减针织成前领，方法为2-1-33，织至第149行左侧开始袖窿减针，方法为1-4-1，2-1-5，减针后不加减针织至210行，肩部余下20针，收针断线。用相同的方法相反方向编织右前片。

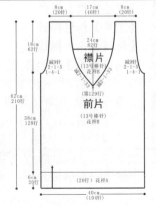

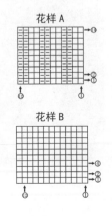

【成品规格】见图
【工具】12号棒针
【材料】白色棉线
【制作过程】前片起104针织花样A，织62行。从第63行起，改织花样B，织至102行两侧减针织成袖窿，两侧减针织成前领，织至156行，两肩部各余下21针，收针断线。

0213

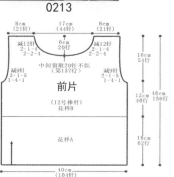

前片

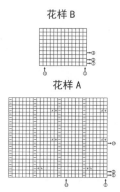

花样B

花样A

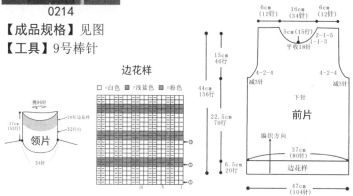

0214

【材料】白色、粉色、浅蓝色毛线
【制作过程】白色线起104针配色编织双罗纹针边花样，共织22行，将双罗纹针中的上针2针并1针编织，均减24针，即减至80针，然后用白色线编织下针前片，身长编织到29cm，开始袖窿减针，按图完成减针编织至肩部，身长共织到43cm时减出后衣领，两肩各余12针。领片按图挑针。

【成品规格】见图
【工具】9号棒针

边花样

领片

前片

0215

【成品规格】见图
【工具】10号棒针
【材料】粉色毛线 蕾丝边 装饰亮片
【制作过程】起134针编织下针双层边，然后编织花样前片，两侧减针收腰，身长共编织到45cm时开始前衣领减针，按结构图减完针后收针断线。领片按图挑针。缝上蕾丝边和装饰亮片。

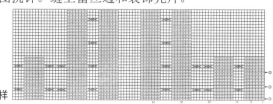

花样

前片

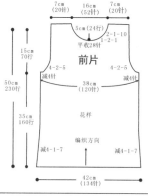

0216

【成品规格】见图
【工具】12号棒针
【材料】粉红色棉线
【制作过程】前片起104针织花样A，织20行，从第21行起，改织花样B，织至102行，两侧减针织成袖窿，从第137起将织片中间留取20针不织，两侧减针织成前领，织至156行，两肩部各余下21针，收针断线。

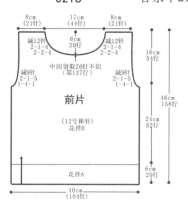

前片

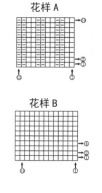

花样A

花样B

花样A

0217

【成品规格】见图
【工具】9号棒针
【材料】玫红色、粉色、浅蓝色毛线 纽扣2枚
【制作过程】前片起104针编织玫红色下针前片，均减至80针，收腰及袖窿减针同后片，袖窿减针的同时将中间平收18针，然后两侧分别编织花样，身长共编织到39cm时开始前衣领减针，按结构图减完针后收针断线，肩部余12针。缝上纽扣。

花样

图示说明

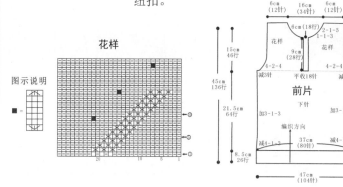

前片

0218

【成品规格】见图
【工具】14号棒针
【材料】红色、蓝色、白色毛线银丝 烫钻1张
【制作过程】前片以机器边起针，编织花样B，每隔6行换色编织，白色编织时夹银丝编织，正身编织花样A及配色花样a、b，胸前配色编织菱形与心形花样，编织花样A26cm后，左、右分别按图示减针形成袖洞。

前片
花样A

花样B

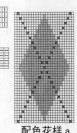

花样A

花样B

配色花样a

配色花样b

0219

【材料】白色、红色、蓝色棉线 纽扣2枚
【制作过程】前片按图织花样A与花样B，织至136行，从第137起将织片中间留取20针不织，两侧减针织成前领，织至156行，两肩部各余下21针，左侧肩部收针断线，右侧肩部继续往上编织花样A，织3行后，留起2个纽扣眼，共织6行，收针断线。缝上纽扣。

【成品规格】见图
【工具】12号棒针

花样A

花样B

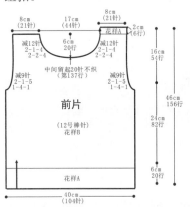

前片
(12号棒针)
花样B

花样A

0220

【成品规格】见图
【工具】12号棒针
【材料】白色、红色、藏蓝色、灰色羊毛线
【制作过程】前片起112针，编织双罗纹针4cm，然后织花样B52行，再织配色平针24行，然后织花样A16行，接着收袖窿，离衣长11cm处收前领。

花样A

前片
编织花样A
编织平针
编织花样B
编织双罗纹针

红色4行
灰色8行
藏蓝8行

下摆罗纹配色
红色8行
白色4行
灰色4行
藏蓝4行

双罗纹针针法

花样B

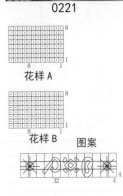

0221

【成品规格】见图
【工具】15号棒针
【材料】白色纯羊毛线 短拉链1条
【制作过程】前片按图起针，先织7cm花样B，然后改织花样A，并编入图案。按图示收袖窿和领口。缝上拉链。

花样A

花样B

图案

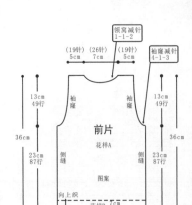

前片
花样A
图案
向上织

0222

【成品规格】见图
【工具】12号棒针
【材料】蓝色、灰色、白色、红色棉线

【制作过程】起织前片用蓝色线起104针织花样A，织至20行，改为2行白色+10行灰色+2行白色+10行蓝色间隔编织，织花样B，织至102行，两侧减针织成插肩袖窿，第149行中间留取26针不织，两侧减针织成前领，织至156行，两侧各余下1针，留待编织衣领。

花样A

花样B

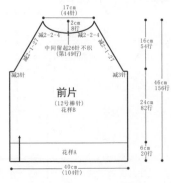

前片
(12号棒针)
花样B

花样A

0223

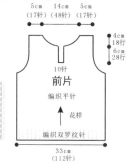

【成品规格】见图
【工具】15号棒针
【材料】白色、红色、藏蓝色纯羊毛线
【制作过程】前片按图起针，先织双罗纹后，改织平针，并编入花样，织至完成。

5cm 14cm 5cm
(17针) (48针) (17针)

4cm 18行
6cm 28行

10针

前片

编织平针

花样

编织双罗纹针

33cm
(112针)

花样　　双罗纹

0224

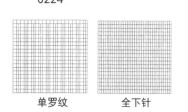

【成品规格】见图
【工具】7号棒针 绣花针
【材料】黄色、湖蓝色、橙色、绿色羊毛绒线
【制作过程】用黄色线，一般起针法起74针，织5cm单罗纹后，改织全下针，织至19cm时左右两边开始按图收成插肩袖窿，再织9cm开领窝，织至完成。

11cm 15cm 11cm
(22针) (30针) (22针)
8cm(22针)

插肩减针　　平收14针　领口减针
3-2-12　　　　　2-2-1
2-2-3　　　　　2-4-1-3
行针次　　　　　行针次

平收5针　　　　　　平收5针

15cm 42行

前片

22cm 62行

全下针

单罗纹

5cm 14针

单罗纹　　全下针

0225

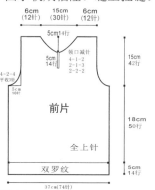

【成品规格】见图
【工具】7号棒针
【材料】白色、黑色羊毛绒线 拉链1条
【制作过程】前片按图起74针，织5cm双罗纹后，改织全上针，并间色，左、右两边按图示收成袖窿。缝上拉链。

6cm 15cm 6cm
(12针) (30针) (12针)

5cm14行

领口减针
5cm 4-1-2
14行 2-1-3
2-2-2

4-2-4
平收针
5cm
10针

15cm 42行

前片

全上针

18cm 50行

双罗纹

5cm 14行

37cm(74针)

全下针

双罗纹

0226

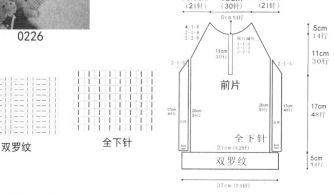

【成品规格】见图
【工具】7号棒针
【材料】杏色、咖啡色羊毛绒线
【制作过程】前片按图起74针，织5cm双罗纹后，改织全下针，两边侧缝平收16针，按图织好，与前片缝合。领子另织双罗纹，缝上拉链。

10.5cm 15cm 10.5cm
(21针) (30针) (21针)

5cm 14行

4-1-6　　　　　领口减针
2-1-8　　　　　4-1-2
2-2-8　　　　　2-1-5
　　　　　　　　2-2-2

11cm 30行

5cm 14行

11cm 30行

2-1-3　　　　　　2-1-3

前片

17cm 48行

17cm 20cm 20cm 17cm
48行 56行 56行 48行

全下针

21cm (42针)

5cm 14行

37cm (74针)

双罗纹　　全下针

双罗纹

0227

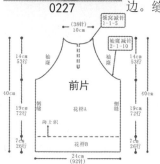

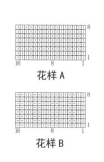

【成品规格】见图
【工具】7号棒针
【材料】花色、黄灰色毛线 拉链1条
【制作过程】前片按图织花样A与花样B，织至28cm分开织开口，先织左边，织至35cm收前领窝，中间平收6针，再每隔1行收1针，共织3次，右边同左边。缝上拉链。

领窝减针
1-1-5
(38针)
10cm

袖窿减针
2-1-10

14cm 53行

袖窿

袖窿

14cm 53行

40cm

前片

40cm

19cm 72行

侧缝

花样A

侧缝

19cm 72行

7cm 26行

向上织

花样B

7cm 26行

24cm (92针)

花样A

8
16　　　　　1

花样B

8
16　　　　　1

0228

【成品规格】见图
【工具】7号棒针
【材料】红色、黑色羊毛绒线 拉链1条
【制作过程】前片按图起74针，织5cm双罗纹后，改织全下针，并间色，左、右两边按图示收成插肩袖。缝上拉链。

10.5cm 15cm 10.5cm
(21针) (30针) (21针)

5cm14行

4-1-6　　　　　领口减针
2-1-8　　　　　4-1-2
2-1-4　　　　　2-1-5
2-3-2　　　　　2-2-2

5cm 14行

11cm 30行

11cm 30行

前片

17cm 48行

全下针

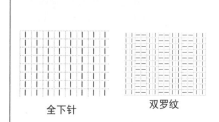

双罗纹

5cm 14行

37cm (74针)

全下针　　双罗纹

0229

0230

【成品规格】见图
【工具】7号棒针
【材料】红色羊毛绒线 装饰拉链1条
【制作过程】前片按图起74针，织5cm双罗纹后，改织全下针，左、右两边按图示收成袖窿。领子按图另织双罗纹，缝上拉链。

双罗纹

全下针

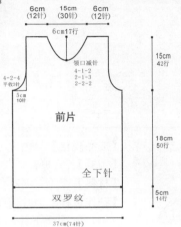

6cm(12针) 15cm(30针) 6cm(12针)

6cm17行

领口减针
4-1-2
2-1-3
2-2-2

4-2-4
平收3针

5cm
10针

前片

全下针

双罗纹

15cm
42行

18cm
50行

5cm
14行

37cm(74针)

18cm(36针) 8cm(22针)
双罗纹 31cm(50针)
领子结构图

【成品规格】见图
【工具】7号棒针
【材料】红色、黑色羊毛绒线 短拉链1条 装饰图案若干
【制作过程】前片按图起74针，织3cm单罗纹后，改织全下针，并间色，左、右两边按图示收成袖窿。缝上拉链和装饰图案。

6cm(12针) 15cm(30针) 6cm(12针)

5cm14行

领口减针
4-1-2
2-1-3
2-2-2

4-2-4
平收2针

5cm
(10针)

前片

全下针

单罗纹

全下针

单罗纹

5cm 14行
10cm 28行
20cm 56行
3cm 9行

37cm(74针)

0231

0232

【成品规格】见图
【工具】7号棒针
【材料】黑色、白色、红色羊毛绒线 短拉链1条
【制作过程】前片按图起74针，织5cm双罗纹后，改织全下针，并间色，左、右两边按图示收成袖窿。缝上拉链。

双罗纹

全下针

6cm(12针) 15cm(30针) 6cm(12针)

6cm17行

领口减针
4-1-2
2-1-3
2-2-2

4-2-4
平收3针

5cm
10针

前片

全下针

双罗纹

15cm
42行

18cm
50行

5cm
14行

37cm(74针)

【成品规格】见图
【工具】7号棒针
【材料】蓝色、红色、白色羊毛绒线 短拉链1条
【制作过程】前片以机器边起针编织双罗纹针，衣身编织基本针法，按图配色编织，按图示减袖窿、前领窝、后领窝。缝上拉链。

基本针法

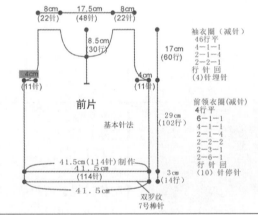

8cm(22针) 17.5cm(48针) 8cm(22针)

8.5cm(30针)

4cm(11针)

前片

基本针法

4cm(11针)

袖衣圈（减针）
46行平
4-1-1
2-1-4
2-2-1
行 针 回
(4) 针埋针

前领衣圈（减针）
4行平
6-1-1
4-1-1
2-2-2
2-3-1
2-6-1
行 针 回
(10) 针停针

17cm(60行)

29cm(102行)

3cm(14行)

41.5cm(114针)制作
41.5cm(114针)
41.5cm

双罗纹
7号棒针

0233

【成品规格】见图
【工具】7号棒针
【材料】黑色、红色羊毛绒线 短拉链1条
【制作过程】前片按图起74针，织5cm双罗纹后，改织全下针，并间色，左、右两边按图示收成袖窿。前领按图另织好，缝上拉链。

3cm(9针) 5cm14行 3cm(9针)

双罗纹

领口减针

4-1-8
2-1-7
2-1-8
2-3-2

5cm
14行

5cm
10针

5cm
10针

前领

36针(18cm) 10cm(28针)

双罗纹

31cm(50针)

领子结构图

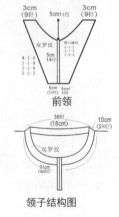

3cm(9针) 21cm(42针) 3cm(9针)

4-1-6
2-1-4
2-1-8
2-3-2

4-2-4
平收3针

5cm
10针

10cm(20针)

前片

全下针

双罗纹

15cm
42行

18cm
50行

5cm
14行

37cm(74针)

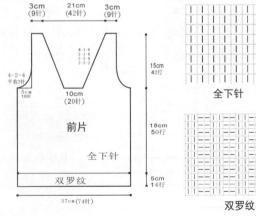

全下针

双罗纹

【成品规格】见图
【工具】12号棒针
【材料】橙色、米白色、红咖色羊毛线 短拉链1条
【制作过程】前片起122针，配色编织双罗纹针5cm，编织平针25cm后收袖窿并如图示配色编织，然后收前领。领子按图织双罗纹及缝上拉链。

0234

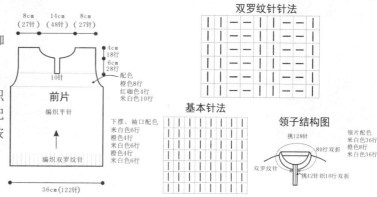

双罗纹针针法

基本针法

领子结构图

8cm（27针）　14cm（48针）　8cm（27针）

前片
编织平针

4cm18行
6cm28行
配色
橙色8行
红咖4行
米白色10行

10针

下摆、袖口配色
米白色6行
橙色4行
米白色6行
橙色4行
米白色6行

编织双罗纹针

36cm（122针）

领片配色
米白色36行
橙色8行
米白色36行
挑128针
80行双折
双罗纹针
挑42针织10行双折

【成品规格】见图
【工具】9号棒针
【材料】白色、深蓝色、橘红色毛线 短拉链1条
【制作过程】前片起120针编织边花样前片，均减28针后身长编织花样至28cm，中间平收4针并两侧开始袖窿减针，按图完成减针编织至肩部，领部余12针，收针断线。

0235

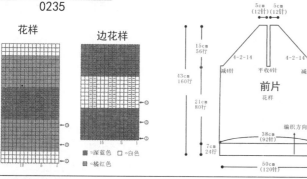

花样　　边花样

■=深蓝色 □=白色
■=橘红色

5cm（12针）　5cm（12针）
15cm56行
4-2-14 减4针　平收4针　4-2-14 减4针
43cm160行
前片
花样
21cm80行
38cm（92针）
编织方向
7cm24行
50cm（120针）

【成品规格】见图
【工具】9号棒针
【材料】蓝色、白色毛线 短拉链1条
【制作过程】前片起150针，织花样B7cm后，织花样A至26cm收袖窿，两边各平收2针，再每隔4行两边各收1针，收4次。织至30cm分开织前开口，织至34cm收后领窝，织至40cm收针。领子按图织花样A与花样B，与前片缝合。缝上拉链。

0236

花样A

8

8　　　　1

花样B

8　　　　1

领子结构图

16cm（80针）
花样B　花样B
7cm35行
20cm（100针）

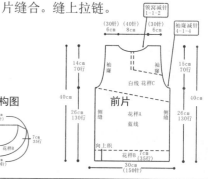

领窝减针 1-1-2
袖窿减针 4-1-4

（30针）6cm　8cm　（30针）6cm

14cm70行
袖窿　袖窿
白线 花样C

15cm70行

40cm

前片
花样A
蓝线

26cm130行　侧缝　侧缝　26cm130行

向上织
花样C 4cm

30cm（150针）

【成品规格】见图
【工具】9号棒针
【材料】深蓝色、白色、红色毛线 短拉链1条
【制作过程】前片用深蓝色线起92针编织边花样前片，花样编织至25cm时，中间平收4针并两侧开始袖窿减针，按图完成减针编织至肩部，身长编织至38cm，开始衣领部减针，收针断线。缝上拉链。

0237

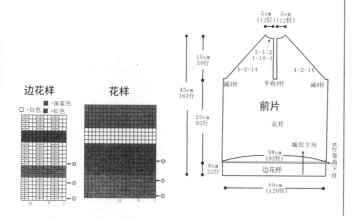

边花样　　花样

■=深蓝色
□=白色　■=红色

5cm（12针）　5cm（12针）
15cm56行
2-1-2
1-10-1
4-2-14 减4针　平收4针　4-2-14 减4针
43cm162行
前片
花样
25cm92行
38cm（92针）
编织方向
6cm22行
8行卷曲下织
边花样
50cm（120针）

【成品规格】见图
【工具】11号棒针
【材料】蓝色、浅蓝色、白色棉线 短拉链1条
【制作过程】起织前片，按图示织花样A6cm后，改织花样B，织至88行，改为白色线编织，两侧同时减针织成袖窿。缝上拉链。

0238

花样A

花样B

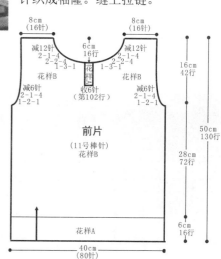

8cm（16针）　　　　8cm（16针）

减12针2-1-2　6cm16针　减12针2-1-4
　　　　　　领窝　　2-1-4
　　　　1-3-1　　1-3-1
花样B　　　　　　　花样B

16cm42行

减6针2-1-4　收6针（第102行）　减6针2-1-4
2-1-1　　　　　　　　2-1-1

前片
（11号棒针）
花样B

50cm130行

28cm72行

花样A

6cm16行

40cm（80针）

0239

【成品规格】见图
【工具】11号棒针
【材料】蓝色、浅蓝色、白色棉线 短拉链1条
【制作过程】起织前片，双罗纹针起针法，用蓝色线起80针，起织花样A，织2行后，改织2行白色线，再织4行浅蓝色线，织2行白色线，全部改回蓝色线编织，共织16行，改织花样B与花样A组合编织。缝上拉链。

花样A

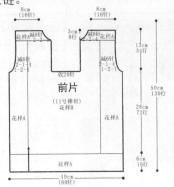

花样B

0240

【成品规格】见图
【工具】11号棒针
【材料】咖啡色、白色棉线 短拉链1条
【制作过程】起织前片，双罗纹针起针法，用咖啡色线起80针，起织花样A，织6行后，改为白色线编织6行，改回咖啡色线编织，共织16行，改织花样B，织至88行，改织花样A，两侧同时减针织成袖窿。缝上拉链。

花样A

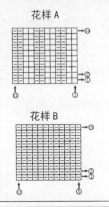

花样B

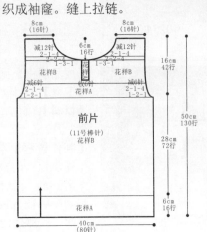

0241

【成品规格】见图
【工具】12号棒针
【材料】藏蓝色、天蓝色、白色羊毛线 短拉链1条
【制作过程】前片起122针，编织双罗纹针5cm，然后织平针76行后如图示配色编织，然后收袖窿，离衣长10cm处收前领。缝上拉链。

双罗纹针针法

平针针法

0242

【成品规格】见图
【工具】9号棒针
【材料】深蓝色、橘红色、白色毛线 短拉链1条
【制作过程】前片起120针编织下针前片，均减28针后身长编织花样至28cm，中间平收4针并两侧开始袖窿减针，按图完成减针编织至肩部，领部余12针，收针断线。缝上拉链。

花样

■=深蓝色
■=橘红色
□=白色

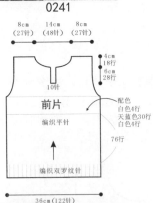

0243

【成品规格】见图
【工具】15号棒针
【材料】花色、黄灰色毛线 短拉链1条
【制作过程】前片起44针织花样B，织5cm后改织花样C，织至28cm收袖窿，每隔1行减1针，织至41cm收前领窝，中间平收6针，再每隔1行收1针，共收5次。领子按图另织好，与前片缝合。缝上拉链。

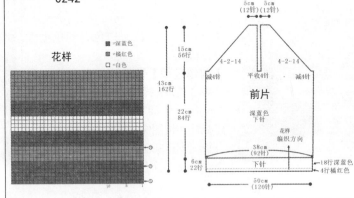

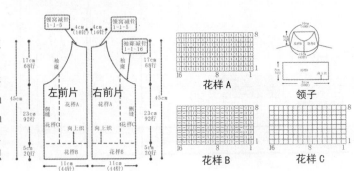

0244

【成品规格】见图
【工具】7号棒针
【材料】黑、灰色毛线 拉链1条
【制作过程】前片起72针织花样B5cm，织花样C至32cm（左前片织至22cm织花样A，织10cm接着织花样C；右前片织完花样B接着织花样A10cm，然后织花样C）收袖窿，两边各平收2针，每隔1行两边各收1针，收2次，织花样C至42cm时收前领窝。领子按图另织花样B。缝上拉链。

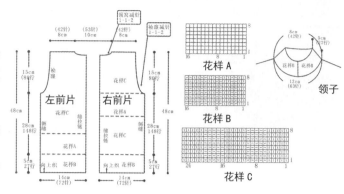

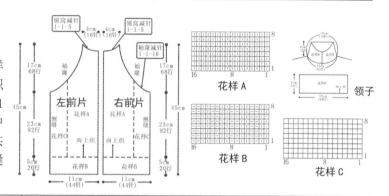

0245

【成品规格】见图
【工具】7号棒针
【材料】褐色花股毛线 拉链1条
【制作过程】前片起44针织花样B，织5cm后改织花样A，侧缝处织花样C，织至28cm收袖窿，每隔1行减1针，织至41cm收前领窝，中间平收6针，再每隔1行收1针，共收5次。领子按图另织花样B。缝上拉链。

0246

【成品规格】见图
【工具】15号棒针
【材料】花色深灰色毛线 拉链1条
【制作过程】前片起44针织花样B，织5cm后改织花样A，织至28cm收袖窿，每隔1行减1针，织至41cm收前领窝，中间平收6针，再每隔1行收1针，共收5次。领子按图织花样B。缝上拉链。

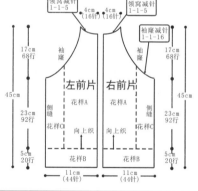

0247

【成品规格】见图
【工具】15号棒针
【材料】花色深灰色毛线 拉链1条
【制作过程】前片起44针织花样B，织5cm后改织花样A，织至28cm收袖窿，每隔1行减1针，织至41cm收前领窝，中间平收6针，再每隔1行收1针，共收5次。领子按图另织花样B。缝上拉链。

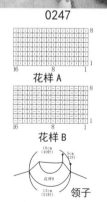

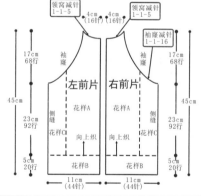

0248

【成品规格】见图
【工具】15号棒针
【材料】花色深灰色毛线 拉链1条
【制作过程】前片起44针织花样B，织5cm后改织花样A，织至28cm收袖窿，每隔1行减1针，织至41cm收前领窝，中间平收6针，再每隔1行收1针，共收5次。领子另织花样B。缝上拉链。

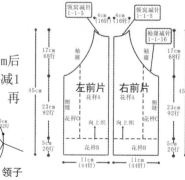

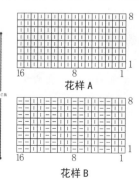

0249

【成品规格】见图
【工具】15号棒针
【材料】藏蓝色毛线 拉链1条
【制作过程】前片起40针织花样A5cm，改织花样B至42cm时收前领窝，领窝的收针法是先平收2针，再每隔1行收1针，收4次，织至45cm开始收肩，先平收4针，再隔1行收1针，收两行。领子按图织花样A。缝上拉链。

花样A

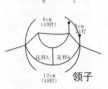
花样B

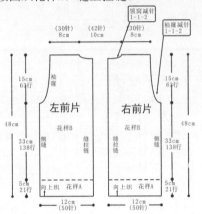

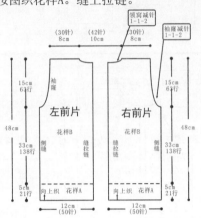

【成品规格】见图
【工具】15号棒针
【材料】藏蓝色毛线 拉链1条
【制作过程】前片起50针织花样，织至42cm时收前领窝，领窝的收针法是先平收2针，再每隔1行收1针，收4次，织至45cm开始收肩，先平收4针，再隔1行收1针，收两行。领子按图织花样。缝上拉链。

0250

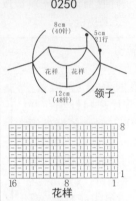

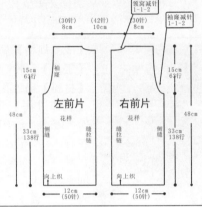

0251
【成品规格】见图
【工具】3号棒针

双罗纹

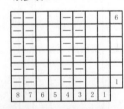

【材料】暗紫色绒线 亮片若干 43cm长拉链1条
【制作过程】前片(左、右2片)用双罗纹起针法起74针，双罗纹织8cm；下针织18.5cm后按袖窿减针，前领减针及肩斜减针织出袖窿，前领和肩斜。对称织出另一片前片。缝上拉链和亮片。

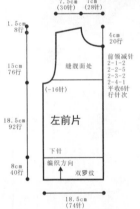

0252

【成品规格】见图
【工具】7号棒针
【材料】白色、深蓝色、红色羊毛绒线 拉链3条
【制作过程】前片分左、右2片编织，分别按图起37针，织10cm双罗纹后，改织全下针，并开衣袋和间色，左、右两边按图示收成袖窿。对称织出另一前片。内衣袋和帽子按图织好，缝上拉链。

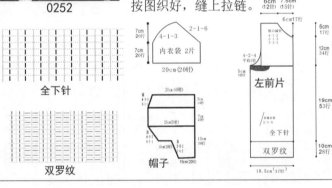

0253
【成品规格】见图
【工具】10号棒针

【材料】白色、灰色、红色、黑色宝宝绒线 拉链1条
【制作过程】前片起56针边后编织下针前片，衣襟边随前片同织，身长编织至28cm，一侧开始袖窿减针，一侧不加减针，按图完成减针编织至肩部，领部余20针，收针断线。用同样方法完成另一片前片，减针方向相反。缝上拉链。

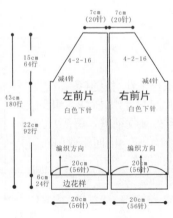

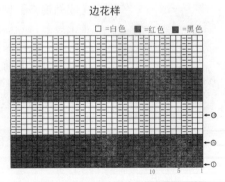

边花样

□=白色 ■=红色 ▨=黑色

0254

【成品规格】见图
【工具】5号棒针
【材料】灰色、深蓝色、橘色棉线
【制作过程】前片先按图织双罗纹，后改织平针，织至完成。在离衣长6cm处收前领。帽片织2片，缝合。

平针针法

双罗纹针针法

帽片
（二片）
起40针
帽片配色
灰色8行
黑色8行
橘色8行
黑色2行
帽下织针
2-6-2
2-6-3

16cm(38针)
24cm
73行

8cm（19针） 14cm（34针） 8cm（19针）

6cm
18行

前片
编织平针

36cm(86针)

0255

【成品规格】见图
【工具】7号棒针 绣花针
【材料】灰色羊毛绒线 绣花图案若干 拉链1条
【制作过程】前片分左、右2片编织，分别按图起36针，织10cm双罗纹后，改织全下针，左、右两边按图示收成插肩袖。衣袋和帽子按图另织。缝上绣花图案。缝上拉链。

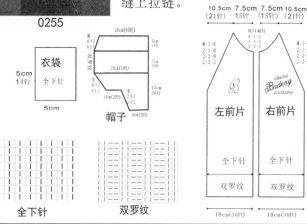

衣袋
5cm
14行
全下针
5cm

帽子
20cm(40针)
25cm(50针)
10cm(20针) 10cm(20针)

10.5cm（21针） 7.5cm（15针） 7.5cm（15针） 10.5cm（21针）
领口18行

4-1-6 2-1-8 2-2-8 2-3-2

4-1-6 2-1-8 2-2-8 2-3-2

左前片 右前片
全下针 全下针
双罗纹 双罗纹

5cm 14行
11cm 30行
21cm 59行
10cm 28行

18cm(36针) 18cm(36针)

全下针   双罗纹

0256

【成品规格】见图
【工具】3号棒针
【材料】白色、黄色、墨绿色、绿色羊毛线 布贴1套 拉链1条
【制作过程】前片用白色线起62针，配色编织双罗纹针6cm，然后配色织平针，然后织花样A，之后收袖窿，并改织花样B，在离衣长6cm处收前领，编织两片。缝上拉链。

花样A

花样B

前片
（二片）
编织花样B
编织花样A
编织平针
编织双罗纹针

前领减针
10行平织
2-1-4
2-2-2
2-2-4
2-4-1
12针停织

后领减针
2行平织
2-3-2
36行停织

袖窿减针
58行平织
4-2-3
4针停织

8cm（27针）
6cm 28行

墨绿色10行
白色86行

下摆配色
白色6行
墨绿色4行
白色6行
墨绿色4行
黄色6行
白色8行

18cm（62针）

0257

【成品规格】见图
【工具】15号棒针
【材料】褐色、白色、黄色、灰色毛线 拉链1条。
【制作过程】右前片起48针织花样B7cm，换白色毛线织1cm，换褐色毛线织花样C1cm，换白色毛线织花样A1cm，换褐色毛线织4cm，织至32cm收袖窿，平收2针。帽子按图另织。缝上拉链。

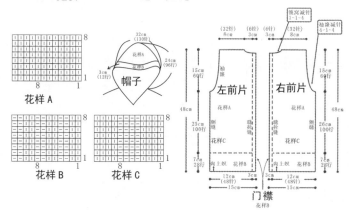

花样A

花样B 花样C

帽子
32cm(130针)
3cm(12针)
24cm(96行)
花样A
花样C

领窝减针
1-1-4
袖窿减针
4-1-4

(32针)8cm (6针)3cm (6针)3cm (32针)8cm

左前片
花样A
侧拉链
花样C
花样B

右前片
花样A
侧拉链
花样C
花样B

15cm 69行
15cm 69行
48cm
25cm 100行
26cm 100行
7cm 28行
7cm 28行

12cm(48针) 3cm 3cm 12cm(48针)
15cm   15cm
门襟
花样B

0258

【成品规格】见图
【工具】11号棒针
【材料】蓝色、浅蓝色、白色棉线
【制作过程】起织前片，双罗纹针起针法，蓝色线起80针，起织花样A，共织16行，改为三色线组合编织，织花样B，织至88行，两侧同时减针织成袖窿。

花样A

花样B

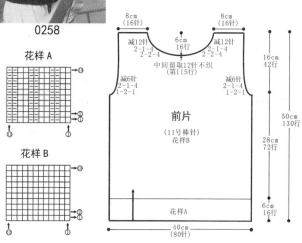

8cm（16针）   8cm（16针）

减12针
2-1-4
2-2-4

6cm
16行

减12针
2-1-4
2-2-4

中间留取12针不织
（第115行）

减6针
2-1-4
1-2-1

减6针
2-1-4
1-2-1

前片
（11号棒针）
花样B

花样A

16cm 42行
50cm 130行
28cm 72行
6cm 16行

40cm（80针）

0259

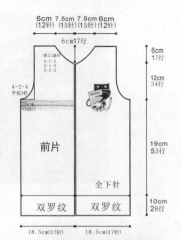

【成品规格】见图
【工具】7号棒针 绣花针
【材料】白色、深蓝色、红色羊毛绒线 绣花图案若干 拉链1条
【制作过程】前片按图起针，分左、右2片编织，分别按图起37针，织10cm双罗纹后，改织全下针，绣上图案，左、右两边按图示收成袖窿。帽子另织，缝上拉链。

全下针

双罗纹

单罗纹

帽子

6cm 7.5cm 7.5cm 6cm
(12针) (15针) (15针) (12针)

6cm17行

领口减针
4-1-2
2-1-2
2-2-2

前片

4-2-4
平收3针

全下针

双罗纹 双罗纹

6cm 17行
12cm 34行
19cm 53行
10cm 28行

18.5cm(37针) 18.5cm(37针)

20cm(40针)
5cm 4行
7cm
25cm(50针)
13cm 36行
10cm(20针)

0260

【成品规格】见图
【工具】7号棒针
【材料】白色纯羊毛线 拉链1条
【制作过程】前片按图起针，先织双层平针底边后，改织花样A，织至40cm时，改织花样B，织至完成。缝上拉链。

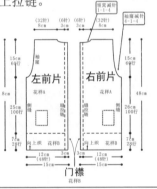

花样A

花样B

(32针) (6针) (6针) (32针)
8cm 3cm 3cm 8cm

领窝减针
1-1-4

袖窿减针
4-1-4

15cm 60行

左前片 右前片

花样A 花样A

15cm 60行

8cm 8cm

编织花样A 织织花样A

25cm 100行 26cm 100行

48cm

7cm 28行 向上织 花样B 向上织 花样B 7cm 28行

12cm(48针) 3cm 3cm 12cm(48针)

15cm 15cm

门襟

0261

【成品规格】见图
【工具】7号棒针
【材料】褐色、绿色、蓝色、橘红色毛线 拉链1条
【制作过程】左前片起36针织双罗纹5cm后，改织全下针，织至32cm收袖窿，平收2针。对称织出另一前片。领子按图另织双罗纹。缝上拉链。

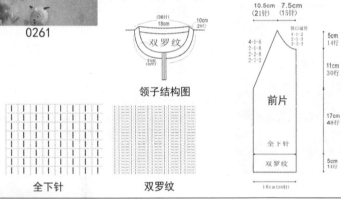

(36针)
18cm

10cm 28行

双罗纹

31cm (50针)

领子结构图

全下针

双罗纹

10.5cm 7.5cm
(21针) (15针)

领口减针
4-1-6
2-1-1
2-1-2
2-2-2
2-3-1

前片

全下针

双罗纹

5cm 14行
11cm 30行
17cm 48行
5cm 14行

18cm(36针)

0262

【成品规格】见图
【工具】8号棒针
【材料】蓝色、绿色、白色毛线 拉链1条
【制作过程】前片以机器边起针编织双罗纹针，衣身编入花样，按图示减袖窿、前领窝、后领窝。对称织出另一片。领子按图另织。缝上拉链。

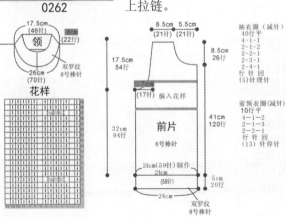

17.5cm(46针)

领 6cm(22行)

26cm(70针) 双罗纹 8号棒针

花样

8.5cm 5.5cm
(21针) (21针)

袖衣圈(减针)
40行平
4-1-1
2-2-1
2-3-1
2-4-1
行 针 回
(5)针埋针

17.5cm 54行

前领衣圈(减针)
10行平
4-1-2
2-1-3
2-3-1
行 针 回
(13)针停针

7cm (17针) 编入花样

前片 8号棒针

32cm 94行

41cm 120行

5cm 20行

24cm(59针)制作
24cm
24cm(59针)

24cm

双罗纹 8号棒针

0263

【成品规格】见图
【工具】8号棒针
【材料】淡蓝色、深蓝色毛线 拉链1条
【制作过程】前片以机器边起针编织双罗纹针，衣身编织基本针法，按图示减袖窿、前领窝、后领窝。对称织出另一片。领子按图另织。缝上拉链。

17.5cm(53针)

领 5cm(22行)

26cm(79针) 双罗纹 7号棒针

基本针法

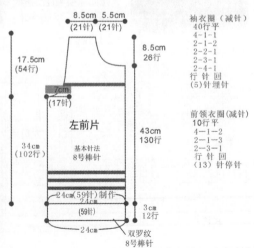

8.5cm 5.5cm
(21针) (21针)

袖衣圈(减针)
40行平
4-1-1
2-2-1
2-3-1
2-4-1
行 针 回
(5)针埋针

17.5cm (54行)

前领衣圈(减针)
10行平
4-1-2
2-3-1
行 针 回
(13)针停针

7cm (17针)

左前片 基本针法 8号棒针

34cm (102行)

43cm 130行

24cm(59针)制作 24cm

24cm

双罗纹 8号棒针

3cm 12行

0264

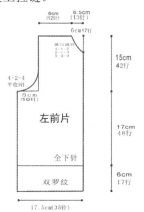

【成品规格】见图
【工具】7号棒针
【材料】红色、白色羊毛绒线 拉链1条
【制作过程】前片分左、右2片编织，分别按图起35针，织6cm双罗纹后，改织全下针，并间色，左、右两边按图示收成袖窿。用相同方法相反方向织出另一片。领子按图另织双罗纹，缝上拉链。

全下针

领子结构图
（36针）18cm 10cm 28行
双罗纹
31cm（50针）

左前片
全下针
双罗纹
6cm 17行
6cm（12针）6.5cm（13针）
领口减针 4-1-3 2-1-2 2-2-3
4-2-4 平收3针
5cm（10针）
15cm 42行
17cm 48行
6cm 17行
17.5cm（35针）

0265

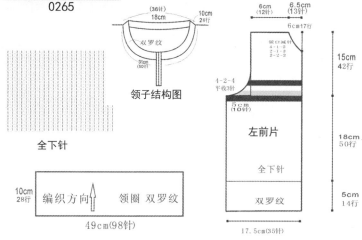

【成品规格】见图
【工具】7号棒针
【材料】红色、黑色、白色羊毛绒线 拉链1条
【制作过程】前片分左、右2片编织，分别按图起35针，织5cm双罗纹后，改织全下针，并间色，左、右两边按图示收成袖窿。用相同方法相反方向织出另一片。领子另织双罗纹，缝好拉链。

领子结构图
（36针）18cm 10cm 28行
双罗纹
31cm（50针）

全下针

10cm 28行 编织方向 领圈 双罗纹
49cm（98针）

左前片
全下针
双罗纹
6cm（12针）6.5cm（13针）
6cm 17行
领口减针 4-1-2 2-1-3 2-2-3
4-2-4 平收3针
5cm（10针）
15cm 42行
18cm 50行
5cm 14行
17.5cm（35针）

0266

【成品规格】见图
【工具】7号棒针 绣花针
【材料】红色、蓝色羊毛绒线 拉链1条
【制作过程】前片分左、右2片编织，分别按图起35针，织5cm双罗纹后，改织花样，并间色，左、右两边按图示收成袖窿。对称织出另一前片。缝上拉链。

前片
花样A
双罗纹
6cm（12针）6.5cm（13针）
6cm 17行
4-2-4 平收3针
15cm 42行
18cm 50行
5cm 14行
17.5cm（35针）

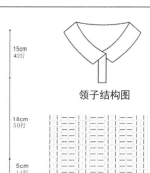

领子结构图

双罗纹

花样

0267

【成品规格】见图
【工具】7号棒针
【材料】橙色、褐色、白色羊毛绒线 长拉链1条
【制作过程】前片以机器边起针编织双罗纹针，衣身编织下针，在两色交界处装上白色装饰筋，按图示减袖窿、前领窝、后领窝。对称织出另一前片。缝上拉链。

领
11.5cm（35针）5cm 22行
双罗纹 7号棒针
17cm（53针）

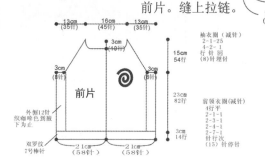

前片
13cm（35针）16cm（45针）13cm（35针）
3cm（10针）
3cm（8针）3cm（8针）
15cm 54行
23cm 82行
3cm 14行
外侧12针织咖啡色到腋下为止
双罗纹 7号棒针
21cm（58针）21cm（58针）
袖衣圈（减针）2-1-25 4-2-1 行针回（8）针埋针
前领衣圈（减针）4行平 2-1-1 2-4-1 2-7-1 针停针次（15）针停针

0268

【成品规格】见图
【工具】8号棒针
【材料】藏青色、深蓝色毛线 拉链1条
【制作过程】前片以机器边起针编织双罗纹针，衣身编织基本针法，按图示减袖窿、前领窝、后领窝。领子按图另织双罗纹，缝上拉链。

领
17.5cm（46针）6cm 22行
双罗纹 8号棒针
26cm（70针）

基本针法

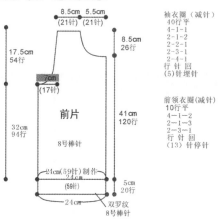

前片
8号棒针
8.5cm（21针）5.5cm（21针）
17.5cm 54行
7cm（17针）
32cm 94行
41cm 120行
24cm（59针）制作
（59针）
24cm
双罗纹 8号棒针
5cm 20行
8.5cm 26行
袖衣圈（减针）40行平 4-1-1 2-2-1 2-3-1 2-4-1 行针回（5）针埋针
前领衣圈（减针）10行平 4-1-1 2-1-3 2-3-1 行针回（13）针停针

【成品规格】见图
【工具】7号棒针
【材料】黑色、白色、红色羊毛绒线 拉链1条
【制作过程】前片分左、右2片编织，分别按图起37针，织5cm单罗纹后，改织花样，左、右两边按图示收成袖窿。领子按图另织单罗纹，缝上拉链。

0269

花样

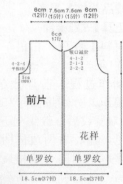

6cm 7.5cm 7.5cm 6cm
(12针)(15针)(15针)(12针)

6cm
17行

领口减针
4-1-2
2-1-3
2-2-2

4-2-4
平收3针
3cm
(6针)

10cm
28行

前片

花样

18cm
50行

单罗纹   单罗纹

5cm
14行

18.5cm(37针) 18.5cm(37针)

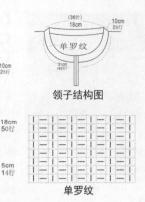

(36针)
18cm   10cm
28行

单罗纹

31cm
(61针)

领子结构图

单罗纹

【成品规格】见图
【工具】9号棒针
【材料】白色、灰色、红色、咖啡色开司米线 拉链1条
【制作过程】前片起120针编织下针，均减28针后身长编织至82行时配色编织花样，编织至28cm，中间平收4针并两侧开始袖窿减针，按图完成减针编织至肩部，领部余12针，收针断线。

0270

5cm 5cm
(12针)(12针)

15cm
56行

4-2-14   4-2-14

减4针 平收4针 减4针
花样1

43cm
162行

前片
下针

22cm
84行

编织方向

38cm
(92针)

6cm
22行

50cm
(120针)

花样

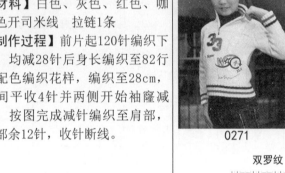

10 5 1

0271

双罗纹

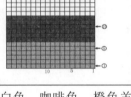

花样

【成品规格】见图
【工具】7号棒针 绣花针
【材料】白色、深蓝色、红色羊毛绒线 绣花图案若干 拉链1条
【制作过程】前片按图起74针，织10cm双罗纹后，改织花样，并间色，左、右两边按图示收成袖窿。绣上图案，缝上拉链。

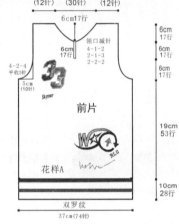

6cm   15cm   6cm
(12针) (30针) (12针)

6cm17行

领口减针
6cm   4-1-2
17行   2-1-3
       2-2-2

4-2-4
平收3针
5cm
(10针)

前片

花样A

6cm
17行

6cm
17行

6cm
17行

19cm
53行

10cm
28行

双罗纹

37cm(74针)

【材料】白色、咖啡色、橙色羊毛线 拉链1条
【制作过程】前片用白色线起122针，先织双罗纹后，改织平针，织29cm后收袖窿，织14行后用橙色线编织8行，然后再换咖啡色线继续分片编织收前领。缝上拉链。

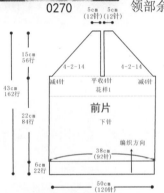

0272

【成品规格】见图
【工具】12号棒针

平针针法

双罗纹针针法

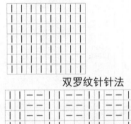

8cm   14cm   8cm
(27针) (48针) (27针)

前领减针
2行平织
2-1-3
2-2-3
2-3-2
1-6-1
28行平织
8针平收

10针

前片

编织平针

4cm
18行
6cm
28行

橙色8行

14行

36cm(122针)

0273

【成品规格】见图
【工具】12号棒针
【材料】黄色、米色、橙红色羊毛线 拉链1条
【制作过程】前片起86针，先按图编织双罗纹，然后平针编织，离衣长10cm处收前领。领子按图另织双罗纹，缝上拉链。

8cm   14cm   8cm
(19针) (34针) (19针)

平针针法

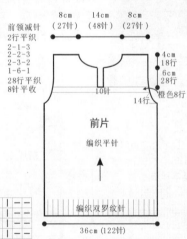

领子结构图

挑72针
48行双折
双罗纹针
挑28针8行双折

双罗纹针针法

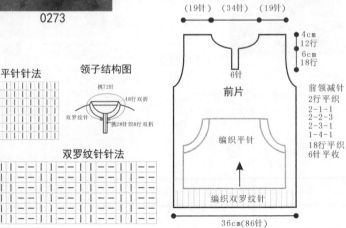

6针

前片

编织平针

4cm
12行
6cm
18行

前领减针
2行平织
2-1-1
2-2-3
2-3-1
1-4-1
18行平织
6针平收

编织双罗纹针

36cm(86针)

【成品规格】见图
【工具】12号棒针
【材料】橙色、白色、米色、黑色羊毛线 拉链1条
【制作过程】前片起122针，先按图编织双罗纹，然后平针编织，离衣长10cm处收前领。领子按图另织双罗纹，缝上拉链。

0274

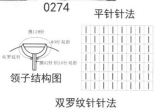

平针针法

领子结构图

挑128针
80行双折
双罗纹针
挑42针织10行双折

双罗纹针针法

8cm (27针)　14cm (48针)　8cm (27针)

10针

4cm 18行
6cm 28行

前领减针
2行平织
2-1-3
2-2-3
2-3-2
1-6-1
28行平织
8针平收

罗纹配色
米色10行
黑色4行
米色10行

前片
编织平针
编织双罗纹针

36cm (122针)

【成品规格】见图
【工具】7号棒针
【材料】咖啡色、白色羊毛绒线 装饰图案若干 拉链1条
【制作过程】前片按图起74针，织10cm双罗纹后，改织全上针，并间色，前片织至21cm时，分左、右两边编织，袖窿两边按图示收成插肩袖。翻领另织双罗纹，缝上拉链。

0275

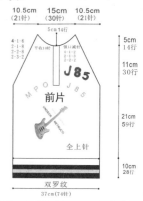

18cm (36针)

31cm

12cm 34行

编织方向
翻领 双罗纹

37cm (74针)

双罗纹

领子结构图

10.5cm (21针)　15cm (30针)　10.5cm (21针)

5cm 14行

平收10针
4-1-6
2-1-8
2-2-8
2-3-2

领口减针
4-1-2
2-1-3
2-2-2

加针减针
4-1-6
2-1-8
2-2-8
2-3-2

5cm 14行

11cm 30行

前片
全上针

21cm 59行

10cm 28行

双罗纹

37cm (74针)

全上针　双罗纹

【成品规格】见图
【工具】7号棒针
【材料】浅灰色、深灰色羊毛绒线 装饰图案若干 拉链1条
【制作过程】前片按图起74针，织10cm双罗纹后，改织全下针，并间色，前片织至21cm时，分左、右两边编织，袖窿两边按图示收成插肩袖。领子按图织双罗纹，缝上拉链。

0276

双罗纹

18cm (36针)

5cm 14行

领子结构图

双罗纹　全下针

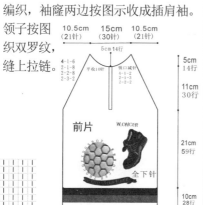

10.5cm (21针)　15cm (30针)　10.5cm (21针)

5cm 14行

平收10针
4-1-6
2-1-8
2-2-8
2-3-2

领口减针
4-1-2
2-1-3
2-2-2

5cm 14行

11cm 30行

前片
全下针

21cm 59行

10cm 28行

37cm (74针)

【成品规格】见图
【工具】12号棒针
【材料】蓝色、灰色、橙色棉线 拉链1条
【制作过程】前片用蓝色线起104针，织花样A6cm后改织花样B，织至19.5cm改织图案，织至31.5cm袖窿减针，方法为1-4-1，2-1-5。织至32cm，改为灰色线编织，织至32cm收前领，两侧减针2-1-22。前片共织45cm长。缝上拉链。

0277　图案

花样A

花样B

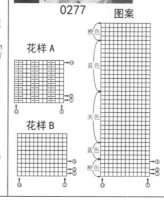

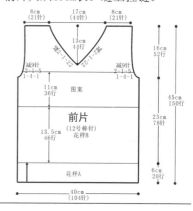

8cm (21针)　17cm (44针)　8cm (21针)

13cm 44行

减2-1-22

16cm 52行

减9针
2-1-5
1-4-1

减9针
2-1-5
1-4-1

11cm 36行　图案

13.5cm 46行

前片
（12号棒针）
花样B

花样A

23cm 78针

45cm 150行

6cm 20行

40cm (104针)

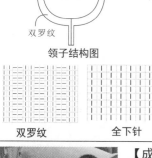

【成品规格】见图
【工具】12号棒针
【材料】墨绿色、草绿色羊毛线 绿色格子布40cm×40cm1块 拉链1条
【制作过程】前片起86针，先按图编织双罗纹，然后平针编织，离衣长10cm处收前领。领子按图挑针，缝上拉链。

0278

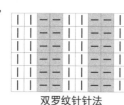

双罗纹针针法

挑72针　领
48行双折
双罗纹针
挑28针织8行双折

平针针法

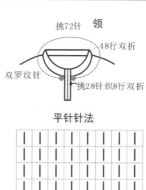

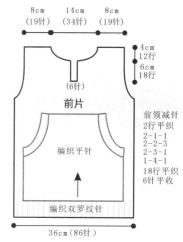

8cm (19针)　14cm (34针)　8cm (19针)

(6针)

4cm 12行
6cm 18行

前片

编织平针

编织双罗纹针

前领减针
2行平织
2-1-1
2-2-3
2-3-1
1-4-1
18行平织
6针平收

36cm (86针)

【成品规格】见图
【工具】7号棒针
【材料】蓝色羊毛绒线 拉链1条
【制作过程】前片分左、右2片编织，分别按图起35针，织5cm双罗纹后，改织全下针，并间色，左、右两边按图示收成袖窿。用相同方法相反方向织出另一片。衣襟和领子按图另织，缝上拉链。

0279

【成品规格】见图
【工具】7号棒针 绣花针
【材料】蓝色羊毛绒线 白色、红色、黑色毛线 拉链1条
【制作过程】前片分左、右2片编织，分别按图起35针，织6cm双罗纹后，改织全下针，并间色，左、右两边按图示收成袖窿。用相同方法相反方向织出另一片。衣袋和领子按图另织，缝上拉链。

0280

衣袋
领子结构图
全下针　双罗纹
左前片　全下针　双罗纹

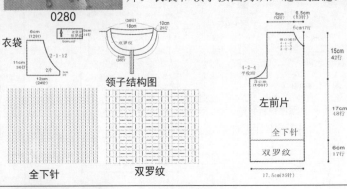

衣袋
领子结构图
全下针　双罗纹
左前片　全下针　双罗纹

【成品规格】见图
【工具】8号棒针
【材料】红色、藏青色、白色毛线 拉链1条
【制作过程】前片以机器边起针编织双罗纹针，衣身编织基本针法，按图示减袖窿、前领窝、后领窝。对称织出另一前片。

0281

基本针法

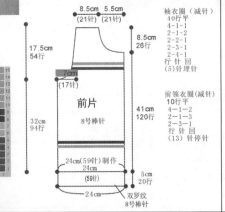

前片
8号棒针

袖衣圈（减针）
40行平
4-1-1
2-2-1
2-3-1
2-4-1
行针回
(5)针埋针

前领衣圈（减针）
10行平
4-1-2
2-1-3
2-3-1
行针回
(13)针停针

【成品规格】见图
【工具】7号棒针
【材料】红色、黑色羊毛绒线 拉链1条
【制作过程】前片分左、右2片编织，分别按图起35针，织5cm双罗纹后，改织全下针，并间色，左、右两边按图示收成袖窿。领子另织双罗纹，缝上拉链。

0282

双罗纹
全下针
领子结构图

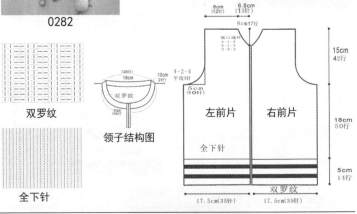

左前片　全下针
右前片
双罗纹

【成品规格】见图
【工具】7号棒针
【材料】红色羊毛绒线 黑色毛线少许 拉链1条
【制作过程】前片分左、右2片编织，分别按图起35针，织5cm双罗纹后，改织全下针，并编入图案，左、右两边按图示收成袖窿。用相同方法相反方向织出另一片。领子按图另织双罗纹，缝上拉链。

0283

左前片
图案
全下针
双罗纹

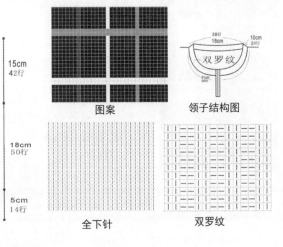

图案
领子结构图
全下针　双罗纹

【成品规格】见图
【工具】7号棒针
【材料】红色、黑色羊毛绒线 字母图案若干 拉链1条
【制作过程】前片分左、右2片编织，分别按图起36针，织5cm双罗纹后，改织全下针，并间色，缝上字母图案，左、右两边按图示收成插肩袖。对称织出另一片。领子按图另织双罗纹，缝上拉链。

0284

领子结构图
（36针）
18cm
10cm 28行
双罗纹
31cm（50针）

全下针

双罗纹

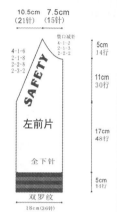

10.5cm（21针）　7.5cm（15针）

领口减针
4-1-2
4-1-3
2-2-2

4-1-6
4-1-8
2-2-8
2-3-2

5cm 14行

11cm 30行

17cm 48行

SAFETY

左前片
全下针

5cm 14行

双罗纹

18cm（36针）

【成品规格】见图
【工具】7号棒针
【材料】深蓝色羊毛绒线 白色、红色毛线少许 拉链1条 标识图案1枚
【制作过程】前片分左、右2片编织，分别按图起35针，织6cm双罗纹后，改织全下针，并间色，缝上标识图案，左、右两边按图示收成袖窿。缝上拉链。

0285

全下针

双罗纹

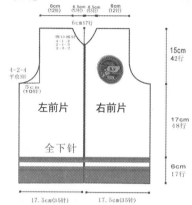

6cm（12针）　6.5cm　6.5cm　6cm（12针）

6cm 17针

领口减针
4-1-2
4-1-3
2-3-2

4-2-4
平收3针

5cm（10针）

左前片　右前片

全下针

15cm 42行

17cm 48行

6cm 17行

17.5cm（35针）　17.5cm（35针）

【成品规格】见图
【工具】7号棒针
【材料】深蓝色羊毛绒线 白色、红色毛线少许 拉链1条
【制作过程】前片以机器边起针编织双罗纹针，衣身编织花样，按图示减袖窿、后领、前领。缝上拉链。

0286

花样

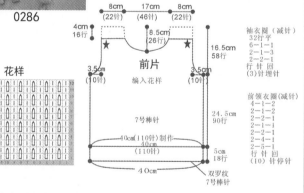

8cm（22针）　17cm（46针）　8cm（22针）

4cm 16行

8.5cm（26针）

★　　　★

前片

编入花样

3.5cm（10针）　　3.5cm（10针）

7号棒针

40cm（110针）制作

40cm（110针）

40cm

双罗纹
7号棒针

16.5cm 58行

24.5cm 90行

5cm 18行

袖衣圈（减针）
32行平
6-1-1
2-1-3
2-2-1
行针回
（3）针埋针

前领衣圈（减针）
4-1-2
2-1-2
2-2-1
2-1-1
2-1-1
2-5-1
行针回
（10）针停针

【成品规格】见图
【工具】7号棒针
【材料】黑色、红色、白色羊毛绒线 装饰图案1枚
【制作过程】前片按图起74针，织5cm单罗纹后，改织全下针，并间色，缝上装饰图案，左、右两边按图示收成袖窿。领子另织。

0287

领子结构图

（36针）18cm
10cm 24行
单罗纹
31cm（50针）

双罗纹

全下针

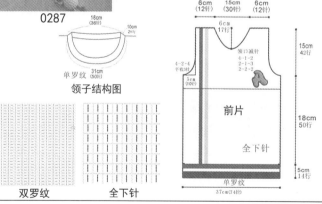

6cm（12针）　15cm（30针）　6cm（12针）

6cm 17针

领口减针
4-1-2
2-1-3
2-2-2

4-2-4
平收3针

5cm（10针）

前片

全下针

15cm 42行

18cm 50行

5cm 14行

37cm（74针）

单罗纹

【成品规格】见图
【工具】9号棒针
【材料】浅灰色、橘色宝宝绒线
【制作过程】用浅灰色线起96针，配橘色线编织双罗纹针边，然后用浅灰色线编织下针前片，身长共编织到29cm，开始袖窿减针，按图完成减针编织至肩部。领片按图挑针。

0288

花样

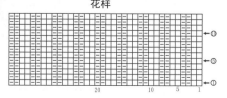

20　15　10　5　1

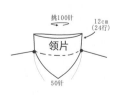

挑100针

12cm（24针）

领片

50针

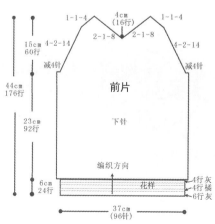

1-1-4　4cm（16行）　1-1-4

15cm 60行　4-2-14　2-1-8　2-1-8　4-2-14

减4针　　　　　　　　　减4针

44cm 176行

前片

下针

23cm 92行

编织方向

6cm 24行　　花样

37cm（96针）

4行灰
4行橘
6行灰

175

【成品规格】见图
【工具】11号棒针
【材料】蓝色、黑色、灰色、白色棉线
【制作过程】起织前片，单罗纹针起针法，起80针，起织花样A单罗纹针，共织16行，改织花样B，织至88行，两侧同时收2针，余下针数继续往上编织。

0289

花样A

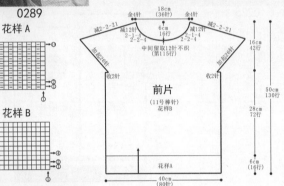

花样B

【成品规格】见图
【工具】9号棒针
【材料】蓝色、红色、白色毛线
【制作过程】用蓝色线起104针编织花样2，共织22行，将花样B中的上针2并1针编织，均减24针，即减至80针，然后编织花样A前片。

0290

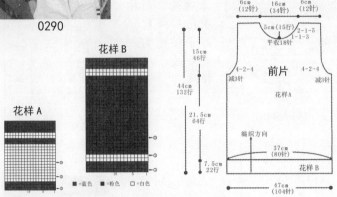

花样A

【材料】红色、灰色、黑色毛线
【制作过程】用黑色线起104针编织双罗纹针，织2行，换红色线继续编织双罗纹针，织20行后将双罗纹针中的上针2并1针编织，均减24针，即减至80针，然后编织花样前片。

0291

【成品规格】见图
【工具】9号棒针

花样

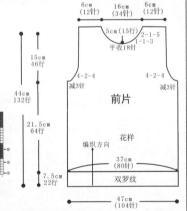

【成品规格】见图
【工具】11号棒针
【材料】橙色、黑色、白色棉线
【制作过程】起织前片，双罗纹针起针法，起80针，起织花样A，共织16行，改织花样B，织至88行，两侧同时减针织成袖窿。

0292

花样A

花样B

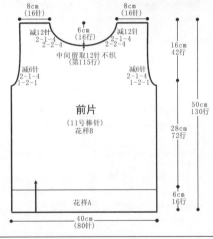

【成品规格】见图
【工具】11号棒针
【材料】红色、蓝色、白色棉线
【制作过程】起织前片，双罗纹针起针法，蓝、红色线起80针，起织花样A，织16行后，改为红色线编织，织花样B，织至74行，收针断线。

0293

花样A

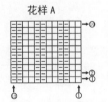

花样B

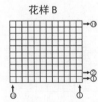

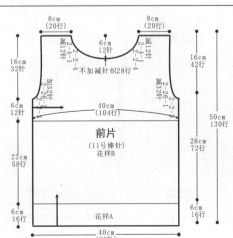

0294

【成品规格】见图
【工具】12号棒针
【材料】红色、黑色、灰色棉线
【制作过程】起织前片，双罗纹针起针法，灰色线起104针织花样A，织至10行，改织黑色线，织至20行，改为红色线编织花样B，织至102行，两侧减针织成插肩袖窿。

花样A

花样B

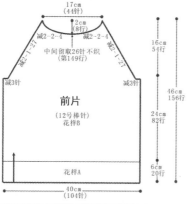

17cm
(44针)
2cm
(8行)
减2-2-4
减2-2-4
减2-1-27
减2-1-27
中间留取26针不织
(第149行)
减3针
减3针
16cm
54行
46cm
156行
前片
(12号棒针)
花样B
24cm
82行
6cm
20行
花样A
40cm
(104针)

0295

【成品规格】见图
【工具】12号棒针
【材料】蓝色、浅蓝色棉线
【制作过程】起织前片，双罗纹针起针法，起104针织花样A，浅蓝色线织4行，改为蓝色线编织，织至20行，改织花样B，织至102行，两侧减针织成袖窿。

花样A

花样B

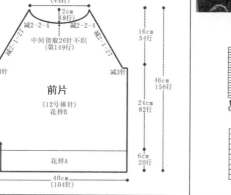

8cm
(21针)
17cm
(44针)
8cm
(21针)
减22针
2-2-11
6.5cm
22行
减22针
2-2-11
减9针
2-1-5
1-4-1
减9针
2-1-5
1-4-1
16cm
54行
46cm
156行
前片
(12号棒针)
花样B
24cm
82行
6cm
20行
花样A
40cm
(104针)

0296

【成品规格】见图
【工具】9号棒针 高温熨斗
【材料】深蓝色、浅蓝色、白色毛线
【制作过程】浅蓝色线起80针配色编织边花样，织26行，然后用深蓝色线编织花样前片并均加10针，即加至90针，身长编织到29cm，开始袖窿减针。

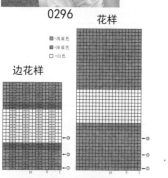

花样
□浅蓝色
□深蓝色
□白色

边花样

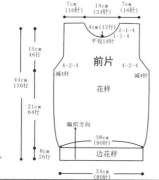

7cm
(16针)
14cm
(34针)
7cm
(16针)
4cm(12针)
平收18针
2-1-4
2-1-4
15cm
46行
4-2-4
减4针
前片
花样
4-2-4
减4针
44cm
136行
21cm
64行
编织方向
8cm
26行
38cm
(90针)
边花样
34cm
(80针)

0297

【成品规格】见图
【工具】4号、5号棒针 2.5mm钩针
【材料】白色棉线 粉色、红色球球线
【制作过程】前片用4号棒针白线双罗纹起针法起92针，双罗纹针编织6cm；换5号棒针按前片图配色编织；按袖窿减针及前领减针织出袖窿和前领。衣领按图挑针。用钩针钩小花缝在前片上。

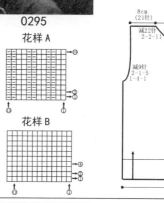

衣领

10cm
33行
16cm
(40针)
22cm
(55针)

小花图解 双罗纹

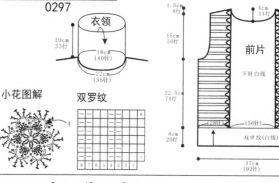

7cm
(18针)
15cm
(36针)
7cm
(18针)
1.5cm
6行
4cm
14行
前领减针
2-1-3
2-2-3
2-3-1
平收12针
行针次
15cm
50行
前片
下针白线
22.5cm
74行
(—10针)
减4针
减4针
平收12针
6cm
20行
(28针)
(56针)
(28针)
双罗纹(白线)
37cm
(92针)

8 7 6 5 4 3 2 1

0298

【成品规格】见图
【工具】7号棒针
【材料】粉红色、白色羊毛绒线 粉红色长毛线若干 毛毛边和亮片若干
【制作过程】前片按图起74针，织5cm双罗纹后，改织全下针，并间色，左、右两边按图示收成袖窿。领子另织18cm单罗纹。缝上毛毛边和亮片。

6cm
(12针)
15cm
(30针)
6cm
(12针)
6cm17行
领口减针
4-1-2
2-1-3
2-2-2
15cm
42行
4-2-4
平收3针
5cm
(10针)
前片
全下针
18cm
50行
双罗纹
37cm(74针)
5cm
14行

20cm(40针)
18cm
50行
单罗纹
4-1-20
圈织49cm(98针)
领子结构图

双罗纹 全下针 单罗纹

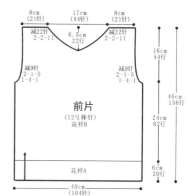

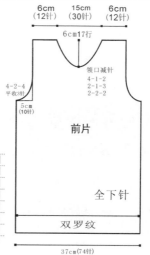
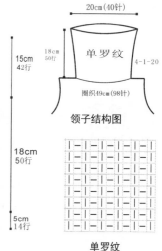

【成品规格】见图
【工具】7号棒针
【材料】粉红色毛线、白色球线
【制作过程】前片起64针织花样B，织5cm后改织花样A，织至22cm留袖窿，两边各平收2针，然后隔4行两边各收1针，收4次，织至27cm，收前领窝。领子按图织花样A和花样B。

0299

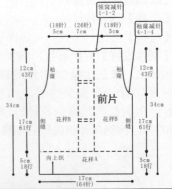

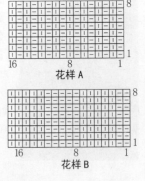

花样A

花样B

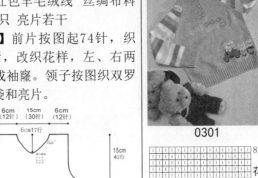

【成品规格】见图
【工具】7号棒针
【材料】粉红色羊毛绒线 丝绸布料缝制的衣袋2只 亮片若干
【制作过程】前片按图起74针，织5cm双罗纹后，改织花样，左、右两边按图示收成袖窿。领子按图织双罗纹，缝上衣袋和亮片。

0300

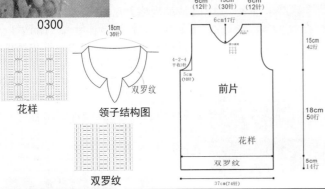

花样

领子结构图

双罗纹

前片

双罗纹

【成品规格】见图
【工具】7号棒针
【材料】粉色、白色、黄色、桃红色、绿色、蓝色毛线各适量
【制作过程】前片起140针，织花样B5cm，改织花样A至25cm开始收袖窿，每隔1行两边各减1针，减16次。领子另织花样B18cm后缝合。

0301

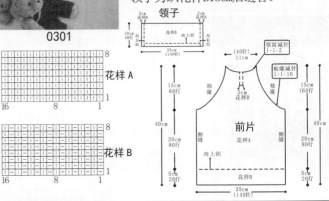

领子

花样A

花样B

前片

【成品规格】见图
【工具】7号棒针
【材料】橙红色、白色羊毛绒线
【制作过程】前片按图起74针，织5cm双罗纹后，改织花样，并间色，左、右两边按图示收成袖窿。领子按图另织双罗纹。

0302

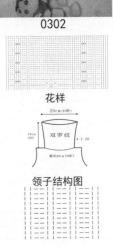

花样

领子结构图

双罗纹

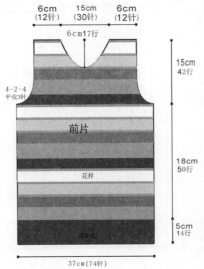

前片

花样

【成品规格】见图
【工具】15号棒针 小号钩针
【材料】白色、天蓝色、红色、果绿色纯羊毛线
【制作过程】前片按图起针，先按配色图案织双罗纹11cm后，改织下针，织至28cm时，收袖窿，织至完成。领子另织12cm双罗纹，钩上小花。

0303

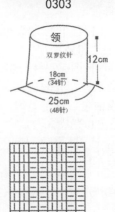

领

双罗纹针

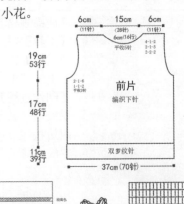

前片

编织下针

双罗纹针

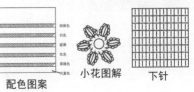

双罗纹

配色图案

小花图解

下针

0304

0305

【成品规格】见图
【工具】7号棒针
【材料】蓝色羊毛绒线 亮片图案若干
【制作过程】前片按图起74针，织5cm双罗纹后，改织全下针，左、右两边按图示收成袖窿。领子另织双罗纹。缝上亮片。

【成品规格】见图
【工具】7号棒针
【材料】白色、花色羊毛绒线 纽扣4枚
【制作过程】前片分左、右2片编织，分别按图起37针，织5cm双罗纹后，改织全下针，并间色，左、右两边按图示收成袖窿。对称织出另一前片。缝上纽扣。

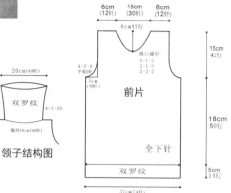

全下针

双罗纹

领子结构图

前片
全下针
双罗纹

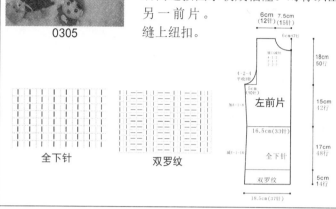

全下针

双罗纹

左前片

0306

【成品规格】见图
【工具】7号棒针
【材料】白色、紫色、绿色、粉色毛线 拉链1条
【制作过程】左、右前片起44针织花样B7cm（分布为8行/4行/8行/2行/8行），改织花样A，并编入图案A、B、C，织至32cm收袖窿，平收2针。领子按图织花样A与花样B，缝上拉链。

领子

左前片
花样A
花样B

右前片
花样A
花样B

门襟
花样A

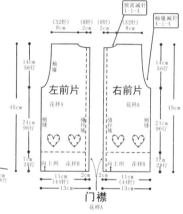

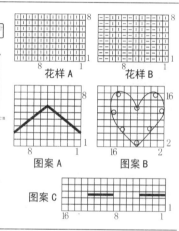

花样A

花样B

图案A

图案B

图案C

0307

【成品规格】见图
【工具】15号棒针
【材料】白色、紫色、粉红色、蓝色纯羊毛线 拉链1条
【制作过程】前片按图起针，先织双层平针底边后，织花样A，织至7cm时，改织花样B，织至完成。缝上拉链。

花样A

花样B

左前片
花样B

右前片
花样B

门襟
花样A

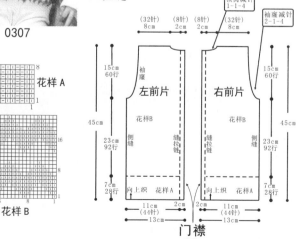

0308

【成品规格】见图
【工具】12号棒针
【材料】浅红色、粉红色、白色棉线 拉链1条
【制作过程】起织左前片，双罗纹针起针法，浅红色线起49针织花样A，织20行，改织花样B，织至108行，改为粉红色线、浅红色线与白色线混合编织，织至136行，左侧减针织成袖窿。缝上拉链。

花样A

花样B

左前片
花样B

右前片
花样B

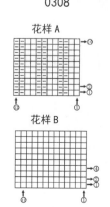

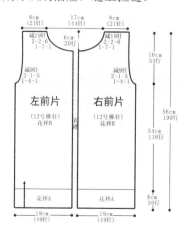

179

【成品规格】见图
【工具】10号棒针
【材料】粉红色、白红色、绿色、蓝色、红色棉线 拉链1条
【制作过程】起织左前片，双罗纹针起针法起24针，起织花样A，织10行后，改织花样B，织至58行，左侧减针织成袖窿。缝上拉链。

0309

花样A

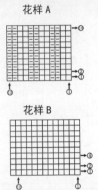

花样B

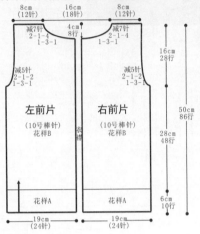

左前片
(10号棒针)
花样B

右前片
(10号棒针)
花样B

花样A

花样A

【成品规格】见图
【工具】12号棒针
【材料】红色、白色棉线 拉链1条
【制作过程】起织左前片，双罗纹针起针法，起49针织花样A，红色线织20行，改为白色线与红色线组合编织花样B，织至102行，左侧减针织成袖窿。缝上拉链。

0310

花样A

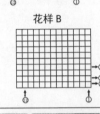

花样B

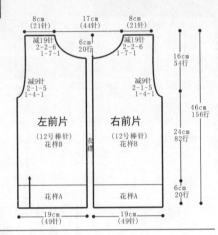

左前片
(12号棒针)
花样B

右前片
(12号棒针)
花样B

花样A

花样A

【成品规格】见图
【工具】12号棒针
【材料】粉色、白色、金色羊毛线 布贴1套 拉链1条
【制作过程】前片起62针，织双罗纹6cm后，编织平针，织26cm后换白色线开始收袖窿，离衣长6cm处收前领，编织两片。缝上拉链。

0311

双罗纹针针法

白色线编织
前片
(2片)
编织平针

编织双罗纹针

前领减针
10行平织
2-1-4
2-2-2
2-3-2
2-4-1
12针停织

【成品规格】见图
【工具】12号棒针
【材料】白色、红色、金色羊毛线 布贴1套 拉链1条
【制作过程】前片起62针，织双罗纹6cm后，编织平针，离衣长6cm处收前领，编织2片。缝上拉链。

0312

双罗纹针针法

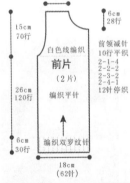

前片
(2片)
编织平针

配色编织

编织双罗纹针

前领减针
10行平织
2-1-4
2-2-2
2-3-2
2-4-1
12针停织

0313

【成品规格】见图
【工具】10号棒针
【材料】红色、白色、浅紫色、深紫色、绿色棉线 拉链1条
【制作过程】起织左前片，双罗纹针起针法，起24针，起织花样A，织10行后，改织花样B，织至58行，左侧减针织成袖窿。缝上拉链。

花样A

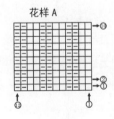

花样B

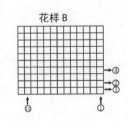

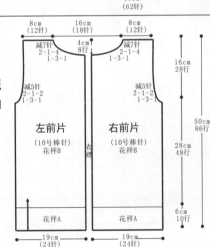

左前片
(10号棒针)
花样B

右前片
(10号棒针)
花样B

花样A

花样A

0314

【成品规格】见图
【工具】7号棒针 绣花针
【材料】白色、粉红色、绿色、深蓝色羊毛绒线 纽扣5枚
【制作过程】前片分左、右2片编织，分别按图起37针，织全下针，并间色，左、右两边按图示收成袖窿。对称织出另一前片。领子按图织好。缝上纽扣。

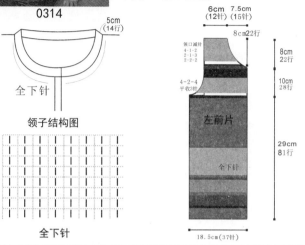

领子结构图

全下针

全下针

6cm(12针) 7.5cm(15针)
8cm22行
领口减针
4-1-2
2-1-3
2-2-2
8cm 22行
4-2-4 平收3针
10cm 28行
左前片
全下针
29cm 81行
18.5cm(37针)

【成品规格】见图
【工具】7号棒针
【材料】白色、粉红色、绿色羊毛绒线 拉链1条 图案若干
【制作过程】前片分左、右2片编织，按图起60针，织6cm花样后，改织全下针，并编入图案，左、右两边按图示收针。缝上拉链。

0315

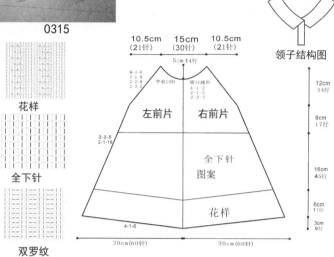

领子结构图

花样

全下针

双罗纹

10.5cm(21针) 15cm(30针) 10.5cm(21针)
5cm14行
平收10针 领口减针
4-1-6 4-1-2
2-2-8 2-1-3
2-3-2 2-2-2
左前片 右前片
2-2-5
2-1-18
全下针 图案
花样
4-1-6
30cm(60针) 30cm(60针)
12cm 34行
6cm 17行
16cm 45行
6cm 17行
3cm 9行

0316

【成品规格】见图
【工具】7号棒针
【材料】白色、红色、蓝色、黄色羊毛绒线 拉链1条 图案若干
【制作过程】前片分左、右2片编织，分别按图起60针，织3cm双罗纹后，改织全下针，并编入图案，按减针图解减针。对称织出另一片。缝上拉链。

全下针

减针方法 双罗纹

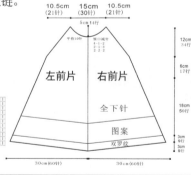

10.5cm(21针) 15cm(30针) 10.5cm(21针)
5cm14行
平收10针 领口减针
4-1-2
2-1-3
2-2
左前片 右前片
全下针
图案
双罗纹
30cm(60针) 30cm(60针)
12cm 34行
6cm 17行
18cm 50行
3cm 9行 3cm 9行

【成品规格】见图
【工具】7号棒针
【材料】白色、蓝色、红色、黄色羊毛绒线 纽扣2枚 图案若干
【制作过程】前片分左、右2片编织，分别按图起60针，织3cm双罗纹后，改织全下针，并编入图案，左、右两边按图示收针。对称织出另一片。缝上扣子。

0317

双罗纹

全下针

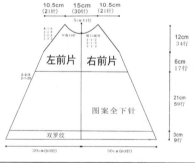

10.5cm(21针) 15cm(30针) 10.5cm(21针)
5cm14行
平收10针 领口减针
4-1-6 4-1-2
2-1-3
2-2
左前片 右前片
2-2-5
2-1-20
图案全下针
双罗纹
30cm(60针) 30cm(60针)
12cm 34行
6cm 17行
21cm 59行
3cm 9行

0318

【成品规格】见图
【工具】7号棒针 环形针
【材料】白色、蓝色、绿色、粉红色羊毛绒线 拉链1条 图案若干
【制作过程】以普通起针法起88针，连成一圆形，由领口往下摆作环形编织，要留门襟，整圆有4个加针线，之间为24针，按图说明加针，皆在加针线两边加出，共织117行，并编入图案。缝上拉链。

全下针 双罗纹

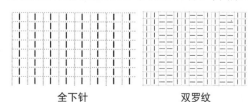

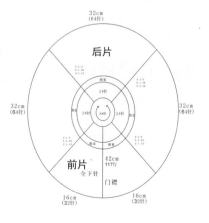

32cm(64针)
后片
图案
24针
2-1-6
4-1-5
2-1-3
32cm(64针) 32cm(64针)
24针 24针 24针
88针
前片
全下针
门襟
42cm 117行
16cm(32针) 16cm(32针)

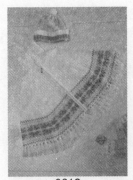

0319

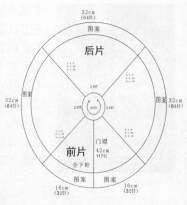

【成品规格】见图
【工具】7号棒针 环形针
【材料】白色、蓝色、绿色、粉红色羊毛绒线 拉链1条 图案若干
【制作过程】以普通起针法起88针，连成一圆形，由领口往下摆作环形编织，要留门襟，整圆有4个加针线，之间为24针，按图说明加针，皆在加针线两边加出，共织117行，并编入图案。缝上拉链。

全下针　双罗纹

0320

【成品规格】见图
【工具】7号棒针 小号钩针

【材料】玫红色、白色羊毛绒线 纽扣5枚 图案若干
【制作过程】前片分左、右2片编织，分别按图起60针，织3cm花样后，改织全下针，并编入图案，左、右两边按图示收针。对称织出另一片。缝上纽扣。

花样　全下针

【成品规格】见图
【工具】7号棒针 绣花针
【材料】紫红色、黄色、白色羊毛绒线 纽扣3枚 绣花图案若干
【制作过程】前片分左、右2片编织，分别按图起60针，织6cm花样后，改织全上针，并编入图案，按减针图解减针，左、右两边按图示收针。对称织出另一片。缝上纽扣。

0321

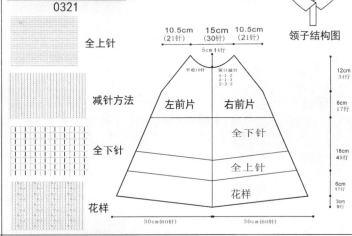

领子结构图

全上针
减针方法
全下针
花样

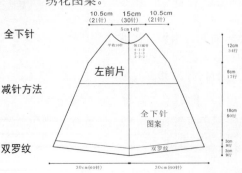

0322

【成品规格】见图
【工具】7号棒针 绣花针
【材料】湖蓝色、白色、红色羊毛绒线 纽扣3枚 绣花图案若干
【制作过程】前片分左、右2片编织，分别按图起60针，织3cm双罗纹后，改织全下针，并间色，按减针图解减针，左、右两边按图示收针。对称织出另一片。缝上纽扣和绣花图案。

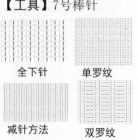

全下针
减针方法
双罗纹

【材料】湖蓝色、黄色、橘红色羊毛绒线 装饰吊环和图案若干
【制作过程】前片分左、右2片编织，分别按图起60针，织3cm单罗纹后，改织全下针，并间色，按减针图解减针，左、右两边按图示收针。对称织出另一片。缝上吊环和图案。

0323

【成品规格】见图
【工具】7号棒针

全下针　单罗纹
减针方法　双罗纹

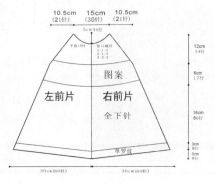

0324

【成品规格】见图
【工具】13号棒针　1.5mm钩针
【材料】白色棉线
【制作过程】前片为一片编织。从衣摆往上编织，起126针，先织2行单罗纹针，改织花样A，不加减针织至70行，改织花样B，织至124行，将织片中间收6针，两侧分为左、右2片分别编织花样C，织至完成。

花样A

花样C

花样D

花样B

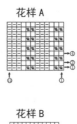
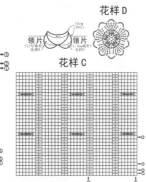
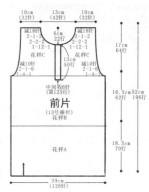

领片

前片
（13号棒针）
花样B

10cm（32针）　13cm（42针）　10cm（32针）
减18针
花样C　花样C
减10针　减10针
中间收6针（加第125行）
花样A
17cm 64行
16.5cm 52cm 62行 196行
18.5cm 70行
39cm（126针）

0325

【成品规格】见图
【工具】7号棒针
【材料】白色羊毛绒线　原毛线吊须若干
【制作过程】前片按图起74针，织16cm花样后，改织5cm单罗纹，再改织全下针，左、右两边按图示收成袖窿。缝上毛吊吊顶。

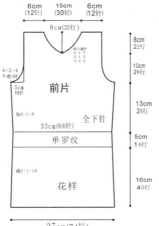

全下针　　花样

单罗纹　　双罗纹

前片
6cm（12针）　15cm（30针）　6cm（12针）
8cm（22行）
领口减针
2-1-2
4-1-2
2-2-2
4-2-4平收3针
5cm 10行
全下针
33cm（66针）
加4-1-8
单罗纹
减4-1-10
花样
37cm（74针）
8cm 22行
10cm 28行
13cm 26行
5cm 14行
16cm 45行

0326

【成品规格】见图
【工具】7号、10号棒针　小号钩针
【材料】白色、粉红色羊毛绒线　装饰钩花1朵
【制作过程】前片按图起74针，用10号棒针织18cm花样后，改用7号棒针织16cm全下针，左、右两边按图示收成袖窿。领子另织单罗纹，缝上装饰钩花。

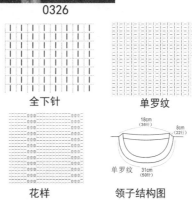
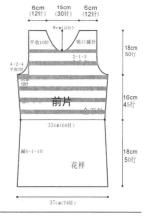

全下针　　单罗纹

花样　　领子结构图

前片
6cm（12针）　15cm（30针）　6cm（12针）
8cm（22行）
平收10针　领口减针　2-1-3
4-2-4平收3针
5cm 10行
全下针
33cm（66针）
减4-1-10
花样
37cm（74针）
18cm 50行
16cm 45行
18cm 50行

18cm（36针）　8cm（22行）
单罗纹
31cm（50针）

0327

【成品规格】见图
【工具】7号棒针
【材料】白色羊毛绒线　装饰花和丝带花边若干
【制作过程】前片按图起74针，织16cm花样后，改织全下针18cm，左、右两边按图示收成袖窿。领子按图另织双罗纹。缝上装饰花和丝带花边。

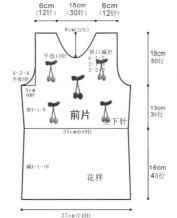

全下针　　双罗纹

花样　　领子结构图

前片
6cm（12针）　15cm（30针）　6cm（12针）
8cm（22行）
平收10针　领口减针　4-1-2　2-1-3
4-2-4平收3针
5cm 10行
加4-1-8
33cm（66针）
全下针
减4-1-10
花样
37cm（74针）
18cm 50行
13cm 36行
16cm 45行

18cm（36针）　4cm（11针）
双罗纹
31cm（50针）

0328

【成品规格】见图
【工具】9号棒针
【材料】白色、黑色羊毛线　拉链1条
【制作过程】前片起36针，配色编织双罗纹针6cm，然后改织花样，织26cm后收袖窿，离衣长6cm处收前领。编织两片。缝上拉链。

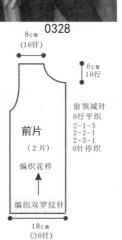

前片
（2片）
8cm（16针）
6cm 16行
前领减针
6行平织
2-1-3
2-2-1
2-3-1
6针停织
编织花样
编织双罗纹针
18cm（36针）

花样

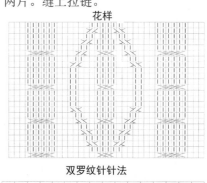

双罗纹针针法

【成品规格】见图
【工具】13号棒针 1.5mm钩针
【材料】白色棉线
【制作过程】前片为一片编织。从衣摆往上编织，起126针，先织2行单罗纹针，改织花样A，不加减针织至70行，改织花样B，织至124行，将织片中间收6针，两侧分为左、右2片分别编织花样C，织至完成。

0329

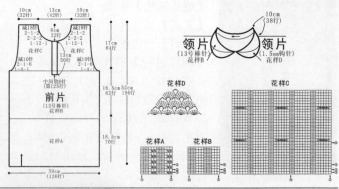

前片
(13号棒针)
花样B

10cm
(32针) 13cm
(42针) 10cm
(32针)

减18针 减18针
2-1-2
2-2-2
2-2-1
1-12-1
6cm
22行

花样C 13cm
50行 花样C
减10针
2-2-2
2-2-1
1-2-1
1-4-1

17cm
64行

16.5cm 52cm
62行 196行

18.5cm
70行

中间收6针
(第125针)

39cm
(126针)

领片 领片
(13号棒针) (1.5mm钩针)
花样B 花样D

10cm
(38行)

花样D

花样A 花样B

【成品规格】见图
【工具】7号棒针
【材料】粉色羊毛线 花边1条
【制作过程】前片起108针，编织花样后改织平针离衣长6cm处收前领。领子按图另织好。缝上花边。

0330

领子结构图
圈挑80针
20行双折
双罗纹针

花样针法

双罗纹针针法

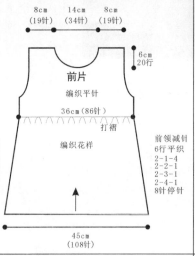

8cm
(19针) 14cm
(34针) 8cm
(19针)

6cm
20行

前片
编织平针
36cm(86针)
打褶
编织花样

前领减针
6行平织
2-1-4
2-2-1
2-3-1
2-4-1
8针停针

45cm
(108针)

【成品规格】见图
【工具】7号棒针 绣花针
【材料】粉红色羊毛绒线 绣花图案若干
【制作过程】前片按图起84针，织20cm花样后，改织10cm单罗纹，再织全上针，前胸的位置织双罗纹，左、右两边按图示收成袖窿。缝上绣花图案。

0331

全下针 双罗纹

单罗纹 花样

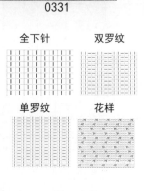

6cm
(12针) 15cm
(30针) 6cm
(12针)

8cm2行

双罗纹
4-2-4
平收14针

8cm
22行

10cm
28行

前片
全上针

19cm
53行

37cm(74针)
单罗纹

10cm
28行

裙摆减针
5-1-10
花样

20cm
56行

42cm(84针)

【成品规格】见图
【工具】7号棒针
【材料】白色、蓝色羊毛线
【制作过程】前片起86针，按图编织花样后改织平针，离衣长6cm处收前领。领子按图另织双罗纹。缝合。

0332

圈挑80针
20行双折
双罗纹针

领子结构图

花样针法

双罗纹针针法

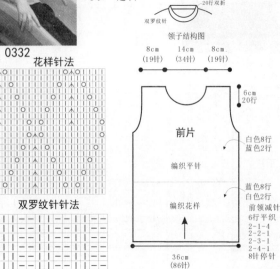

8cm
(19针) 14cm
(34针) 8cm
(19针)

6cm
20行

前片
编织平针

白色8行
蓝色2行

蓝色8行
白色2行

前领减针
6行平织
2-1-4
2-2-1
2-3-1
2-4-1
8针停针

编织花样

36cm
(86针)

【成品规格】见图
【工具】7号棒针
【材料】白色、粉红色长毛绒线 拉链1条 装饰图案1个
【制作过程】前片分左、右2片编织，分别按图起35针，织5cm单罗纹后，改织全下针，左、右两边按图示收成袖窿。对称织出另一片。领子另织好。缝上拉链和图案。

0333

36针
(18cm) 16cm
(45行)

单罗纹

领子结构图
31cm
(80行)

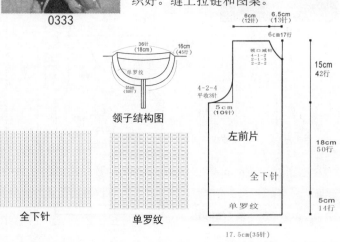

6cm
(12针) 6.5cm
(13针)

6cm17行

领口减针
4-1-2
2-1-3
2-2-2

15cm
42行

4-2-4
平收3针

5cm
(10针)

左前片
全下针

18cm
50行

单罗纹

5cm
14行

17.5cm(35针)

全下针 单罗纹

【成品规格】见图
【工具】7号棒针
【材料】白色、粉红色长毛绒线 拉链1条 装饰图案1个
【制作过程】前片分左、右2片编织，分别按图起35针，织5cm单罗纹后，改织全下针，左、右两边按图示收成袖窿。对称织出另一片。领子另织好。缝上拉链和图案。

0334

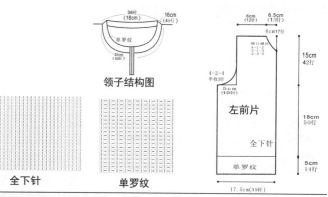

领子结构图

全下针　　单罗纹

36针
(18cm)　16cm
(45行)

单罗纹

31cm
(50行)

6cm 6.5cm
(12针)(13行)
6cm17行

领口减针
4-1-2
4-1-3
2-3-2

15cm
42行

4-2-4
平收3针
5cm
(10针)

左前片

全下针

18cm
50行

单罗纹

5cm
14行

17.5cm(35针)

【成品规格】见图
【工具】7号棒针
【材料】白色羊毛绒线 粉红色毛线 拉链1条 亮珠若干
【制作过程】前片分左、右2片编织，分别按图起35针，织5cm双罗纹后，改织全下针，左、右两边按图示收成袖窿。对称织出另一片。缝上拉链和亮珠。

0335

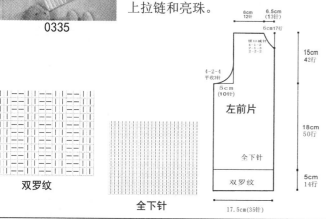

双罗纹　　全下针

6cm 6.5cm
(12针)(13针)
6cm17行

领口减针
4-1-2
4-1-3
2-3-2

15cm
42行

4-2-4
平收3针
5cm
(10针)

左前片

全下针

18cm
50行

双罗纹

5cm
14行

17.5cm(35针)

【成品规格】见图
【工具】7号棒针
【材料】白色棉线 粉色羽毛线 白色、粉色、紫色丝纱条
【制作过程】花样A全用粉色羽毛线编织，前片起34针编织花样A5cm后编织花样B3cm，再按图示减针，形成前片的袖窿、领口。编入图案，缝上拉链。

0336

图案

花样A

花样B

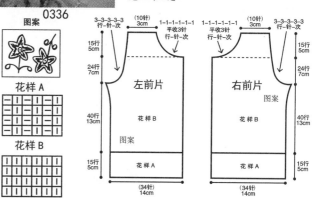

3-3-3-3-3
行-针-次
(10针)
3cm

1-1-1-1-1-1
平收3针
行-针-次

1-1-1-1-1-1
平收3针
行-针-次

3-3-3-3-3
行-针-次
(10针)
3cm

15行
5cm

左前片

花样B

图案

24行
7cm

40行
13cm

15行
5cm

花样A

(34针)
14cm

15行
5cm

右前片
图案

花样B

24行
7cm

40行
13cm

15行
5cm

花样A

(34针)
14cm

【成品规格】见图
【工具】8号棒针
【材料】白色毛线 粉色松树纱 长拉链1条
【制作过程】前片用粉色松树纱线以机器边起针编织双罗纹针(插入几行白色毛线编织)，衣身编织基本针法，按图示减袖笼、前领窝、后领窝。衣领按图另织好双罗纹。缝上拉链。

0337

衣领 双罗纹

40cm
(98针)(捡针)

基本针法

花样例A

双罗纹

5.5cm 16cm 5.5cm
(13针)(40针)(13针)

8cm
24行

15cm
46行

3.5cm
(9针)

前片
基本针法
8号棒针

3.5cm
(9针)

21cm
64行

3cm
12行

17cm
(42针)

17cm
(42针)

双罗纹
8号棒针

袖衣圈（减针）
32行平
6—1—1
2—1—3
2—2—1
行－针－回
(3)针埋针

前领衣圈(减针)
4行平
4—1—2
2—1—1
2—2—1
2—4—1
2—5—1
行－针－回
(8)针停针

【成品规格】见图
【工具】7号棒针
【材料】白色毛线 西瓜红绒线 拉链1条
【制作过程】左、右前片起44针，织花样C织5cm，织花样B，织至12cm织花样D，织至22cm留袖窿，在两边同时各平收2针。然后隔一行两边收1针，收4次。织至30cm,留前领窝同时收肩，先平收4针，再隔1针收1针，收6次。门襟织花样A，领子按图织好。缝上拉链。

0338

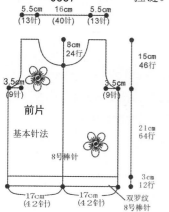 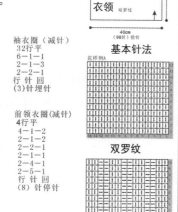

花样E

花样A

花样B

花样C

花样D

13cm
(40针)

9cm
29针

花样B 花样B

领子

26cm
(80针)

领窝减针
1-1-2

袖窿减针
1-1-2

(25针)(13针)(13针)(25针)
8cm 4cm 4cm 8cm

12cm
38行

袖窿

左前片

花样D

12cm
38行

右前片

花样D

34cm

17cm
54行

花样B

向上织

花样C

34cm

17cm
54行

花样B

向上织

花样C

5cm
16行

14cm
(44针)
18cm

14cm
(44针)
18cm

衣襟
花样A

185

【成品规格】见图
【工具】9号棒针
【材料】白色纯棉线 红色 淡紫色带毛线 拉链1条
【制作过程】前片起32针编织花样A18行后，按图示编织花样B，编织16cm高度后按图示减针，形成前片袖窿、领口。编入图案，衣领按图另织好。缝上拉链。

0339

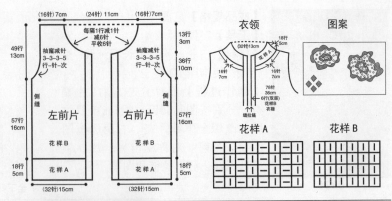

(16针)7cm (24针)11cm (16针)7cm
每隔1行减1针
平收6针
袖窿减针 3-3-3-5 行-针-次
袖窿减针 3-3-3-5 行-针-次
49行 13cm
13行 3cm
36行 10cm
侧缝
左前片 花样B
右前片 花样B
57行 16cm
57行 16cm
18行 5cm 花样A
18行 5cm 花样A
(32针)15cm
(32针)15cm

衣领
图案
(32针)13cm
18行 5cm
花样A
16针 7cm
16针 7cm
16针 7cm
16针 7cm
78针 36cm 6行(双层) 衣襟
缝拉链

花样A
花样B

【成品规格】见图
【工具】15号棒针
【材料】白色纯羊毛线 拉链1条
【制作过程】前片分左、右2片编织，分别按图起35针，织5cm双罗纹后，改织全上针，左、右两边按图示收成袖窿。对称织出另一片。缝上拉链。

0340

双罗纹

全上针

6cm(12针) 6.5cm(13针)
6cm17行
领口减针 4-1-2 4-1-1 3-2-2
15cm 42行
4-2-4 平收3针
5cm(10针)
左前片 全上针
18cm 50行
双罗纹 5cm 14行
17.5cm(35针)

【成品规格】见图
【工具】7号棒针
【材料】粉红色羊毛绒线 粉红色长毛绒线 拉链1条
【制作过程】前片分左、右2片编织，分别按图起35针，织5cm双罗纹后，改织全上针，左、右两边按图示收成袖窿。对称织出另一片。翻领按图另织双罗纹。缝上拉链。

0341

10cm 28行
编织方向
翻领 双罗纹
49cm（98针）

领子结构图

全上针
双罗纹

6cm(12针) 6.5cm(13针)
6cm17行
领口减针 4-1-2 4-1-1 3-2-2
15cm 42行
4-2-4 平收3针
5cm(10针)
左前片 全上针
18cm 50行
双罗纹 5cm 14行
17.5cm(35针)

【成品规格】见图
【工具】7号棒针
【材料】白色、橘黄色毛线
【制作过程】前片起88针，织花样B7cm（橘黄线2行），织花样A至30cm收袖窿，两边各平收2针，再每隔4行两边各收1针，收6次。织至43cm收后领窝（前片38cm收前领窝），织至45cm收针。领子按图另织好。缝合。

0342

领子
12cm(50针)
7cm 28行
19cm(76针)
花样B

8 花样A 1

8 花样B 1

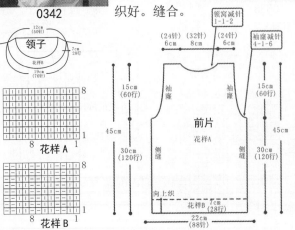

领窝减针 1-1-2
(24针)(32针)(24针)
6cm 8cm 6cm
袖窿减针 4-1-6
15cm(60行) 袖窿
15cm(60行) 袖窿
45cm 前片 花样A 45cm
30cm(120行) 侧缝
30cm(120行) 侧缝
向上织
花样B (28行)
22cm(88针)

【成品规格】见图
【工具】3号棒针
【材料】杏色、咖啡色羊毛线
【制作过程】前片起122针，编织双罗纹针5cm，然后右边42针平针，一组花样10针，然后左边70针平针，编织84行如图配色，总长30cm后收袖窿，离衣长4cm处收前领。领子按图另织好。缝合。

0343

平针针法

领子结构图
圈拨128行
18行
领片配色 咖啡4行 杏色4行 咖啡2行 杏色8行

双罗纹针法

编织双罗纹

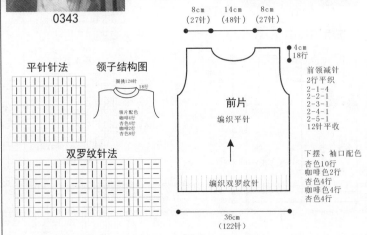

8cm(27针) 14cm(48针) 8cm(27针)
4cm 18行
前领减针
2行平织
2-1-4
2-2-1
2-3-1
2-4-1
2-5-1
12针平收
下摆、袖口配色
杏色10行
咖啡色2行
杏色4行
咖啡色4行
杏色4行
前片 编织平针
编织双罗纹
36cm(122针)

0344

【成品规格】见图
【工具】9号棒针
【材料】灰色、咖啡色开司米线
【制作过程】前片起96针编织5cm下针前片，身长共编织花样到26cm，开始袖窿减针，按图完成减针编织至肩部。身长织到39cm时开始前衣领减针，按结构图减完针后收针断线。

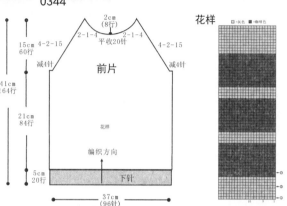

花样

0345

【成品规格】见图
【工具】9号棒针 高温熨斗
【材料】浅蓝色、深蓝色、白色毛线
【制作过程】起96针编织边花样，织22行，编织浅蓝色花样前片，身长共编织到27cm，开始袖窿减针，按图完成减针编织至肩部。

边花样

花样

■=深蓝色 ■=浅蓝色 □=白色

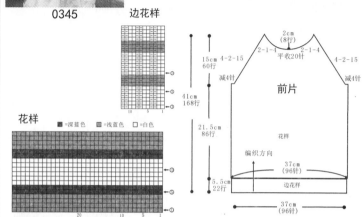

0346

【成品规格】见图
【工具】3号棒针
【材料】蓝色、黑色、白色羊毛线
【制作过程】前片起122针，编织双罗纹针5cm，然后右边织42针平针，一组花样10针，然后左边织70针平针，编织84行如图配色，总长30cm后收袖窿，离衣长4cm处收前领。

平针针法　　花样针法

双罗纹针法

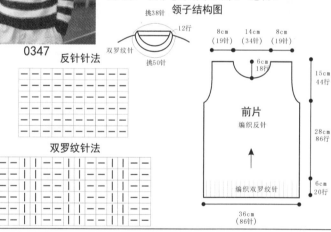

0347

【成品规格】见图
【工具】5号棒针
【材料】白色、墨绿色羊毛线
【制作过程】前片用墨绿色线起86针，编织双罗纹针6cm，然后配色编织反针，织28cm后如图示收袖窿，离衣长6cm处收前领。领子按图另织好。缝合。

领子结构图

反针针法

双罗纹针法

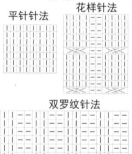

0348

【成品规格】见图
【工具】7号棒针
【材料】灰色、红色、黑色、白色羊毛线
【制作过程】前片起72针，编织3cm双罗纹针后，改织平针，离衣长4cm处收前领。领子按图挑针织好。缝合。

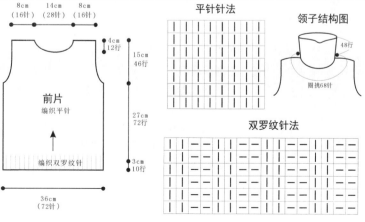

平针针法　　　领子结构图

双罗纹针法

0349

【成品规格】见图
【工具】5号棒针
【材料】红色、深蓝色、灰色、白色羊毛线
【制作过程】前片编织3cm双罗纹针后，改织平针，在离衣长6cm处收前领。领子按图另织好,缝合。

平针针法

领子结构图

挑48针
40行双折
双罗纹针
挑60针

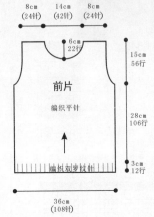

8cm (24针)　14cm (42针)　8cm (24针)

6cm 22行

前片
编织平针

15cm 56行

28cm 106行

3cm 12行

编织双罗纹针

36cm (108针)

双罗纹针针法

0350

【成品规格】见图
【工具】5号棒针
【材料】红色、深蓝色、白色羊毛线
【制作过程】前片用深蓝色线起108针，编织双罗纹针2行后改用红色线编织，织6cm后如图配色编织，织25cm后收袖窿，在离衣长6cm处收前领。领子按图另织好。缝合。

平针针法

领子结构图

挑48针
18行
双罗纹针
挑60针
领片配色
深蓝2行
红色16行

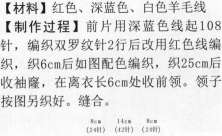

8cm (24针)　14cm (42针)　8cm (24针)

6cm 22行

前片
编织平针

15cm 56行

24cm 92行

6cm 24行

编织双罗纹针

36cm (108针)

双罗纹针针法

0351

【成品规格】见图
【工具】6号棒针 小号钩针
【材料】淡紫色线 拉链1条
【制作过程】前片用3.25mm棒针起40针，从下往上织双罗纹5cm，往上织元宝针和平针，织到26cm处开挂肩，按图解分别收袖窿、收领子。对称织出另一前片。衣领按图织好，缝上拉链和花朵。

衣领

30针
双罗纹
8cm×2 26行×2

23针

门襟挑108针
织约2cm下针叠成两层

平针

双罗纹

单元宝针

花朵

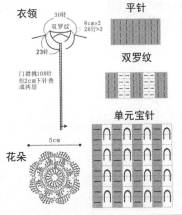

4cm 8cm 6cm
(9针)(18针×13针)

16cm 36行
16行
平针4行
2-1-1
2-2-3
2-2-2
1-1-2
4-2-4

左前片
元宝针

26cm 86行

26针 14针

5cm 16行

双罗纹

18cm (40针)

7cm 22行

35cm 116行

5cm

0352

【成品规格】见图
【工具】15号棒针 小号钩针
【材料】紫色、白色棉线 5枚紫色圆形纽扣 24枚装饰珠
【制作过程】前片(左、右两片)普通起针法起32针，按图示花样编织18.5cm后按袖窿减针、前领减针及肩斜减针织出袖窿、前领和肩斜。织完底边挑40针，双罗纹编织8cm(配色见图)后双罗纹针收针。对称织出另一片前片。衣领和门襟按图另织好。缝上纽扣和装饰珠。钩上小花装饰。

小花

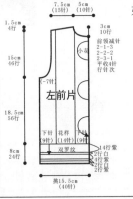

7.5cm (15针)　5cm (10针)

1.5cm 4行

3cm 10行

前领减针
2-1-3
2-2-2
2-3-1
平收针4针次

15cm 46行

左前片

(-7针)

小花

18.5cm 56行

下针 (9针) 花样 (14针) 下针 (9针)

双罗纹
2行白
4行紫
2行白
2行紫

挑15.5cm (40针)

8cm 24行

14行紫

衣襟门襟

双罗纹

花样

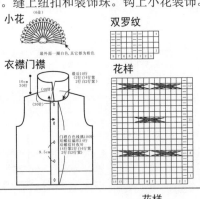

0353

【成品规格】见图
【工具】5号棒针 3.5mm钩针
【材料】淡紫色、绿色、白色、红色、粉色线 5枚纽扣 粉色珍珠若干
【制作过程】右前片用3.0mm棒针起50针，从下往上织双罗纹5cm，换用3.5mm钩针钩花样，织到23cm处开挂肩，按图解收袖窿、收领口。

叶子

花样

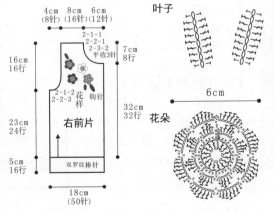

4cm 8cm 6cm
(8针)(16针)(12针)

2-1-1
2-2-1
2-3-2
平针3行

16cm 16行

2-1-2花样
2-2-3钩针

右前片

32cm 32行

23cm 24行

5cm 16行

双罗纹棒针

18cm (50针)

7cm 8行

6cm

花朵

平针

双罗纹

【成品规格】见图
【工具】4号棒针 3mm钩针
【材料】紫色、白色棉线 黄色、红色装饰棉线少许 5枚紫色圆形纽扣
【制作过程】前片(左、右2片)普通起针法起32针，按图示花样编织18.5cm后按袖窿减针、前领减针及肩斜减针织出袖窿、前领和肩斜。织完底边挑40针，双罗纹编织8cm(配色见图)后双罗纹针收针。对称织出另一片前片。缝上纽扣。

0354

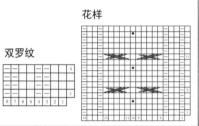

左前片
花样
双罗纹

【成品规格】见图
【工具】4号棒针 3mm钩针
【材料】紫色、白色棉线 黄色、红色装饰棉线少许 拉链1条
【制作过程】前片(左、右2片)普通起针法起36针，下针及花样编织19cm后按袖窿减针及前领减针织出袖窿和前领。织完底边挑48针，双罗纹编织8cm后双罗纹针收针。对称织出另一片前片。衣领门襟按图另织好，钩针织钩花装饰。缝上拉链。

0355

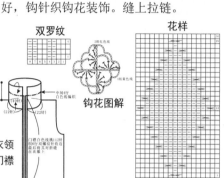

双罗纹
花样
左前片
衣领门襟
钩花图解

【成品规格】见图
【工具】4号棒针 3mm钩针
【材料】淡紫色毛线 拉链1条
【制作过程】左、右前片起42针，织花样A 6cm，织花样C，织至28cm留袖窿，两边各平收2针，然后隔行减1针，减4次，再每隔6行减1针，减2次，织至35cm开始收前领窝，在中间平收4针，两边隔一行减1针，共减两行。门襟处织花样A，领子按图织好。缝上拉链。

0356

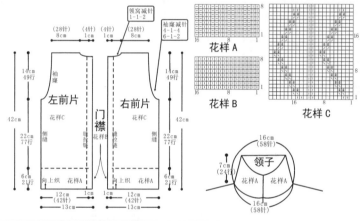

左前片 花样C
右前片 花样C
门襟
花样A
花样B
花样C
领子
花样A 花样A

【成品规格】见图
【工具】4号棒针 3mm钩针
【材料】紫色、白色棉线 黄色、红色装饰棉线少许 长拉链1条
【制作过程】前片(左、右2片)普通起针法起36针，下针、花样A、花样B编织18.5cm后按袖窿减针、前领减针及肩斜减针织出袖窿、前领和肩斜。织完底边挑48针，双罗纹编织8cm后双罗纹针收针。对称织出另一片前片。钩织单元花装饰。缝上拉链。

0357

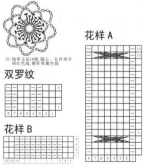

单元花(18枚)

花样A
双罗纹
花样B

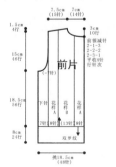

前片

【成品规格】见图
【工具】7号棒针
【材料】紫红色羊毛绒线 拉链1条
【制作过程】前片分左、右2片编织，分别按图起35针，织5cm双罗纹后，改织花样，左右两边按图示收成袖窿。对称织出另一前片。缝上拉链。

0358

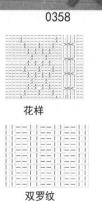

花样
双罗纹

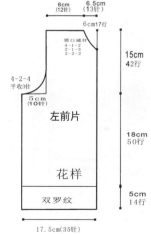

左前片
花样
双罗纹

189

【成品规格】见图
【工具】5号棒针
【材料】粉色棉线 拉链1条
【制作过程】左前片(左右2片)普通起针法起36针，花样编织8cm；下针织18.5cm后按袖窿减针及前领减针织出袖窿和前领。对称织出另一片前片。缝上拉链。

花样 0359

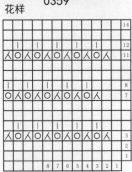

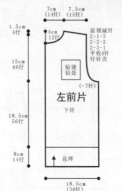

0360

【成品规格】见图
【工具】10号棒针
【材料】白色、红色、黑色棉线 拉链1条
【制作过程】起织左前片，双罗纹针起针法，白色线起52针，起织花样A，织2行后，改织2行黑色线，然后织2行白色线、两行红色线，全部改为白色线编织，织至10行后，改织花样B，织至58行，左侧减针织成袖窿，继续往上织至76行，改织花样C，织至79行，右侧减针织成前领，织至86行，肩部余下12针，收针断线。用同样的方法相反方向编织右前片。缝上拉链。

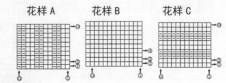

花样A　花样B　花样C

0361

【成品规格】见图
【工具】7号棒针 绣花针
【材料】白色、红色、蓝色羊毛绒线 绣花图案若干 拉链1条
【制作过程】前片分左、右2片编织，分别按图起37针，织10cm双罗纹后，改织19cm全下针，并间色，左、右两边按图示收成袖窿。缝上拉链和绣花图案。

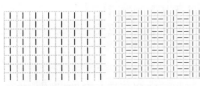

全下针　　双罗纹

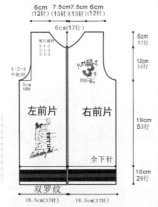

0362

【成品规格】见图
【工具】3号棒针
【材料】白色、黑色、红色羊毛线 拉链1条
【制作过程】左前片按图编织双罗纹后改织平针，离衣长6cm处收前领，编织另一片。缝上拉链。

平针针法

双罗纹针针法

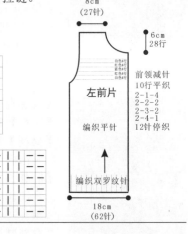

0363

【成品规格】见图
【工具】12号棒针

【材料】白色、蓝色、红色棉线 拉链1条
【制作过程】起织左前片，双罗纹针起针法，起49针织花样A，白色、蓝色、白色、红色、白色、每4行间隔编织，织20行，改为白色线编织，先织10针花样C，余下针数织花样B，重复往上编织至102行，左侧减针织成插肩袖窿，减针方法为1-3-1，2-1-27，共减少30针，继续往上织至142行，右侧减针织成前领，方法为1-11-1，2-1-7，共减18针，织至156行，收针断线。用同样方法相反方向编织右前片。缝上拉链。

花样C

花样A　花样B

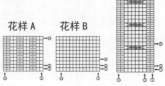

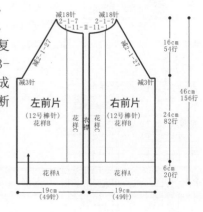

【成品规格】见图
【工具】9号棒针
【材料】深蓝色、白色、红色毛线 拉链1条
【制作过程】前片深蓝色线起52针编织花样B，织22行，均减至40针后，编织花样A前片，袖窿减针同后片，身长共编织到39cm时开始前衣领减针，按结构图减完针后收针断线。缝上拉链。

0364

花样A
■=深蓝色 ■=红色 □=白色

花样B

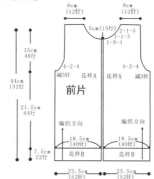

前片

【成品规格】见图
【工具】9号棒针 高温熨斗
【材料】湖蓝色、灰色、红色、深蓝色开司米线 拉链1条 装饰图标 胶印图案
【制作过程】湖蓝色线起60针编织边花样，织28行，编织下针前片时均减针，身长共编织到28cm，一侧开始袖窿减针，按图完成减针后平织24行至肩部，身长织到42cm时另一侧开始前衣领减针，按结构图减完针后收针断线。用同样方法完成另一片前片，减针方向相反。缝上拉链。

0365

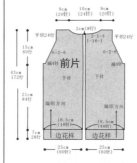

前片

边花样
■=湖蓝色 ■=深蓝色 □=红色

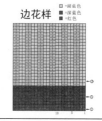

【成品规格】见图
【工具】12号棒针
【材料】红色、白色、蓝色棉线 拉链1条
【制作过程】起织左前片，双罗纹针起针法，蓝色、白色、红色、白色、蓝色间隔编织，起49针，起织花样A，织20行后，改为红色线编织花样B，织至58行，左侧减针织成袖窿。缝上拉链。

0366

花样A

花样B

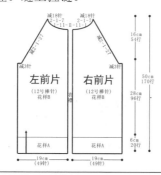

左前片 右前片

【成品规格】见图
【工具】3号棒针
【材料】红色、宝蓝色、浅灰色羊毛线 拉链1条
【制作过程】在前片按图编织双罗纹针后改织花样A，离衣长6cm处收前领，编织两片花样B，织至完成。缝上拉链。

0367

花样A

花样B

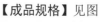
双罗纹针针法

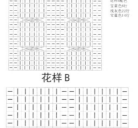

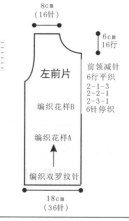
左前片

【成品规格】见图
【工具】3号棒针
【材料】红色、蓝色、白色羊毛线 拉链1条
【制作过程】左前片用红色线起62针，编织双罗纹针6cm，然后织平针，织26cm后收袖窿，收针结束后如图示加入配色条纹，离衣长6cm处收前领，编织两片。缝上拉链。

0368

双罗纹针针法

平针针法

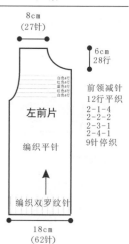
左前片

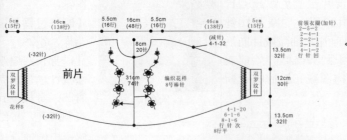

【成品规格】见图
【工具】8号棒针
【材料】红色、粉色、蓝色、黄色毛线
【制作过程】前片以辫子针起针横向编织基本针法(配色编织)，按图示编织花样和加减针。

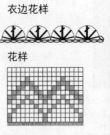

衣边花样

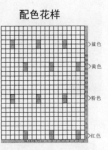

配色花样

花样

0369

前片

编织花样
8号棒针

双罗纹针

花样B

【成品规格】见图
【工具】3号、4号棒针
【材料】粉色绒线 粉红色缎染线
【制作过程】外套前片4号棒针粉红色缎染线起104针，花样A编织3cm后按花样B编织3cm；按袖窿减针及前领减针花样A织出袖窿和前领。背心前片按图织好。缝合。

0370

外套前片

花样B

花样A

背心前片

【成品规格】见图
【工具】4号、5号棒针
【材料】粉色、青粉色缎染线 彩色绣花线若干
【制作过程】前片配色见图。4号棒针双罗纹起针法起104针，扭针双罗纹针织6cm；换5号棒针下针织19cm后扭针双罗纹织2cm；按前袖窿减针及前领减针织出袖窿和前领。衣领按图挑针，另织双罗纹。缝合。

0371

衣领 (青粉扭针双罗纹)

扭针双罗纹针

前片

【成品规格】见图
【工具】4号、5号棒针
【材料】粉色、青粉色、蓝白色缎染线 彩色绣花线若干
【制作过程】前片配色见图。5号棒针普通起针法起8针，按下摆加针下针编织8cm；不加减针织19cm后扭针双罗纹针编织2cm；按前袖窿减针及前领减针织出袖窿和前领。衣领按图挑针，另织双罗纹。缝合。

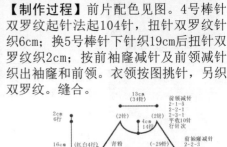

0372

衣领 (青粉扭针双罗纹)

扭针双罗纹针

前片

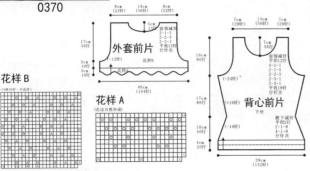

【成品规格】见图
【工具】4号、5号棒针
【材料】粉色、青粉色缎染线 彩色绣花线若干 烫钻少许
【制作过程】前片配色见图。4号棒针双罗纹起针法起104针，扭针双罗纹针织6cm；换5号棒针下针织19cm后扭针双罗纹织2cm；按前袖窿减针及前领减针织出袖窿和前领。衣领按图挑针，另织双罗纹。缝合。

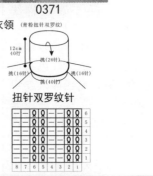

0373

衣领 (青粉扭针双罗纹)

扭针双罗纹针

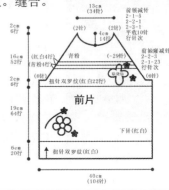

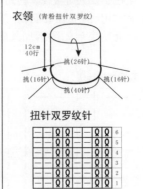

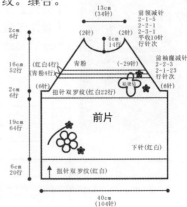

前片

0374

【成品规格】见图
【工具】4号、5号棒针
【材料】红色、蓝色花股线 拉链1条
【制作过程】左、右前片红色线起44针织花样B，织7cm后改织花样A，织至33cm开始收袖窿，同时织双罗纹花样B，两边各平收2针，然后两边各收1针，收4次。织至37cm换蓝色线织4行换红色线织4行，再换蓝色线织至42cm时开始收前领窝，先平收4针，每隔1行收1针，收6次，织至45cm开始收肩。缝上拉链。

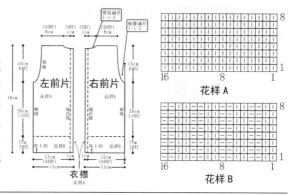

0375

【成品规格】见图
【工具】15号棒针
【材料】蓝色花股线 淡蓝色细棉线
【制作过程】上半身前片起88针织花样D后，织花样C7cm，开始收袖窿，织至16cm收前领窝，织至18cm，开始收后领窝，下半身前片织28cm花样A，领子另织花样B。全部缝合。

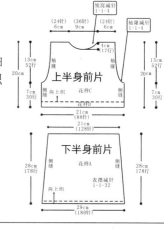

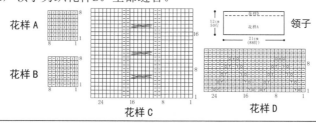

花样A

花样B

花样C

花样D

领子

0376

【成品规格】见图
【工具】15号棒针
【材料】蓝色、粉色花股线 白色珠子7枚
【制作过程】前片起40针织花样A，每隔一行两边各加1针，织24次，织至30cm(28cm开始织花样B，再织8cm换线)收肩，每隔1行收1针，织至43cm留前领窝(后片织至45cm留后领窝)中间平收14针，再每隔1行收1针，收8次。领子另织花样B，缝上珠子。

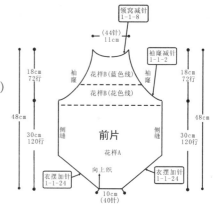

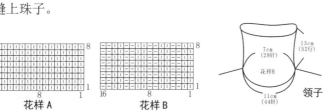

花样A

花样B

领子

前片
花样A

0377

【成品规格】见图
【工具】15号棒针
【材料】土黄色、褐色、粉色、蓝色线适量 白色珠子3枚
【制作过程】前片起40针织花样A，每隔1行两边各加1针，织24次，织至30cm(28cm开始织花样B，再织8cm换线)收肩，每隔1行收1针，织至43cm留前领窝(后片织至45cm留后领窝)中间平收14针，再每隔1行收1针，收8次。领子另织花样B，缝上珠子。

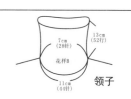

领子

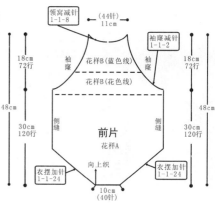

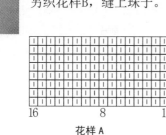

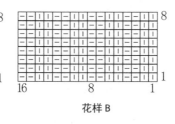

花样A

花样B

前片
花样A

0378

【成品规格】 见图
【工具】 3号棒针
【材料】 白色羊毛线 拉链1条
【制作过程】 前片起122针，按图编织双罗纹后，改织花样和平针，离衣长10cm处收前领。领子按图另织好，缝上拉链。

花样针法

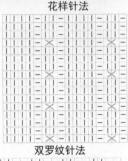

双罗纹针法

8cm(27针) 14cm(48针) 8cm(27针)

4cm18行
6cm28行
10针

前片
编织平针
编织双罗纹针
编织花样

前领减针
2行平织
2-1-3
2-2-3
2-3-2
1-6-1
28行平织
8针平收

编织双罗纹针

36cm(122针)

挑128针
60行双折
挑42针10行双折
双罗纹针

领子结构图

0379

【成品规格】 见图
【工具】 7号棒针 绣花针
【材料】 白色毛线 装饰扣2枚 绣花图案若干
【制作过程】 前片按图起74针，织5cm双罗纹后，改织29cm全下针，前领部位织全上针，左、右两边按图示收成袖窿。翻领另织双罗纹，缝上图案和装饰扣。

12cm34行 编织方向↑ 翻领 双罗纹
49cm(98针)

全上针

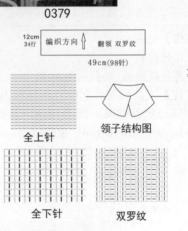

领子结构图

全下针 双罗纹

6cm(12针) 15cm(30针) 6cm(12针)

6cm17行
平收10针 领口减针
全上针 4-1-2
2-1-3
2-2-2

18cm50行

4-2-4平收3针
5cm(10针)

前片
全下针

14cm39行

33cm(66针)

15cm52行

双罗纹
5cm14针

37cm(74针)

0380

【成品规格】 见图
【工具】 7号棒针
【材料】 白色羊毛绒线 粉红色毛线若干 纽扣5枚 图案若干
【制作过程】 前片按图起74针，织10cm双罗纹后，改织全下针，并编入图案，左、右两边按图示收成插肩袖。领子按图另织好，缝上纽扣。

双罗纹

全下针

领子结构图

10.5cm(21针) 15cm(30针) 10.5cm(21针)

5cm14行
4-1-6
2-1-8
2-2-2
3-2-3
平收10针 领口减针
4-1-2
2-1-3
2-2-2
左袖口缝不用缝合

5cm14行
11cm30行
12cm34行
14cm39行
10cm28行

前片
33cm(66针)
全下针图案

2-2-1-10
M2-1-10

双罗纹
37cm(74针)

0381

【成品规格】 见图
【工具】 7号棒针 绣花针
【材料】 白色羊毛绒线 绣花图案若干
【制作过程】 前片按图起74针，织5cm双罗纹后，改织24cm全下针，左、右两边按图示收成袖窿。缝上绣花图案。

双罗纹

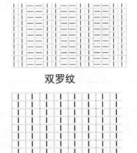

全下针

6cm(12针) 15cm(30针) 6cm(12针)

15cm42行
领口减针
4-1-2
2-1-3
2-2-2

15cm42行
3cm8行
11cm31行

4-2-4平收3针
5cm(10针)
加4-1-8

前片
全下针

减4-1-10

33cm(66针)

13cm39行

双罗纹
5cm14行

37cm(74针)

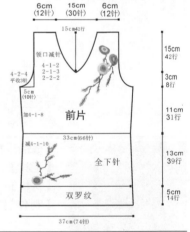

0382

【成品规格】 见图
【工具】 7号棒针
【材料】 白色羊毛绒线 丝绸花边和亮珠若干 腰带1根
【制作过程】 前片分上下部分组成，上部分按图起74针，织5cm单罗纹后，改织14cm全下针，前领位置织花样B，左、右两边按图示收成袖窿。下部分按编织方向织18cm花样A，衣下摆织丝绸花边。将上、下部分缝合。缝上亮珠，系上腰带。

6cm(12针) 15cm(30针) 6cm(12针)

8cm22行
18cm50行

4-2-4平收10针
花样B
前片
全下针

14cm39行
5cm14行

单罗纹
37cm(74针)

编织方向↑
减4-1-20

花样A

18cm50行

花边
42cm(84针)

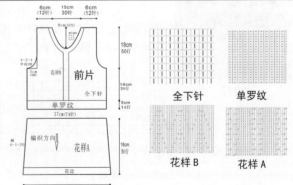

全下针 单罗纹

花样B 花样A

0383

【成品规格】见图
【工具】7号棒针
【材料】白色羊毛绒线 纽扣5枚
【制作过程】前片分左、右2片编织，分别按图起37针，织10cm双罗纹后，改织花样，左、右两边按图示收成袖窿。对称织出另一前片。缝上纽扣。

双罗纹　花样

6cm 15cm
(12针)(30针)
6cm17行
领口减针
4-1-2
4-1-3
2-2-3
2-2-2
4-2-4
平收3针
5cm
10针
加4-1-8
左前片
16.5cm(33针)
花样
减4-1-12
双罗纹
18.5cm(37针)

18cm 50行
12cm 34行
15cm 42行
10cm 28行

【成品规格】见图
【工具】7号棒针 绣花针
【材料】白色羊毛绒线 绣花图案和亮片若干
【制作过程】前片按图起74针，织24cm花样后，改织14cm全下针，左、右两边按图示收成袖窿。缝上绣花图案和亮片。

0384

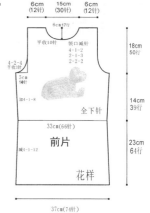

全下针

花样

6cm 15cm 6cm
(12针)(30针)(12针)
6cm17行
平收10针 领口减针
4-1-4
2-1-3
2-2-2
4-2-4
平收3针
5cm
10针
加4-1-8
全下针
减4-1-12
33cm(66针)
前片
花样
37cm(74针)

18cm 50行
14cm 39行
23cm 64行

0385

【成品规格】见图
【工具】7号棒针
【材料】白色羊毛绒线 纽扣8枚
【制作过程】前片分左、右2片编织，分别按图起24针，织5cm双罗纹后，改织花样，左、右两边按图示收成袖窿。门襟另织，与前片缝合。缝上纽扣。

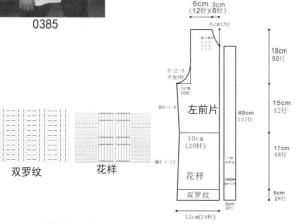

双罗纹　花样

6cm 3cm
(12针)(6针)
6cm17行
领口减针
4-1-4
4-1-3
4-1-3
2-2-3
2-2-2
4-2-4
平收3针
5cm
10针
加4-1-8
左前片
10cm(20针)
花样
减4-1-12
双罗纹
12cm(24针)

49cm 137行
门襟双罗纹
8cm 22行

18cm 50行
15cm 42行
17cm 48行
5cm 28行

【成品规格】见图
【工具】10号棒针
【材料】白色棉线 纽扣4枚
【制作过程】左前片的右侧为衣襟侧，编织花样C。下针起针法，起29针，起织花样A，织14行后，改织花样B，第97行织片右侧收针6针，然后减针织成前领，织至106行，织片余下1针，收针断线。口袋按图织好。用相同方法，相反方向编织右前片。缝上纽扣。

0386

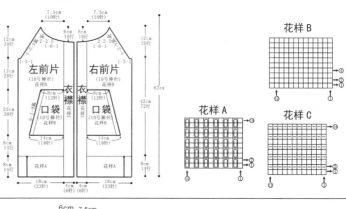

花样B

花样A　花样C

7.5cm 7.5cm
(10针) (10针)
6cm 6cm
10行 10行
减2-2-3
1-6-1
减2-2-4
1-6-1
12cm 20行
左前片 右前片
(10号棒针) (10号棒针)
花样B 花样B
衣襟 衣襟
9cm 9cm
花样C (12针)花样C
口袋 口袋
(10号棒针) (10号棒针)
花样B 花样B
14cm(18针) 14cm(18针)
花样A 花样A
18cm 4cm 18cm
(23针)(6针)(6针)(23针)

62cm
42cm 72行
22cm 38行
8cm 14行
8cm 1行
12cm 20行
12cm 20行

0387

【成品规格】见图
【工具】7号棒针
【材料】白色羊毛绒线 装饰扣4枚
【制作过程】前片分左、右2片编织，分别按图起37针，织5cm双罗纹后，改织花样，左、右两边按图示收成袖窿。对称织出另一片。缝上装饰扣。

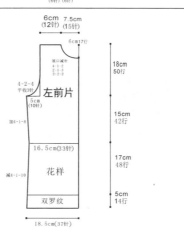

6cm 7.5cm
(12针)(15针)
6cm17行
领口减针
4-1-2
4-1-3
2-2-2
4-2-4
平收3针
5cm
10针
加4-1-8
左前片
花样
减4-1-10
双罗纹
18.5cm(37针)

18cm 50行
15cm 42行
17cm 48行
5cm 14行

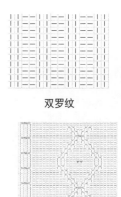

双罗纹

花样

【成品规格】见图
【工具】7号、10号棒针
【材料】白色羊毛绒线 装饰扣4枚
【制作过程】前片分左、右2片编织，分别按图起37针，先用4.5mm棒针织17cm花样A后，再改用3.5mm棒针织5cm双罗纹，再织花样B，左、右两边按图示收成袖窿花样B，织至完成。对称织出另一片。门襟另织双罗纹，缝上装饰扣。

0388

【成品规格】见图
【工具】7号棒针
【材料】白色羊毛绒线 装饰扣5枚
【制作过程】前片分左、右2片编织，分别按图起37针，织17cm花样后，改织双罗纹，再织全下针，左、右两边按图示收成袖窿。对称织出另一片。装饰片另织单罗纹。缝上装饰扣。

0389

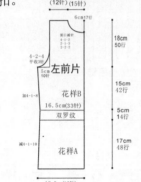

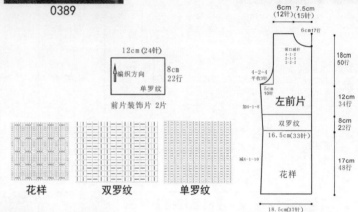

【成品规格】见图
【工具】7号棒针
【材料】白色棉线 白色线条 粉色带毛线少许
【制作过程】前片起25针编织花样A，并编入图案，按图示加针、减针，袖口编织花样B。领子按图织花样B和花样C，全部缝合。

0390

【成品规格】见图
【工具】12号棒针
【材料】白色棉线 粉红色、蓝色长绒线少许
【制作过程】前片右袖口起织，起46针，织花样B，织6cm改织花样A，两侧开始加针，在织片左侧加起36针，开始编织衣身，左侧衣摆一边织一边加针，织至212行，右侧前领减针，织至232行，右侧半片编织完成，继续用相同方法相反方向编织左半片。同时编入图案。

0391

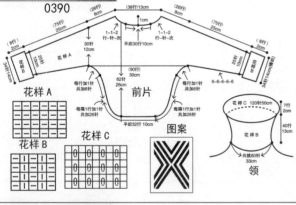

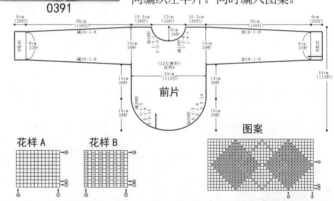

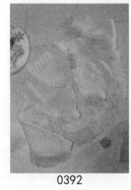

【成品规格】见图
【工具】7号棒针 2.0mm钩针
【材料】乳白色棉线 纯白色线条少许 毛毛球 装饰钩花
【制作过程】前片起20针编织花样A5cm，编织花样B，按图示加针袖片，织15cm高度后平行加18针后，按图示减针，形成前片的沿边跟领口。领片另织花样C。缝上毛毛球和装饰钩花。

0392

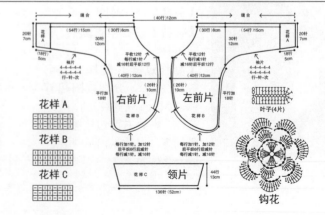

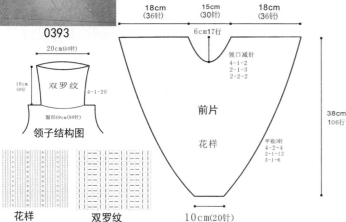

【成品规格】见图
【工具】7号棒针
【材料】白色羊毛绒线
【制作过程】前片按图起20针，织花样，左、右两边按图示收针。领子按图织18cm高的双罗纹。全部缝合。

0393

【成品规格】见图
【工具】7号棒针
【材料】白色羊毛绒线 图案1幅
【制作过程】前片按编织方向起18针，先织3cm单罗纹后，改织全下针，并编入图案，左、右两边按图示收针，织至另一袖。

0394

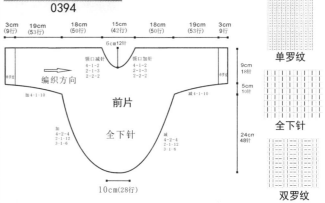

20cm（40针）

18cm
50行
双罗纹
4-1-20

圈织49cm（98针）

领子结构图

花样   双罗纹

18cm（36针） 15cm（30针） 18cm（36针）

6cm17行

领口减针
4-1-2
2-1-3
2-2-2

前片

花样

平收3针
4-2-4
2-1-12
3-1-6

38cm
106行

10cm（20针）

3cm（9行） 19cm（53行） 18cm（50行） 15cm（42行） 18cm（50行） 19cm（53行） 3cm（9行）

6cm12针

编织方向

领口减针
4-1-2
2-2-2

领口加针
4-1-2
2-1-3
2-2-2

加4-1-10

减4-1-10

前片

全下针

4-2-4
2-1-12
3-1-6

减4-2-4
2-1-12
3-1-6

9cm18针

5cm10针

24cm48针

10cm（28行）

单罗纹

全下针

双罗纹

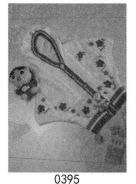

【成品规格】见图
【工具】8号棒针
【材料】白色、红色毛线 纽扣4枚
【制作过程】前片用红色线以机器边起针编织双罗纹针，衣身编入花样，按图示加袖窿减前领窝、后领窝，按图示收肩斜。缝合纽扣。

0395

花样

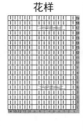

22cm（54针） 16cm（36针） 22cm（54针）

8cm24行

双罗纹   **前片**   双罗纹
门襟
花样

双罗纹

27cm82行

6cm18行

6cm18行

15cm36针   15cm36针   双罗纹8号棒针

4cm（12行）

前领衣圈（减针）
4行平
4-1-1
4-1-2
2-2-1
2-1-1
2-1-2
2-5-1
行 针回
（8）针停针

肩斜（减针）
2-4-1
2-2-15
行 针次

袖圈（加针）
2-2-1
2-4-2
2-3-2
2-2-5
2-1-6
行 针 次

【成品规格】见图
【工具】9号棒针
【材料】粉红色、白色棉线 浅粉色、玫红色带毛线少许 白色米珠少许 粉色线条少许
【制作过程】前片起20针，编织花样A，按图示加针，织17cm高度后按图示减针，并按图示换色，编入图案，换花样编织，形成前片袖口、前领口。领子按图织花样B。全部缝合。

0396

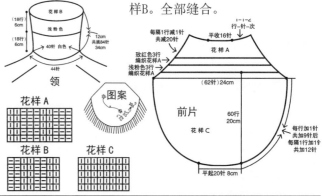

（18行）6cm 花样B （18行）6cm
浅粉色
40针白色

12cm共挑84针34cm

44针

领

花样A

花样B   花样C

图案

每隔1行减1针共减20针

平收16针

花样A

（62针）24cm

前片

花样C

60行20cm

每行加1针共加9针
每隔1行加1针共加12针

平起20针 8cm

【成品规格】见图
【工具】7号棒针 2.0mm钩针
【材料】红色棉线 红色线条少许 玫红色、粉色棉线少许 3颗白色米珠
【制作过程】前片起22针编织花样A，按图示加针、减针，袖口织花样B，领子织花样C。按图钩钩花，缝合钩花和米珠。

0397

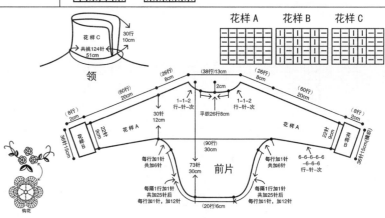

花样A   花样B   花样C

花样C

共挑124针51cm

30行10cm

领

（26针）8cm （38行）13cm （26针）8cm

（60行）20cm   （60行）20cm

1-1-2行-针-次   1-1-2行-针-次

（8行）2cm   30针12cm   平织26行8cm   30针12cm   （8行）2cm

花样B   花样A   花样A   花样B
36针15cm   22针8cm   22针8cm   36针15cm（整针）

（90行）30cm

73针30cm

前片

每隔1行加1针共挑25针后每行加1针，加12针

每行加1针共挑25针后每行加1针，加12针

6-6-6-6
6-6-6
行-针-次

（20行）6cm

钩花

197

0398

【成品规格】见图
【工具】7号棒针
【材料】玫红色棉线 白色亮片少许
【制作过程】平起48针编织花样A20行后编织花样B，按图示加针，织29cm高度后分成两份，形成前、后片。再按图示加、减针，形成前领口、后领口。缝上亮片。

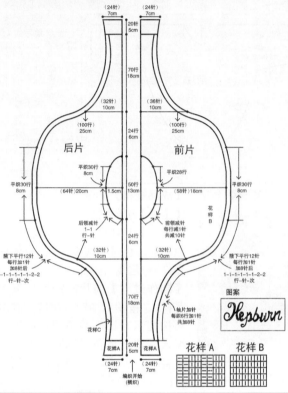

（24针）7cm　（24针）7cm
20针5cm
70行18cm
（32针）10cm　（36针）10cm
（100行）25cm　（100行）25cm
24行6cm
后片　前片
24行6cm
平织30行8cm　平织28针　平织30行8cm
平织30行8cm
（64针）20cm　1.5cm　50行13cm　（58针）18cm
花样B
后领减针1-1行-针　前领减针每行减针1针共减10针
24行6cm
（32针）10cm　（32针）10cm
腋下平行12针每行加1针加8针后1-1-1-1-1-2-2行-针-次
腋下平行12针每行加1针加8针后1-1-1-1-1-2-2行-针-次
70行18cm
袖片加针每织6行加1针共加8针
花样C
Hepburn
花样A　花样A
20针5cm
（24针）7cm　（24针）7cm
编织开始（横织）
图案
花样A　花样B

0400

【成品规格】见图
【工具】10号棒针
【材料】白色、粉红色粗棉线
【制作过程】前片白色线起8针，起织花样A，一边织一边两侧加针，织至28行，不加减针往上编织，织至52行，并织入图案，两侧同时减针2针，织成插肩袖窿，织至56行，改为红色、白色线间隔编织花样B，织至76行，余下12针。收针断线。

图案

花样B　花样A

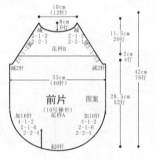

10cm（12针）
8cm（9针）　6cm（7针）
减2-1-2　减2-1-2
2-1-2　2-1-2
花样B
减2针　减2针
33cm（40针）
11.5cm 20行
2cm 4行
42行76行
前片图案
（10号棒针）花样A
加16针　加16针
4-1-2　4-1-2
4-1-4　4-1-4
2-2-4　2-2-4
起8针
28.5cm 52行

0399

【成品规格】见图
【工具】7号棒针
【材料】红色棉线 羽毛线少许 拉链1条
【制作过程】前片（两片）起12针编织花样B，按图示加针袖片，织11cm高度后平加70针，织20cm高度后按图示减2针，袖口织花样A，然后收针，前片织好按图示缝合帽子。缝上拉链。

花样A　花样B

口袋小条　衣服边沿花样（3针）

12针

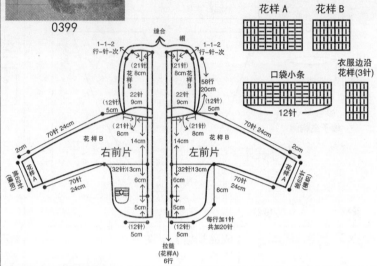

缝合　帽
1-1-2行-针-次　1-1-2行-针-次
（21针）8cm　（21针）8cm
花样B　花样B
58行20cm
（12针）5cm　（12针）5cm
22针9cm　22针9cm
（21针）8cm　（21针）8cm
花样B　花样B
70针24cm　70针24cm
2cm　右前片　14cm　14cm　左前片　2cm
起62针（编织）　花样A　起62针（编织）
32针13cm　32针13cm
70针24cm　6cm　6cm　70针24cm
5cm　5cm
（12针）5cm　（12针）5cm
每行加1针共加20针
拉链（花样A）6行

0401

【成品规格】见图
【工具】15号棒针
【材料】西瓜红毛线 西瓜红长毛绒线
【制作过程】前片从左袖起27针织，织花样B7cm，织花样A，每隔4行两边各加1针，织6次，再隔6行两边各加1针，织8次，然后一边隔4行加1针，另一边不加针，共加4次，织至30cm再一次加2针织两次，隔1行加4针共织2次，并编入图案，织至55cm开始收领窝。

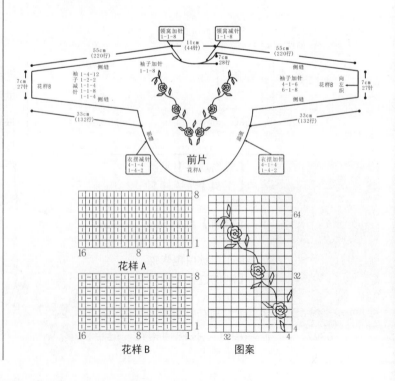

领窝加针1-1-8　领窝减针1-1-8
55cm（220行）　11cm（44针）　55cm（220行）
7cm 28行
7cm 27行　袖子加针1-1-8　侧缝　侧缝　向左织　7cm 27行
花样A　袖子1-4-12减1-2-2针1-1-4　花样B
1-1-8
侧缝　侧缝
33cm（132行）　33cm（132行）
前片花样A
衣摆减针4-1-4　1-1-8　衣摆减针4-1-4
1-4-2　1-4-2

8　8
16　8　1　64
花样A
8
16　8　1　32
花样B　图案
32　4

【成品规格】见图
【工具】7号棒针
【材料】白色羊毛绒线 纽扣5枚
【制作过程】前片分左、右2片编织，分别按图起28针，织8cm双罗纹后，改织花样，左、右两边按图示收成袖窿。对称织出另一片。缝上纽扣。

0402

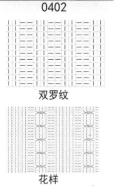

双罗纹

花样

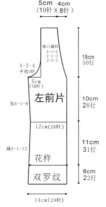

5cm 4cm
(10针×8针)

领口减针
4-1-2
2-1-1
2-2-1

18cm
50行

4-2-4
平收3针

5cm
(10针)

左前片

10cm
28行

加4-1-8

12cm(24针)

11cm
31行

减4-1-1

花样

双罗纹

8cm
22行

14cm(28针)

【成品规格】见图
【工具】7号棒针
【材料】白色羊毛绒线
【制作过程】前片按图起74针，织8cm双罗纹后，改织花样，左、右两边按图示收成袖窿。领口按领口花样另织好。

0403

领子结构图

双罗纹

花样

领口花样图解

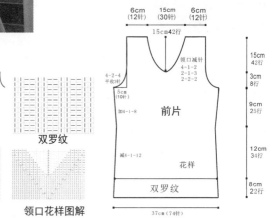

6cm   15cm   6cm
(12针)   (30针)   (12针)

15cm42行

领口减针
4-1-2
2-1-1
2-2-2

15cm
42行

4-2-4
平收3针

5cm
(10针)

加4-1-8

前片

3cm
8行

9cm
25行

减4-1-12

花样

12cm
34行

双罗纹

8cm
22行

37cm(74针)

【成品规格】见图
【工具】9号棒针
【材料】白色毛线
【制作过程】前片即减至80针，然后编织下针前片，两侧加减针收腰，身长编织到30cm，开始袖窿减针，按图完成减针编织至肩部。

0404

花样

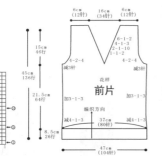

6cm   16cm   6cm
(12针) (34针) (12针)

15cm
46行

4-2-4

减3针

6-1-2
4-1-2
2-1-10
1-1-2

减3针

45cm
136行

花样
前片

21.5cm
64行

加3-1-3

编织方向

加3-1-3

8.5cm
26行

减4-1-3

37cm
(80针)

减4-1-3

47cm(104针)

【制作过程】起118针单罗纹针边，编织下针前片，织29cm时袖窿减针，身长共编织到30cm时中间平收38针，两侧进行前衣领减针，开始前衣领减针，按结构图减完针后收针断线。缝上蕾丝边和装饰珍珠。

0405

【成品规格】见图
【工具】10号棒针
【材料】白色毛线 蕾丝花边 装饰珍珠若干

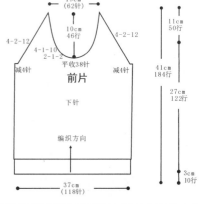

19cm
(62针)

10cm
46行

4-2-12

4-1-10
2-1-2

4-2-12

11cm
50行

减4针

平收38针

减4针

前片

下针

41cm
184行

编织方向

27cm
122行

37cm
(118针)

3cm
10行

【成品规格】见图
【工具】7号棒针
【材料】白色、淡紫色、藏蓝色羊毛线
【制作过程】前片起72针，配色编织双罗纹针5cm，如图示配色织平针16行，再配用白色线织平针，织25cm后收袖窿并配色编织，离衣长11cm处收前领。领子按图示挑针，织3cm双罗纹后，缝合。

0406

双罗纹针针法

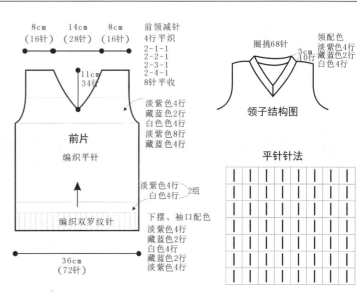

8cm   14cm   8cm
(16针)   (28针)   (16针)

前领减针
4行平织
2-1-1
2-2-1
2-1-1
2-4-1
8针平收

11cm
34行

淡紫色4行
藏蓝色2行
白色色4行
淡紫色8行
藏蓝色6行

前片

编织平针

圈挑68针

领配色
淡紫色4行
藏蓝色2行
白色4行

3cm
10行

领子结构图

平针针法

淡紫色4行
白色4行   2组

下摆、袖口配色
淡紫色4行
藏蓝色2行
白色6行
藏蓝色2行
淡紫色4行

编织双罗纹针

36cm
(72针)

【成品规格】见图
【工具】10号棒针
【材料】浅紫色、粉色、白色毛线
【制作过程】浅紫色线起118针边花样，配色编织花样前片，织29cm同时进行袖窿、前衣领减针，按结构图减完针后收针断线。

0407

6cm（20针） 16cm（50针） 6cm（20针）

15cm 70行

6-1-2
4-1-1
2-1-4
1-1-1

4-2-5 减4针   4-2-5 减4针

前片 花样

44cm 202行

25cm 104行

编织方向

37cm（118针）

6cm 28行

边花样

37cm（118针）

花样
■=浅紫色 □=白色 ▨=粉色

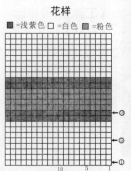

边花样

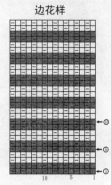

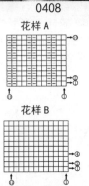

【成品规格】见图
【工具】12号棒针
【材料】粉红色棉线
【制作过程】起织前片，双罗纹针起针法，起104针织花样A，织20行，第21行起，改织花样B，织至102行，两侧减针织成袖窿。

0408

花样A

花样B

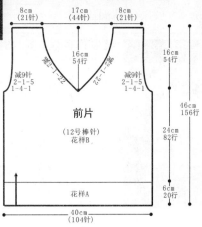

8cm（21针） 17cm（44针） 8cm（21针）

16cm 54行

减2-1-7等

16cm 54行

减9针 2-1-5 1-4-1   减9针 2-1-5 1-4-1

前片
（12号棒针）
花样B

46cm 156行

24cm 82行

花样A

40cm（104针）

6cm 20行

【成品规格】见图
【工具】10号棒针
【材料】粉色毛线 装饰扣1枚
【制作过程】起123针编织花样A前片，织8cm时中间收1针后两侧平分，开始两侧前衣领减针，身长织至29cm时袖窿减针，按结构图减完针后收针断线，肩部余18针。装饰片另织花样B。缝上装饰扣。

0409

装饰片

3cm 14行   12cm（38针）   花样B

花样A   花样B

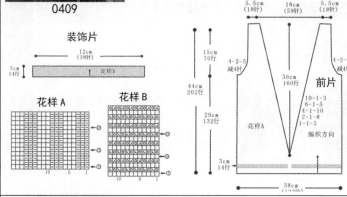

5.5cm（18针） 18cm（59针） 5.5cm（18针）

15cm 70行

4-2-5 减4针   4-2-5 减4针

36cm 160行

前片

44cm 202行

10-1-3
6-1-5
4-1-10
2-1-8
1-1-3

花样A

29cm 132行

编织方向

3cm 14行

38cm（118针）

【成品规格】见图
【工具】10号棒针
【材料】粉色、白色毛线 纽扣2枚
【制作过程】起118针边花样后编织花样前片，织22cm时中间收24针后两侧平分，开始两侧前衣领减针，身长织至29cm袖窿减针，按结构图减完针后收针断线，肩部余8针。缝上纽扣。

0410

边花样

粉色

白色

花样

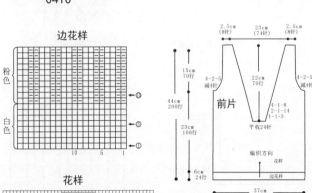

2.5cm（8针） 23cm（74针） 2.5cm（8针）

15cm 70行

4-2-5 减4针   4-2-5 减4针

22cm 70行

前片

44cm 200行

4-1-8
2-1-14
1-1-3

平收24针

23cm 106行

编织方向

边花样

6cm 24行

37cm（118针）

【成品规格】见图
【工具】10号棒针
【材料】浅粉色毛线 蕾丝花边
【制作过程】起118针双罗纹针边，编织下针前片，织29cm时袖窿减针，身长共编织到32cm时中间平收38针，两侧进行前衣领减针，开始前衣领减针，按结构图减完针后收针断线。缝上蕾丝花边。

0411

边花样

花样

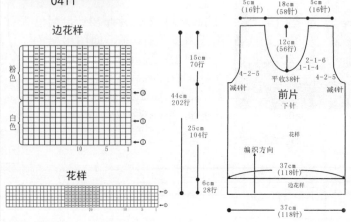

5cm（16针） 18cm（58针） 5cm（16针）

15cm 70行

12cm（56行）

4-2-5 减4针   平收38针   4-2-5 减4针

2-1-6
1-1-4

前片

44cm 202行

25cm 104行

花样

编织方向

37cm（118针）

边花样

6cm 28行

37cm（118针）

0412

【成品规格】见图
【工具】7号棒针
【材料】粉红色羊毛绒线
【制作过程】前片按图起74针，织10cm单罗纹后，改织花样，左、右两边按图示收成袖窿。领子按领口花样织好。缝合。

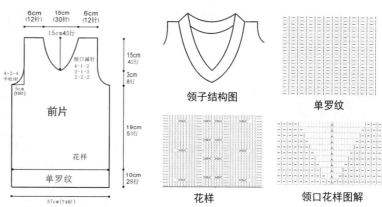

6cm（12针）　15cm（30针）　6cm（12针）
15cm42行
领口减针
4-1-2
2-1-3
2-2-2
4-2-4 平收4针
5cm（10针）
前片
花样
单罗纹
37cm（74针）
15cm 42行
3cm 8行
19cm 53行
10cm 28行

领子结构图

单罗纹

花样

领口花样图解

0413

【成品规格】见图
【工具】10号棒针
【材料】桃红色、白色毛线
【制作过程】起118针双罗纹针边，织28行，配色编织花样前片，织26cm时中间平收46针，两侧前衣领减针，身长织至29cm时袖窿减针，按结构图减完针后收针断线。

花样
■=桃红色 □=白色

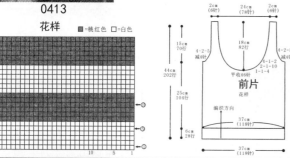

2cm（6针）　24cm（78针）　2cm（6针）
15cm 70行
18cm 82行
4-2-5 减4针
4-1-2
2-1-10
1-1-4
平收46针
前片
花样
44cm 202行
25cm 104行
编织方向
37cm（118针）
6cm 28行
37cm（118针）

0414

【成品规格】见图
【工具】15号棒针
【材料】粉色、白色、玫红色毛线
【制作过程】前片起88针，织花样B7cm，织花样C和花样A至30cm收袖窿，两边各平收2针，再每隔4行两边各收1针，收4次。织至38cm收后领窝（前片32cm收前领窝），每隔1行两边各收1针，收2次，织至40cm收针。

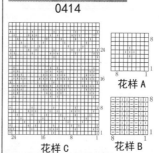

花样A

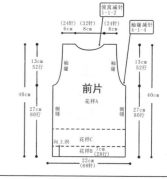

领窝减针
1-1-2
（24针）　（32针）　（24针）
6cm　8cm　6cm
袖窿减针
4-1-4
13cm 52行
袖窿　袖窿
13cm 52行
40cm
前片
花样A
侧缝　侧缝
40cm
27cm 80行
向上织
花样C
花样B（28针）
22cm（88针）
27cm 80行

花样C

花样B

0415

【成品规格】见图
【工具】7号棒针
【材料】黄色、蓝色羊毛绒线
【制作过程】前片按图起74针，织5cm单罗纹后，改织全下针，并间色，左、右两边按图示收成袖窿。

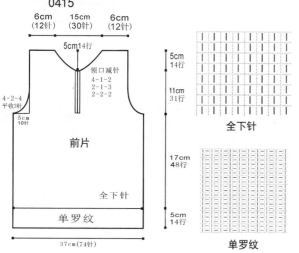

6cm（12针）　15cm（30针）　6cm（12针）
5cm14行
领口减针
4-1-2
2-1-3
2-2-2
4-2-4 平收3针
5cm（10针）
前片
全下针
单罗纹
37cm（74针）
5cm 14行
11cm 31行
17cm 48行
5cm 14行

全下针

单罗纹

0416

【成品规格】见图
【工具】7号棒针
【材料】橙色、黑色、白色羊毛绒线 拉链1条
【制作过程】前片按图起74针，织5cm双罗纹后，改织18cm花样，再织全下针，并间色，左、右两边按图示收成袖窿。缝上拉链。

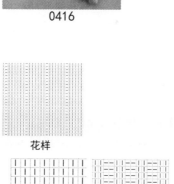

花样

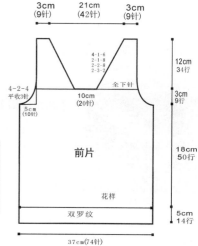

3cm（9针）　21cm（42针）　3cm（9针）
4-1-6
2-1-8
2-2-8
2-3-2
全下针
4-2-4 平收3针
5cm（10针）
10cm（20针）
前片
花样
双罗纹
37cm（74针）
12cm 34行
3cm 9行
18cm 50行
5cm 14行

全下针　双罗纹

0417

【成品规格】见图
【工具】7号棒针
【材料】黑色、红色、白色羊毛绒线 拉链1条
【制作过程】前片按图起74针，织双罗纹，并间色，前领织到26cm时，分2片编织，左、右两边按图示收成袖窿。缝上拉链。

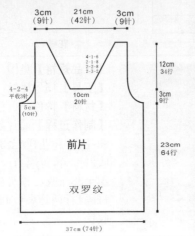

领子结构图

双罗纹

前片

双罗纹

3cm (9针) 21cm (42针) 3cm (9针)

4-1-6 2-1-8 2-2-8 2-3-3

12cm 34行

10cm 20针

3cm 9行

4-2-4 平收3针

5cm 10针

23cm 64行

37cm (74针)

0418

【成品规格】见图
【工具】12号棒针
【材料】黑色、白色、红色棉线 拉链1条
【制作过程】起织左前片，双罗纹针起针法，黑色线起49针织花样A，织20行，改织花样B，织至96行，改为红色、黑色、白色线间隔编织，织至102行，左侧减针织成袖窿并改织花样C，织至完成。缝上拉链。

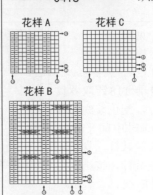

花样A   花样C

花样B

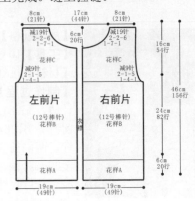

8cm (21针) 17cm (44针) 8cm (21针)

减19针 2-2-6 1-7-1

6cm 20行

花样C   花样C

减9针 2-1-5 1-4-1

左前片 (12号棒针) 花样B

右前片 (12号棒针) 花样B

花样A   花样A

16cm 54行

46cm 156行

24cm 82行

6cm 20行

19cm (49针)   19cm (49针)

0419

【成品规格】见图
【工具】7号棒针
【材料】黑色、红色、蓝色羊毛绒线 纽扣2枚
【制作过程】前片按图起74针，织5cm双罗纹后，改织26cm花样，再织全下针，并间色，左、右两边按图示收成袖窿。缝上纽扣。

花样

全下针   双罗纹

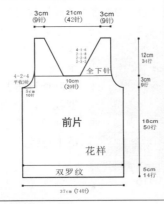

3cm (9针) 21cm (42针) 3cm (9针)

4-1-6 2-1-8 2-2-8 2-3-3

12cm 34行

10cm (20针)

3cm 9行

4-2-4 平收3针

5cm 10针

前片

花样

双罗纹

18cm 50行

5cm 14行

37cm 74针

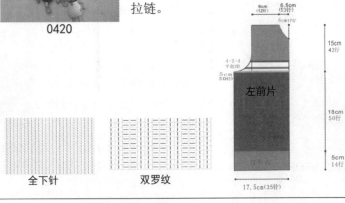

0420

【成品规格】见图
【工具】7号棒针
【材料】黑色、红色、蓝色羊毛绒线 拉链1条
【制作过程】前片分左、右2片编织，分别按图起35针，织5cm双罗纹后，改织全下针，并间色，左、右两边按图示收成袖窿。对称织出另一片。缝上拉链。

全下针   双罗纹

6cm (12针) 6.5cm (13针)

4-2-4 平收3针

5cm 14行

左前片

15cm 42行

18cm 50行

5cm 14行

17.5cm(35针)

0421

【成品规格】见图
【工具】15号棒针
【材料】白色、红色、蓝色、藏青色纯羊毛线
【制作过程】前片按图起74针，织6cm单罗纹后，改织全下针，左、右两边按图示收袖窿。领子按图织单罗纹。缝合。

18cm (36针)   16cm (45针)

单罗纹

3cm 50针

领子结构图

6cm (12针) 15cm (30针) 6cm (12针)

5cm14行

领口减针 4-1-2 2-1-3 2-2-2

5cm 14行

10cm 28行

4-2-4 平收3针

5cm 10针

前片

全下针

单罗纹

17cm 48行

6cm 17行

37cm(74针)

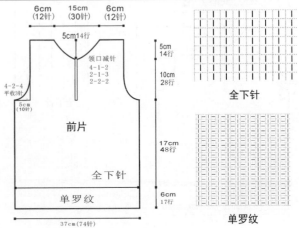

全下针

单罗纹

【成品规格】见图
【工具】7号棒针
【材料】红色、黑色羊毛绒线 拉链1条
【制作过程】前片按图起74针，织5cm双罗纹后，改织花样，并间色，左、右两边按图示收成袖窿。缝上拉链。

0422

花样

双罗纹

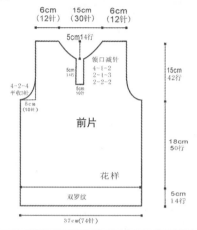

6cm (12针)　15cm (30针)　6cm (12针)
5cm14行
领口减针
4-1-2
2-1-3
2-2-2
5cm 14行
5cm 10行
4-2-4 平收3针
5cm (10针)
15cm 42行
前片
花样
18cm 50行
5cm 14行
双罗纹
37cm(74针)

【成品规格】见图
【工具】7号棒针
【材料】黑色羊毛绒线 丝绸布料缝制的衣领1件
【制作过程】前片按图起74针，织双罗纹后改织全下针，左、右两边按图示收成袖窿。领子按图另织好，缝上丝绸衣领。

0423

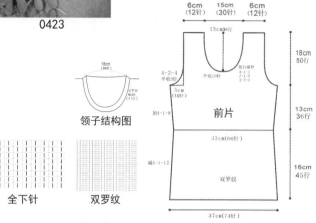

6cm (12针)　15cm (30针)　6cm (12针)
13cm36行
领口减针
4-1-2
2-1-3
5-2-2
4-2-4 平收3针
平收10针
5cm (10针)
18cm 50行
18cm (36针)
领子结构图
前片
33cm(66针)
13cm 36行
减4-1-8 (11行)
减4-1-12
16cm 45行
双罗纹
37cm(74针)

全下针　双罗纹

【成品规格】见图
【工具】8号棒针
【材料】黑色、白色毛线 拉链1条
【制作过程】前片以机器边起针编织双罗纹针，衣身编织基本针法，按图示减袖窿、前领窝、后领窝。缝上拉链。

0424

基本针法

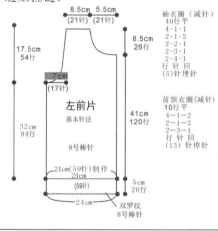

8.5cm (21针)　5.5cm (21针)
17.5cm 54行
7cm (17针)
8.5cm 26行
袖衣圈（减针）
40行平
4-1-1
2-1-2
2-2-1
2-3-1
2-4-1
行 针 回
(5)针埋针
前领衣圈（减针）
10行平
4-1-2
2-1-3
2-3-1
行 针 回
(13)针停针
左前片
基本针法
8号棒针
32cm 94行
41cm 120行
24cm(59针)制作
24cm (59针)
24cm
5cm 20行
双罗纹
8号棒针

【成品规格】见图
【工具】3号棒针
【材料】紫色绒线 布贴2张 拉链1条
【制作过程】前片（左、右2片）双罗纹起针法起74针，双罗纹织6cm；下针织20.5cm后按袖窿减针，前领减针及肩斜减针织出袖窿、前领和肩斜。对称织出另一片前片。缝上拉链。

0425

双罗纹

8	7	6	5	4	3	2	1

6

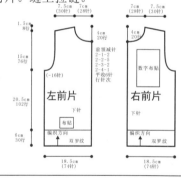

7.5cm (30针)　7cm (28针)　　7cm (28针)　7.5cm (30针)
1.5cm 8行
4cm 20行
15cm 76行
前领减针
2-1-2
2-2-5
2-3-2
2-4-1
平收6针
行3针次
(-16针)
4cm 20行
左前片
下针
布贴
右前片
下针
数字布贴
20.5cm 102行
6cm 30行
编织方向 双罗纹
编织方向 双罗纹
18.5cm (74针)　　18.5cm (74针)

【成品规格】见图
【工具】3mm棒针
【材料】白色、咖啡色、灰色羊毛线 拉链1条
【制作过程】左前片用双罗纹起针法起54针，织6cm双罗纹后，改织平针，在适合位置如图示配色编织，离衣长4cm处收前领。编织另一片。缝上拉链。

0426

双罗纹针针法

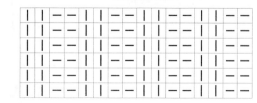

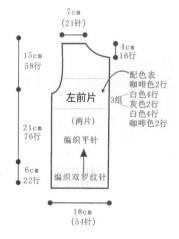

7cm (21针)
15cm 58行
4cm 16行
配色表
咖啡色2行
白色4行
灰色2行 3组
白色4行
咖啡色2行
左前片
(两片)
编织平针
21cm 76行
6cm 22行
编织双罗纹针
18cm (54针)

0427

【成品规格】见图
【工具】3号棒针
【材料】白色、红色、蓝色手编羊绒线 拉链1条
【制作过程】左前片起62针，配色编织双罗纹针6cm，然后织平针，21cm后收袖窿，织38行后编织花样，离衣长4cm处收前领。编织两片。缝上拉链。

双罗纹针针法

花样图解

前领减针
8行平织
8-1-3
8-2-18-3-1
8-4-1
织布料停织

7cm(23针)
32行 编织花样

左前片

编织平针

4cm
20行

下摆、袖口配色
白色4行
红色4行
白色8行
蓝色4行
白色8行

编织双罗纹针

18cm(62针)

0428

【成品规格】见图
【工具】3号棒针
【材料】米色、红色羊毛线 拉链1条
【制作过程】前片起122针，编织6cm双罗纹后，改织平针，离衣长10cm处收前领。领子按图另织好。缝上拉链。

领子结构图

挑128针
80行双折
双罗纹针
挑42针织10行双折

平针针法

双罗纹针针法

8cm
(27针)
14cm
(48针)
8cm
(27针)

4cm
18行
6cm
28行

10针

前片

编织平针

前领减针
2行平织
2-1-3
2-2-3
2-2-3
1-6-1
28行平织
8针平收

衣片、袖片配色
米色24行
红色6行

编织双罗纹针

36cm(122针)

0429

【成品规格】见图
【工具】3号棒针
【材料】灰色、黑色、白色羊毛线 拉链1条
【制作过程】左前片起54针，配色编织双罗纹针6cm，然后用灰色线织平针，注意在侧缝一侧织4组双罗纹，其余针数织平针，织21cm后收袖窿，在离衣长4cm处收前领。编织两片。缝上拉链。

平针针法

双罗纹针针法

8cm 21针

4cm
14行

左前片

2正2反76行
2正2反70行
2正2反64行
2正2反58行

编织双罗纹针

前领减针
2行平织
2-1-2
2-2-2
2-3-2
10针停织

袖口、下摆配色
黑色8行
白色4行
黑色8行
白色4行
黑色8行

18cm(54针)

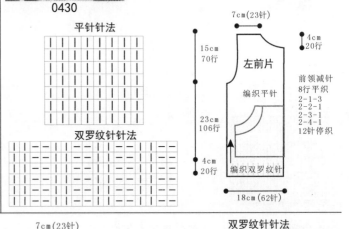

0430

【成品规格】见图
【工具】3号棒针
【材料】红色、蓝色、白色手编羊绒线 拉链1条
【制作过程】左前片起62针，织4cm双罗纹后，改织平针，离衣长6cm处收前领。编织两片。缝上拉链。

平针针法

双罗纹针针法

7cm(23针)

15cm
70行

左前片

编织平针

23cm
106行

4cm
20行

编织双罗纹针

4cm
20行

前领减针
8行平织
2-1-3
2-2-1
2-3-1
2-4-1
12针停织

18cm(62针)

0431

【成品规格】见图
【工具】3号棒针
【材料】橘色、白色手编羊绒线 拉链1条
【制作过程】左前片起62针，编织双罗纹针6cm，然后织平针，织21cm后收袖窿，离衣长4cm处收前领，编织两片。缝上拉链。

7cm(23针)

15cm
70行

配色

左前片

21cm
98行

编织平针

6cm
28行

编织双罗纹针

4cm
20行

前领减针
8行平织
2-1-3
2-2-1
2-3-1
2-4-1
12针停织

18cm(62针)

双罗纹针针法

平针针法

0432

【成品规格】见图
【工具】9号棒针
【材料】红色、白色宝宝绒线 拉链1条
【制作过程】红色线起52针编织配色双罗纹针边，织22行后用红色线编织下针前片，编织到29cm，开始袖窿减针，按图完成减针编织至肩部。缝上拉链。

花样

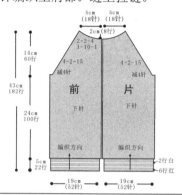

□=红色 □=白色

5cm(18针) 5cm(18针)
2cm(8行)
2-2-4
1-10-1
14cm 60行
4-2-15 减4针   4-2-15 减4针
43cm 182行
前　片
下针
24cm 100行
编织方向　编织方向
5cm 22行
2行白
6行红
19cm(52针)　19cm(52针)

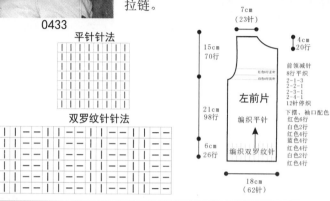

0433

【成品规格】见图
【工具】3号棒针
【材料】蓝色、红色、白色手编羊绒线 拉链1条
【制作过程】左前片起62针，配色编织双罗纹针6cm，然后用红色线织平针，织21cm后收袖窿和配色编织，离衣长4cm处收前领。编织两片。缝上拉链。

平针针法

双罗纹针针法

7cm(23针)
4cm 20行
15cm 70行
21cm 98行
6cm 26行
左前片
编织平针
编织双罗纹针
前领减针
8行平织
2-1-3
2-2-1
2-3-1
2-4-1
12针停织
下摆、袖口配色
红色4行
红色2行
白色2行
红色2行
红色4行
18cm(62针)

0434

【成品规格】见图
【工具】9号棒针
【材料】藏青色、红色、白色毛线 拉链1条
【制作过程】起52针编织配色双罗纹针边花样，织22行后用藏青色线编织花样前片，编织到29cm，开始袖窿减针，按图完成减针编织至肩部。缝上拉链。

领边花样

花样

□=红色 □=藏青色 □=白色

边花样

挑98针
10cm(28针)

领片

5cm(18针) 5cm(18针)
2cm(8行)
2-2-4
1-10-1
14cm 60行
4-2-15 减4针   4-2-15 减4针
43cm 182行
前　片
花样　花样
24cm 100行
编织方向　编织方向
5cm 22行
边花样　边花样
19cm(52针)　19cm(52针)

0435

【成品规格】见图
【工具】10号棒针
【材料】藏青色、红色、白色毛线 拉链1条
【制作过程】起58针编织配色双罗纹针边花样，织32行后用藏青色线编织下针前片，编织到29cm，开始袖窿减针，按图完成减针编织至肩部。领片按图挑针。缝上拉链。

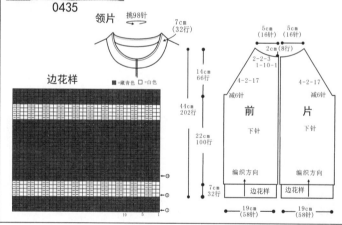

领片
挑98针
7cm(32行)

边花样

□=藏青色 □=白色

5cm(16针) 5cm(16针)
2cm(8行)
2-2-3
1-10-1
14cm 66行
4-2-17 减6针   4-2-17 减6针
44cm 202行
前　片
下针
22cm 100行
编织方向　编织方向
7cm 32行
边花样　边花样
19cm(58针)　19cm(58针)

0436

【成品规格】见图
【工具】3号棒针
【材料】藏蓝色、天蓝色手编羊绒线 拉链1条
【制作过程】左前片起62针，配色编织双罗纹针6cm，然后用藏蓝色线织平针，织21cm后收袖窿，离衣长4cm处收前领。编织两片。缝上拉链。

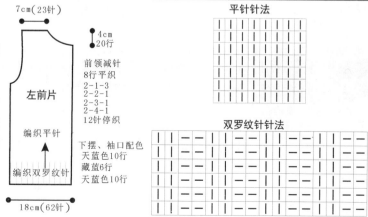

7cm(23针)
4cm 20行
前领减针
8行平织
2-1-3
2-2-1
2-3-1
2-4-1
12针停织
左前片
编织平针
编织双罗纹针
下摆、袖口配色
天蓝色10行
藏蓝6行
天蓝色10行
18cm(62针)

平针针法

双罗纹针针法

0437

【成品规格】见图
【工具】3号棒针
【材料】藏蓝色、白色、绿色羊毛线 拉链1条
【制作过程】左前片起54针，织6cm双罗纹后，改织平针，离衣长4cm处收前领。编织另一片。缝上拉链。

双罗纹

7cm
(21针)

4cm
16行

前领减针
6行平织
2-1-2
2-2-1
2-3-1
2-4-1
10针停织

15cm
58行

前片

编织平针

21cm
76行

编织双罗纹针

6cm
22行

18cm(54针)

0438

【成品规格】见图
【工具】7号棒针
【材料】白色、黑色羊毛绒线 拉链1条
【制作过程】前片分左、右2片，分别按图起35针，织5cm双罗纹后，改织花样，并间色，左、右两边按图示收成袖窿。对称织出另一片。缝上拉链。

6cm
(12针) 6.5cm
(13针)

6cm17行

4-2-4
平收针

左前片

花样

双罗纹

15cm
42行

18cm
50行

5cm
14行

17.5cm(35针)

花样　　双罗纹

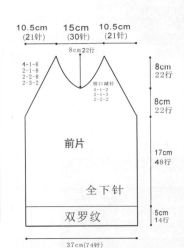

0439

【成品规格】见图
【工具】7号棒针
【材料】米色、咖啡色羊毛绒线
【制作过程】前片按图起74针，织5cm双罗纹后，改织全下针，并间色，左、右两边按图示收成插肩袖。

全下针

双罗纹

10.5cm
(21针) 15cm
(30针) 10.5cm
(21针)

8cm22行

4-1-6
2-1-8
2-2-8
2-3-2

领口减针
4-1-2
2-1-3
2-2-2

8cm
22行

8cm
22行

前片

全下针

双罗纹

17cm
48行

5cm
14行

37cm(74针)

0440

【成品规格】见图
【工具】7号棒针
【材料】米色、咖啡色羊毛绒线
【制作过程】前片按图起74针，织5cm双罗纹后，改织全下针，并间色，左、右两边按图示收成插肩袖。

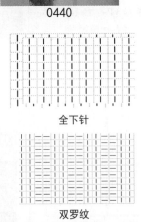

全下针

10.5cm
(21针) 15cm
(30针) 10.5cm
(21针)

8cm22行

4-1-6
2-1-8
2-2-8
2-3-2

领口减针
4-1-2
2-1-3
2-2-2

8cm
22行

8cm
22行

前片

全下针

双罗纹

17cm
48行

5cm
14行

37cm(74针)

0441

【成品规格】见图
【工具】12号棒针
【材料】浅蓝色、深蓝色棉线
【制作过程】起织前片双罗纹针起针法，浅蓝色线起104针织花样A，4行浅蓝色与4行深蓝色间隔编织，织至20行，将织片分为左、中、右三部分编织，左、右片用深蓝色线编织，中片用浅蓝色线编织花样B，织至102行，两侧减针织成插肩袖窿。

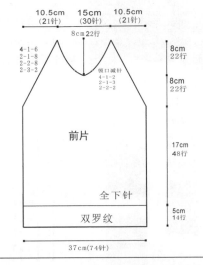

17cm
(44针)

2cm
8行

减2-2-4　　减2-2-4

减2-1-27　　减2-1-27

中间留取26针不织
(第149行)

减3针　　减3针

前片
(12号棒针)
花样B
(浅蓝色)

(20针深蓝色)　(20针深蓝色)

16cm
54行

24cm
82行

46cm
156行

花样A

40cm
(104针)

花样A

花样B

0442

【成品规格】见图
【工具】7号棒针
【材料】灰色、黑色羊毛绒线
【制作过程】前片按图起74针，织双罗纹至完成，左、右两边按图示收成袖窿。

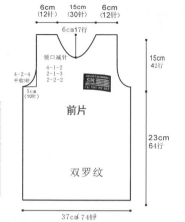

6cm（12针） 15cm（30针） 6cm（12针）
6cm17行
领口减针
4-1-2
2-1-3
2-2-2
4-2-4 平收3针
5cm（10针）
15cm 42行
23cm 64行
前片
双罗纹
双罗纹
37cm（74针）

0443

【成品规格】见图
【工具】7号棒针
【材料】灰色、黑色羊毛绒线
【制作过程】前片按图起74针，织5cm双罗纹后，改织全下针，并间色，左、右两边按图示收成袖窿。领子按图另织好。缝合。

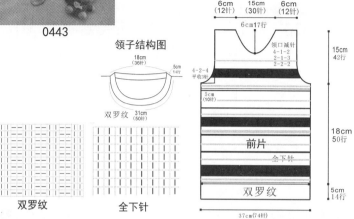

领子结构图
18cm（36针）
5cm 14行
双罗纹 31cm（50针）

6cm（12针） 15cm（30针） 6cm（12针）
6cm17行
领口减针
4-1-2
2-1-3
2-2-2
4-2-4 平收3针
5cm（10针）
15cm 42行
18cm 50行
前片
全下针
双罗纹
5cm 14行
37cm（74针）

双罗纹 全下针

0444

【成品规格】见图
【工具】7号棒针
【材料】米色、深咖啡色羊毛绒线
【制作过程】前片按图起74针，织5cm双罗纹后，改织全下针，并间色，左、右两边按图示收成插肩袖。

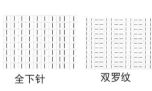

全下针 双罗纹

10.5cm（21针） 15cm（30针） 10.5cm（21针）
8cm22行
4-1-6
2-1-8
2-2-8
2-3-2
领口减针
4-1-2
2-1-3
2-2-2
8cm 22行
8cm 22行
前片
全下针
17cm 48行
双罗纹
5cm 14行
37cm（74针）

0445

【成品规格】见图
【工具】3.5mm棒针
【材料】黑色羊毛绒线
【制作过程】前片按图起74针，织5cm双罗纹后，改织全下针，左、右两边按图示收成插肩袖。

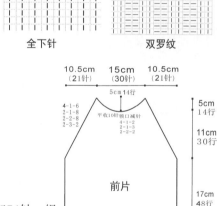

全下针 双罗纹

10.5cm（21针） 15cm（30针） 10.5cm（21针）
5cm 14行
4-1-6
2-1-8
2-2-8
2-3-3
平收10针 领口减针
4-1-2
2-2-2
2-2-2
5cm 14行
11cm 30行
前片
全下针
17cm 48行
双罗纹
5cm 14行
37cm（74针）

0446

【成品规格】见图
【工具】8号棒针
【材料】天蓝色、深蓝色毛线 拉链1条
【制作过程】左前片以机器边起针编织双罗纹针，衣身编织花样，按图示减袖窿、前领窝、后领窝。对称织出另一前片。缝上拉链。

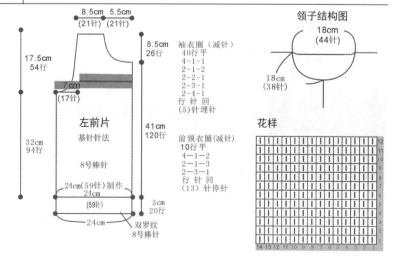

8.5cm（21针） 5.5cm（21针）
17.5cm 54行
8.5cm 26行
7cm（17针）
左前片
基针针法
8号棒针
24cm（59针）制作
24cm（59针）
24cm
41cm 120行
5cm 20行
双罗纹 8号棒针
32cm 94行

袖衣圈（减针）
40行平
4-1-1
2-1-2
2-2-1
2-3-1
2-4-1
（5）针埋针

前领衣圈（减针）
10行平
4-1-2
2-1-3
2-3-1
行针回
（13）针停针

领子结构图
18cm（44针）
18cm（38针）

花样

0447

【成品规格】见图
【工具】7号棒针
【材料】红色、黑色、白色羊毛绒线 拉链1条
【制作过程】前片按图起74针，织5cm双罗纹后，改织全上针，并间色，改织花样到织完，左、右两边按图示收成袖窿。领子按图织好。缝上拉链。

全上针

领子结构图
36针
(18cm)
16针
(45行)
双罗纹
31cm

花样

双罗纹

6cm (12针)　15cm (30针)　6cm (12针)

5cm 14行
5cm
14行
领口减针
4-1-2
2-1-3
2-2-2
4-2-4
平收3针
5cm
(10针)
花样
前片
全上针
双罗纹

15cm
42行

18cm
50行

5cm
14行

37cm(74针)

0448

【成品规格】见图
【工具】7号棒针
【材料】红色、白色羊毛绒线
【制作过程】前片按图起74针，织5cm双罗纹后，改织全下针，并间色，左、右两边按图示收成袖窿。

全下针

双罗纹

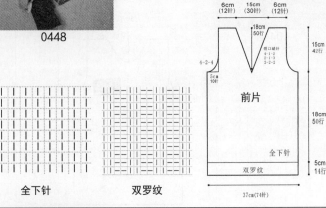

6cm (12针)　15cm (30针)　6cm (12针)
18cm 50行
领口减针
4-1-2
2-1-3
2-2-2
4-2-4
5cm
10针
前片
全下针
双罗纹

15cm
42行

18cm
50行

5cm
14行

37cm(74针)

0449

【材料】黑色、红色羊毛绒线 拉链1条
【制作过程】前片分左、右2片编织，分别按图起35针，织5cm双罗纹后，改织全下针，并间色，左、右两边按图示收成袖窿。对称织出另一片。缝上拉链。

【成品规格】见图
【工具】7号棒针

全下针

单罗纹

6cm (12针)　6.5cm (13针)
6cm 17行
领口减针
4-1-2
2-1-3
2-2-2
4-2-4
平收3针
5cm
(10针)
左前片
全下针

15cm
42行

18cm
50行

5cm
14行

17.5cm(35针)

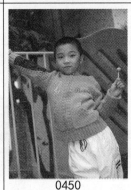

0450

【成品规格】见图
【工具】9号棒针 环形针
【材料】灰色、深蓝色棉绒线 拉链1条
【制作过程】起40针双罗纹针边，织24行，编织花样前片，身长编织至28cm，一侧开始袖窿减针，一侧不加减针，按图完成减针编织至肩部，领部余10针，收针断线。用同样方法方向相反完成另一片。缝上拉链。

花样
■=深蓝色　■=灰色

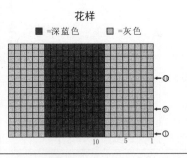

10　　5　　1

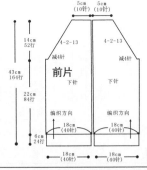

5cm (10针)　5cm (10针)
14cm 52行
4-2-13
减4针
前片
下针
编织方向
18cm (40针)

43cm 164行
22cm 84行
6cm 24行

18cm (40针)

0451

【材料】灰色、藏蓝色、白色羊毛线 拉链1条
【制作过程】左前片起44针，配色编织双罗纹针6cm，然后如图在袖窿侧编入4组双罗纹，其余针数织平针，织26cm后收袖窿，然后在适合位置如图配色编织，在离衣长6cm处收前领，编织另一片。缝上拉链。

【成品规格】见图
【工具】5号棒针

平针针法

双罗纹针针法

8cm(19针)
6cm 18行

前领减针
6行平织
2-1-4
2-2-1
2-3-1
8针停织

底边、袖口配色
藏蓝色4行
白色4行
藏蓝色2行
白色4行
藏蓝色4行

15cm
44行

26cm
78行

6cm
18行

左前片
(两片)
平针
编织双罗纹
18cm(44针)

0452

【成品规格】见图

【工具】5号棒针

【材料】灰色、藏蓝色、白色羊毛线 拉链1条

【制作过程】前片起44针，配色编织双罗纹针6cm，然后如图在袖笼侧编入4组双罗纹，其余针数织平针，织26cm后收袖笼，在离衣长6cm处收前领，编织另一片。缝上拉链。

平针针法

双罗纹针针法

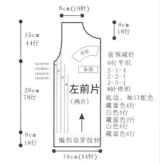

8cm(19针)
15cm 44行
6cm 18行
右袖
布贴
前领减针 6行平织
2-1-4
2-2-1
2-3-1
8针停织
26cm 78行
左前片（两片）
底边、袖口配色
藏蓝色6行
白色4行
藏蓝色2行
白色4行
藏蓝色4行
6cm 18行
编织双罗纹针
18cm(44针)

0453

【成品规格】见图

【工具】7号棒针

【材料】灰色、红色、蓝色羊毛绒线 拉链1条

【制作过程】前片分左、右2片编织，分别按图起36针，织10cm单罗纹后，改织全下针，并间色，左、右两边按图示收成插肩袖。对称织出另一前片。缝上拉链。

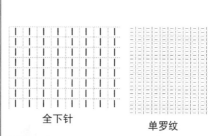

全下针

单罗纹

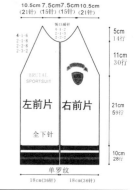

10.5cm 7.5cm 7.5cm 10.5cm
(21针) (15针) (15针) (21针)
领口减针
4-1-2
2-2-1
2-3-2
2-2-2
2-3-2
5cm 14行
11cm 30行
BRUTAL SPORTSUIT
左前片 右前片
21cm 59行
全下针
10cm 28行
单罗纹
18cm(36针) 18cm(36针)

0454

平针针法

双罗纹针针法

【成品规格】见图

【工具】3号棒针

【材料】中灰色、深灰色、白色、红色意毛线 拉链1条

【制作过程】左前片起62针，配色编织双罗纹针6cm，然后换中灰色线侧缝编5组2正2反针，其余针数织平针，织26cm后收袖山，在离衣长6cm处收前领。编织另一片。缝上拉链。

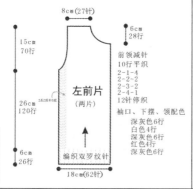

8cm(27针)
15cm 70行
6cm 28行
前领减针
10行平织
2-1-4
2-2-2
2-3-2
2-4-1
12针停织
左前片（两片）
26cm 120行
2正2反针5组
袖口、下摆、领配色
深灰色6行
白色4行
深灰色6行
红色4行
深灰色6行
6cm 26行
编织双罗纹针
18cm(62针)

0455

平针针法

双罗纹针针法

【成品规格】见图

【工具】3号棒针

【材料】中灰色、深灰色、白色、红色意毛线 拉链1条

【制作过程】左前片起62针，配色编织双罗纹针6cm，然后换深灰色线侧缝编7组2正2反针（60行），其余针数织平针，织26cm后收袖山，在离衣长6cm处收前领。编织另一片。缝上拉链。

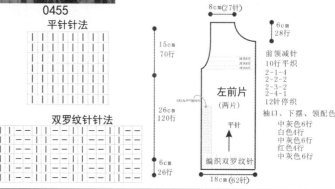

8cm(27针)
15cm 70行
6cm 28行
前领减针
10行平织
2-1-4
2-2-2
2-3-2
2-4-1
12针停织
左前片（两片）
26cm 120行
2正2反针7组
平针
袖口、下摆、领配色
中灰色6行
白色4行
中灰色6行
红色4行
中灰色6行
6cm 26行
编织双罗纹针
18cm(62针)

0456

【成品规格】见图

【工具】7号棒针

【材料】白色、黑色、卡其色毛线

【制作过程】左、右前片起44针，织花样B7cm，织花样A（黑线4行，白线4行，30cm以上黑线10行，白线10行）至30cm收袖笼，平收2针。织至38cm收前领窝，每隔1行减1针，减4次，不加不减，织至45cm收针。

8
花样A
1

8
花样B
1

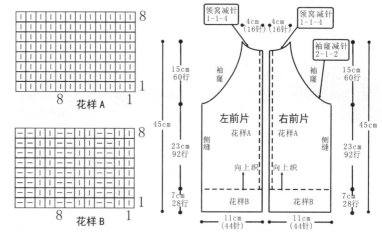

领窝减针 1-1-4
4cm(16针) 4cm(16针)
领窝减针 1-1-4
袖笼减针 2-1-2
15cm 60行
袖笼
袖笼
15cm 60行
45cm
左前片 花样A
右前片 花样A
45cm
侧缝
侧缝
23cm 92行
23cm 92行
向上织
向上织
7cm 28行
花样B
花样B
7cm 28行
11cm(44针) 11cm(44针)

0457

【成品规格】见图
【工具】5号棒针
【材料】藏蓝色、黄色、橙色羊毛线 拉链1条
【制作过程】左前片起44针，编织双罗纹针4cm，然后如图配色编织，织26cm后收袖窿，然后继续配色编织，在离衣长6cm处收前领。编织另一片。缝上拉链。

平针针法

双罗纹针针法

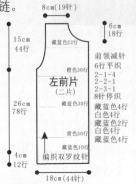

左前片（二片）
8cm(19针)
15cm 44行 藏蓝色22行
6cm 18行
前领减针 6行平织
2-1-4
2-2-1
2-3-1
8针停织
橙色30行
藏蓝色30行
26cm 78行
白色4行
藏蓝色4行
白色4行
黄色30行
藏蓝色10行
4cm 12行 编织双罗纹针
18cm(44针)

0458

【材料】蓝色、白色、红色棉线 拉链1条
【制作过程】左前片蓝色线起49针，织花样A，织6cm后改织花样B，织至30cm左侧袖窿减针，方法为1-4-1，2-1-5，织至36cm时改织2行白色，2行蓝色，2行红色，然后全部改为白色线编织，织至40cm右侧前领减针，方法为1-7-1，2-2-6，共减19针，左前片共织46cm长。对称织出右前片。缝上拉链。

【成品规格】见图
【工具】12号棒针

花样A   花样B

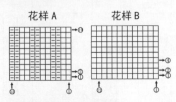

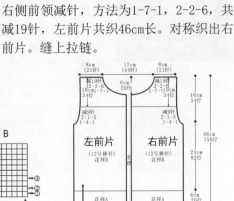

左前片（12号棒针）花样B   右前片（12号棒针）花样B
花样A   花样A
19cm(49针)   19cm(49针)
8cm(21针) 17cm(44针) 8cm(21针)
减19针 2-2-6 1-7-1
6cm 20行
减9针 2-1-5 1-4-1
16cm 54行
46cm 156行
24cm 82行
6cm 20行

0459

【成品规格】见图
【工具】3号棒针
【材料】蓝色、红色、白色手编羊绒线 拉链1条
【制作过程】左前片起62针，配色编织双罗纹针6cm，后织平针，织21cm后收袖窿，收针结束后如图示加入配色条纹，离衣长6cm处收前领。编织另一片。缝上拉链。

平针针法

双罗纹针针法

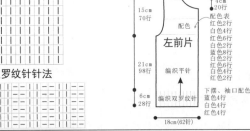

左前片
7cm(23针)
15cm 70行
4cm 20行
配色
配色表
红色2行
白色4行
红色6行
白色2行
蓝色8行
红色2行
白色6行
红色2行
21cm 98行 编织平针
6cm 28行 编织双罗纹针
下摆、袖口配色
白色4行
红色4行
18cm(62针)

0460

【成品规格】见图
【工具】12号棒针
【材料】红色棉线 黑白织带4条 拉链1条
【制作过程】左前片起49针，织花样A，织至6cm时改织花样B，织至30cm左侧袖窿减针，方法为1-4-1，2-1-5，织至40cm右侧前领减针，方法为1-7-1，2-2-6，共减19针，左前片共织46cm长。对称织出右前片。缝上拉链。

花样A   花样B

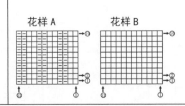

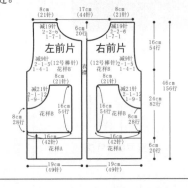

左前片   右前片
8cm(21针) 17cm(44针) 8cm(21针)
减19针 2-2-6 1-7-1
6cm 20行
减9针 2-1-5(12号棒针) 1-4-1 花样B
花样B
8cm(21针)
减21针 2-1-12 2-9-1
16cm 54行 花样B
16cm(42针) 花样A
19cm(49针)   19cm(49针)
16cm 54行
46cm 156行
24cm 82行
6cm 20行
8cm 28行

0461

【成品规格】见图
【工具】3号棒针
【材料】红色、蓝色、白色手编羊绒线 布贴1套 拉链1条
【制作过程】左前片用红色线起62针，编织双罗纹针6cm，然后织平针，织26cm后收袖窿，收针结束后如图示加入配色条纹，离衣长6cm处收前领。编织另一片。缝上拉链。

平针针法

双罗纹针针法

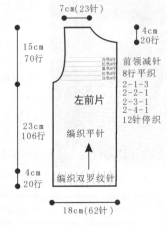

左前片
7cm(23针)
15cm 70行
4cm 20行
白色2行
红色2行
白色4行
红色2行
白色2行
前领减针 8针平织
2-1-3
2-2-1
2-3-1
2-4-1
12针停织
23cm 106行 编织平针
4cm 20行 编织双罗纹针
18cm(62针)

0462

【成品规格】见图
【工具】8号棒针
【材料】白色毛线
【制作过程】前片以机器边起针编织双罗纹针，衣身编织花样，按图示减袖窿、前领窝、后领窝。领子按图另织好。缝合。

领子结构图

16cm（42针） 5cm（18行）

双罗纹 8号棒针

24.5cm（66针）

花样

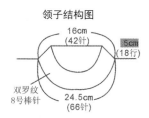

双针罗纹

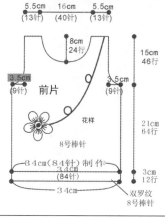

5.5cm（13针） 16cm（40针） 5.5cm（13针）
8cm 24行
15cm 46行
3.5cm（9针） 前片 3.5cm（9针）
花样
8号棒针
21cm 64行
34cm（84针）制作
34cm（84针）
3cm 12行
34cm
双罗纹 8号棒针

0463

【成品规格】见图
【工具】10号棒针
【材料】粉色棉线 紫色、粉红色、黄色长绒线
【制作过程】前片白色线起60针，织花样A，织6cm后改为白色线与彩色绒线间隔编织花样B与花样C组合，织至30cm袖窿减针，方法为1-2-1，2-1-3。织至40cm，收前领，中间留取10针不织，两侧减针，方法为2-2-3，2-1-2，前片共织46cm长。

花样B 花样C

白色 黄色 白色 粉红色 白色 紫色

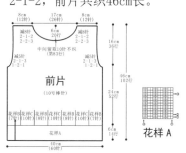

8cm（12针） 17cm（26针） 8cm（12针）
减针 2-1-2 2-2-3 减针
中间留取10针不织（第83行）
减5针 2-1-3 1-2-1 减5针
16cm 36行
46cm 102行
前片（10号棒针）
24cm 52行
花样B 花样A
10cm（60针）
6cm 14行
花样A

0464

【成品规格】见图
【工具】7号棒针 绣花针
【材料】白色、红色、绿色毛线 图案和亮片适量
【制作过程】前片起108针，织花样B7cm后，改织花样A，织至完成，按图示收针。领子另织。缝上图案和亮片。

花样A

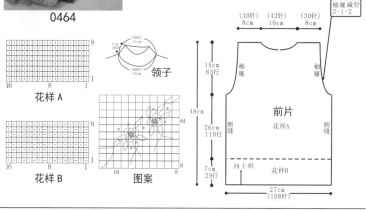

16 8 1

花样B

16 8 1

领子

图案

（30针）8cm（42针）10cm（30针）8cm
袖窿减针 2-1-2
15cm 63行
48cm
26cm 110行
前片 花样A
侧缝 侧缝
7cm 29行 向上织
花样B
27cm（108针）

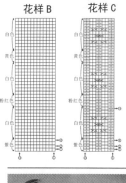

0465

【成品规格】见图
【工具】7号棒针 绣花针
【材料】白色 紫红色羊毛绒线 绣花图案若干
【制作过程】前片按图起74针，织5cm双罗纹后，改织全下针，并间色，左、右两边按图示收成袖窿。领子按图织好。缝合。缝上绣花图案。

领子结构图

18cm（36针） 10cm（20行）

双罗纹 31cm（50针）

全下针 双罗纹

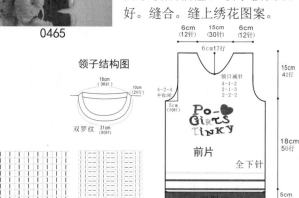

6cm（12针） 15cm（30针） 6cm（12针）
6cm17行
领口减针 4-1-2 2-1-3 2-2-2
15cm 42行
5cm（10针）
前片 全下针
18cm 50行
5cm 14行 双罗纹
37cm（74针）

0466

【成品规格】见图
【工具】12号棒针
【材料】白色、粉红色棉线
【制作过程】起织前片，下针起针法，粉红色线起104针织花样A，织20行，改为白色线织花样B，织至102行，两侧减针织成袖窿，方法为1-4-1，2-1-5，两侧针数减少9针，织至117行，将织片中间留取32针不织，两侧减针织成前领，方法为2-2-8，2-1-8，编织花样C，两侧各减24针，织至156行，两肩部各余下3针，收针断线。

花样A

花样B

花样C

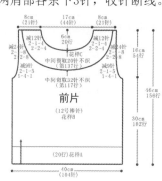

8cm（21针） 17cm（44针） 8cm（21针）
6cm 20行
减12针 减12针
减2针 2-2-8 2-1-8 花样C 减2针
中间留取32针不织（第117行）
减9针 2-1-5 1-4-1 减9针
16cm 5行
46cm 156行
前片（12号棒针）花样B
30cm 102行
（20针）花样A
40cm（104针）

211

0467

【成品规格】见图
【工具】12号棒针
【材料】粉红色、白色棉线
丝绸贴花1朵
【制作过程】前片粉红色线
起104针，织花样A，织6cm
后改为粉红色与白色线间隔
编织花样B，织至30cm，袖
窿减针，织至40cm，收前
领，前片共织46cm长。领子
按图织好。缝上贴花。

花样B
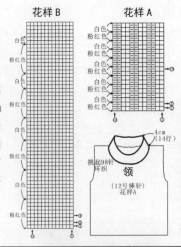

白色
粉红色
白色
粉红色
白色
粉红色
白色
粉红色
白色
粉红色
白色
粉红色
白色
粉红色
白色
粉红色

花样A
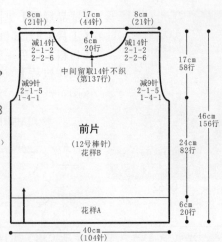

挑起98针环织
4cm(14行)
领
(12号棒针)
花样A

8cm(21针)　17cm(44针)　8cm(21针)
减14针 2-1-2 2-2-6　6cm 20行　减14针 2-1-2 2-2-6
中间留取14针不织(第137行)
减9针 2-1-5 1-4-1　减9针 2-1-5 1-4-1
前片 (12号棒针) 花样B
17cm 58行
24cm 82行
46cm 156行
花样A
6cm 20行
40cm(104针)

0468

【成品规格】见图
【工具】7号棒针 绣花针
【材料】玫红色羊毛绒 亮片若干
【制作过程】前片按图起74针，
织5cm双罗纹后，改织全下针，
并间色，左、右两边按图示收成袖
窿。领子另织单罗纹。缝上亮片。

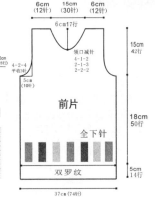
单罗纹
全下针　双罗纹

18cm(36针)
领子结构图
单罗纹 31cm(50针)
10cm(28针)

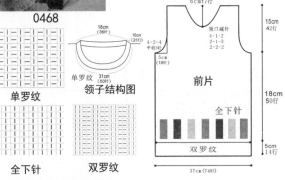

6cm(12针) 15cm(30针) 6cm(12针)
6cm17行
领口减针 4-1-2 2-1-3 2-2-2
15cm 42行
5cm 4-2-4平收3针 5cm(10针)
前片
全下针
18cm 50行
双罗纹
5cm 14行
37cm(74针)

0469

【成品规格】见图
【工具】7号棒针
【材料】粉红色、白色毛线
【制作过程】前片分三片织。先织中
间：起14针织花样A至36cm，全部收
针。左、右片：起51针织花样A至20cm
开始收袖窿，织至26cm开始留前领
窝，缝合前三片，在下方挑起120针织
花样B5cm，全部收针。领子按图另织
好。缝合。

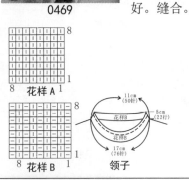
8 花样A 1
8 花样B 1

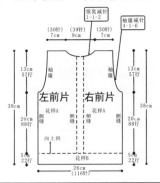

11cm(50针)
5cm(22行)
花样B
花样B
花样B
17cm(76针)
领子

领宽减针 1-1-2　袖窿减针 4-1-6
(30针)7cm　9cm　(30针)7cm (39针)
13cm 57行 袖窿　袖窿 13cm 57行
38cm 左前片 右前片 38cm
花样A 侧缝 侧缝 侧缝 侧缝 花样A
20cm 88行　向上织　20cm 88行
5cm 22行　花样B　5cm 22行
26cm(116针)

0470

【成品规格】见图
【工具】10号棒针
【材料】砖红色、红色、白色、
蓝色棉线
【制作过程】前片白色线起60
针，织花样A，织4行后，改织砖
红色线，织至6cm后改织花样B，
织至30cm袖窿减针织至40cm，收
前领，前片共织46cm长。

图案
□ 红色
□ 白色
□ 蓝色
花样A
花样B

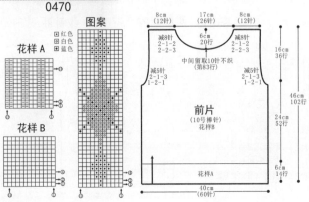

8cm(12针) 17cm(26针) 8cm(12针)
6cm 20行
减8针 2-1-2 2-1-2 2-2-3　减8针 2-1-2 2-1-2 2-2-3
中间留取10针不织(第83行)
减5针 2-1-3 1-2-1　减5针 2-1-3 1-2-1
前片 (10号棒针) 花样B
16cm 36行
24cm 52行
46cm 102行
花样A
6cm 14行
40cm(60针)

0471

【材料】白色、粉红色、红色棉线
【制作过程】起织前片，起104针织花
样，织40行，改为粉红色与红色线组合
编织，织至102行，全部改为红色线编
织，两侧减针织成袖窿。

【成品规格】见图
【工具】12号棒针

花样
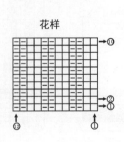

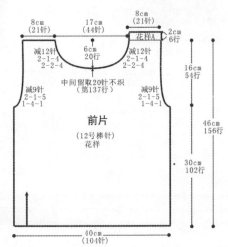

8cm(21针) 17cm(44针) 8cm(21针)
花样A 2cm 6行
减12针 2-1-4 2-2-4　6cm 20行　减12针 2-1-4 2-2-4
中间留取20针不织(第137行)
减9针 2-1-5 1-4-1　减9针 2-1-5 1-4-1
前片 (12号棒针) 花样
16cm 54行
46cm 156行
30cm 102行
40cm(104针)

0472

【成品规格】见图
【工具】7号棒针
【材料】红色羊毛绒线 贴图若干
【制作过程】前片按图起74针，织6cm双罗纹后，改织全下针，左、右两边按图示收成袖窿。缝上贴图。领子另织双罗纹。

全下针

双罗纹

双罗纹

18cm
（36针）

8cm
（22行）

31cm
（50针）

领子结构图

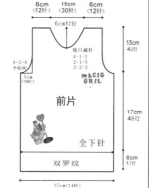

6cm
（12针）　15cm
（30针）　6cm
（12针）

6cm17行

领口减针
4-1-2
2-1-3
2-2-2

5cm
（10针）

15cm
42行

前片

全下针

17cm
48行

双罗纹

6cm
17行

37cm（74针）

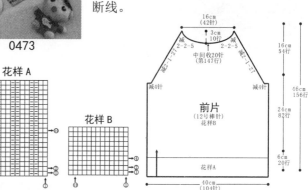

0473

【成品规格】见图
【工具】12号棒针
【材料】蓝色、浅蓝色棉线
【制作过程】前片浅蓝色线起104针，织花样A，织6cm后改为蓝色线织花样B，织至30cm插肩减针，织至43cm，中间收20针，两侧减针织成前领，收针断线。

花样A

浅蓝色
蓝色
浅蓝色
蓝色
浅蓝色

花样B

16cm
（42针）

3cm
10行

2-2-5　中间收20针
（第147行）　2-2-5

减4针　减4针

前片
（12号棒针）
花样B

花样A

16cm
54行

46cm
156行

24cm
82行

6cm
20行

40cm
（104针）

0474

边花样

花样

□=白色 ■=紫粉色 ■=粉色

【成品规格】见图
【工具】9号棒针 环形针
【材料】白色、粉色、紫粉色毛线 拉链1条
【制作过程】起104针编织边花样，共织22行，将双罗纹针中的上针2针并1针编织，均减24针，即减至80针，然后编织白色线花样前片，身长编织到29cm，开始袖窿减针，按图完成减针编织至肩部，身长共织到43cm时减出后衣领，两肩各余12针。缝上拉链。

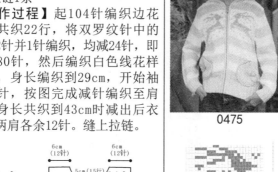

6cm
（12针）　6cm
（12针）

5cm（15行）
2-1-5
1-1-3
1-9-1

15cm
46行

4-2-4
减3针　4-2-4
减3针

花样　前片

44cm
132行

21.5cm
64行

编织方向

18.5cm
（40针）　18.5cm
（40针）

边花样　边花样

7.5cm
22行

23.5cm
（52针）　23.5cm
（52针）

0475

【成品规格】见图
【工具】7号棒针
【材料】白色、粉红色羊毛绒线 拉链1条
【制作过程】前片分左、右2片编织，分别按图起37针，织8cm双罗纹后，改织全下针，并间色和编入图案，左、右两边按图示收成袖窿。对称织出另一片。缝上拉链。

图案

全下针

双罗纹

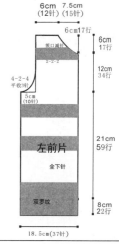

6cm
（12针）　7.5cm
（15针）

6cm17行

领口减针
2-2-2

6cm
17行

4-2-4
平收3针

5cm
（10针）

12cm
34行

左前片

全下针

21cm
59行

双罗纹

8cm
22行

18.5cm（37针）

0476

【成品规格】见图
【工具】9号棒针 环形针

【材料】白色、粉色、紫粉色毛线 拉链1条
【制作过程】粉色线起52针花样A后，编织花样B右前片，均减至40针，袖窿减针同后片，身长共编织到39cm时开始前衣领减针，按结构图减完针后收针断线。用同样方法编织完成另一片。缝上拉链。

花样B

□=白色 ■=粉色 ■=紫粉色

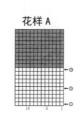

花样A

重复

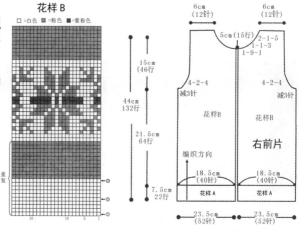

6cm
（12针）　6cm
（12针）

5cm（15行）
2-1-5
1-1-3
1-9-1

15cm
（46行）

4-2-4
减3针　4-2-4
减3针

花样B　花样B

右前片

44cm
132行

21.5cm
64行

编织方向

18.5cm
（40针）　18.5cm
（40针）

花样A　花样A

7.5cm
22行

23.5cm
（52针）　23.5cm
（52针）

【成品规格】见图
【工具】10号棒针
【材料】粉红色、红色、绿色、白色、黄色棉线 拉链1条
【制作过程】起织左前片，双罗纹针起针法，起24针，起织花样A，织10行后，改织花样B，织至58行，左侧减针织成袖窿。缝合拉链。

0477

花样A

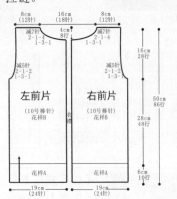

花样B

0478

【成品规格】见图
【工具】7号棒针
【材料】白色、蓝色羊毛绒线 拉链1条 图案若干

【制作过程】前片分左、右2片编织，按图起36针，织10cm双罗纹后，改织全下针，并编入图案，左、右两边按图示收成插肩袖。对称织出另一片。缝合拉链。

全下针　　双罗纹

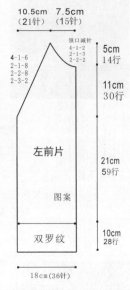

0479

【成品规格】见图
【工具】12号棒针
【材料】浅紫色、绿色、白色、红色棉线 拉链1条
【制作过程】起织左前片，双罗纹针起针法，浅紫色线起49针织花样A，织20行，改为四色线混合编织花样B，织至136行，左侧减针织成袖窿。织另一片，缝合拉链。

花样A

花样B

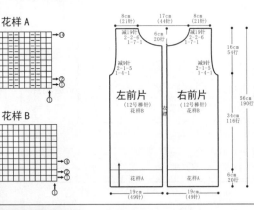

0481

【成品规格】见图
【工具】10号棒针
【材料】白色宝宝绒线 桃红色、浅蓝色、深蓝色、浅粉色、咖啡色毛线 拉链1条
【制作过程】白色线起58针编织双罗纹针边，织32行后编织花样前片，编织到29cm，开始袖窿减针，按图完成减针编织至肩部。缝合拉链。

花样

■咖啡色 □浅粉色 ■深蓝色
□白色 ■浅蓝色 ■桃红色

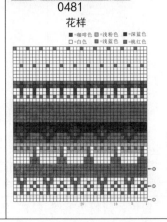

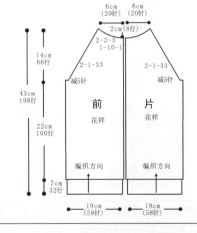

0480

【成品规格】见图
【工具】3.5mm棒针
【材料】粉红色、白色毛线 拉链1条
【制作过程】左、右前片起76针，织花样B12cm，织花样C与花样D，织至33cm收袖窿，平收2针。然后隔4行两边各收1针，减21次，织至41cm织花样C，再织至45cm收前领窝，先平收4针，再隔1针收1针，收两行。织至50cm收针（编织时注意换线）。门襟处织花样A。缝上拉链。

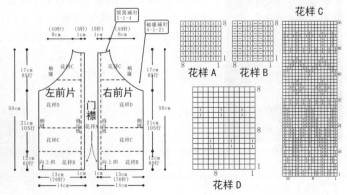

花样C

花样A　花样B

花样D

214

0482

【成品规格】见图
【工具】10号棒针
【材料】粉红色、白色、红色、蓝色、绿色棉线 拉链1条
【制作过程】起织左前片，双罗纹针起针法，起24针，起织花样A，织10行后，改织花样B，织至58行，左侧减针成袖窿。对称织出另一片。缝上拉链。

花样A

花样B

左前片
(10号棒针)
花样B

右前片
(10号棒针)
花样B

花样A

花样A

8cm(12针) 16cm(18针) 8cm(12针)
减7针 2-1-4 1-3-1 4cm 8行 减7针 2-1-4 1-3-1
减5针 2-1-2 1-3-1 减5针 2-1-2 1-3-1
16cm 28行
50cm 86行
28cm 48行
6cm 10行
19cm(24针) 19cm(24针)

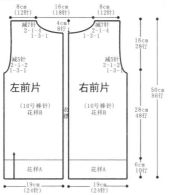

0483

【成品规格】见图
【工具】7号棒针
【材料】白色、橙色羊毛绒线 拉链1条
【制作过程】前片分左、右2片编织，分别按图起37针，织8cm双罗纹后，改织全下针，并编入图案，左、右两边按图示收成袖窿。对称织出另一片。领子按图另织双罗纹。 缝上拉链。

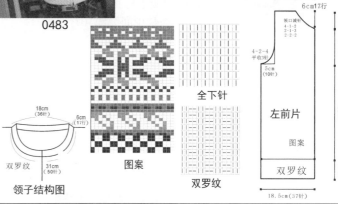

全下针

图案

双罗纹

领子结构图

18cm(36针) 6cm(17针)
双罗纹
31cm(50针)

6cm 7.5cm
(12针)(15针)
6cm 17行
领口减针 4-1-2 4-2-1 2-1-3 2-2-2
6cm 17行
4-2-4 平收3针
5cm(10针)
12cm 34行
21cm 59行
左前片
图案
8cm 22行
双罗纹
18.5cm(37针)

0484

【成品规格】见图
【工具】9号棒针
【材料】浅蓝色、红色、白色、粉色毛线 拉链1条
【制作过程】右前片起52针织边花样7.5cm后，编织花样右前片，减至40针，袖窿减针同后片，身长共编织到39cm时开始前衣领减针，按结构图减完针后收针断线。织另一片。缝上拉链。

边花样

10 5 1

左前片
花样

右前片
花样

花样

6cm(12针) 6cm(12针)
5cm(15行) 2-1-5 1-1-3 1-9-1
4-2-4 减3针 4-2-4 减3针
15cm 46行
44cm 132行
21.5cm 64行
7.5cm 22行
编织方向
18.5cm(40针) 18.5cm(40针)
边花样 边花样
23.5cm(52针) 23.5cm(52针)

0485

【成品规格】见图
【工具】10号棒针
【材料】红色、粉红色、绿色、黑色、白色棉线 拉链1条
【制作过程】左前片双罗纹针起针法，起24针，起织花样A，织10行后，改织花样B，织至58行，左侧减针织成袖窿。缝上拉链。

花样A

花样B

左前片
(10号棒针)
花样B

右前片
(10号棒针)
花样B

花样A

花样A

8cm(12针) 16cm(18针) 8cm(12针)
减7针 2-1-4 1-3-1 4cm 8行 减7针 2-1-4 1-3-1
减5针 2-1-2 1-3-1 减5针 2-1-2 1-3-1
16cm 28行
50cm 86行
28cm 48行
6cm 10行
19cm(24针) 19cm(24针)

0486

【成品规格】见图
【工具】12号棒针
【材料】白色、黑色、红色、蓝色棉线
【制作过程】前片双罗纹针起针法，红色线起104针织花样A，红色、白色、黑色、蓝色线间隔编织，织至20行，改为白色线编织花样B，织至102行，改为红色线编织，两侧减针织成插肩袖窿。

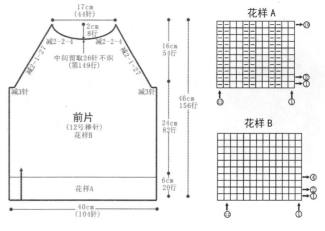

前片
(12号棒针)
花样B

花样A

17cm(44针)
减2-2-4 2cm 8行 减2-2-4
中间留取26针不织(第149行)
减2-1-27 减2-1-27
减3针 减3针
16cm 54行
46cm 156行
24cm 82行
6cm 20行
40cm(104针)

花样A

花样B

0487

【成品规格】见图
【工具】12号棒针
【材料】白色、灰色、橙色棉线
【制作过程】起织前片，双罗纹针起针法，白色线起104针织花样A，白色织4行后，改织2行橙色，2行白色间隔编织，织至10行，改为白色线编织，织至20行，第21行起，改为灰色与白色线间隔编织花样B，织片中间编织10针花样C，重复往上编织至102行，两侧减针织成袖窿。

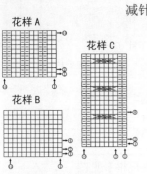

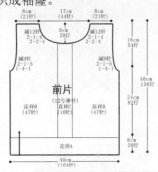

花样A
花样C
花样B

前片（12号棒针）
花样B（47针） 花样C（10针） 花样B（47针）
花样A
40cm（104针）

0488

【成品规格】见图
【工具】7号棒针
【材料】蓝色、白色羊毛绒线 金属扣子2枚
【制作过程】前片按图起74针，织双层平针底边后，改织全下针，并间色，左、右两边按图示收成袖窿，织至完成。领子按图另织单罗纹。缝上纽扣。

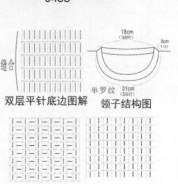

双层平针底边图解
领子结构图
单罗纹
全下针

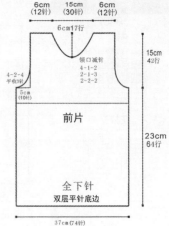

前片
全下针
双层平针底边
37cm（74针）

0489

【成品规格】见图
【工具】3.5mm棒针
【材料】绿色、白色、橙色羊毛绒线 印花图案1幅
【制作过程】前片按编织方向起36针，织全下针，并间色，左、右2边按图示收成袖窿。下摆织5cm双罗纹与前片缝合，领子另织。缝合图案。

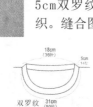

领子结构图
双罗纹
全下针

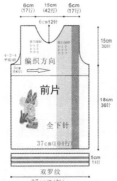

编织方向
前片
全下针
双罗纹
37cm（74针）

0490

【成品规格】见图
【工具】12号棒针
【材料】红色、深蓝色、白色棉线
【制作过程】前片双罗纹针起针法，深蓝色线起104针织花样A，织8行后，改织2行白色线，再织10行深蓝色线，织至20行，改为红色线织花样B，织至102行，两侧减针织成插肩袖窿。

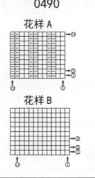

花样A
花样B

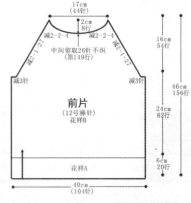

中间留取26针不织（第149行）
前片（12号棒针）花样B
花样A
40cm（104针）

0491

【成品规格】见图
【工具】7号棒针
【材料】红色、黑色、白色羊毛绒线
【制作过程】前片按图起74针，织3cm双罗纹后，改织全下针，两边腋下按图间色，左、右两边按图示收成袖窿。领子按图另织单罗纹。

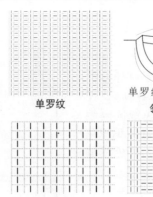

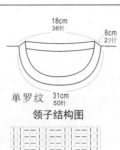

单罗纹
领子结构图
全下针
双罗纹

前片
全下针
双罗纹
37cm（74针）

216

【成品规格】见图
【工具】7号棒针
【材料】红色、黑色、白色羊毛绒线 棉线少量
【制作过程】前片按图起74针，织5cm双罗纹后，改织全下针，并间色，左、右两边按图示收成插肩袖。领子另织单罗纹。

0492

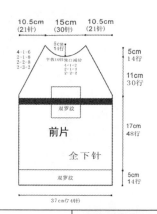

10.5cm 15cm 10.5cm
(21针) (30针) (21针)

5cm
14行
平收10针领口减针
4-1-6
2-1-8
2-2-8
2-3-2

5cm
14行

11cm
30行

双罗纹

前片
全下针

17cm
48行

5cm
14行

37cm(74针)

(36针)
18cm
单罗纹
10cm
2针
31cm
(50针)

领子结构图

单罗纹

全下针

双罗纹

【成品规格】见图
【工具】7号棒针
【材料】红色、白色毛线
【制作过程】前片以机器边起针编织双罗纹针，衣身编织花样，按图示减袖窿、前领窝、后领窝。领子按图另织好。

0493

领子结构图

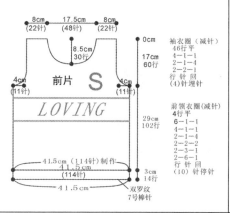

8cm 17.5cm 8cm
(22针) (48针) (22针)

0cm

8.5cm
30行

17cm
60行

4cm
(11针)
前片 S
4cm
(11针)

LOVING

29cm
102行

41.5cm（114针）制作
41.5cm
(114针)
41.5cm

3cm
14行

双罗纹
7号棒针

袖衣圈（减针）
46行平
4-1-1
2-1-4
2-2-1
行 针 回
(4) 针埋针

前领衣圈（减针）
4行平
4-1-1
2-1-1
2-2-2
2-3-1
2-6-1
行 针 回
(10) 针停针

17.8cm
(22针)
双罗纹
7号棒针
28cm
(79针)

花样

【成品规格】见图
【工具】7号棒针
【材料】蓝色、黑色、白色羊毛绒线 装饰图案1枚
【制作过程】前片按图起74针，织5cm单罗纹后，改织全下针，并间色，前片织至23cm时，按图编入花样，左、右两边按图示收成袖窿。缝上装饰图案。领子按图另织单罗纹。

0494

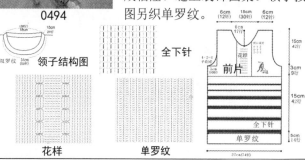

双罗纹 领子结构图

全下针

花样

单罗纹

6cm 15cm 6cm
(12针) (30针) (12针)

6cm
17行

领口减针
4-1-2
2-1-3
2-2-2

花样

前片

全下针

单罗纹

15cm
42行

3cm
9行

15cm
42行

5cm
14行

37cm(74针)

【成品规格】见图
【工具】7号棒针
【材料】蓝色、黑色羊毛绒线 装饰图案若干
【制作过程】前片按图起74针，织5cm双罗纹后，改织全上针，并间色，前片织至22cm时，改织花样，左、右两边按图示收成插肩袖。缝上装饰图案。领子按图另织单罗纹。

0495

花样

领子结构图

(36针)
18cm
双罗纹
10cm
28针
31cm
(50针)

全上针 双罗纹

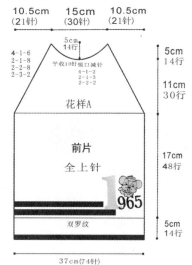

10.5cm 15cm 10.5cm
(21针) (30针) (21针)

5cm
14行

4-1-6
2-1-8
2-2-8
2-3-2

平收10针领口减针
4-1-2
2-1-3
2-2-2

5cm
14行

11cm
30行

花样A

前片
全上针

17cm
48行

1965

双罗纹

5cm
14行

37cm(74针)

【成品规格】见图
【工具】7号棒针
【材料】蓝色、黑色羊毛绒线 装饰图案若干
【制作过程】前片按图起74针，织5cm双罗纹后，改织全下针，并间色，左、右两边按图示收成袖窿。缝上装饰图案。领子按图另织单罗纹。

0496

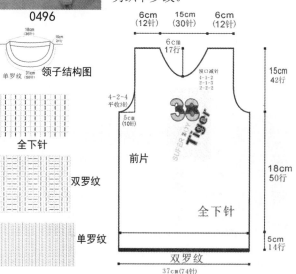

18cm
(36针)
单罗纹
10cm
2针
31cm
(50针)

领子结构图

全下针

双罗纹

单罗纹

6cm 15cm 6cm
(12针) (30针) (12针)

6cm
17行

领口减针
4-1-2
2-1-3
2-2-2

4-2-4
平收3针

5cm
(10针)

前片
全下针

双罗纹

15cm
42行

3cm
9行

18cm
50行

5cm
14行

37cm(74针)

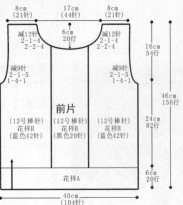

【成品规格】见图
【工具】7号棒针
【材料】红色、黑色、白色羊毛绒线 棉线少量
【制作过程】前片按图起104针，织5cm花样A后，改织花样B，并间色，左、右两边按图示收成插肩袖。

0497

花样A

花样B

【成品规格】见图
【工具】7号棒针
【材料】白色、红色、黑色手编羊绒线 拉链1条
【制作过程】左前片起62针，编织双罗纹针6cm，然后用配色线织花样，织12结束后换白色线继续编织，织21cm后收袖窿，离衣长4cm处收前领，编织另一片。缝上拉链。

0498

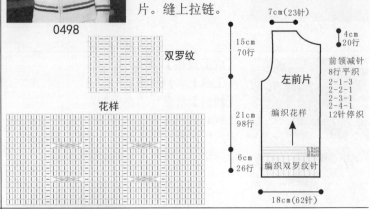

双罗纹

花样

前片图（8cm(21针) 17cm(44针) 8cm(21针)）
减12针 2-1-4 2-2-4
6cm 20针
减12针 2-1-4 2-2-4
16cm 54行
减9针 2-1-5 1-4-1
减9针 2-1-5 1-4-1
46cm 156行
前片
（12号棒针 花样B 蓝色42针）（12号棒针 花样B 黑色20针）（12号棒针 花样B 蓝色42针）
24cm 82行
花样A
6cm 20行
40cm（104针）

左前片图（7cm(23针)）
15cm 70行
4cm 20行
前领减针 8行平织 2-1-3 2-2-1 2-3-1 2-4-1 12针停织
左前片
编织花样
21cm 98行
6cm 26行
编织双罗纹针
18cm(62针)

【成品规格】见图
【工具】3号棒针
【材料】灰色、白色羊毛线 拉链1条
【制作过程】左前片按图先织6cm双罗纹后，改织平针，离衣长6cm处收前领。编织另一片。缝上拉链。

0499

平针针法

双罗纹针针法

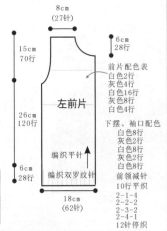

左前片图（8cm(27针)）
15cm 70行
6cm 28行
前片配色表
白色2行 灰色4行 白色16行 灰色8行 白色4行
下摆、袖口配色
白色8行 灰色2行 白色8行 灰色2行 白色8行
前领减针 10行平织 2-1-4 2-2-2 2-3-2 2-4-1 12针停织
左前片
26cm 120行
编织平针
编织双罗纹针
6cm 28行
18cm(62针)

【成品规格】见图
【工具】3号棒针
【材料】白色、深蓝、浅蓝色羊毛线 拉链1条
【制作过程】左前片起62针，按图先织6cm双罗纹后，改织平针，离衣长6cm处收前领。编织另一片。缝上拉链。

0500

平针针法

双罗纹针针法

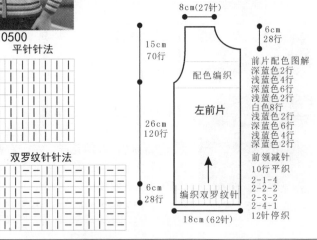

左前片图（8cm(27针)）
15cm 70行
6cm 28行
配色编织
前片配色图解
深蓝色2行 浅蓝色4行 深蓝色6行 浅蓝色2行 白色8行 浅蓝色2行 深蓝色6行 浅蓝色4行 深蓝色2行
前领减针 10行平织 2-1-4 2-2-2 2-3-2 2-4-1 12针停织
左前片
26cm 120行
编织双罗纹针
6cm 28行
18cm(62针)

【成品规格】见图
【工具】10号棒针
【材料】浅蓝色、藏青色、白色毛线 拉链1条
【制作过程】起58针编织配色边花样，织32行后用浅蓝色线编织花样前片，编织到29cm，开始袖窿减针，按图完成减针编织至肩部，身长织到41cm时开始前衣领减针，按结构图减完针后收针断线，拉链边随前片同织。缝上拉链。

0501

花样

边花样

■=藏青色 ▨=浅蓝色 □=白色

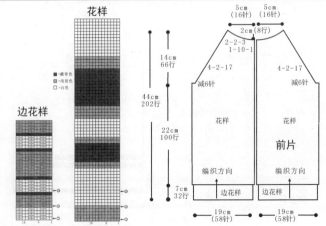

前片图（5cm(16针) 5cm(16针)）
2cm(8行)
2-2-3 1-10-1
14cm 66行
4-2-17
4-2-17
减6针
减6针
44cm 202行
花样
花样
前片
22cm 100行
编织方向
编织方向
7cm 32行
边花样
边花样
19cm(58针)
19cm(58针)

【成品规格】见图
【工具】7号棒针 绣花针
【材料】白色、浅啡色羊毛绒线 拉链1条
【制作过程】前片分左、右2片编织，分别按图起37针，织10cm双罗纹后，改织花样，并间色，织至完成，左、右两边按图示收成袖窿。缝上拉链。

0502

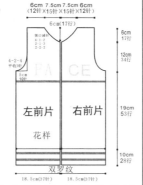

全下针

双罗纹

花样

6cm 7.5cm 7.5cm 6cm
(12针×15针×15针×12针)
6cm(17行)
领口减针
4-1-1
2-1-3
2-2-2

4-2-4
平收8针
减10针

6cm 17行
12cm 34行

左前片 花样
右前片 花样

19cm 53行

10cm 28行

双罗纹
18.5cm(37针) 18.5cm(37针)

【成品规格】见图
【工具】9号棒针
【材料】奶白色、褐色、深蓝色开司米线 拉链1条
【制作过程】起60针编织双罗纹针边花样，织28行，换奶白色线编织花样前片，均减针后身长共编织到28cm，一侧开始袖窿减针，按图完成减针后平织24行至肩部。缝上拉链。

0503

领边花样

边花样
■=深蓝色 ■=褐色 □=白色

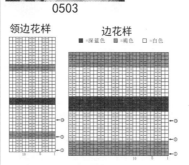

9cm(20针) 6cm(24针) 9cm(20针)
2cm(8针)
平织24行   平织24行
2-1-4
1-16-1
15cm 60行   6-2-6   6-2-6
减4针   减4针
43cm 172行   前片 花样   前片 花样
21cm 84行   编织方向   编织方向
7cm 28行   18.5cm(48针)   18.5cm(48针)
25cm(60针)   25cm(60针)

【成品规格】见图
【工具】10号、12号棒针
【材料】湖蓝色、浅蓝色、橘红色毛线 拉链1条
【制作过程】湖蓝色线起58针编织双罗纹针边，织32行后编织花样前片，编织到29cm，开始袖窿减针，按图完成减针编织至肩部。织另一片后缝上拉链。

0504

花样

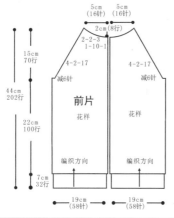

5cm(16针) 5cm(16针)
2cm(8行)
2-2-3
1-10-1
15cm 70行
4-2-17   4-2-17
减6针   减6针
44cm 202行   前片 花样   花样
22cm 100行
编织方向   编织方向
7cm 32行
19cm(58针)   19cm(58针)

【成品规格】见图
【工具】3号棒针
【材料】浅蓝色、深蓝色羊毛线 拉链1条
【制作过程】左前片起62针，编织6cm双罗纹针后，改织平针，离衣长6cm处收前领。编织另一片。缝上拉链。

0505

平针针法

双罗纹针针法

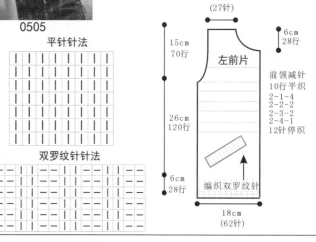

8cm(27针)
15cm 70行   左前片   6cm 28行
26cm 120行   前领减针 10行平织 2-1-4 2-2-2 2-3-2 2-4-1 12针停织
6cm 28行   编织双罗纹针
18cm(62针)

【成品规格】见图
【工具】10号、12号棒针
【材料】咖啡色、浅蓝色、橘红色毛线 拉链1条
【制作过程】咖啡色线起58针编织双罗纹针边，织32行后编织花样前片，编织到29cm，开始袖窿减针，按图完成减针编织至肩部。缝上拉链。

0506

花样
■咖啡色 ■浅蓝色 ■桔红色

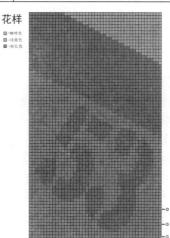

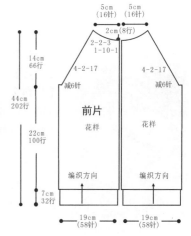

5cm(16针) 5cm(16针)
2cm(8行)
2-2-3
1-10-1
14cm 66行
4-2-17   4-2-17
减6针   减6针
44cm 202行   前片 花样   花样
22cm 100行
编织方向   编织方向
7cm 32行
19cm(58针)   19cm(58针)

0507

【成品规格】见图
【工具】3号棒针
【材料】红色、黑色、白色羊毛线 拉链1条
【制作过程】左前片起62针，编织6cm双罗纹针后，改织平针，离衣长6cm处收前领。编织另一片。缝上拉链。

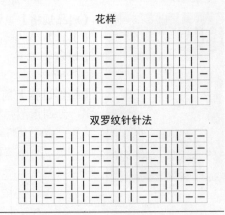

花样

双罗纹针针法

8cm
(27针)

15cm
70行

6cm
28行

左前片

编织花样

前领减针
10行平织
2-1-4
2-2-2
2-3-2
2-4-1
12针停织

26cm
120行

6cm
28行

编织双罗纹针

18cm
(62针)

0508

【成品规格】见图
【工具】3号棒针
【材料】羊红色、深蓝色、白色、浅蓝色毛线 拉链1条
【制作过程】左前片用深蓝色线起36针，然后改织花样A，织26cm后收袖窿并改织花样B，花样B结束后改用红色线编织平针，离衣长6cm处收前领。编织另一片。缝上拉链。

双罗纹针针法

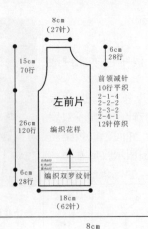

花样A

花样B

8cm
(16针)

15cm
42行

编织平针

编织花样B

6cm
16行

左前片

前领减针
6行平织
2-1-3
2-2-1
2-3-1
6针停织

26cm
72行

编织花样A

6cm
16行

编织双罗纹针

18cm
(36针)

0509

【成品规格】见图
【工具】5号棒针
【材料】深蓝色、红色、白色、黄色、天蓝色、棕色羊毛线 拉链1条
【制作过程】左前片起54针，编织6cm双罗纹针后，改织平针，离衣长6cm处收前领。编织另一片。缝上拉链。

平针针法

双罗纹针针法

8cm
(24针)

15cm
54行

6cm
20行

左前片

前领减针
6行平织
2-1-4
2-2-2
2-3-1
2-4-1
12针停织

26cm
96行

6cm
22行

编织双罗纹针

18cm
(54针)

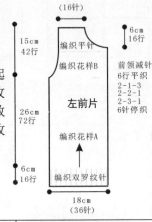

0510

【成品规格】见图
【工具】8号棒针
【材料】白色毛线 拉链1条
【制作过程】前片以机器边起针编织双罗纹针，衣身编入基本针法，按图示减袖窿、前领窝、后领窝。缝上拉链。

基本针法

双罗纹针针法

0cm

8.5cm 5.5cm
(21针) (21针)

17.5cm
54行

8.5cm
26行

袖衣圈(减针)
40行平
4-1-1
4-1-2
2-2-1
2-3-1
2-4-1
行针 回
(5)针埋织

7cm
(17针)

前片

基本针法
8号棒针

41cm
120行

前领衣圈(减针)
10行平
4-1-2
2-1-3
2-3-1
行针 回
(13)针停织

32cm
94行

24c(59针)制作
24cm
(59针)

24cm

5cm
20行

双罗纹
8号棒针

0511

【成品规格】见图
【工具】7号棒针
【材料】白色、黑色、红色羊毛绒线 拉链1条 烫贴图案若干
【制作过程】前片分左、右2片编织，分别按图起35针，织6cm单罗纹后，改织花样，并间色，左、右两边按图示收成袖窿。对称织出另一片。缝上烫贴图案和拉链。

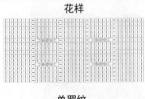

花样

单罗纹

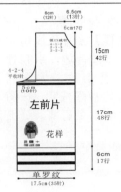

6cm 6.5cm
(12针) (13针)

6cm17行

15cm
42行

4-2-4
平收针

5cm

左前片

花样

17cm
48行

6cm
17行

单罗纹

17.5cm(35针)

220

【成品规格】见图
【工具】7号棒针 绣花针
【材料】白色、杏色羊毛绒线 绣花图案、贴图各1个 拉链1条
【制作过程】前片分左、右2片编织，分别按图起37针单罗纹后，改织花样，左、右两边按图示收成袖窿。领子按图织好，缝上拉链和图案。

0512

花样

单罗纹

6cm	7.5cm	7.5cm	6cm
(12针)	(15针)	(15针)	(12针)

6cm 17行

18cm（36针）　10cm（28针）

单罗纹

31cm（50针）

领子结构图

4-2-4 平收（针）
5cm（10针）

领口减针
4-1-2
2-1-3
2-2-2

前　片

花样

10cm 28行

18cm 50行

5cm 14行

单罗纹　单罗纹

18.5cm(37针)　18.5cm(37针)

0513

【材料】米色、咖啡色、白色棉线 装饰贴2张 拉链1条
【制作过程】前片(左、右2片)起54针，扭针单罗纹编织6cm；花样A织21cm后按前袖窿减针(小燕子收针法)及前领减针织出袖窿和前领。对称织出另一片前片。缝上拉链。

【成品规格】见图
【工具】4号棒针

花样　扭针单罗纹

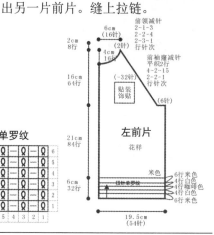

前领减针
2-1-3
2-2-4
2-3-1
行针次

2cm 8行　6cm（16针）

4cm 16行（2针）

16cm 64行

（-32针）

前袖窿减针
平收2行
4-2-15
2-2-1
行针次

贴装饰贴

左前片
花样

21cm 84行

（6针）

米色

6行米色
4行白色
4行咖啡色
4行白色
6行米色

6cm 32行　扭针单罗纹

19.5cm（54针）

0514

【成品规格】见图
【工具】7号棒针
【材料】杏色、咖啡色羊毛绒线 拉链1条 烫贴图案若干
【制作过程】前片分左、右2片编织，分别按图起35针，织6cm单罗纹后，改织花样，并间色，左、右两边按图示收成袖窿。缝上拉链和图案。

花样　单罗纹

6cm（12针）　6.5cm（13针）

6cm 17行

领口减针
4-1-3
2-1-3
2-2-2

4-2-4 平收（针）
5cm（10针）

左前片　右前片

花样

单罗纹

15cm 42行

17cm 48行

6cm 17行

17.5cm(35针)　17.5cm(35针)

0515

【成品规格】见图
【工具】7号棒针 绣花针
【材料】咖啡色、杏色羊毛绒线 绣花图案 拉链1条
【制作过程】前片分左、右2片编织，分别按图起37针单罗纹后，改织花样，并间色，左、右两边按图示收成袖窿。领子按图织好，缝上拉链和图案。

花样

6cm	7.5cm	7.5cm	6cm
(12针)	(15针)	(15针)	(12针)

6cm 17行

4-2-2 平收（针）
5cm（10针）

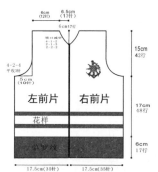

18cm（36针）　10cm（28针）

单罗纹

31cm（50针）

领子结构图

单罗纹

前　片

花样

10cm 28行

18cm 50行

5cm 14行

单罗纹　单罗纹

18.5cm(37针)　18.5cm(37针)

0516

【成品规格】见图
【工具】7号棒针

【材料】灰色、红色、黑色羊毛绒线 拉链1条 装饰贴图图案
【制作过程】前片按图起74针，织5cm双罗纹后，改织全下针，并间色，前片肩部织单罗纹，左、右两边按图示收成袖窿。领子按图织好，缝上拉链和图案。

双罗纹

单罗纹

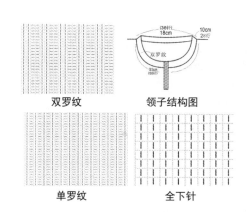

18cm（36针）　10cm（28针）

双罗纹

31cm（针）

领子结构图

全下针

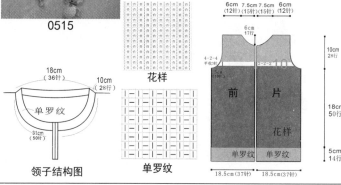

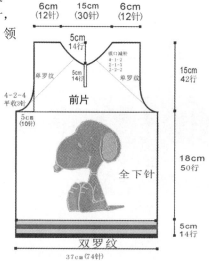

6cm	15cm	6cm
(12针)	(30针)	(12针)

5cm 14行

领口减针
4-1-2
2-1-5
2-2-2

单罗纹　5cm 14行　单罗纹

4-2-4 平收3针

前　片

5cm（10针）

5cm 10针　全下针

双罗纹

15cm 42行

18cm 50行

5cm 14行

37cm（74针）

0517

【成品规格】见图
【工具】4号棒针

【材料】灰色、红色、黑色棉线 装饰贴1张 拉链1条
【制作过程】前片(左、右2片)双罗纹起针法起54针，双罗纹编织8cm；下针织19cm后减针织出袖窿和前领。对称织出另一片前片。缝上拉链和装饰贴。

双罗纹

							6
							1
8	7	6	5	4	3	2	1

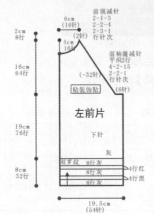

左前片

前领减针
2-1-3
2-2-4
2-3-1
行针次

前袖窿减针
平织2行
4-2-15
2-2-1
行针次

贴装饰贴

下针

灰

双罗纹 8行灰
8行灰 4行红
8行灰 4行黑

2cm 8行
4cm 16针
6cm (16针)
16cm 64行
(~32针) (6针)
19cm 76行
8cm 32行
19.5cm(54针)

0518

【成品规格】见图
【工具】7号棒针
【材料】深蓝色羊毛绒线 白色毛线少许 拉链1条
【制作过程】前片分左、右2片编织，分别按图起35针，织6cm双罗纹后，改织全下针，并编入图案，左、右两边按图示收成袖窿。领子按图织好。缝上拉链。

图案

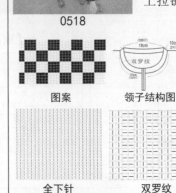

领子结构图

(36针) 18cm 10cm(28行)

全下针   双罗纹

前片

全下针

双罗纹

6cm(12针) 6.5cm(13行)
6cm17行
领口减针
4-1-2
2-1-3
2-2-2
4-2-4 平收3针
5cm (10行)
15cm 42行
17cm 48行
6cm 17行
17.5cm(35针)

0519

【成品规格】见图
【工具】7号棒针
【材料】深蓝色羊毛绒线 白色毛线少许 拉链1条
【制作过程】前片分左、右2片编织，分别按图起35针，织6cm双罗纹后，改织全下针，并编入图案，左、右两边按图示收成袖窿。领子按图织好。缝上拉链。

图案

领子结构图

(36针) 18cm 10cm(28行)

全下针   双罗纹

左前片

全下针

双罗纹

6cm(12针) 6.5cm(13行)
6cm17行
领口减针
4-1-2
2-1-3
2-2-2
4-2-4 平收3针
5cm (10行)
15cm 42行
17cm 48行
6cm 17行
17.5cm35针

0520

【成品规格】见图
【工具】8号棒针
【材料】黑色、白色毛线 纽扣3枚
【制作过程】左前片以机器边起针编织双罗纹针，黑白2色毛线交替编织，前片胸襟两边编织绞花，留口袋，按图示减袖窿、后领、前领。缝上纽扣。

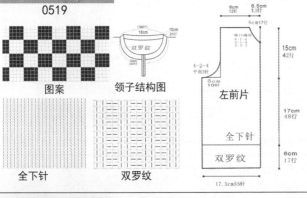

前胸襟两边纹花

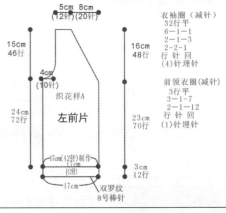

织花样A

左前片

衣袖圈(减针)
32行平
6-1-1
2-1-3
2-2-1
行针回
(4)针埋针

前领衣圈(减针)
3行平
3-1-7
2-1-12
行针回
(1)针埋针

5cm(12针) 8cm(20针)
15cm 46行
4cm (10针)
24cm 72行
16cm 48行
23cm 70行
17cm(42针)制作
17cm (42针)
17cm
3cm 12行
双罗纹 8号棒针

0521

【成品规格】见图
【工具】7号棒针
【材料】红色羊毛绒线 拉链1条 装饰图案若干
【制作过程】前片分左、右2片编织，分别按图起35针，织6cm双罗纹后，改织全下针，左、右两边按图示收成袖窿。领子按图织好。缝上拉链和装饰图案。

领子结构图

(36针) 18cm 10cm(28行)

31针 (50行)

双罗纹

全下针

双罗纹

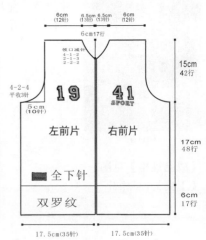

左前片　右前片

19 41 SPORT

■ 全下针

双罗纹

6cm(12针) 6.5cm(13行) 6.5cm(13行) 6cm(12针)
6cm17行
领口减针
4-1-2
2-1-3
2-2-2
4-2-4 平收3针
5cm (10针)
15cm 42行
17cm 48行
6cm 17行
17.5cm(35针) 17.5cm(35针)

【成品规格】见图
【工具】3号棒针
【材料】白色、红色、深蓝色羊毛线 拉链1条
【制作过程】左前片起54针，织6cm双罗纹后，改织平针，在离衣长6cm处收前领。编织另一片。缝上拉链。

0522
平针针法

双罗纹针针法

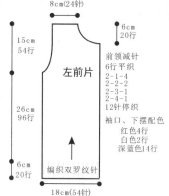

8cm(24针)
15cm 54行
26cm 96行
6cm 20行
6cm 20行
左前片
前领减针
6行平织
2-1-4
2-2-2
2-3-1
2-4-1
12针停织
袖口、下摆配色
红色4行
白色2行
深蓝色14行
编织双罗纹针
18cm(54针)

【成品规格】见图
【工具】7号棒针 绣花针
【材料】白色、深蓝色、红色羊毛绒线 绣花图案若干 拉链1条
【制作过程】前片分左、右2片编织，分别按图起37针，织10cm双罗纹后，改织全下针，并间色，左、右两边按图示收成袖窿。对称织出另一片。缝上拉链和图案。

0523

全下针　　　双罗纹

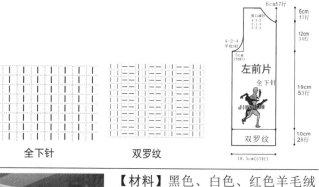

6cm 7.5cm
(12针)(15针)
6cm17行
领口减针
4-1-2
2-1-2
2-2-2
6cm 17行
4-2-4 平收17针
5cm(10针)
12cm 34行
左前片
全下针
19cm 53行
10cm 28行
18.5cm(37针)
双罗纹

【成品规格】见图
【工具】7号棒针 绣花针
【材料】白色、深蓝色羊毛绒线 绣花图案若干 拉链1条
【制作过程】前片分左、右2片编织，分别按图起37针，织10cm双罗纹后，改织全下针，并间色，按图示位置缝合，左、右两边按图示收成袖窿。缝上拉链和图案。

0524

全下针　　　双罗纹

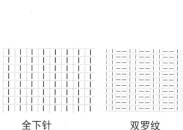 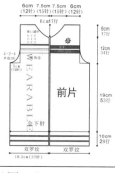

6cm 7.5cm 7.5cm 6cm
(12针)(15针)(15针)(12针)
6cm17针
领口减针
4-1-2
6cm 17行
4-2-4 平收
5cm(10针)
12cm 34行
前片
全下针
19cm 53行
10cm 28行
双罗纹　双罗纹
18.5cm(37针)

【材料】黑色、白色、红色羊毛绒线 绣花图案若干 拉链1条
【制作过程】前片分左、右2片编织，分别按图起36针，织10cm单罗纹后，改织全下针，并间色，左、右两边按图示收成插肩袖。缝上拉链和图案。

0525

【成品规格】见图
【工具】7号棒针

全下针　　　单罗纹

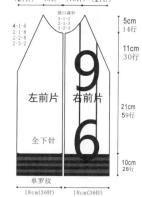

10.5cm 7.5cm 7.5cm 10.5cm
(21针)(15针)(15针)(21针)
领口减针
4-1-6
2-1-8
2-2-8
2-3-2
4-1-2
2-1-3
2-2-2
5cm 14行
11cm 30行
左前片　右前片
全下针
21cm 59行
10cm 28行
单罗纹
18cm(36针) 18cm(36针)

【成品规格】见图
【工具】7号棒针
【材料】蓝色、白色羊毛绒线 绣花图案若干 拉链1条
【制作过程】前片分左、右2片编织，分别按图起36针，织10cm双罗纹后，改织全下针，并间色，左、右两边按图示收成插肩袖。缝上拉链和图案。

0526

全下针　　　双罗纹

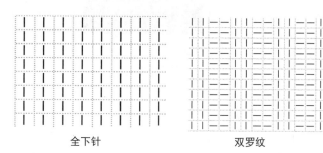

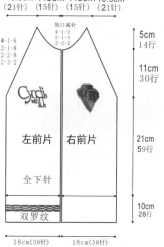

10.5cm 7.5cm 7.5cm 10.5cm
(21针)(15针)(15针)(21针)
领口减针
4-1-6
2-1-8
2-2-8
2-3-2
4-1-2
2-1-3
2-2-2
5cm 14行
11cm 30行
左前片　右前片
全下针
21cm 59行
10cm 28行
双罗纹
18cm(36针) 18cm(36针)

0527

【成品规格】见图
【工具】3号棒针
【材料】藏蓝色、白色、黄色棉线 拉链1条
【制作过程】左前片起54针，编织6cm双罗纹后，改织平针，在离衣长6cm处收前领。编织另一片。缝上拉链。

平针针法

双罗纹针针法

8cm
24针

6cm
20行

15cm
54行

左前片

前领减针
6行平织
2-1-4
2-2-2
2-3-1
2-4-1
12针停织

26cm
96行

6cm
20行

编织双罗纹针

18cm
(54针)

【成品规格】见图
【工具】3号棒针
【材料】藏灰色、黑色、白色、红色棉线 拉链1条
【制作过程】左前片起54针，编织6cm双罗纹后，改织平针，在离衣长6cm处收前领。编织另一片。缝上拉链。

0528

平针针法

双罗纹针针法

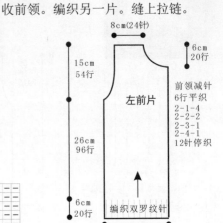

8cm(24针)

6cm
20行

15cm
54行

左前片

前领减针
6行平织
2-1-4
2-2-2
2-3-1
2-4-1
12针停织

26cm
96行

6cm
20行

编织双罗纹针

18cm(54针)

0529

【成品规格】见图
【工具】7号棒针 绣花针
【材料】红色、白色、黑蓝色羊毛绒线 绣花图案若干 拉链1条
【制作过程】前片分左、右2片编织，分别按图起37针，织10cm双罗纹后，改织全下针，并间色，左、右两边按图示收成袖窿。缝上拉链和图案。

全下针　双罗纹

5.5cm 7.5cm
(11针) (15针)

5cm
14行

4-1-6
2-1-8
2-2-8
2-3-1

11cm
30行

47cm
133行

前片

TCSUE

21cm
59行

全下针

10cm
28行

双罗纹

18.5cm(37针)

【成品规格】见图
【工具】3号棒针
【材料】深蓝色、红色、浅蓝色羊毛线 拉链1条
【制作过程】左前片起54针，在收袖窿26行后改用深蓝色线编织，在离衣长6cm处收前领。编织加一片。缝上拉链。

0530

平针针法　　双罗纹针针法

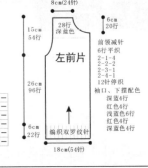

8cm(24针)

6cm
20行

15cm
54行

28行
深蓝色

左前片

前领减针
6行平织
2-1-4
2-2-2
2-3-1
2-4-1
12针停织
袖口、下摆配色
深蓝4行
红色6行
浅蓝色6行
红色4行
深蓝色4行

26cm
96行

6cm
22行

编织双罗纹针

18cm(54针)

【材料】红色、白色、黑蓝色羊毛绒线 绣花图案若干 拉链1条
【制作过程】前片分左、右2片编织，分别按图起37针，织10cm双罗纹后，改织全下针，并间色，左、右两边按图示收成袖窿。缝上拉链和图案。

0531

【成品规格】见图
【工具】7号棒针 绣花针

全下针　　双罗纹

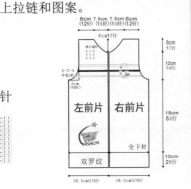

6cm 7.5cm 7.5cm 6cm
(12针)(15针)(15针)(12针)

6cm17针

6cm
17行

领口减针
4-1-2
2-1-2
2-2-2
2-3-3

12cm
34行

4-2-4
平收针

5cm
(10针)

左前片　右前片

19cm
53行

全下针

10cm
28行

双罗纹

18.5cm(37针)　18.5cm(37针)

【材料】红色、白色、黑蓝色羊毛绒线 绣花图案若干 拉链1条
【制作过程】前片分左、右2片编织，分别按图起37针，织10cm双罗纹后，改织19cm全下针，左、右两边按图示收成袖窿。缝上拉链和图案。

0532

【成品规格】见图
【工具】7号棒针 绣花针

全下针　　双罗纹

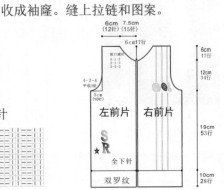

6cm 7.5cm
(12针) (15针)

6cm17针

6cm
17行

领口减针
4-1-2
2-1-2
2-2-2

4-2-4
平收针

5cm
(10针)

12cm
34行

左前片　右前片

SR

19cm
53行

全下针

10cm
28行

双罗纹

18.5cm(37针)

【成品规格】见图
【工具】7号棒针 绣花针
【材料】红色、白色、蓝色羊毛绒线 绣花图案若干 拉链1条
【制作过程】前片分左、右2片编织，分别按图起37针，织10cm双罗纹后，改织19cm全下针，并间色，左、右两边按图示收成袖窿。缝上拉链和图案。

0533

【成品规格】见图
【工具】7号棒针
【材料】浅绿色羊毛绒线 亮片若干
【制作过程】前片按图起74针，织5cm双罗纹后，改织花样，左、右两边按图示收成插肩袖。缝上拉链和图案。

0534

全下针　　　双罗纹

6cm 7.5cm 7.5cm 6cm
(12针)(15针)(15针)(12针)

6cm17行
领口减针
4-1-2
2-1-2
2-2-2
4-2-4
平收3针
5cm
(10针)

6cm
17行
12cm
34行

左前片　右前片
全下针

19cm
53行

10cm
28行
双罗纹
18.5cm(37针) 18.5cm(37针)

领子结构图
18cm
(36针)
8cm
(22针)
双罗纹
31cm
(50针)

花样　　双罗纹

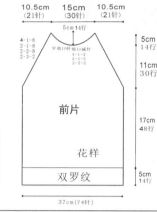

10.5cm 15cm 10.5cm
(21针) (30针) (21针)
5cm 14行
4-1-6
2-1-8
2-2-8
2-3-2
平收10针领口减针
2-1-8
2-2-2
2-3-2

5cm
14行
11cm
30行

前片
花样

17cm
48行

双罗纹

5cm
14行

37cm(74针)

【成品规格】见图
【工具】3号棒针
【材料】青色纯棉线 银白色柳丁少许
【制作过程】前片起98针编织花样B14行后，按图示编织花样C、F、D、E、D、F、C，编织20cm高度后按图示减针，形成前片袖窿、领口。侧缝织花样A。

0535

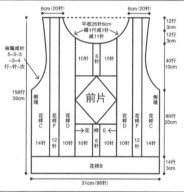

6cm(20针) 6cm(20针)
平收26针8cm
隔1行减1针
减11针
12行
3cm
12行
3cm
袖窿减针
5-3-3
-3-4
行-1次
10针 10针 10针

40行
10cm

158行
39cm
侧缝

前片

侧缝

花样
C
花样
F
花样
D
→花
样
E←
6
针
花样
D
花样
F
花样
C
14针 10针 12针 10针 12针 14针

80行
20cm

花样B

14行
3cm

31cm(98针)

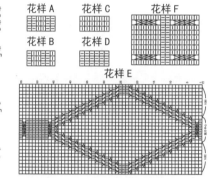

花样A　　花样C　　花样F
花样B　　花样D

花样E

【成品规格】见图
【工具】7号棒针
【材料】白色、绿色纯羊毛线
【制作过程】前片按图起108针，先织花样A7cm后，改织花样B，按图收袖窿。领子按图另织好。并编入图案。

0536

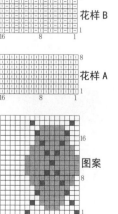

花样B

花样A

图案

领子结构图
(50针)
11cm
7cm
(29针)
花样B
(80针)
19cm

(30针) (42针) (30针)
8cm 10cm 8cm
袖窿减针
2-1-2

15cm
63行
袖窿
袖窿
图案
前片
花样A

48cm
26cm
110行
侧缝
侧缝

7cm
29行
向上织
花样B

27cm
(108针)

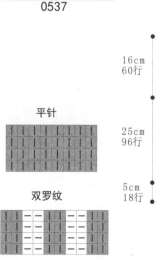

【成品规格】见图
【工具】7号棒针
【材料】果绿色、白色、粉色、黄色毛线
【制作过程】前片起110针织5cm双罗纹后，改织平针，织至42cm开始留前领窝，先平收16针，再每隔1行两边各收1针，共收2次。

0537

平针

双罗纹

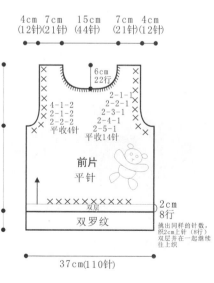

4cm 7cm 15cm 7cm 4cm
(12针)(21针)(44针)(21针)(12针)

16cm
60行

6cm
22行

4-1-2
2-1-2
2-2-2
2-1-1
2-3-1
2-5-1

平收4针 平收14针

25cm
96行

前片
平针

5cm
18行

双层

2cm
8行

双罗纹

37cm(110针)

挑出同样的针数，织2cm上针(8行)双层并在一起继续往上织

225

0538

【成品规格】见图

【工具】3号棒针

毛线球制作

绕线150圈

中间位置打结，并剪开两端

3cm

剪开后毛线打散

【材料】白色、红色、绿色、粉色绒线

【制作过程】前片白色线普通起针法起148针，下针织4cm后按配色图进行编织，织25cm；按袖窿减针及前领减针织出袖窿和前领。织完底边4cm对折缝合。按图另织毛毛球缝合。

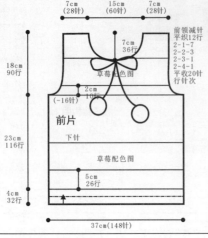

7cm(28针)　15cm(60针)　7cm(28针)

18cm 90行

7cm 36行

前领减针
平织12行
2-1-7
2-2-3
2-3-1
2-4-1
平收20针行针次

草莓配色图

2cm 10行

(-16针)

23cm 116行

前片

下针

草莓配色图

5cm 26行

4cm 32行

37cm(148针)

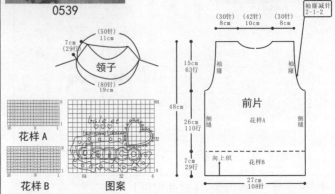

0539

【成品规格】见图

【工具】7号棒针

【材料】粉色、红色毛线 蕾丝花边

【制作过程】前片起108针织花样A7cm后，改织花样B，并织入图案。织至42cm开始留前领窝，先平收16针，再每隔1行两边各收1针，共收2次。领子按图织好。

7cm(29针)

(50针)11cm

领子

(80针)19cm

花样A

花样B

图案

袖窿减针
2-1-2

(30针)8cm　(42针)10cm　(30针)8cm

15cm 63行

袖窿　袖窿

26cm 110行

侧缝　前片　侧缝

花样A

7cm 29行

向上织　花样B

27cm 108针

0540

【成品规格】见图

【工具】7号棒针

【材料】红色、白色羊毛绒线 亮片 图案若干

【制作过程】前片按图起74针，织3cm双罗纹后，改织全下针，按图间色，左、右两边按图示收成袖窿。领子另织单罗纹。缝上亮片。

单罗纹

18cm(36针)　8cm(22针)

单罗纹 31cm(50针)

领子结构图

全下针

双罗纹

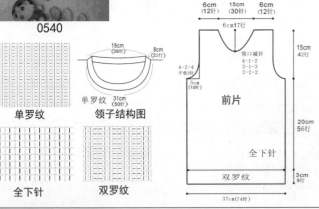

6cm(12针)　15cm(30针)　6cm(12针)

6cm17行

领口减针
4-1-2
2-1-3
2-2-2

4-2-3针
平收3针
5cm(10针)

15cm 42行

前片

全下针

20cm 56行

双罗纹

3cm 9行

37cm(74针)

0541

【成品规格】见图

【工具】8号棒针

【材料】玫红色、白色毛线 布贴1个

【制作过程】前片用3.75mm棒针起80针，从下往上织双罗纹6cm，按图解换线编织，用玫红色线织平针，织到27cm处斜肩，按图解编织。缝上布贴。

双罗纹

平针

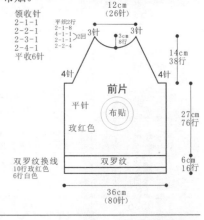

领收针
2-1-1
2-2-1
2-3-1
2-4-1
平收6针

平织2行
4-1-1
3-2-1 2回
2-2-4

12cm(26针)

3针　3针

4针　4针

14cm 38行

前片

平针

玫红色

布贴

27cm 76行

双罗纹换线
10行玫红色
6行白色

双罗纹

6cm 16行

36cm(80针)

0542

【成品规格】见图

【工具】5号、6号棒针

【材料】玫红色、白色、黑色、粉色毛线

【制作过程】前片用3.0mm棒针、玫红色线起106针，从下往上织双罗纹15cm，按图示换线，换3.25mm棒针织平针，把换色花样织入前胸，织到6cm处开挂肩，按图解两边分别收袖窿、收领子。领子按图挑针，另织双罗纹。

双罗纹 46针

领 70针

12cm 40行

换线编织
22行玫红色
2行黑色
4行玫红色
4行白色
2行黑色
4行玫红色
8行白色
4行黑色
4行玫红色

双罗纹　**平针**

换色花样

4cm(11针)　7cm(20针)　16cm(44针)　7cm(20针)　4cm(11针)

17cm 58行

8cm 26行

2-1-1
2-2-1
2-3-1

4-1-1
2-1-2
2-2-2
平收4针

2-2-1
2-4-1
2-5-1
平收14针

16cm 54行

平针

前片

15cm 50行

双罗纹换线
重复1.5次
2行黑色
8行白色
2行黑色
4行白色
8行玫红色

38cm(106针)

☐玫红色 ☐白色 ■黑色 ☐粉红色

【成品规格】见图
【工具】6号棒针
【材料】红色、黑色毛线 贴片1个
【制作过程】前片用3.25mm棒针起92针,从下往上用红线织6cm花样,红、黑两线换线织平针,腰部两边各收5针,按图解编织。领口按图另织。缝上贴片。

0543

领口

挑40针

6cm*2
22行*2

花样A 红色

60针

花样

平针

4cm 7cm 16cm 7cm 4cm
(10针x17行)(38针)(17针x10行)

6.5 2-1-1
22行 2-2-1
2-3-2
2-4-1
平收12行
4-2-5

17cm
60行

4行黑色

8-1-5

11cm
40行

34cm
82针

平针4行
8-1-2
10-1-3

14cm
48行

平针换线
4行黑色
重复12次
6行红色
6行黑色

花样 红色

6cm
22行

38cm
(92针)

【成品规格】见图
【工具】7号棒针 绣花针
【材料】红色羊毛绒线 绣花图案若干
【制作过程】前片按图起74针,织5cm双罗纹后,改织全下针,并间色,左、右两边按图示收成袖窿。领子另织好。缝上图案。

0544

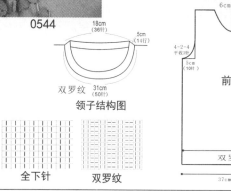

6cm 15cm 6cm
(12针)(30针)(12针)

6cm17行

18cm
(36针)

5cm
(14行)

6.5 2-1-1
22行 2-2-1

领口减针
4-1-2
2-1-3
2-2-2

15cm
42行

4-2-4
平收

5cm
(10针)

前片

18cm
50行

双罗纹 31cm
(50针)

领子结构图

全下针

双罗纹

全下针

双罗纹

37cm(74针)

5cm
14行

【成品规格】见图
【工具】7号棒针
【材料】深红色、浅黄色、蓝色、青色、淡紫色、火红色、粉红色棉线
【制作过程】前片起88针编织花样A20行后均匀减针成80针,按图示编织花样B、C、B,织18cm高度后,再织8行,在中间将前片平均分成两份,按图示减针,形成前片V领口。领子按图织好。

0545

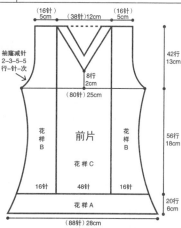

(16针) (38针)12cm (16针)
5cm 5cm

袖窿减针
2-3-5-5
行-针-次

8行
2cm

42行
13cm

(80针)25cm

花样B

前片

花样C

花样B

56行
18cm

16针

48针

16针

20行
6cm

(88针)28cm

花样A

花样A

花样B

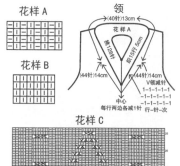

领

(40针)13cm

花样A

织128行

织135行 5cm

(44针)14cm (44针)14cm
V领减针
1-1-1-1
1-1-1-1

中心
每行两边各减1针
1行-针-次

花样C

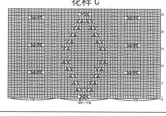

【成品规格】见图
【工具】12号棒针
【材料】白色、灰色、咖啡色、红色棉线 拉链1条
【制作过程】起织左前片,双罗纹针起针法,起49针织花样A,红色线织4行后,改织4行白色线,再织2行红色线,然后全部改为白色线编织,织至20行,改织花样B,织至102行,左侧减针织成插肩袖窿。缝上拉链。

0546

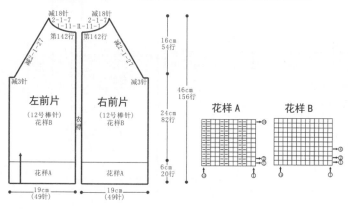

减18针
2-1-7
1-11-11-1

第142行

第142行

减18针
2-1-7
1-11-11-1

减2-1-27

减2-1-27

16cm
54行

46cm
156行

减3针

减3针

左前片
(12号棒针)
花样B

右前片
(12号棒针)
花样B

24cm
82行

花样A

花样B

6cm
20行

花样A

花样A

19cm
(49针)

19cm
(49针)

【成品规格】见图
【工具】3号棒针
【材料】白色、红色、藏蓝色手编羊绒线 拉链1条
【制作过程】在前片起56针,配色编织双罗纹针4cm,然后织平针,织20行后如图示进行配色,结束后继续织平针,织20cm后收袖窿,并进行配色编织,离衣长5cm处收前领,编织另一片。缝上拉链。

0547

5cm
(17针)

14cm
64行

5cm
22行

左前片

红色16行
白色2行反针
红色16行

20cm
92行

编织平针

藏蓝色8行
白色2行反针
藏蓝色8行

4cm
20行

编织双罗纹针

20行

16.5cm
(56针)

双罗纹针针法

前领减针
8行平织
2-1-3
2-2-2
2-3-1
2-4-1
10针停织

下摆、袖口配色
藏蓝色4行
白色4行
藏蓝色4行
白色4行
白色4行

平针针法

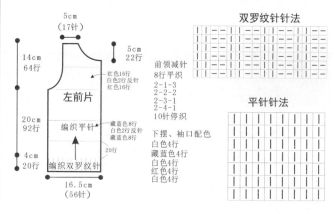

227

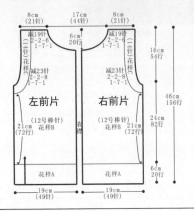

【成品规格】见图
【工具】12号棒针
【材料】白色、红色、黑色棉线 拉链1条
【制作过程】左前片红色线起49针，织花样A，织6cm改为白色线织花样B，织至27cm左侧袖窿减针。袖口处织花样C，缝上拉链。

0548

花样A　花样C

花样B

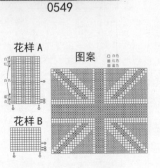

8cm(21针)　17cm(44针)　8cm(21针)
减19针 2-2-6 1-7-1　6cm 20行　减19针 2-2-6 1-7-1
（二针上）花样　减23针 2-2-8 1-7-1　减23针 2-2-8 1-7-1　（二针上花样）
左前片 (12号棒针) 花样B　右前片 (12号棒针) 花样B
21cm(72针)　21cm(72针)
16cm 54行
46cm 156行
24cm 82行
6cm 20行
花样A　花样A
19cm(49针)　19cm(49针)

【成品规格】见图
【工具】12号棒针
【材料】白色、红色、蓝色棉线 拉链1条
【制作过程】左前片白色线起49针，织花样A，织6cm改为6行白色与6行红色间隔编织，织花样B，织至30cm左侧袖窿减针。并缝入图案。缝上拉链。

0549

花样A

图案 □白色 ■红色 ■蓝色

花样B

8cm(21针)　17cm(44针)　8cm(21针)
减19针 2-2-6 1-7-1　6cm 20行　减19针 2-2-6 1-7-1
减9针 2-1-5 1-4-1　减9针
左前片 (12号棒针) 花样B　右前片 (12号棒针) 花样B
16cm 54行
46cm 156行
24cm 82行
6cm 20行
花样A　花样A
19cm(49针)　19cm(49针)

【成品规格】见图
【工具】12号棒针
【材料】白色棉、红色、蓝色、浅蓝色棉线 拉链1条
【制作过程】左前片深蓝色线起49针，织花样A，织6cm改为红色线织花样B，织至23cm，改为深蓝色线织花样C图案，织至30cm左侧袖窿减针。缝上拉链。

0550

花样A　花样C
□白色 □红色 ■浅蓝色 ■深蓝色

花样B

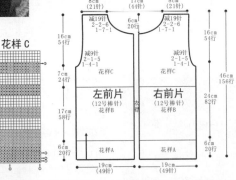

8cm(21针)　17cm(44针)　8cm(21针)
减19针 2-2-6 1-7-1　6cm 20行　减19针 2-2-6 1-7-1
减9针 2-1-5 1-4-1　花样C　减9针 2-1-5 1-4-1　花样C
左前片 (12号棒针) 花样B　右前片 (12号棒针) 花样B
16cm 54行
7cm 24行
17cm 58行
46cm 156行
24cm 82行
6cm 20行
花样A　花样A
19cm(49针)　19cm(49针)

【成品规格】见图
【工具】12号棒针
【材料】黑色、白色、红色棉线 拉链1条
【制作过程】左前片黑色线起49针，织花样A6cm，织花样B，织至30cm改织白色线，左侧袖窿减针并缝入图案。缝上拉链。

0551

图案

花样A　花样B

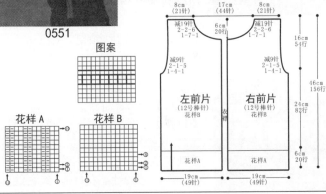

8cm(21针)　17cm(44针)　8cm(21针)
减19针 2-2-6 1-7-1　6cm 20行　减19针 2-2-6 1-7-1
减9针 2-1-5 1-4-1　减9针 2-1-5 1-4-1
左前片 (12号棒针) 花样B　右前片 (12号棒针) 花样B
16cm 54行
46cm 156行
24cm 82行
6cm 20行
花样A　花样A
19cm(49针)　19cm(49针)

【成品规格】见图
【工具】12号棒针
【材料】蓝色、深蓝色、红色、白色棉线 拉链1条
【制作过程】起织左前片，起49针织花样A，蓝色线织4行，改织4行白色，8行红色，4行白色，然后全部改为蓝色线编织花样B，织至94行，改织4行红色，4行白色，织至102行，全部改为蓝色线编织，左侧减针织成袖窿。并缝入图案。缝上拉链。

0552

花样A

花样B

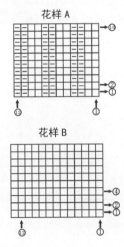
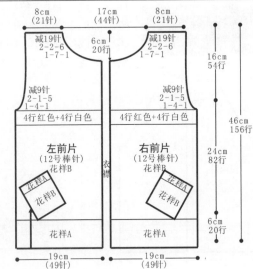

8cm(21针)　17cm(44针)　8cm(21针)
减19针 2-2-6 1-7-1　6cm 20行　减19针 2-2-6 1-7-1
减9针 2-1-5 1-4-1　减9针 2-1-5 1-4-1
4行红色+4行白色　4行红色+4行白色
左前片 (12号棒针) 花样B　右前片 (12号棒针) 花样B
花样A 花样B　花样A 花样B
16cm 54行
46cm 156行
24cm 82行
6cm 20行
花样A　花样A
19cm(49针)　19cm(49针)

【成品规格】见图
【工具】7号棒针 绣花针
【材料】白色、深蓝色、红色羊毛绒线 绣花图案若干 拉链1条
【制作过程】前片分左、右2片编织，分别按图起37针，织10cm双罗纹后，改织全下针，并间色，左、右两边按图示收成袖窿。缝上拉链和图案。

0553

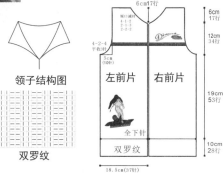

领子结构图

全下针　　双罗纹

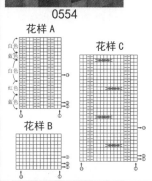

【成品规格】见图
【工具】12号棒针
【材料】深蓝色、白色、红色棉线 拉链1条
【制作过程】左前片蓝色线起52针，织花样A，织6cm织花样B，织至30cm，左侧平收4针，留取17针不织，插肩减针，方法为2-1-22，织至43cm，织片余9针，左前片共织43cm长。袖窿处织花样C。缝上拉链。

0554

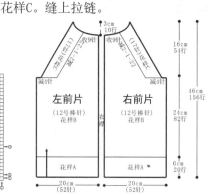

花样A

花样C

花样B

左前片
(12号棒针)
花样B

右前片
(12号棒针)
花样B

花样A　　花样A

【成品规格】见图
【工具】3号棒针
【材料】藏蓝色、黑色、白色全棉线 拉链1条
【制作过程】左前片起56针，编织双罗纹针4cm，然后织平针，织20cm后收袖窿，离衣长5cm处收前领，编织另一片。缝上拉链。

0555

平针针法

双罗纹针针法

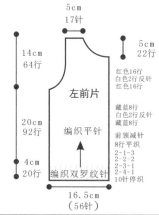

左前片

编织平针

编织双罗纹针

【成品规格】见图
【工具】12号棒针
【材料】蓝色、深蓝色、红色、白色棉线 拉链1条
【制作过程】起织左前片，起49针织花样A，深蓝色线织8行后，改织4行蓝色线，再织8行深蓝色线，第21行起，改为蓝色线编织花样B，织至102行，左侧减针织成插肩袖窿。缝上拉链。

0556

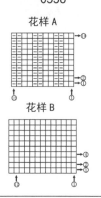

花样A

花样B

左前片
(12号棒针)
花样B

右前片
(12号棒针)
花样B

花样A　　花样A

【成品规格】见图
【工具】12号棒针
【材料】蓝色、红色、白色棉线 拉链1条
【制作过程】起织左前片，起49针织花样A，蓝色线织6行，改织2行白色，4行红色，2行白色，然后全部改为蓝色线编织，织20行，改织花样B，织至102行，左侧减针织成袖窿。缝上拉链。

0557

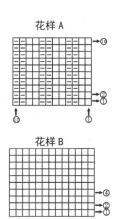

花样A

花样B

左前片
(12号棒针)
花样B

右前片
(12号棒针)
花样B

花样A　　花样A

229

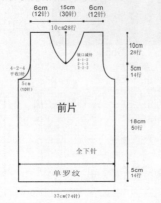

【成品规格】见图
【工具】7号棒针 绣花针
【材料】浅玫红色羊毛绒线 绣花图案若干
【制作过程】前片按图起74针，织5cm单罗纹后，改织全下针，左、右两边按图示收成袖窿。绣上图案。

0558

领子结构图

全下针　　单罗纹

6cm (12针)　15cm (30针)　6cm (12针)
10cm28行
领口减针 2-1-2 2-1-3 2-2-2
10cm 28行
5cm 14行
4-2-4 平收2针
5cm (10针)
前片
全下针
18cm 50行
单罗纹
5cm 14行
37cm(74针)

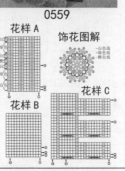
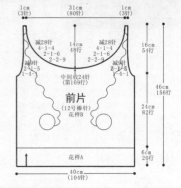

【成品规格】见图
【工具】13号棒针 小号钩针
【材料】白色、绿色、橙色棉线
【制作过程】前片白色线起104针，织花样A，织6cm后改织花样B，织至30cm袖窿减针，方法为1-4-1，2-1-5，织至32cm，收前领，中间收24针，两侧减针2-2-9，2-1-6，4-1-4，前片共织46cm长。钩上装饰花。

0559

花样A
饰花图解
—白色线 —绿色线 —橙色线
花样B
花样C

1cm (3针)　31cm (80针)　1cm (3针)
减28针 4-1-1 2-1-6 2-2-9　14cm 48针　减28针 4-1-1 2-1-6 2-2-9
减9针 2-1-4 1-4-1　减9针 2-1-4 1-4-1
16cm 54行
中间收24针 (第109行)
前片 (12号棒针) 花样B
46cm 156行
24cm 82行
花样A
6cm 20行
40cm (104针)

【成品规格】见图
【工具】4号、5号棒针 3mm钩针
【材料】白色、绿色、橙色毛线
【制作过程】前片5号棒针普通起针法起67针，按腋下减针及腋下加针下针织12cm，按V领减针织5.5cm后按袖笼减针织出袖窿。织完底边换4号棒针挑88针双罗纹配色编织9.5cm后收针。钩织小花装饰。

0560

花样 (绿色线)

缘编织
双罗纹

小花图解

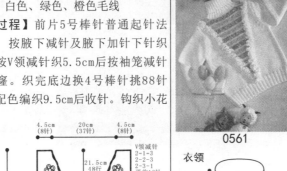

4.5cm (8针)　20cm (37针)　4.5cm (8针)
V领减针 2-1-3 2-2-3 2-3-1 平收12针 行针次
16cm 38行
21.5cm 48行
5.5cm 12行
(-7针)
前片 下针
(+4针)
4cm 10行
8cm 18行
(-4针)
37cm (67针)
绿(4行) 白(4行) 双罗纹 绿(4行) 白(4行)　橙(2行)
9.5cm 22行
37cm (88针)

【成品规格】见图
【工具】4号、5号棒针
【材料】白色、粉色、红色球线 白色围巾装饰线
【制作过程】前片4号棒针白线双罗纹起针法起92针，双罗纹针编织6cm；换5号棒针按前片图配色编织，中间部分配色线加针见配色规律；按袖窿减针及前领减针织出袖窿和前领。衣领按图另织好。

0561

衣领
10cm 33行
16cm (40针)
22cm (55针)

双罗纹

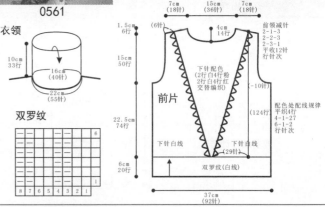

7cm (18针)　15cm (36针)　7cm (18针)
1.5cm 6行 (6针)
前领减针 2-1-3 2-2-3 2-3-1 平收12针 行针次
15cm 50行
4cm 14行
下针配色 (2行白4行粉 2行白4行红 交替编织)
22.5cm 74行
(-10针)
前片 下针白线
(124针)
配色处配线规律 平收4针 4-1-27 6-1-2 行针次
下针白线 (29针)
6cm 20行
双罗纹 (白线)
37cm (92针)

【成品规格】见图
【工具】3号、4号棒针
【材料】白色、粉色中粗棉线 字母装饰贴1张
【制作过程】前片4号棒针普通起针法起106针，下针织36行后按配色织至开袖窿，按袖窿减针及前领减针织出袖窿和前领。织完底边换3号棒针挑140针，双罗纹织8cm后双罗纹针收针。贴上字母装饰贴。

0562

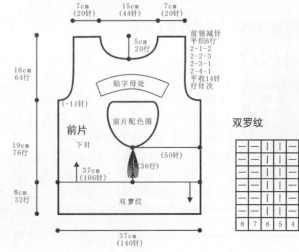

7cm (20针)　15cm (44针)　7cm (20针)
5cm 20行
前领减针 平收6行 2-1-2 2-2-3 2-3-1 2-4-1 平收14针 行针次
16cm 64行
(-11针)
贴字母处
19cm 76行
前片 下针
前片配色图
(50针)
(36行)
37cm (106针)
双罗纹
37cm (140针)

双罗纹
8 7 6 5 4 3 2 1

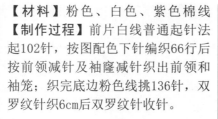

【材料】粉色、白色、紫色棉线
【制作过程】前片白线普通起针法起102针，按图配色下针编织66行后按前领减针及袖窿减针织出前领和袖笼；织完底边粉色线挑136针，双罗纹针织6cm后双罗纹针收针。

0563
【成品规格】见图
【工具】4号棒针

双罗纹

8	7	6	5	4	3	2	1

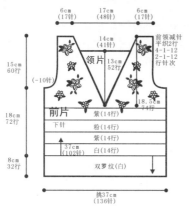

6cm(17针) 17cm(48针) 6cm(17针)
14cm(41针)
领片 13cm 52行
前领减针 平织2行 4-1-12 2-1-12 行次
15cm 60行 (-10针) 18.5cm 74针
18cm 72行
前片 紫(14行) 下针 粉(14行) 紫(14行) 37cm(102针) 白(14行)
双罗纹(白)
8cm 32行
挑37cm(136针)

【材料】白色、红色羊毛绒线 绣花图案1朵
【制作过程】前片按图起74针，织5cm单罗纹后，改织全下针，并间色，左、右两边按图示收成袖窿。缝上绣花图案。

0564
【成品规格】见图
【工具】7号棒针 绣花针

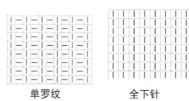
单罗纹 全下针

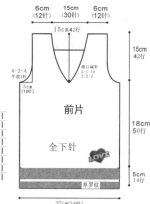

6cm(12针) 15cm(30针) 6cm(12针)
15cm42行
领口减针 4-1-12 2-1-10 2-2-2
4-2-4 平收针 5cm(10针)
15cm 42行
前片 全下针
18cm 50行
5cm 14行
单罗纹
37cm(74针)

【成品规格】见图
【工具】7号棒针 小号钩针
【材料】粉红色、白色羊毛绒线 钩织贴图2个
【制作过程】前片按图起74针，织5cm双罗纹后，改织全下针，左、右两边按图示收成袖窿。领子按图另织好，钩上贴图。

0565

领子结构图
18cm(36针) 4cm(11行) 双罗纹 31cm(50针)
全下针 双罗纹

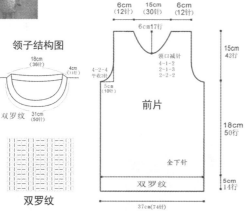

6cm(12针) 15cm(30针) 6cm(12针)
6cm17行
领口减针 4-1-2 2-1-3 2-2-2
4-2-4 平收3针 5cm(10针)
15cm 42行
前片 全下针
18cm 50行
5cm 14行
双罗纹
37cm(74针)

【成品规格】见图
【工具】10号棒针 小号钩针
【材料】紫色长绒线 白色、粉红色棉线 贴图1个
【制作过程】前片用紫色长绒线起60针，织花样A，织6cm后改为白色线织花样B，织至30cm袖窿减针，方法为1-2-1，2-1-3。织至40cm，收前领，中间留取10针不织，两侧减2-2-3，2-1-2，前片共织46cm长。钩上贴图。

0566
花样A
花样B

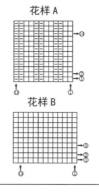

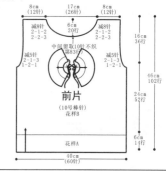

8cm(12针) 17cm(26针) 8cm(12针)
减8针 2-1-2 2-2-3
6cm 20行
减8针 2-1-2 2-2-3
中间留取10针不织 留83针
减5针 2-1-3 1-2-1
减5针 2-1-3 1-2-1
16cm 36行
前片 (10号棒针) 花样B
46cm 102行
24cm 52行
6cm 14行
花样A
40cm(60针)

【成品规格】见图
【工具】4号棒针 2.5mm钩针
【材料】紫色棉线 球球线 绿色圆形纽扣3枚
【制作过程】前片单罗纹针球球线起92针，扭针单罗纹编织6cm后按下摆斜加针球球线与紫色线交替编织3cm；粉色线织19.5cm后按袖窿减针、前领减针及肩斜减针织出袖窿、前领和肩斜。钩上小花装饰，缝上纽扣。

0567

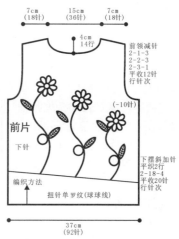

7cm(18针) 15cm(36针) 7cm(18针)
1.5cm 6行
4cm 14行
前领减针 2-1-3 2-2-3 2-3-1 平收12针 行针次
15cm 50行 (-10针)
前片 下针
19.5cm 64行
下摆斜加针 平收2针 2-18-4 平收20针 行针次
3cm 10行
6cm 20行
编织方法 扭针单罗纹(球球线)
37cm(92针)

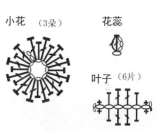

小花(3朵) 花蕊 叶子(6片)

扭针单罗纹

8	7	6	5	4	3	2	1

【成品规格】见图
【工具】10号棒针
【材料】白色、黄色棉线
【制作过程】前襟片白色线起20针织花样A，一边织一边两侧加针，方法为2-1-20，织至29cm，两侧各收12针，余下36针继续往上编织10cm的高度。沿后襟片边沿缝上流苏边。前片起80针，织5cm花样A后，改织花样B，按图减针。

0568

花样A

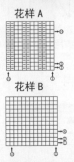

花样B

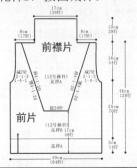

【成品规格】见图
【工具】8号、14号棒针
【材料】黄色、白色、橙色纯棉线 白色小棉线少许，白色蕾丝条少许 纽扣5枚
【制作过程】前片起84针编织花样A 白色10行、橙色8行后，均匀减针成66针，按图示编织花样B，编织18cm高度后按图示减针，形成前片袖窿、下领口。缝上纽扣。

0569

纽扣孔

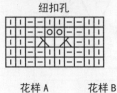

花样A   花样B

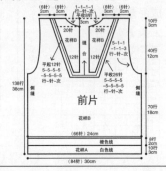

【材料】奶白色、褐色、深蓝色开司米线 拉链1条
【制作过程】前片起120针编织边花样，织28行，换成奶白色线编织下针前片时将边花样针中的上针2针并1针，均减至96针，身长共编织到28cm，开始袖窿减针，按图完成减针后平织24行至肩部。缝上拉链。

0570

【成品规格】见图
【工具】9号棒针

边花样

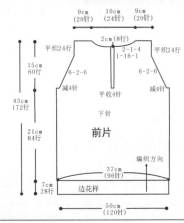

【成品规格】见图
【工具】9号棒针 环形针
【材料】灰色、深灰色、浅灰色、白色棉绒线 拉链1条
【制作过程】前片起40针边花样，织24行编织浅灰色花样前片，织至28cm，一侧开始袖窿减针，一侧不加减针，身长织至41cm时，不加减针侧衣领减针，按图完成减针编织至肩部，收针断线。

0571

花样

边花样

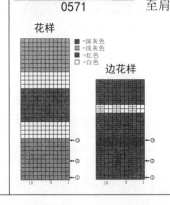

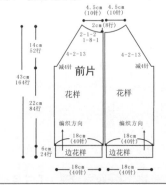

【成品规格】见图
【工具】3号棒针
【材料】灰色、黑色、橙色羊毛线 拉链1条
【制作过程】前片起122针，织25cm后收袖窿，离衣长10cm处收前领。如图在左、右肩位置下编入2针反针。缝上拉链。领子另织好。

0572

领子结构图

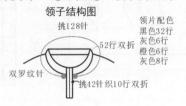

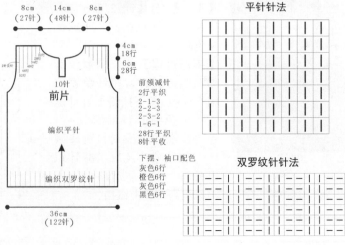

平针针法

双罗纹针针法

0573

平针针法

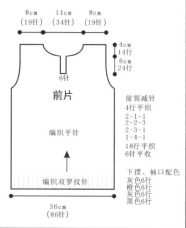

双罗纹针针法

【成品规格】见图
【工具】3号棒针
【材料】灰色、黑色、橙色羊毛线 拉链1条
【制作过程】前片起86针，先编织双罗纹后改织平针，离衣长10cm处收前领。缝上拉链。

8cm 14cm 8cm
(19针) (34针) (19针)

6针

前片

编织平针

4cm 14行
6cm 24行

前领减针
4行平织
2-1-1
2-2-3
2-3-1
1-4-1
18行平织
6针平收

下摆、袖口配色
灰色6行
橙色6行
灰色6行
黑色6行

编织双罗纹针

36cm
(86针)

0574

9cm 10cm 9cm
(20针) (24针) (20针)

2cm(8针)

平织24行   1-16-1   平织24行
2-1   6-2-6
6-2-6   减4针

15cm 60行

减4针   平收4针

43cm 172行

咖啡色下针   前片

22cm 88行

编织方向

37cm (96针)

6cm 24行   双罗纹针针法

2行橘红色
22行奶白色

50cm
(120针)

双罗纹针针法

【成品规格】见图
【工具】9号棒针
【材料】咖啡色、奶白色、橘红色开司米线 拉链1条
【制作过程】前片用奶白色线起120针编织双罗纹针边，织22行，换橘红色线再编织2行，换成咖啡色线编织并将双罗纹针中的上针2针并1针，均减至96针，身长共编织到28cm，开始袖窿减针，按图完成减针后平织24行至肩部。缝上拉链。

0575

花样

双罗纹针针法

【成品规格】见图
【工具】10号棒针 高温熨斗
【材料】浅蓝色、深蓝色、白色毛线 拉链1条
【制作过程】前片用深蓝色线起120针编织双罗纹针边，织22行，然后将双罗纹针中的上针2针并1针编织，均减28针，即减至92针，身长共编织到28cm，开始袖窿减针，按图完成减针编织至肩部。缝上拉链。

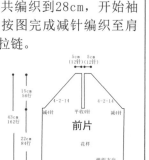

5cm 5cm
(12针) (12针)

15cm 56行

4-2-14   平收4针   4-2-14

减4针   减4针

43cm 162行

22cm 84行

前片

花样

编织方向

38cm (92针)

6cm 22行   双罗纹针针法

50cm
(120针)

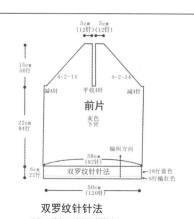

0576

5cm 5cm
(12针) (12针)

15cm 56行

4-2-14   平收4针   4-2-14

减4针   减4针

22cm 84行

前片

灰色下针

编织方向

38cm (92针)

6cm 22行   双罗纹针针法

16行深蓝色
6行橘红色

50cm
(120针)

双罗纹针针法

【成品规格】见图
【工具】9号棒针
【材料】灰色、深蓝色、橘红色毛线 拉链1条
【制作过程】前片用橘红色线起120针编织双罗纹针边，织6行后换深蓝色线继续编织，再织16行，然后换灰色线将双罗纹针中的上针2针并1针编织，均减28针，即减至92针，身长共编织到28cm，开始袖窿减针，按图完成减针编织至肩部。缝上拉链。

0577

【成品规格】见图
【工具】3号棒针
【材料】藏蓝色、天蓝色、白色羊毛线 拉链1条
【制作过程】前片起122针，编织双罗纹针5cm，然后织平针，织25cm后收袖窿，同时如图示配色编织，离衣长10cm处收前领。

双罗纹针针法

8cm 14cm 8cm
(27针) (48针) (27针)

10针

前片

编织平针

4cm 18行
6cm 28行

配色
白蓝色6行反针
天蓝色10行平针
白色6行平针

前领减针
2行平织
2-1-3
2-2-3
2-3-2
1-6-1
28行平织
8针平收

编织双罗纹针

36cm
(122针)

平针针法

【成品规格】见图
【工具】3号棒针
【材料】橙色、深咖啡色羊毛线
拉链1条
【制作过程】前片起122针，配色编织双罗纹针5cm，然后左边织50针反针，右边织72针花样，织25cm后收袖窿，在离衣长10cm处收前领。缝上拉链。

0578

双罗纹针针法

花样针法

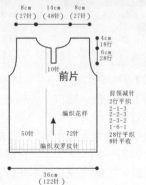

8cm 14cm 8cm
(27针)(48针)(27针)

4cm 18行
6cm 28行

10针

前片

前领减针
2行平收
2-1-3
2-2-3
2-3-2
1-6-1
28针平收
8针平收

编织花样

50针 72针

编织双罗纹针

36cm
(122针)

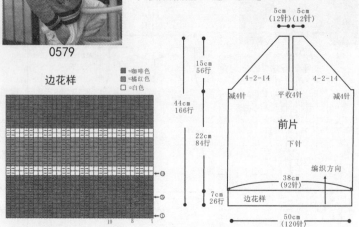

【成品规格】见图
【工具】10号棒针
【材料】橘红色、咖啡色、白色毛线
拉链1条
【制作过程】前片按图起120针，织7cm边花样后，改织下针，左、右两边按图示收成袖窿。缝上拉链。

0579

边花样

■=咖啡色
■=橘红色
□=白色

5cm 5cm
(12针)(12针)

15cm 56行

44cm 166行

22cm 84行

4-2-14   4-2-14
减4针 平收4针 减4针

前片

下针

编织方向

38cm
(92针)

7cm 26行

边花样

50cm
(120针)

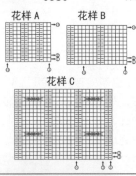

【成品规格】见图
【工具】11号棒针
【材料】红色、黑色、白色棉线
【制作过程】起织前片，双罗纹针起针法，红色线起80针，起织花样A，红色、黑色、红色、白色间隔编织8行后，改为全红色线编织，共织16行，改织花样C，织至88行，两侧同时减针织成袖窿，改织花样B织完。

0580

花样 A   花样 B

花样 C

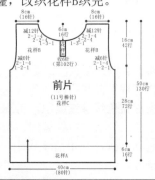

8cm (16针)   8cm (16针)

减12针   6cm 16行   减12针
2-1-4   2-1-4
2-2-4   2-2-4
1-3-1   1-3-1
花样B   花样B
减6针   右图   减6针
2-1-4   收前领   2-1-4
1-2-1   (第102行)   1-2-1

前片
(11号棒针)
花样C

16cm 42行

50cm 130行

28cm 72行

6cm 16行

花样A

40cm
(80针)

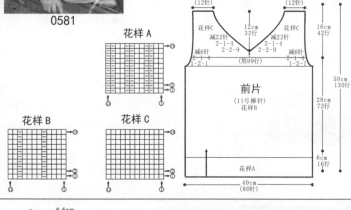

【成品规格】见图
【工具】11号棒针
【材料】红色、黑色、白色棉线
【制作过程】起织前片，双罗纹针起针法，红色线起80针，起织花样A，共织16行，改织花样B织至88行，改为黑色线织花样C，同时两侧减针织成袖窿。

0581

花样 A

花样 B   花样 C

6cm (12针)   6cm (12针)

花样C   12cm 32行   花样C   16cm 42行
减22针   减22针
2-1-4   2-1-4
2-2-9   2-2-9
减6针   减6针
2-1-4   2-1-4
1-2-1   (第99行)   1-2-1

前片
(11号棒针)
花样B

50cm 130行

28cm 72行

6cm 16行

花样A

40cm
(80针)

【成品规格】见图
【工具】7号棒针
【材料】白色羊毛绒线 拉链1条
【制作过程】前片分左、右2片编织，分别按图起35针，织5cm双罗纹后，改织花样，左、右两边按图示收成袖窿。对称织出另一片。缝上拉链。

0582

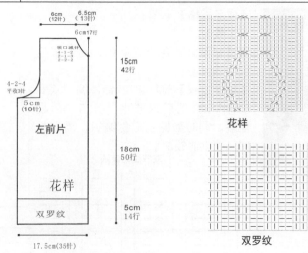

6cm (12针)   6.5cm (13针)

6cm 17行

领口减针
4-1-2
4-1-3
2-2-2

15cm 42行

4-2-4
平收3针

5cm (10针)

左前片

18cm 50行

花样

5cm 14行

双罗纹

17.5cm(35针)

花样

双罗纹

0583

【成品规格】见图
【工具】7号棒针
【材料】白色纯羊毛线 拉链1条
【制作过程】前片分左、右2片编织，分别按图起35针，织5cm双罗纹后，改织花样，左、右两边按图示收成袖窿。对称织出另一片。缝上拉链。

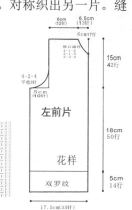

双罗纹

花样

6cm (12针)　6.5cm (13针)
6cm 17行
领口减针
4-1-2
2-1-3
2-2-2
4-2-4 平收3针
5cm (10针)
左前片
花样
双罗纹
15cm 42行
18cm 50行
5cm 14行
17.5cm (35针)

0584

【成品规格】见图
【工具】7号棒针
【材料】白色羊毛绒线 拉链1条
【制作过程】前片分左、右2片编织，分别按图起35针，织5cm双罗纹后，改织花样，左、右两边按图示收成袖窿。对称织出另一片。缝上拉链。

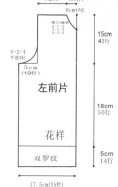

双罗纹

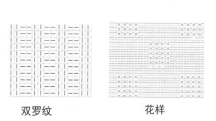

花样

6cm (12针)　6.5cm (13针)
6cm 17行
领口减针
4-1-2
2-1-3
2-2-2
4-2-4 平收3针
5cm (10针)
左前片
花样
双罗纹
15cm 42行
18cm 50行
5cm 14行
17.5cm (35针)

0585

【成品规格】见图
【工具】7号棒针 绣花针
【材料】粉红色羊绒毛线 拉链1条 绣花图案若干
【制作过程】前片分左、右2片编织，分别按图起35针，织5cm双罗纹后，改织全下针，左、右两边按图示收成袖窿。对称织出另一片。缝上拉链和绣花图案。

全下针

双罗纹

6cm (12针)　6.5cm (13针)
6cm 17行
领口减针
4-1-2
2-1-3
2-2-2
4-2-4 平收3针
5cm (10针)
左前片
全下针
双罗纹
15cm 42行
18cm 50行
5cm 14行
17.5cm (35针)

0586

【材料】粉色绒线 粉色含金丝棉线 装饰珠若干
【制作过程】前片(左、右2片)用绒线双罗纹起针法起36针，双罗纹织6cm；按腋下减针用绒线织10cm；换棉线按腋下加针下针、花样织15cm后按袖窿减针及前领减针织出袖窿和前领。对称织出另一片前片。缝上拉链和装饰小花。

【成品规格】见图
【工具】5号棒针 小号钩针

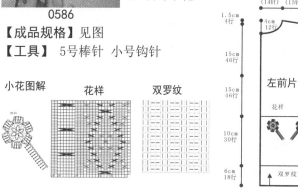

小花图解　　花样　　双罗纹

7cm (14针)　7.5cm (15针)
1.5cm 4行
4cm 12针
前领减针
2-1-3
2-2-2
2-3-1
平收4针 行4针次
15cm 46行
15cm 46行
左前片
花样　下针
(-7针)
(+5针)
10cm 30行
6cm 18行
(-5针)
双罗纹
18.5cm (36针)

0587

【成品规格】见图
【工具】7号棒针
【材料】玫红色羊毛绒线 粉红色长毛绒线 拉链1条 装饰扣子若干
【制作过程】前片分左、右2片编织，分别按图起36针，织5cm双罗纹后，改织花样，左、右两边按图示收成插肩袖。对称织出另一片。缝上拉链。

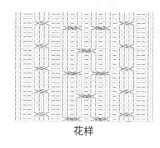

花样

双罗纹

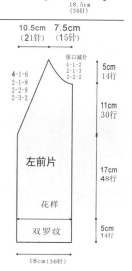

10.5cm (21针)　7.5cm (15针)
领口减针
4-1-2
2-2-2
4-1-6
2-1-8
2-2-8
2-3-2
左前片
花样
双罗纹
5cm 14行
11cm 30行
17cm 48行
5cm 14行
18cm (36针)

【成品规格】见图
【工具】7号棒针
【材料】粉红色羊毛绒线 拉链1条 亮珠若干
【制作过程】前片分左、右2片编织，分别按图起35针，织5cm双罗纹后，改织全下针，左、右两边按图示收成袖窿。对称织出另一片。缝上拉链和亮珠。

0588

双罗纹　　　全下针

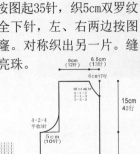
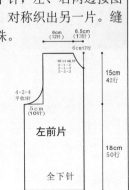

【成品规格】见图
【工具】12号棒针
【材料】粉红色棉线 拉链1条
【制作过程】左前片起49针，织花样A，织6cm改织花样B，织至30cm，左侧袖窿减针，方法为1-4-1，2-1-5，织至40cm右侧前领减针，方法为1-7-1，2-2-6，共减19针，左前片共织46cm长，用同样方法相反方向织右前片。缝上拉链。

0589

花样A　　花样B

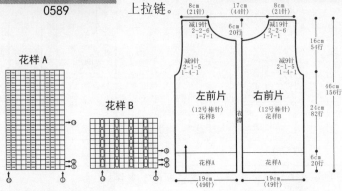

左前片　右前片

【成品规格】见图
【工具】7号棒针
【材料】粉色雪尼绒线 粉色丝光棉线 拉链1条
【制作过程】前片用粉色雪尼绒线以机器边起针，编织双罗纹针6cm，改织下针，织23cm后按图示减针成袖窿。缝上拉链。

0590

双罗纹　　下针

左前片　右前片
编织下针

【成品规格】见图
【工具】7号棒针
【材料】3股开司米线 马海毛线 紫色、黄色毛线
【制作过程】左、右前片起22针，织花样A，织7cm，织花样B，织至21cm留袖口，平收2针。然后隔一行减1针，减两行后收针。缝上图案a和图案b。

0591

花样A　图案a
花样B　图案b

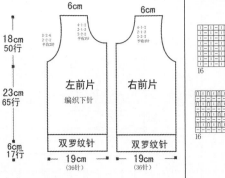
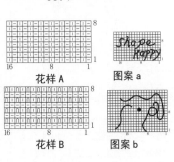
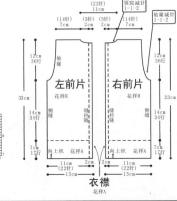

左前片　右前片
花样B　花样B

衣襟
花样A

【成品规格】见图
【工具】7号棒针
【材料】玫红色羊毛绒线 粉红色毛绒线 拉链1条
【制作过程】前片分左、右2片编织，分别按图起36针，织5cm双罗纹后，改织全下针，并间色，左、右两边按图示收成插肩袖。对称织出另一片。缝上拉链。

0592

全下针　　　双罗纹

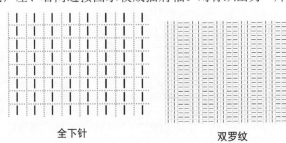
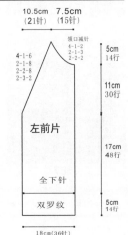

左前片

全下针

双罗纹

0593

【成品规格】见图
【工具】7号棒针 绣花针
【材料】蓝色羊毛绒线 拉链1条 亮珠若干
【制作过程】前片分左、右2片编织，分别按图起35针，织5cm双罗纹后，改织花样，左、右两边按图示收成袖窿。对称织出另一片。缝上拉链。

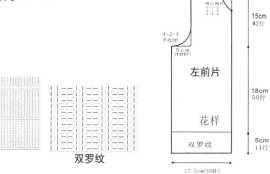

花样　　双罗纹

6cm(12针)　6.5cm(13针)
6cm17行
领口减针
4-1-2
2-1-3
2-2-2
15cm 42行
4-2-4
平收3针
5cm(10针)
左前片
18cm 50行
花样
5cm 14行
双罗纹
17.5cm(35针)

0594

【成品规格】见图
【工具】5号棒针
【材料】花灰色、藏蓝色、白色、红色羊毛线 拉链1条 布贴1套
【制作过程】前片起44针，配色编织双罗纹针6cm，然后如图在袖窿侧编入2组双罗纹，其余针数织平针，织26cm后收袖窿，在离衣长6cm处收前领，编织两片。缝上拉链和布贴。

平针针法

双罗纹针针法

8cm(19针)
6cm 18行
左前片
前领减针
8行平织
2-1-2
2-2-1
2-3-1
2-4-1
6针停织
袖口、下摆、领配色
藏蓝色4行
白色4行
藏蓝色4行
红色4行
藏蓝色4行
编织双罗纹针
18cm(44针)

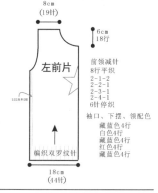

0595

【成品规格】见图
【工具】3号棒针 绣花针
【材料】深蓝色、白色、橙色羊毛绒线 绣花图案若干 拉链1条
【制作过程】前片分左、右2片编织，分别按图起37针，织10cm双罗纹后，改织19cm全下针，并间色，左、右两边按图示收成袖窿。缝上绣花图案和拉链。

全下针　　双罗纹

6cm(12针) 7.5cm(15针) 7.5cm(15针) 6cm(12针)
6cm17行
领口减针
4-1-1
2-1-3
2-2-2
6cm 17行
4-2-4
平收10针
5cm10针
前片
12cm 34行
19cm 53行
全下针
双罗纹
18.5cm(37针) 18.5cm(37针)

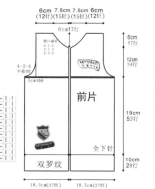

0596

【成品规格】见图
【工具】3号棒针
【材料】白色、藏蓝色、红色羊毛线 布贴1套 拉链1条
【制作过程】左前片用白色线起62针，配色编织双罗纹针4cm，然后改用白色线编织平针，织28cm后收袖窿并如图示配色编织，在离衣长6cm处收前领。编织另一片。缝上拉链。

平针针法

双罗纹针针法

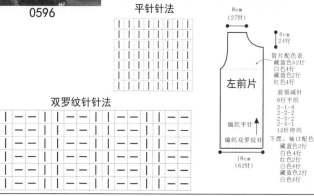

8cm(27针)
6cm 24行
左前片
前片配色表
藏蓝色52行
白色4行
藏蓝色2行
红色4行
前领减针
6行平织
2-1-4
2-2-1
2-3-2
2-4-1
12针停织
编织平针
下摆、袖口配色
藏蓝色2行
白色4行
红色2行
白色4行
藏蓝色2行
白色4行
18cm(62针)

0597

【成品规格】见图
【工具】7号棒针 绣花针
【材料】深蓝色、白色、浅蓝色羊毛绒线 绣花图案若干 拉链1条
【制作过程】前片分左、右2片编织，分别按图起37针，织10cm双罗纹后，改织19cm全下针，并间色，左、右两边按图示收成袖窿。绣上图案，缝上拉链。

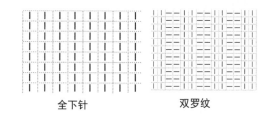

全下针　　双罗纹

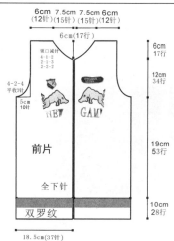

6cm(12针) 7.5cm(15针) 7.5cm(15针) 6cm(12针)
6cm(17行)
领口减针
4-1-2
2-1-3
2-2-2
6cm 17行
4-2-4
平收3针
5cm 10针
前片
12cm 34行
19cm 53行
全下针
双罗纹
18.5cm(37针)

0598

【成品规格】见图
【工具】3号棒针
【材料】天蓝色、深蓝色羊毛线 拉链1条
【制作过程】左前片起62针，先编织双罗纹后，改织平针，在离衣长6cm处收前领。编织另一片。缝上拉链。

平针针法

双罗纹针针法

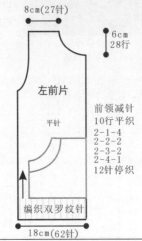

8cm(27针)

6cm
28行

左前片

平针

前领减针
10行平织
2-1-4
2-2-2
2-3-2
2-4-1
12针停织

编织双罗纹针

18cm(62针)

0599

【成品规格】见图
【工具】7号棒针
【材料】蓝色、浅灰色、红色羊毛绒线 拉链1条
【制作过程】前片分左、右2片编织，分别按图起37针，织10cm双罗纹后，改织全下针，并间色，左、右两边按图示收成袖窿。缝上拉链。

全下针

双罗纹

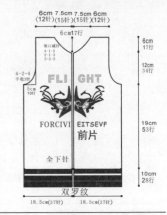

6cm 7.5cm 7.5cm 6cm
(12针)(15针)(15针)(12针)

6cm17针

领口减针
4-1-2
2-1-1
2-2-1
2-1-2

4-2-4
平收针

5cm
10行

FLIGHT

FORCIVIL EITSEVF
前片

全下针

双罗纹

18.5cm(37针) 18.5cm(37针)

6cm
17行

12cm
34行

19cm
53行

10cm
28行

0600

【成品规格】见图
【工具】5号棒针
【材料】蓝色、白色、红色棉线 拉链1条
【制作过程】左前片起44针，配色编织双罗纹针6cm，然后如图配色编织平针，配色结束后继续用蓝色线编织，在离衣长6cm处收前领。织另一片。缝上拉链。

平针针法

双罗纹针针法

8cm
(19针)

6cm
18行

15cm
44行

左前片

平针

前领减针
6行平织
2-1-4
2-2-1
2-3-1
8针停织

26cm
78行

白色12行
蓝色6行
白色2行
蓝色6行
白色2行
蓝色6行

6cm
18行

编织双罗纹针

18cm
(44针)

【材料】灰色、橙色、蓝色羊毛绒线 拉链1条
【制作过程】前片分左、右2片编织，分别按图起36针，织10cm双罗纹后，改织全下针，并间色，左、右两边按图示收成插肩袖。缝上拉链。

0601

【成品规格】见图
【工具】7号棒针

全下针

双罗纹

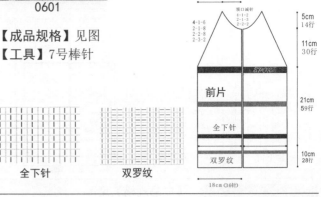

10.5cm 7.5cm
(21针) (15针)

领口减针
4-1-6
2-1-8
2-2-8
2-3-2

前片

全下针

双罗纹

18cm(36针)

5cm
14行

11cm
30行

SPORT

21cm
59行

10cm
28行

0602

【成品规格】见图
【工具】4mm棒针
【材料】红色、深蓝色、白色、浅蓝色羊毛线 拉链1条
【制作过程】左前片用红色线起36针，编织双罗纹针6cm后，然后配色织花样26cm后收袖窿，在离衣长6cm处收前领。编织另一片。缝上拉链。

花样

双罗纹针针法

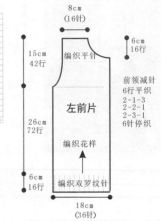

8cm
(16针)

6cm
16行

15cm
42行

编织平针

前领减针
6行平织
2-1-3
2-2-1
2-3-1
6针停织

左前片

26cm
72行

编织花样

6cm
16行

编织双罗纹针

18cm
(36针)

【成品规格】见图
【工具】3号棒针
【材料】红色、深蓝色、白色羊毛线 拉链1条
【制作过程】左前片起62针，先编织双罗纹针后，改织平针，在离衣长6cm处收前领。编织另一片。缝上拉链。

0603

平针针法

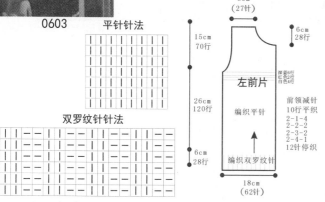

双罗纹针针法

8cm
(27针)

15cm
70行

6cm
28行

26cm
120行

左前片

编织平针

6cm
28行

编织双罗纹针

18cm
(62针)

深蓝色6行
红色4行
白色3行

前领减针
10行平织
2-1-4
2-2-2
2-3-2
2-4-1
12针停织

【成品规格】见图
【工具】3号棒针
【材料】红色、深蓝、白色、浅蓝色羊毛线 拉链1条
【制作过程】前片起62针，先编织双罗纹后，改织平针，在离衣长6cm处收前领。编织另一片。缝上拉链。

0604

平针针法

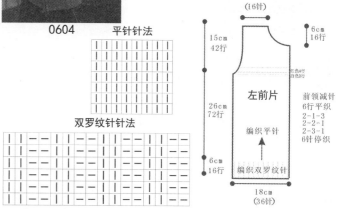

双罗纹针针法

8cm
(16针)

15cm
42行

6cm
16行

26cm
72行

左前片

编织平针

6cm
16行

编织双罗纹针

18cm
(36针)

红色4行
白色3行

前领减针
6行平织
2-1-3
2-2-1
2-3-1
6针停织

【成品规格】见图
【工具】7号棒针 绣花针
【材料】红色、白色、黑蓝色羊毛绒线 拉链1条
【制作过程】前片分左、右2片编织，分别按图起37针，织10cm双罗纹后，改织19cm全下针，左、右两边按图示收成袖窿。缝上拉链。

0605

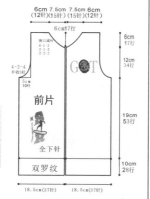

6cm 7.5cm 7.5cm 6cm
(12针)(15针)(15针)(12针)

6cm17行

领口减针
4-1-2
4-2-3
2-1-3
2-2-2

6cm
17行

12cm
34行

4-2-4
平收针

5cm
14行

前片

全下针

双罗纹

19cm
53行

10cm
28行

18.5cm(37针) 18.5cm(37针)

全下针

双罗纹

【制作过程】起织前片，下针起针法起104针织花样A，织20行，改织花样B，织至102行，两侧减针织成袖窿，方法为1-4-1，2-1-5，两侧针数减少9针，不加减针织至136行，从第137行起将织片中间留取20针不织，两侧减针织成前领，方法为2-2-4，2-1-4，两侧各减12针，织至156行，两肩部各余下21针，收针断线。

0606

【成品规格】见图
【工具】12号棒针
【材料】白色棉线

花样A   花样B

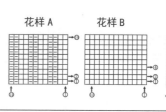

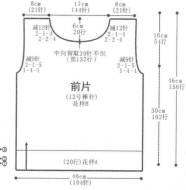

8cm
(21针)

17cm
(44针)

8cm
(21针)

减12针
2-1-4
2-2-4

6cm
20行

减12针
2-1-4
2-2-4

16cm
5行

减针
2-1-5
1-4-1

中间留取20针不织
(第137行)

减9针
2-1-5
1-4-1

前片
(12号棒针)
花样B

46cm
156行

30cm
102行

(20行)花样A

40cm
(104针)

【成品规格】见图
【工具】7号棒针
【材料】白色、黄色、绿色、玫红色毛线 亮片适量
【制作过程】前片起90针，织花样B，织7cm后改织花样A，织10cm，每隔4行两边各加1针，加4次，织至20cm，每隔两行两边各加1针，加2次，织至27cm留袖窿，领子另织花样B。缝上亮片。

0607

14cm
(50针)

花样B   领子

20cm
(70针)

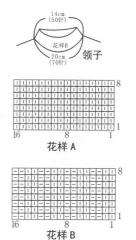

8

16   8   1

花样A

8

16   8   1

花样B

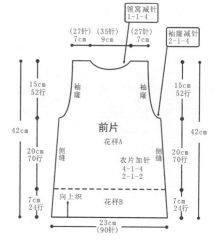

领窝减针
1-1-4

袖窿减针
2-1-4

(27针) (35针) (27针)
7cm   9cm   7cm

15cm
52行

袖窿

袖窿

15cm
52行

42cm

前片
花样A

42cm

20cm
70行

侧缝

衣片加针
4-1-4
2-1-2

侧缝

20cm
70行

7cm
24行

向上织

花样B

7cm
24行

23cm
(90针)

0608

【成品规格】见图
【工具】12号棒针
【材料】白色棉线
【制作过程】前片下针起
针法，起104针织花样A，
织4行，改织花样C，织至
62行，改织花样B，织至102
行，两侧减针织成袖窿。

花样A

花样B

花样C

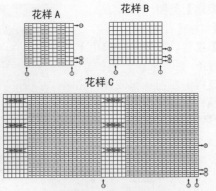

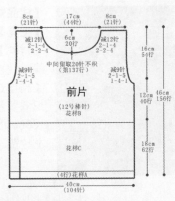

8cm (21针)　17cm (44针)　8cm (21针)

减12针
2-1-2
2-2-4

6cm
20行

减12针
2-1-2
2-2-4

16cm
54行

中间窝取20针不织(第137行)

减9针
2-1-5
1-4-1

前片
(12号棒针)
花样B

减9针
2-1-5
1-4-1

12cm
40行

46cm
156行

花样C

18cm
62行

(4行)花样A

40cm (104针)

0609

【成品规格】见图
【工具】4号棒针
【材料】红色、白色绒线
【制作过程】前片红色线普通起针
法起152针，按图所示配色编织双罗
纹8cm；白色线下针织3cm后，按前
袖窿减针织30cm后按前领减针织出
前领，底边卷边自然形成。领子按
图挑针织好。

衣领（配色与袖边相对称,卷边自然形成）

挑(56针)　6cm(30行)
挑(42针)　挑(42针)
挑(76针)

双罗纹

8 7 6 5 4 3 2 1

6

1

17cm (68针)

(2针)　2cm 10针　(2针)

2cm
10行

前片

窝领减针
2-1-3
2-2-1
2-3-1
平收48针
织1行

32cm
160行

缝小鸭处

前袖窿减针
平收2-1-5
行7行次

(-42针)

3cm 12行　白下针

7cm 34行

1cm 6行

38cm (152针)

0610

【成品规格】见图
【工具】7号棒针
【材料】粉红色毛线
【制作过程】前片起160针，织花样
B，织5cm后改织花样A，织至26cm留
袖窿，在两边同时各平收2针。

花样A

8

16　8　1

花样B

8

16　8　1

领窝减针
1-1-5

(35针)
8cm　(48针)
11cm　(35针)
8cm

袖窿减针
4-1-5

14cm
60行

袖窿

袖窿

14cm
60行

40cm

前片
花样A

21cm
92行

侧缝

侧缝

21cm
92行

5cm
22行

向上织　花样B

5cm
22行

36cm (160针)

【成品规格】见图
【工具】7号棒针
【材料】粉红色毛线
【制作过程】前片起120针，织2cm
花样B，然后改织花样A，按图示
减针。

花样A

8

8　1

花样B

24　16　8　1

16

8

领窝减针
2-1-1

(33针)
7cm　(43针)
9cm　(33针)
7cm

袖窿减针
2-1-2

13cm
65行

袖窿

袖窿

13cm
65行

35cm

前片
花样A

20cm
100行

侧缝

侧缝

20cm
100行

35cm

向上织

2cm
10行

花样B

2cm
10行

25cm (120针)

0612

【成品规格】见图
【工具】3号棒针
【材料】白色、粉色棉线
【制作过程】前片双罗纹白色线起针
法起148针，花样A编织8cm（配色见
图）；粉色线上针编织6cm后按花样B
加减针织出花样B片，同时按袖窿减
针织出袖窿；按前领减针织出前领。
衣领另织扭针双罗纹。

衣领

(64针)

5.5cm (28针)
12行白4行粉12行白

扭针双罗纹针

(88针)

花样A

花样B

扭针双罗纹针

7.5cm (30针)　14cm (56针)　7.5cm (30针)

前领减针
2-1-10
2-2-1
2-2-1
2-1-2
平收18针
行2行次

5cm
20行

16cm
80行

(-16针)

缝小猪

花样B

4cm
20行

花样B加减针
平收18针
2-2-20
2-1-5
2-1-5
2-1-5
2-2-20
2针(实际第75,76行)
行针次

10cm
50行

10cm
50行

19cm
96行

75,76针

(+45针)

花样A
上针

6cm
30行

编织方向

花样A
(18行白4行粉18行白)

8cm
40行

37cm (148针)

240

0613

【成品规格】见图
【工具】7号棒针
【材料】粉红色羊毛绒线
【制作过程】前片按图起74针，织5cm双罗纹后，改织全下针，左、右两边按图示收成袖窿。领子另织好。

领子结构图

18cm
(36针)
5cm
(14行)

双罗纹 31cm
(50针)

全下针　双罗纹

6cm   15cm   6cm
(12针) (30针) (12针)

6cm17行

领口减针
4-1-1
2-1-3
2-2-2

15cm
42行

4-2-4
平收3cm
(10针)

前片
全下针

18cm
50行

5cm
14行

双罗纹

37cm(74针)

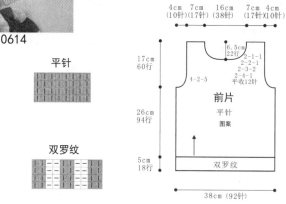

0614

【成品规格】见图
【工具】5号棒针、6号棒针
【材料】粉红色棉线
【制作过程】前片用3.0mm棒针起92针，从下往上织双罗纹5cm，换3.25mm棒针织平针，织到26cm处开挂肩，按图案两边分别收袖窿、收领子。

平针

双罗纹

4cm 7cm   16cm   7cm 4cm
(10针)(17针) (38针) (17针)X10针

6.5cm
22行
2-1-1
2-2-1
2-3-2
2-4-1
平收12针

17cm
60行

4-2-5

26cm
94行

前片
平针
图案

5cm
18行

双罗纹

38cm (92针)

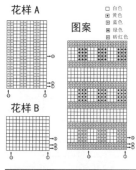

0615

【成品规格】见图
【工具】12号棒针
【材料】砖红色、粉红色、黄色、蓝色、绿色棉线
【制作过程】前片砖红色线起104针，织花样A，织6cm后改为粉红色织花样B，织至30cm，改织图案，袖窿减针，方法为1-4-1，2-1-5。织32行后，改回粉红色线编织，织至40cm，收前领，中间留取14针不织，两侧减2-2-6，2-1-2，前片共织46cm长。

花样A

□白色
□黄色
□蓝色
□绿色
□砖红色

图案

花样B

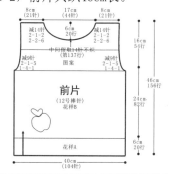

8cm   17cm   8cm
(21针) (44针) (21针)

减14针
2-1-2
2-2-2

6cm
20行

减14针
2-1-2
2-2-2

16cm
54行

中间留取14针不织
(第137行)

减9针
2-1-5
1-4-1

图案

减9针
2-1-5
1-4-1

46cm
156行

前片
(12号棒针)
花样B

24cm
82行

花样A

6cm
20行

40cm
(104针)

0616

【成品规格】见图
【工具】5号、6号棒针
【材料】粉红色棉线
【制作过程】前片用3.0mm棒针起92针，从下往上织双罗纹5cm，换3.25mm棒针织平针，织到26cm处开挂肩，按图解两边分别收袖窿、收领子。领子另织双罗纹。

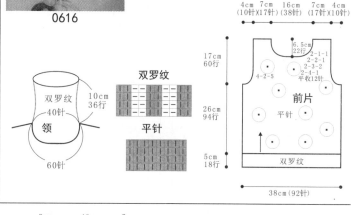

10cm
36行

双罗纹
40针

领

60针

双罗纹

平针

4cm 7cm   16cm   7cm 4cm
(10针X17针)(38针)(17针X10针)

6.5cm
22行
2-1-1
2-2-1
2-3-2
2-4-1
平收12针

17cm
60行

4-2-5

26cm
94行

前片
平针

5cm
18行

双罗纹

38cm(92针)

0617

【成品规格】见图
【工具】3号棒针
【材料】红色、白色、绿色、黄色绒线
【制作过程】前片双罗纹起针法起148针，双罗纹织10cm，下针织7cm后按心形配色图编织，织10cm后按袖窿减针及前领减针织出袖窿和前领。衣领另织双罗纹。

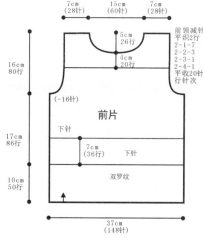

7cm   15cm   7cm
(28针)   (60针)   (28针)

5cm
26行

前领减针
平收2针
2-1-7
2-2-3
2-3-1
2-4-1
平收20针
行针次

16cm
80行

4cm
20行

(-16针)

前片
下针

17cm
86行

7cm
(36针)   下针

双罗纹

10cm
50行

37cm
(148针)

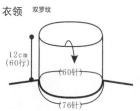

衣领　双罗纹

12cm
(60针)

(60针)

(76针)

双罗纹

							6
							1
8	7	6	5	4	3	2	1

【成品规格】见图
【工具】3号棒针
【材料】粉色绒线 白色、粉色毛线 彩色绣花线
【制作过程】前片双罗纹起针法起148针，双罗纹针编织8cm，下针编织18.5cm后按袖窿减针及前领减针织出袖窿和前领。衣领另织好。

0618

衣领

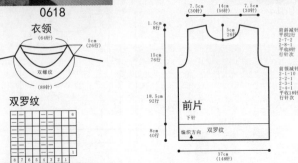

双罗纹

【成品规格】见图
【工具】7号棒针
【材料】红色毛线
【制作过程】前片起140针，织花样B，织至5cm织花样A，织至33cm收袖窿，两边各平收2针，每隔1行两边各收1针，收4次，织至42cm，同时留前领窝，织至46cm，收后领窝，先平收4针，再隔1针收1针，收两次，织至48cm。领子另织好。

0619

花样A

花样B

领子

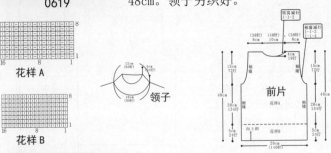

0620

【材料】大红色毛线 亮片适量 金丝、银丝线少许
【制作过程】前片起140针，织花样B，织至5cm织花样A，织至33cm收袖窿，两边各平收2针，每隔1行两边各收1针，收4次，织至42cm，同时留前领窝，织至46cm，收后领窝，先平收4针，再隔1针收1针，收2次，织至48cm。领子另织好。

【成品规格】见图
【工具】7号棒针

花样A

花样B

领子

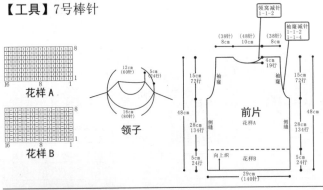

0621

【成品规格】见图
【工具】3号棒针
【材料】红色绒线 彩色绣花线若干
【制作过程】前片双罗纹起针法起148针，双罗纹针编织8cm，下针编织18.5cm后按袖窿减针及前领减针织出袖窿和前领。领子另织好。

衣领

双罗纹

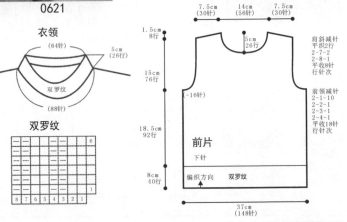

0622

【成品规格】见图
【工具】7号棒针
【材料】白色羊毛绒线 拉链1条
【制作过程】前片分左、右2片编织，分别按图起37针，织5cm双罗纹后，改织花样，左、右两边按图示收成袖窿。对称织出另一片。缝上拉链。

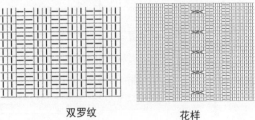

双罗纹　　　　花样

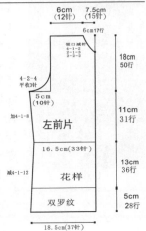

0623

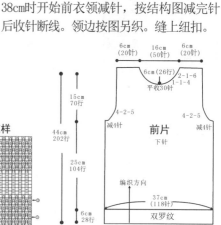

0624

【成品规格】见图
【工具】7号棒针
【材料】白色羊毛绒线 金属扣子14枚 门襟扣子3枚
【制作过程】前片分左、右2片编织，分别按图起24针，织5cm双罗纹后，依次织全下针、花样和全下针，左、右两边按图示收成袖窿。门襟另织，与前片缝合。对称织出另一片。缝上扣子。

全下针

双罗纹　花样

左前片

【成品规格】见图
【工具】10号棒针
【材料】白色毛线 纽扣6枚
【制作过程】起118针双罗纹针边，编织下针前片，袖窿减针，身长共编织到38cm时开始前衣领减针，按结构图减完针后收针断线。领边按图另织。缝上纽扣。

双罗纹

花样

领边

前片

0625

【成品规格】见图
【工具】12号棒针
【材料】白色棉线
【制作过程】前片起104针，织花样A，织16cm，改织花样B，织至40cm袖窿减针，方法为1-4-1，2-1-5。织至46cm收前领，中间留取16针不织，两侧减2-2-4，2-1-6，前片共织56cm长。

花样B

花样A

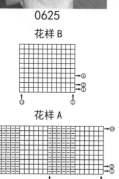

前片

0626

【成品规格】见图
【工具】3.5mm棒针
【材料】白色羊毛绒线 装饰扣3对 衣袋绳子2根
【制作过程】前片分左、右2片编织，分别按图起37针，织10cm双罗纹后，改织花样，左、右两边按图示收成袖窿。对称织出另一片。衣襟和帽子另织。缝上扣子。系上衣袋绳。

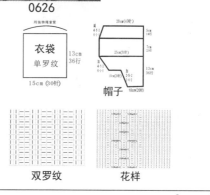

衣袋　帽子

双罗纹　花样

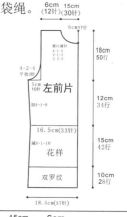

左前片

0627

【成品规格】见图
【工具】7号棒针
【材料】白色羊毛绒线 亮珠若干
【制作过程】前片按图起74针，织8cm双罗纹后，改织全下针，左、右两边按图示收成袖窿。缝上亮珠。

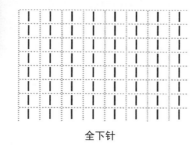

全下针

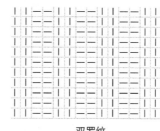

双罗纹

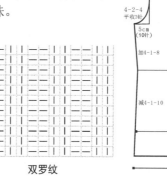

前片

0628

【成品规格】见图
【工具】7号棒针
【材料】白色羊毛绒线 衣袋扣5枚
【制作过程】前片分左、右2片编织，分别按图起37针，织8cm双罗纹后，改织全下针，织至21cm时，再织花样，左、右两边按图示收成袖窿。对称织出另一片。衣袋另织好，缝上衣袋扣。

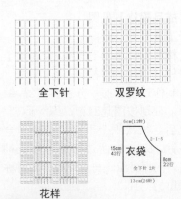

全下针　　双罗纹

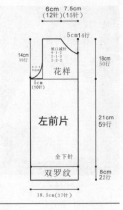

花样

衣袋

左前片

0629

【成品规格】见图
【工具】7号棒针
【材料】白色、蓝色、粉色、黄色毛线 拉链1条
【制作过程】左、右前片起44针，织花样B，织5cm，织花样A，织至27cm收领窝，在靠近门襟处平收4针，再每隔1行收1针，收5次，织至30cm留袖窿，在两边同时各平收2针。然后隔4行两边收1针，收3次。缝上拉链。

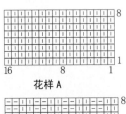

花样A

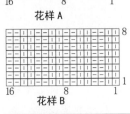

花样B

左前片　右前片

【成品规格】见图
【工具】11号棒针
【材料】白色棉线
【制作过程】起织前片，双罗纹针起针法，起80针，起织花样A，共织16行，改织花样B与花样C组合编织，组合方法见结构图所示。

0630

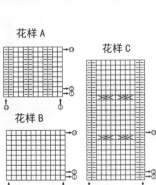

花样A

花样B

花样C

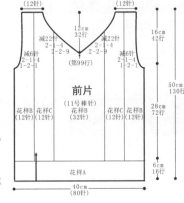

前片
(11号棒针)

0631

【成品规格】见图
【工具】7号棒针
【材料】白色羊毛绒线 装饰扣3枚
【制作过程】前片分上、下片编织，上片按图起37针，先织5cm单罗纹，织12cm全下针，左、右两边按图示均匀减针，收成袖窿，下片起42针，先织双层平针底边后，改织22cm全下针。缝上装饰扣。

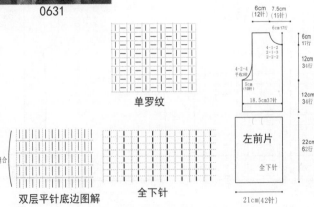

双层平针底边图解　　全下针

单罗纹

左前片

【成品规格】见图
【工具】7号棒针
【材料】白色羊毛绒线 拉链1条
【制作过程】前片分左、右2片编织，分别按图起37针，织5cm双罗纹后，改织花样，左、右两边按图示收成袖窿。对称织出另一片。缝上拉链。

0632

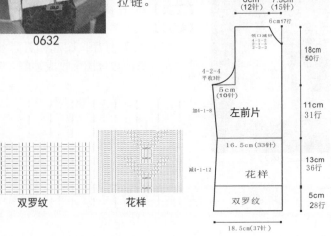

双罗纹　　花样

左前片

花样

双罗纹

0633

【成品规格】见图
【工具】11号棒针
【材料】白色纯羊毛线
【制作过程】前片按图起80针，先织6cm花样A，改织花样C，织至28cm时改织花样B，织至完成。

花样A　花样B

花样C

8cm(16针)　8cm(16针)
减12针　6cm16行　减12针
2-1-4　中间留取12针不织　2-1-4
2-2-2　(第115行)　2-2-2
减6针　　减6针
2-1-1　　2-1-1
1-2-1　　1-2-1
16cm42行
前片(11号棒针)花样B
50cm130行
花样C
28cm72行
19cm50行
花样A
6cm16行
40cm(80针)

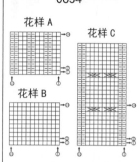
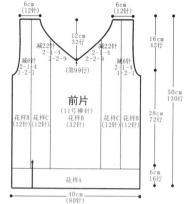

0634

【成品规格】见图
【工具】11号棒针
【材料】白色棉线
【制作过程】起织前片，双罗纹针起针法，起80针，起织花样A，共织16行，改织花样B与花样C组合编织，组合方法见结构图所示。

花样A

花样C

花样B

6cm(12针)　6cm(12针)
减22针　12cm32行　减22针
2-1-4　　2-1-4
2-2-9　　2-2-9
减6针　(第99行)　减6针
2-1-4　　2-1-4
1-2-1　　1-2-1
16cm42行
前片(11号棒针)
花样B(12针)　花样C(12针)　花样B(32针)　花样C(12针)　花样B(12针)
50cm130行
28cm72行
花样A
6cm16行
40cm(80针)

0635

【成品规格】见图
【工具】9号棒针
【材料】白色毛线　粉色、白色马海毛线　拉链1条
【制作过程】起52针织7cm边花样后，编织花样前片，均减至40针，身长共编织到39cm时开始前衣领减针，按结构图减完针后收针断线。领边按图挑针另织好。缝上拉链。

领边

挑36针
12cm(36行)
挑48针
正面　反面

花样

图示说明：■粉色　□白色

边花样

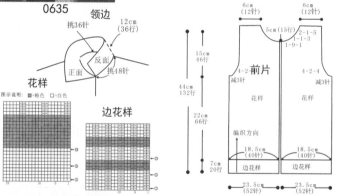

6cm(12针)　6cm(12针)
5cm(15行)　2-1-5　1-1-3　1-9-1
4-2-4　　4-2-4
前片
减3针　　减3针
花样　　花样
15cm46行
44cm132行
22cm66行
编织方向
18.5cm(40针)　18.5cm(40针)
边花样　边花样
7cm20行
23.5cm(52针)　23.5cm(52针)

0636

【成品规格】见图
【工具】3号棒针
【材料】粉色羊毛线　彩色线少许　拉链1条
【制作过程】左前片起54针，织6cm双罗纹后，改织平针，离衣长6cm处收前领。编织另一片。缝上拉链。

平针针法

双罗纹针针法

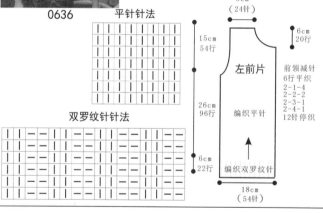

8cm(24针)
左前片
6cm20行
15cm54行
编织平针
前领减针6行平织
2-1-4
2-2-2
2-3-1
2-4-1
12针停织
26cm96行
6cm22行
编织双罗纹针
18cm(54针)

0637

【成品规格】见图
【工具】12号棒针
【材料】粉色棉线　纽扣8枚
【制作过程】起织左前片，双罗纹针起针法，起60针织花样A，织20行后，改织花样B，织至102行，左侧减针织成袖窿，不加减针织至136行，右侧减针织成前领，方法为1-14-1，2-2-8，共减30针，织至156行，肩部留下21针，收针断线。用同样方法相反方向编织右前片。缝上纽扣。

花样A

花样B

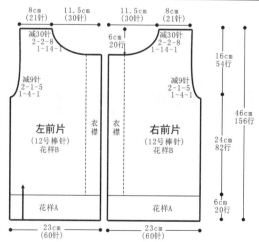

8cm(21针)　11.5cm(30针)　11.5cm(30针)　8cm(21针)
减30针　　减30针
2-2-8　6cm20行　2-2-8
1-14-1　　1-14-1
减9针　　减9针
2-1-2　　2-1-2
1-4-1　　1-4-1
16cm54行
左前片(12号棒针)花样B　衣襟　衣襟　右前片(12号棒针)花样B
46cm156行
24cm82行
花样A　花样A
6cm20行
23cm(60针)　23cm(60针)

【制作过程】左、右前片起48针织花样B3cm，织花样A10cm，每隔4行两边各减1针，减6次，织至26cm收袖窿，平收2针。然后隔4行两边各收1针，收6次。再织至33cm收前领窝，平收4针，然后每隔4行减1针，减6次，织至40cm，全部收针。缝上纽扣。

0638

【成品规格】见图
【工具】7号棒针
【材料】白色毛线 其他颜色毛线适量 纽扣4枚

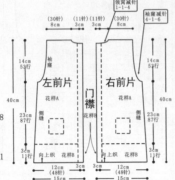

花样A 花样B

【制作过程】左、右前片起48针织花样B3cm，织花样A10cm，每隔4行两边各减1针，减6次，织至26cm收袖窿，平收2针。然后隔4行两边各收1针，收6次。再织至33cm收前领窝，平收4针，然后每隔4行减1针，减6次，织至40cm，全部收针。缝上纽扣。

0639

【成品规格】见图
【工具】7号棒针
【材料】白色毛线 其他颜色毛线适量 纽扣4枚

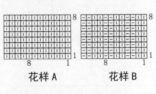

花样A 花样B

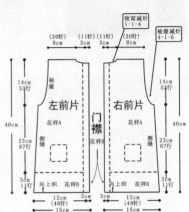

【成品规格】见图
【工具】5号棒针
【材料】白色、粉红色、绿色、蓝色、黄色毛线 拉链1条
【制作过程】左前片用白色线、3.0mm棒针起50针，从下往上织双罗纹6cm，织到25cm处开挂肩，按图解分别收袖窿、收领子。对称织出另一片。缝上拉链。

0640

平针

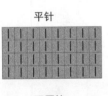

双罗纹

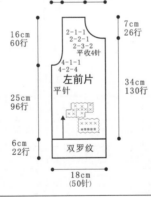

【材料】白色绒线 透明圆形纽扣7枚
【制作过程】前片（左、右2片）双罗纹起针法起74针，双罗纹织10cm，下针织16.5cm后按袖窿减针，前领减针及肩斜减针织出袖窿、前领和肩斜。对称织出另一片前片。缝上纽扣。

0641

【成品规格】见图
【工具】3号棒针

双罗纹

【成品规格】见图
【工具】7号棒针
【材料】白色、蓝色、粉色、黄色毛线 拉链1条
【制作过程】左、右前片起44针，织花样B，织5cm，织花样A，织至27cm收领窝，在靠近门襟处平收4针，再每隔1行收1针，收5次，织至30cm留袖窿，在两边同时各平收2针。然后隔4行两边各收1针，收3次。缝上拉链。

0642

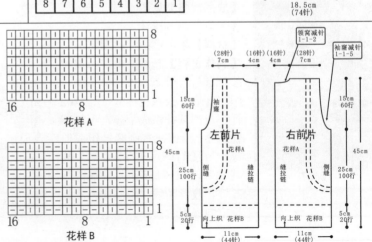

花样A

花样B

246

【成品规格】见图
【工具】7号棒针
【材料】乳白色、大红色毛线 拉链1条
【制作过程】左、右前片起40针织花样B，织花样A5cm，织3行，织至42cm时收前领窝，领窝的收针法是先平收2针，再每隔1行收1针，收4次，织至45cm开始收肩，先平收4针，再隔1针收1针，收2行。缝上拉链。

0643

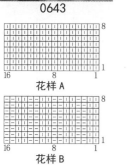

花样A

花样B

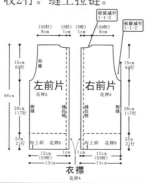

(30针) (5针) (5针)
8cm 1cm 1cm

领窝减针
1-1-2

袖窿减针
1-1-2

15cm
63行

袖窿

15cm
63行

左前片
花样A

右前片
花样A

48cm

28cm
117行

侧缝

缝拉链

侧缝

28cm
117行

5cm
2行

向上织 花样B

向上织 花样B

5cm
2行

1cm 1cm
13cm (50针) (50针) 13cm

衣襟
花样A

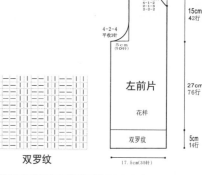

【材料】粉红色羊毛绒线 拉链1条
【制作过程】前片分左、右2片编织，分别按图起35针，织5cm双罗纹后，改织花样，左、右两边按图示收成袖窿。对称织出另一片。缝上拉链。

0644

【成品规格】见图
【工具】7号棒针

花样

双罗纹

6cm 6.5cm
(12针) (13针)
6cm17行

领口减针
4-1-2
2-1-3
2-2-2

15cm
42行

4-2-4
平收3针

5cm
(10针)

左前片
花样

27cm
76行

5cm
14行

17.5cm(35针)

【成品规格】见图
【工具】7号棒针
【材料】粉红色羊毛绒线 粉红色长毛线少许 纽扣5枚
【制作过程】前片分左、右2片编织，分别按图起34针，织花样，左、右两边按图示收成袖窿。对称织出另一片。缝上纽扣。

0645

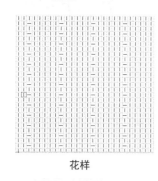

花样

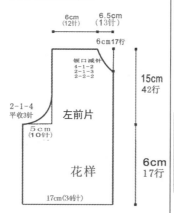

6cm 6.5cm
(12针) (13针)
6cm17行

领口减针
4-1-2
2-1-3
2-2-2

15cm
42行

2-1-4
平收3针

5cm
(10针)

左前片

花样

6cm
17行

17cm(34针)

【材料】粉红色、红色羊毛绒线 纽扣5枚
【制作过程】前片分左、右2片编织，分别按图起35针，织5cm双罗纹后，改织全下针，并间色，左、右两边按图示收成袖窿。对称织出另一片。缝上纽扣。

0646

【成品规格】见图
【工具】7号棒针

全下针

双罗纹

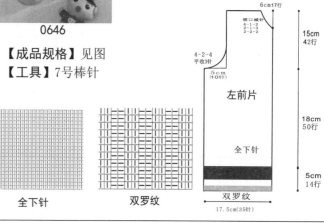

6cm 6.5cm
(12针) (13针)
6cm17行

领口减针
4-1-2
2-1-3
2-2-2

15cm
42行

4-2-4
平收3针

5cm
(10针)

左前片

全下针

18cm
50行

5cm
14行

双罗纹

17.5cm(35针)

【成品规格】见图
【工具】3号棒针
【材料】茄色绒线 亮片若干 拉链1条
【制作过程】前片(左、右2片)双罗纹起针法起74针，双罗纹织8cm，下针织18.5cm后按袖窿减针、前领减针及肩斜减针织出袖窿、前领和肩斜。对称织出另一片前片。缝上亮片和拉链。

0647

双罗纹

8 7 6 5 4 3 2 1

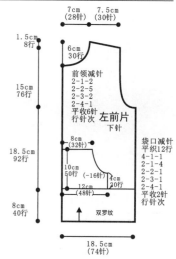

7cm 7.5cm
(28针) (30针)

1.5cm
8行

6cm
30行

前领减针
2-1-2
2-2-5
2-3-2
2-4-1
平收6针
行针次

左前片
下针

袋口减针
平织12针
4-1-1
2-1-4
2-2-1
2-3-1
2-4-1
平收2针
行针次

15cm
76行

18.5cm
92行

8cm
(32针)

10cm
50行 (-16针)

4cm
20行

12cm
(48针)

8cm
40行

双罗纹

18.5cm
(74针)

【成品规格】见图
【工具】8号棒针
【材料】淡紫色毛线 拉链1条 烫珠适量
【制作过程】左前片用8号棒针起40针，从下往上织双罗纹6cm，往上织平针，织到27cm处开斜肩，按图解编织。缝上烫珠和拉链。

0648

平针

双罗纹

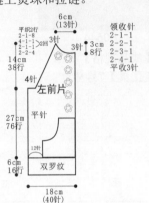

左前片

平织2行
2-1-8
4-1-1}2回
2-2-4
14cm
38行
4针
领收针
2-1-1
2-2-1
2-3-1
2-4-1
平收3针
2针
3针 3cm
8行
6cm
(13针)
27cm
76行
平针
12针
6cm
16行
双罗纹
18cm
(40针)

【成品规格】见图
【工具】7号棒针
【材料】花色毛线 纽扣5枚 衣袋装饰绳
【制作过程】前片分左、右2片编织，分别按图起37针，织5cm双罗纹后，改织15cm全上针，再织花样，左、右两边按图示收成袖窿。缝上纽扣。

0649

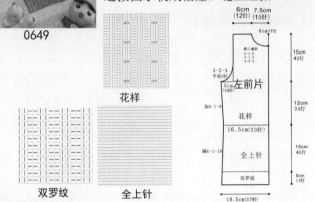

花样

双罗纹 全上针

左前片

6cm 7.5cm
(12针) (15针)
6cm17行
4-2-4
平收9针
5cm
(10针)
加4-1-8
减4-1-10
花样
16.5cm(33针)
全上针
双罗纹
18.5cm(37针)
15cm
42行
12cm
34行
15cm
42行
5cm
14行

【材料】白色、红色、蓝色绒线 拉链1条
【制作过程】左前片（左、右2片）白色线双罗纹起针法起74针，双罗纹织8cm，下针织18.5cm后按袖窿减针、前领减针及肩斜减针织出袖窿、前领和肩斜。对称织出另一片前片。缝上拉链。

0650

【成品规格】见图
【工具】3号棒针

双罗纹
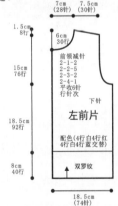

8 7 6 5 4 3 2 1

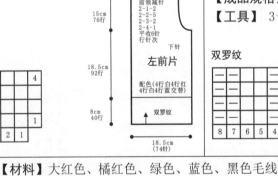

7cm 7.5cm
(28针) (30针)
1.5cm
8行
6cm
30行
前领减针
2-1-2
2-2-5
2-3-2
2-4-1
平收6针
行针次
下针
左前片
配色(4行白4行红4行白4行蓝交替)
双罗纹
18cm
(74针)
15cm
76行
18.5cm
92行
8cm
40行

【材料】紫色绒线 装饰贴1张 拉链1条
【制作过程】左前片（左、右2片）双罗纹起针法起74针，双罗纹织10cm，下针织16.5cm后按袖窿减针、前领减针及肩斜减针织出袖窿、前领和肩斜。对称织出另一片前片。贴上装饰贴，缝上拉链。

0651

【成品规格】见图
【工具】3号棒针

双罗纹
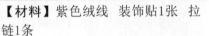

8 7 6 5 4 3 2 1

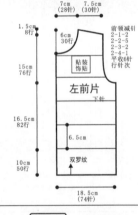

7cm 7.5cm
(28针) (30针)
1.5cm
8行
6cm
30行
前领减针
2-1-2
2-2-5
2-3-2
2-4-1
平收6针行针次
贴装饰贴
左前片
下针
6.5cm
双罗纹
18.5cm
(74针)
15cm
76行
16.5cm
82行
10cm
50行

0652

【成品规格】见图
【工具】7号棒针

【材料】大红色、橘红色、绿色、蓝色、黑色毛线
【制作过程】前片起140针，织花样B，织5cm，织花样A，织至26cm开始收袖窿，织至33cm在中间平收12针，这时分开织左边，织至37cm开始收肩和前领窝，左边平收4针，再每隔1行减1针，共减4次(右边同左边)，织至42cm收针。

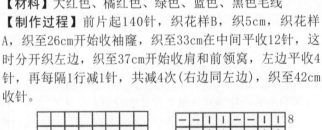

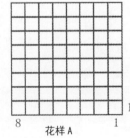
8 花样A 1

8 花样B 1

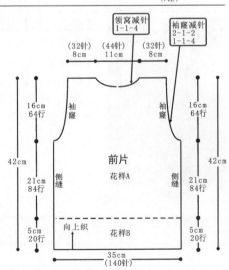

领窝减针 1-1-4 袖窿减针 2-1-2 1-1-4
(32针) (44针) (32针)
8cm 11cm 8cm
16cm 64行 袖窿 袖窿 16cm 64行
42cm 前片 花样A 42cm
21cm 84行 侧缝 侧缝 21cm 84行
向上织 花样B
5cm 20行 5cm 20行
35cm (140针)

248

0653

【成品规格】见图
【工具】7号棒针
【材料】浅绿色、蓝色羊毛绒线 拉链1条
【制作过程】前片分左、右2片编织，分别按图起35针，先织双层平针底边后，改织全下针，并间色，左、右两边按图示收成袖窿。对称织出另一片。缝上拉链。

缝合

双层平针底边图解　　全下针

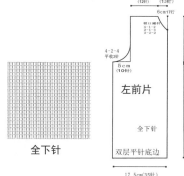

6cm 6.5cm
(12针)(13针)
6cm17行

领口减针
4-1-2
4-1-5
2-3-2

4-2-4 平收3针

5cm
(10针)

15cm
42行

左前片

全下针

23cm
64行

双层平针底边

17.5cm(35针)

0654

【成品规格】见图
【工具】7号棒针
【材料】白色羊毛绒线 拉链1条
【制作过程】前片分左、右2片编织，分别按图起37针，织5cm双罗纹后，改织花样，左、右两边按图示收成袖窿。对称织出另一片。缝上拉链。

双罗纹

花样

6cm 7.5cm
(12针)(15针)
6cm17行

领口减针
4-1-5
2-1-3
2-2-2

4-2-4 平收3针

5cm
(10针)

6cm
17行

12cm
34行

左前片

花样

24cm
67行

双罗纹

5cm
14行

18.5cm(37针)

0655

【成品规格】见图
【工具】9号棒针 环形针
【材料】白色、粉色、紫粉色毛线 拉链1条
【制作过程】起52针双罗纹针边后编织下针前片，均减至40针，身长共编织到39cm时开始前衣领减针，按结构图减完针后收针断线。用同样方法编织完成另一片前片。缝上拉链。

花样

双罗纹

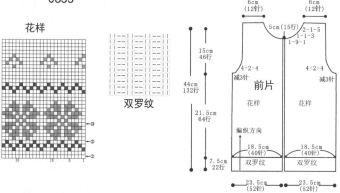

6cm 6cm
(12针)(12针)

5cm(15针)
2-1-5
1-1-3
1-9-1

15cm
46行

4-2-4
减3针

4-2-4
减3针

前片

花样　　花样

44cm
132行

21.5cm
64行

编织方向

7.5cm
22行

18.5cm(40针)　18.5cm(40针)

双罗纹　　双罗纹

23.5cm(52针)　23.5cm(52针)

0656

【材料】白色、粉红色羊毛绒线 纽扣5枚
【制作过程】前片分左、右2片编织，分别按图起37针，织10cm双罗纹后，改织全下针，并间色，左、右两边按图示收成袖窿。对称织出另一片。领子另织好。缝上纽扣。

【成品规格】见图
【工具】3.5mm棒针 绣花针

5cm
14行

单罗纹

领子结构图

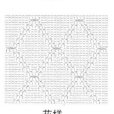

全下针　　双罗纹

6cm 7.5cm
(12针)(15针)
8cm22行

领口减针
4-1-1
4-1-3
2-2-2

4-2-4 平收3针

5cm
(10针)

8cm
22行

10cm
28行

左前片

全下针

19cm
53行

双罗纹

10cm
28行

18.5cm(37针)

0657

【成品规格】见图
【工具】7号棒针
【材料】白色羊毛绒线 拉链1条
【制作过程】前片分左、右2片编织，分别按图起37针，织5cm双罗纹后，改织花样，左、右两边按图示收成袖窿。对称织出另一片。缝上拉链。

双罗纹

花样

6cm 7.5cm
(12针)(15针)
6cm17行

领口减针
4-1-2
2-1-3
2-2-2

4-2-4 平收3针

5cm
(10针)

6cm
17行

12cm
34行

左前片

花样

24cm
67行

双罗纹

5cm
14行

18.5cm(37针)

0658

【成品规格】见图
【工具】7号棒针
【材料】粉红色羊毛绒线 亮珠图案若干 拉链1条
【制作过程】前片分左、右2片编织，分别按图起37针，织5cm双罗纹后，改织全下针，再依次织花样A和花样B，左、右两边按图示收成袖窿。缝上拉链。

全下针　　双罗纹

花样B　　花样A

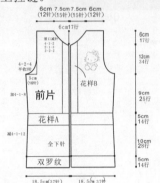

前片

0659

【材料】粉红色、浅红色、白色、浅紫色棉线 拉链1条
【制作过程】起织左前片，双罗纹针起针法，浅红色线起49针织花样A，织20行，改为四色线混合编织花样B，织至190行，肩部留下21针，收针断线。用同样的方法相反方向编织右前片。缝上拉链。

左前片　　右前片

【成品规格】见图
【工具】12号棒针

花样A　　花样B

0660

【成品规格】见图
【工具】7号棒针 绣花针
【材料】粉红色、白色、深红色羊毛绒线 拉链1条
【制作过程】前片分左、右2片编织，分别按图起37针，织10cm双罗纹后，改织全下针，并编入图案，左、右两边按图示收成袖窿。对称织出另一片。缝上拉链。

图案

全下针　　双罗纹

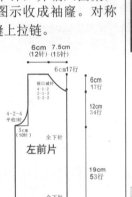

左前片

0661

【成品规格】见图
【工具】3号棒针
【材料】天蓝色、深蓝色羊毛线 拉链1条
【制作过程】左前片起62针，编织6cm双罗纹后，改织平针，离衣长6cm处收前领。编织另一片。缝上拉链。

平针针法

双罗纹针针法

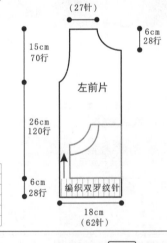

左前片

编织双罗纹针

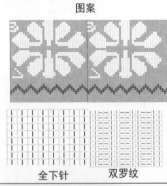

0662

【成品规格】见图
【工具】7号棒针
【材料】粉色、黄色、绿色、蓝色、橘红色毛线 拉链1条
【制作过程】左、右前片起48针织花样B7cm(分布为4行/2行/4行/2行/4行/2行/4行/2行/)，改织花样A织至32cm收袖窿，平收2针。然后隔4行两边各收1针，收4次。并编入图案再织至41cm收前领窝，靠近门襟一边平收4针，然后每隔1行减1针，减4次，织至48cm，全部收针。缝上拉链。

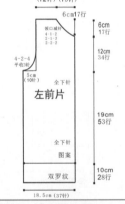

花样A　　花样B

图案

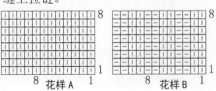

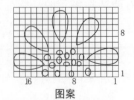

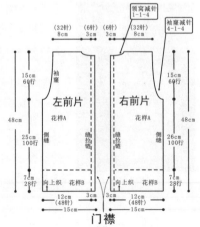

左前片　　右前片

门襟
花样B

【材料】粉红色、浅红色、白色棉线 拉链1条

【制作过程】起织左前片，双罗纹针起针法，起49针织花样A，4行粉红色线与2行白色线间隔编织，织20行，改为粉红色线织花样B，织至70行，改织浅红色线，织至102行，改为白色线编织，左侧减针织成袖窿。缝上拉链。

0663

【成品规格】见图

【工具】12号棒针

花样A 　　花样B

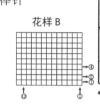

【材料】粉红色、绿色、黄色、白色、蓝色棉线 拉链1条

【制作过程】起织左前片，双罗纹针起针法，起49针织花样A，织20行后，改织花样B，织至102行，左侧减针织成插肩袖窿。缝上拉链。

0664

【成品规格】见图

【工具】12号棒针

花样A 　　花样B

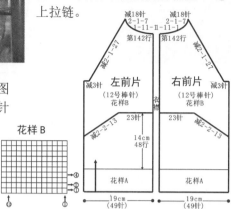

【材料】红色、粉红色、绿色、黄色、蓝色、白色棉线 拉链1条

【制作过程】左前片起织时左侧需要同时减针织成袖窿，减针方法为1-4-1，2-1-6，左侧针数减少10针，余下40针继续编织，两侧不再加减针，织至第151行时，右前减针织成前领。缝上拉链。

0665

【成品规格】见图

【工具】12号棒针

花样A 　　花样B

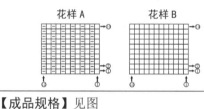

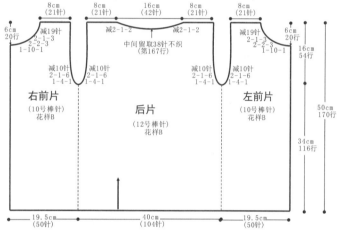

【成品规格】见图

【工具】10号棒针

【材料】白色、红色毛线 拉链1条 毛领1条

【制作过程】起118针编织花样前片，身长共编织到38cm时开始前衣领减针，按结构图减完针后收针断线。用同样方法完成另一片前片。缝上毛领和拉链。

0666

花样

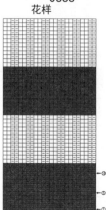

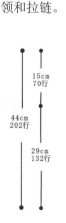

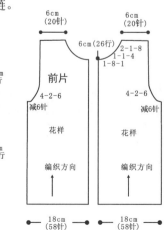

【制作过程】前片分左、右2片编织，分别按图起36针，织10cm双罗纹后，改织全下针，并编入图案，左、右两边按图示收成插肩袖。对称织出另一片。缝上拉链。

0667

【成品规格】见图

【工具】7号棒针

【材料】红色、白色、黑色羊毛绒线 拉链1条

全下针

双罗纹

0668
花样

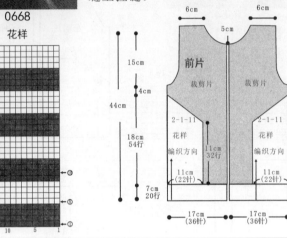

【成品规格】见图
【工具】9号棒针
【材料】红色、白色毛线 拉链1条
【制作过程】起36针编织前片双罗纹针边，织20行，一侧留出14针不织，一侧配色编织花样，织32行后按图减针，收针断线。用同样方法完成另一侧前片编织片，减针方向相反。缝上拉链。

前片
裁剪片　裁剪片
2-1-11 花样 编织方向　2-1-11 花样 编织方向
11cm 32行
11cm（22针）　11cm（22针）
6cm　6cm
5cm
15cm
4cm
44cm
18cm 54行
7cm 20行
17cm（36针）　17cm（36针）
10　5　1

0669
双罗纹

花样

【成品规格】见图
【工具】7号棒针
【材料】红色羊毛绒线 拉链1条
【制作过程】前片分左、右2片编织，分别按图起37针，织8cm双罗纹后，改织花样，左、右两边按图示收成袖窿。对称织出另一片。缝上拉链。

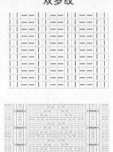

6cm 7.5cm
（12针）（15针）
6cm17行
领口减针
4-1-2
2-1-3
2-2-2
4-2-4
平收3针
5cm
（10针）
加4-1-8
左前片
减4-1-12
花样
双罗纹
6cm 17行
12cm 34行
10cm 28行
11cm 31行
8cm 22针
18.5cm（37针）

0670

白色
粉红色
白色
粉红色
白色
花样A
花样B

【成品规格】见图
【工具】12号棒针
【材料】白色、粉红色棉线 粉红色彩绒线 拉链1条
【制作过程】右前片白色线起49针，织花样A，织6cm改为白色线织花样B，织至30cm，右侧袖窿减针，织至40cm左侧前领减针，共减19针，右前片共织46cm长。对称织出另一片。缝上拉链。

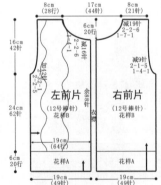

8cm（28行）　17cm（44针）　8cm（21针）
6cm 20行
减19针
2-2-6
1-7-1
加16针
加4针
2-2-1
2-2-5
减9针
2-1-5
1-4-1
左前片
（12号棒针）
花样B
右前片
（12号棒针）
花样B
余8针
16cm 42行
24cm 62行
6cm 20行
19cm（64行）
花样A　花样A
19cm（49针）　19cm（49针）

0671

【成品规格】见图
【工具】11号棒针

花样A
花样B

【材料】白色、粉红色绒线 拉链1条 丝绸花2朵
【制作过程】左前片白色线编织，起36针，织花样A，织6cm改织花样B，织至30cm，左侧平收4针，插肩减针，方法为2-1-19，织至42cm，左侧平收7针，减2-1-5，织至46cm长，余1针，用同样方法相反方向织右前片。缝上拉链。

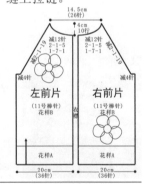

14.5cm（26针）
4cm 10行
减12针
2-1-5
1-7-1
减12针
2-1-5
1-7-1
减4针
减4针
左前片
（11号棒针）
花样B
右前片
（11号棒针）
花样B
花样A
20cm（36针）　20cm（36针）

0672

【成品规格】见图
【工具】11号棒针
【材料】白色棉线 粉红色绒线 丝绸花2朵 纽扣5枚
【制作过程】前片粉红色线起72针，织花样A，织6cm，改织花样B，将织片分为左前片30针、衣襟片12针和右前片30针，三片编织，先织左前片，白色线织至30cm，左侧平收4针，插肩减针，方法为2-1-19，织至42cm，右侧减2-1-5织成前领，共织至46cm长，余2针。缝上纽扣和丝绸花。

花样A　花样B

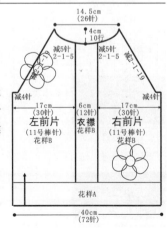

14.5cm（26针）
4cm 10行
减5针
2-1-5
减5针
2-1-5
减2-1-19
减4针
减4针
17cm（30针）　6cm（12针）　17cm（30针）
左前片
（11号棒针）
花样B
衣襟
花样B
右前片
（11号棒针）
花样B
花样A
40cm（72针）

0673

【成品规格】见图
【工具】12号棒针
【材料】白色棉线 白色长绒线
【制作过程】起织前片，白色长绒线起70针织花样A，织14行，改织花样B，花样B为18行白色棉线间隔2行白色长绒线编织，织至64行，改为花样B与花样C组合编织，组合方法如结构图所示，织至76行，两侧减针织成袖窿。

花样A

花样C

花样B

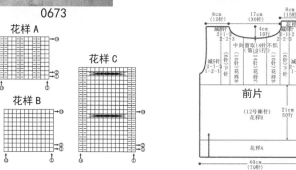

前片
（12号棒针）
花样B

0674

【成品规格】见图
【工具】7号棒针
【材料】白色绒线 粉色绒线
【制作过程】前、后片用粉色绒线，编织双罗纹针，按配色图编织。用粉色线编织5行换白线编织3行，再用粉色线编织3行，后改用白色绒线，双罗纹针织10cm长。

配色图

下针 双罗纹

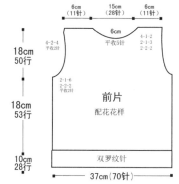

前片
配花花样

双罗纹针

37cm（70针）

0675

【材料】白色羊毛绒线 白色长毛线 拉链1条
【制作过程】前片分左、右2片编织，分别按图起35针，先用白色长毛线织5cm单罗纹后，改用羊毛绒线织花样，左、右两边按图示收成袖窿。对称织出另一片。缝上拉链。

【成品规格】见图
【工具】7号棒针

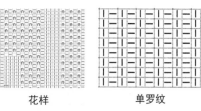

花样 单罗纹

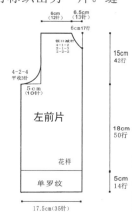

左前片
花样
单罗纹
17.5cm（35针）

0676

【成品规格】见图
【工具】14号棒针
【材料】浅粉色毛线 粉白色珍珠线
【制作过程】前片用粉白色珍珠线织花样A6cm，然后换粉色毛线，按C/D/C/E花样织，织到袖窿处，领窝处留12cm高。

花样A 花样B

花样C

花样E

花样D

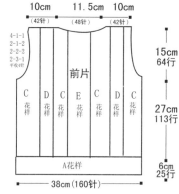

前片

A花样

38cm（160针）

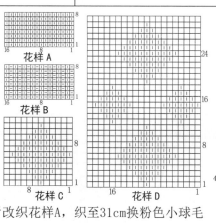

0677

【成品规格】见图
【工具】7号棒针
【材料】西瓜红毛线 白色、粉色小球毛线 烫钻7枚

花样A

花样B

花样C 花样D

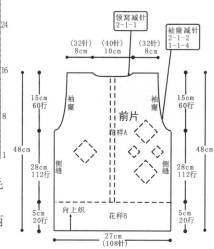

前片
花样A
花样B

【制作过程】前片起108针，织花样B，织5cm后改织花样A，织至31cm换粉色小球毛线，斜着织2cm，织至33cm（注花样C和花样D的运用）开始收袖窿，两边各平收2针。然后隔一行减1针，共收4次。（织至42cm开始留前领窝，先平收16针，再每隔1行两边各收1针，共收2次）

253

0678

【成品规格】见图
【工具】7号棒针
【材料】白色羊毛绒线 粉红色长毛线 亮片若干
【制作过程】前片用长毛线按图起74针，织5cm单罗纹后，改用羊毛绒线织全下针，并编入亮片，左、右两边按图示收成袖窿。

6cm（12针） 15cm（30针） 6cm（12针）
6cm17行
领口减针
4-1-2
2-1-3
2-2-2
4-2-4
平收3针
5cm（10针）
前片
全下针
单罗纹
15cm 42行
18cm 50行
5cm 14行
37cm（74针）

全下针　单罗纹

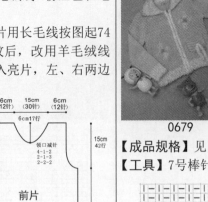

0679

【材料】粉红色羊毛绒线 浅红色长毛线 拉链1条
【制作过程】前片分左、右2片编织，分别按图起35针，先用浅红色长毛线织5cm单罗纹后，改用羊毛绒线织全下针，左、右两边按图示收成袖窿。对称织出另一片。缝上拉链。

【成品规格】见图
【工具】7号棒针

6cm（12针） 6.5cm（13针）
6cm17行
领口减针
4-1-2
2-1-3
2-2-2
4-2-4
平收3针
5cm（10针）
左前片
全下针
单罗纹
15cm 42行
18cm 50行
5cm 14行
17.5cm（35针）

单罗纹　全下针

0680

【材料】白色羊毛绒线 红色长毛线 拉链1条
【制作过程】前片分左、右2片编织，分别按图起35针，织6cm双罗纹后，改织全下针，并间色，左、右两边按图示收成袖窿。对称织出另一片。缝上拉链，绣上图案。

【成品规格】见图
【工具】7号棒针

6cm（12针） 6.5cm（13针）
6cm17行
领口减针
4-1-2
2-1-3
2-2-2
4-2-4
平收3针
5cm
左前片
全下针
双罗纹
15cm 42行
17cm 48行
6cm 17行
17.5cm（35针）

全下针　双罗纹

0681

【制作过程】左前片单罗纹针起针法起37针，单罗纹针织6cm，换白色棉线下针织12行后开系带眼，按图示上针编织6行后上下针交替编织10行，同时开系带眼，下针织32行后按袖窿减针织24行并按图示编织，同时开系带眼，按前领减针织出前领。对称织出另一片。缝上亮片和拉链。

【成品规格】见图
【工具】4号棒针
【材料】白色、红色棉线 拉链1条 亮片和彩色绣花线若干

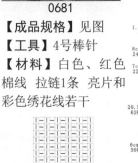

单罗纹

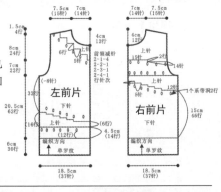

7.5cm（15针） 7cm（14针） 7cm（14针） 7.5cm（15针）
1.5cm 4行
8cm 24行
7cm 22行
20.5cm 62行
6cm 30行
前领减针
2-1-4
2-3-1
2-3-1
行1针次
4cm 12行
左前片
下针
上针
（-8针）
（6行）
（6针）
（12针）
（14行）
编织方向
右前片
下针
4cm 12行
15cm 46行
1个系带洞2行
编织方向
单罗纹　单罗纹
18.5cm（37针）　18.5cm（37针）

0682

【成品规格】见图
【工具】7号棒针
【材料】红色夹花毛线 彩色珍珠线及水晶若干
【制作过程】前片用彩色珍珠线起70针约37cm，平织10行约4cm，换用红色夹花毛线织平针，中间留8针仍用珍珠线织花样B，如图，平织到袖窿处，领窝处留6cm高。

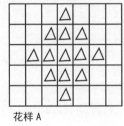

花样A

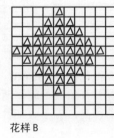

花样B

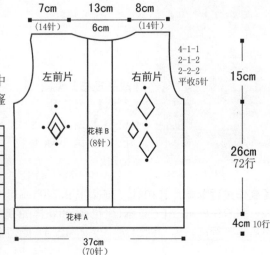

7cm（14针） 13cm 8cm（14针）
6cm
左前片 右前片
花样B（8针）
花样A
4-1-1
2-1-2
2-2-2
平收5针
15cm
26cm 72行
4cm 10行
37cm（70针）

【成品规格】 见图
【工具】 12号棒针
【材料】 白色棉线 蓝色长绒线
【制作过程】 起织前片，蓝色线起104针织花样A，织20行，改为白色线织花样B，织至102行，两侧减针织成袖窿。

0683

花样A 花样B

8cm(21针) 17cm(44针) 8cm(21针)
减12针 2-1-4 2-2-4   6cm 20行   减12针 2-1-4 2-2-4
中间留取20针不织（第137行）
减9针 2-1-5 1-4-1   减9针 2-1-5 1-4-1
前片（12号棒针）花样B
(20行)花样A
40cm(104针)

【材料】 蓝色羊毛绒线 白色长毛线 亮片饰物若干
【制作过程】 前片用长毛线按图起74针，织5cm单罗纹后，改用羊毛绒线织全下针，左、右两边按图示收成袖窿。缝上亮片饰物。

0684

【成品规格】 见图
【工具】 7号棒针 小号钩针

全下针 单罗纹

6cm(12针) 15cm(30针) 6cm(12针)
6cm17行
领口减针 4-1-2 4-1-3 2-2-2
4-2-4 平收3针   5cm(10针)
15cm 42行
前片 全下针
18cm 50行
单罗纹
5cm 14行
37cm(74针)

【材料】 黑色羊毛绒线 红色长毛线 拉链1条
【制作过程】 前片分左、右2片编织，分别按图起35针，织6cm双罗纹后，改织全下针，左、右两边按图示收成袖窿。缝上拉链。

0685

【成品规格】 见图
【工具】 7号棒针

全下针 双罗纹

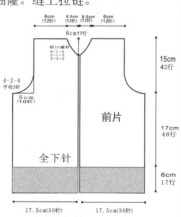

6cm(12针) 6.5cm(13针) 6.5cm(13针) 6cm(12针)
6cm17行
领口减针 4-1-2 4-1-3 2-2-2
4-2-4 平收3针   5cm(10针)
15cm 42行
前片 全下针
17cm 48行
6cm 17行
17.5cm(35针) 17.5cm(35针)

【制作过程】 起织，双罗纹针起针法，起104针环织，起织花样A，共织20行，改织花样B，织至116行，将织片分片，分为前片和后片，前片与后片各取104针。先编织后片，而前片的针眼用防解别针扣住，暂时不织。按图收针。

0686

【成品规格】 见图
【工具】 12号棒针
【材料】 粉红色棉线

花样A 花样B

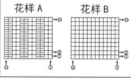

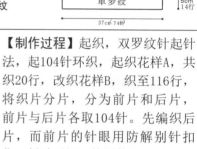

8cm(21针) 8cm(21针)
减8针 2-1-2 2-2-2   6cm 20行   减8针 2-1-2 2-2-2
中间留取26针不织（第151行）
减10针 2-1-6 1-4-1   减10针 2-1-6 1-4-1
16cm 54行
前片（12号棒针）花样B
50cm 170行
28cm 96行
花样A
6cm 20行
40cm(104针)

0687

【成品规格】 见图
【工具】 12号棒针
【材料】 粉红色棉线
【制作过程】 起织前片，右袖口起织，下针起针法，起46针，起织花样B，共织16行，将每2针并1针，减至23针，

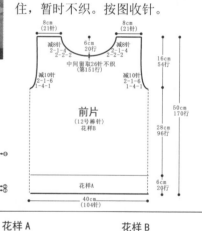

花样A 花样B

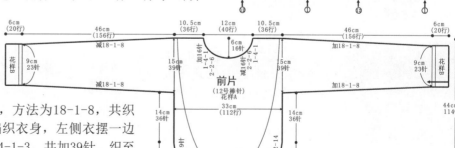
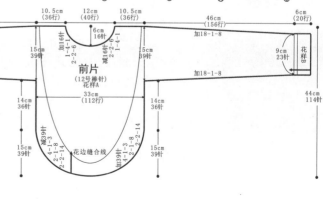

6cm(20行) 46cm(156行) 10.5cm(36行) 12cm(40行) 10.5cm(36行) 46cm(156行) 6cm(20行)
花样B 9cm 23针   减18-1-8   6cm 16行   加18-1-8   9cm 23针 花样B
15cm 39针 加16-1-6 2-1-4   减16针 1-4-1   15cm 39针
前片（12号棒针）花样A
14cm 36针   减18-1-8   33cm(112针)   加18-1-8   14cm 36针
15cm 39针   减39针 2-2-14 2-1-8 4-1-3   花边缝合线   加39针   15cm 39针

编织花样A，织4行后，两侧开始加针，方法为18-1-8，共织156行，在织片左侧加起36针，开始编织衣身，左侧衣摆一边织一边加针，方法为2-2-14，2-1-8，4-1-3，共加39针，织至212行，右侧前领减针，方法为1-4-1，2-2-6，织至232行，右侧半片编织完成，继续用相同方法相反方向编织左半片。

0688

【成品规格】见图
【工具】7号棒针 绣花针
【材料】红色、白色羊毛绒线 纽扣4枚
【制作过程】前片按图起74针，织8cm双罗纹后，改织21cm全下针，左、右两边按图示收成袖窿。缝上纽扣。

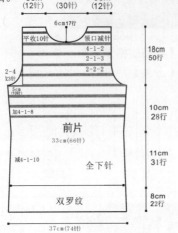

双罗纹

全下针

6cm(12针) 15cm(30针) 6cm(12针)
6cm17针
平收10针 领口减针
4-1-2
2-1-3
2-2-2
2-4×3针
5cm(16针)
加4-1-8
前片
33cm(66针)
全下针
减4-1-10
双罗纹
37cm(74针)
18cm 50行
10cm 28行
11cm 31行
8cm 22行

【成品规格】见图
【工具】12号棒针
【材料】粉红色、白色棉线
【制作过程】起104针织3cm后，改织花样B，前片织至第191行时，中间留取26针不织，两端相反方向减针编织，各减少8针，方法为2-2-2，2-1-4，最后两肩部余下21针，收针断线。袋片织花样C。

0689

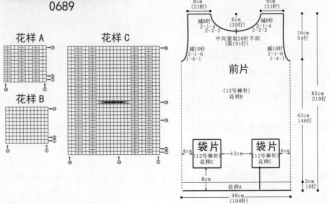

花样A 花样C
花样B

8cm(21针) 8cm(21针)
6cm 减8针 减8针
2-2-2 2-2-2
中间留取26针不织(第191行)
2-1-4 2-1-4
减10针 减10针
前片(12号棒针)花样B
袋片(12号棒针)花样C 12cm 袋片(12号棒针)花样C
8cm 花样A
40cm(104针)
16cm 54行
62cm 210行
43cm 146行
3cm 10行

0690

【成品规格】见图
【工具】12号棒针
【材料】粉红色棉线

【制作过程】起织左前片，下针起针法，起20针，起织花样B，一边织一边右侧衣摆加针，方法为2-2-10，2-1-12，将织片加至52针，然后不加减针往上编织至122行，从第123行起，左侧减针织成袖窿。衣襟按图织花样A。

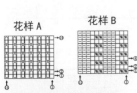

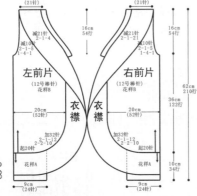

花样A 花样B

8cm(21针) 8cm(21针)
减21针 2-1-4 减21针 2-1-21
16cm 54行
减10针 2-2-2 减10针 2-2-2
2-1-4 2-1-4
左前片(12号棒针)花样B 右前片(12号棒针)花样B
衣襟 衣襟
20cm(52针) 20cm(52针)
加32针 2-1-12 加32针 2-2-10
起20针 起20针
花样A 花样A
9cm(24针) 9cm(24针)
16cm 54行
36cm 122行
62cm 210行
10cm 34行

【制作过程】先织左前片，起36针，织花样B，织至110行，左侧开始袖窿减针，同时右侧衣领减针织至150行，肩部各余下16针，织花样A，左前片共织62cm长，用同样方法相反方向编织右前片。

0691

【成品规格】见图
【工具】10号棒针
【材料】紫色粗棉线

花样A 花样B

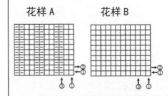

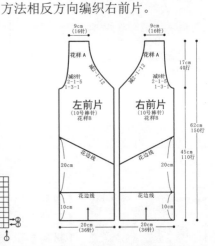

9cm(16针) 9cm(16针)
花样A 花样A
减8针 2-1-5 减8针 2-1-5
减针 2-1-12 减针 2-1-12
1-3-1 1-3-1
左前片(10号棒针)花样B 右前片(10号棒针)花样B
花边线 花边线
20cm 20cm
花边线 花边线
10cm 10cm
20cm(36针) 20cm(36针)
17cm 40行
62cm 150行
45cm 110行

0692

【成品规格】见图
【工具】10号棒针
【材料】咖啡色棉线
【制作过程】起织左前片，下针起针法，起22针，起织花样C，重复编织至60行，左侧减针织成袖窿，同时右侧减针织成前领，共减5针，减针后不加减针往上织至102行，两肩部各余下12针，按编织花样另织8cm的花样A与花样B和双层边，收针断线。

花样C

花样A

花样B

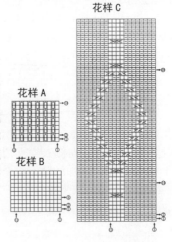

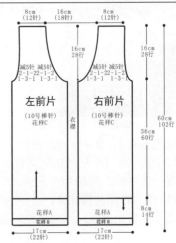

8cm(12针) 16cm(18针) 8cm(12针)
减5针 减5针 减5针 减5针
2-1-1 2-2-1 2-2-1 2-1-1
1-3-1 1-3-1
左前片(10号棒针)花样C 右前片(10号棒针)花样C
衣襟
花样A 花样A
花样B 花样B
17cm(22针) 17cm(22针)
16cm 28行
16cm 28行
60cm 102行
36cm 60行
8cm 14行

0693

【成品规格】见图
【工具】7号棒针

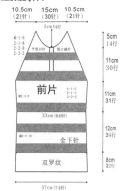

全下针　　双罗纹

【材料】白色、咖啡色羊毛绒线 纽扣3枚
【制作过程】前片按图起74针，织8cm双罗纹后，改织全下针，并间色，前片织至31cm时，分左、右2片编织，左、右两边腋窝按图示收成插肩袖。缝上纽扣。

10.5cm 15cm 10.5cm
(21针) (30针) (21针)

5cm 14行

前片

33cm(66针)

全下针

双罗纹

37cm(74针)

0694

【成品规格】见图
【工具】10号棒针
【材料】红色棉线
【制作过程】起织前片，下针起针法，起52针，起织花样C，织14行后，改织花样B，织至60行，两侧减针织成袖窿。按编织方向另织10cm花样A下摆。

花样A　　花样B

花样C

前片

花样C

花样A

40cm(52针)

0695

【成品规格】见图
【工具】12号棒针
【材料】红色棉线
【制作过程】起织左前片，下针起针法，起20针，起织花样B，一边织一边右侧衣摆加针，将织片加至52针，然后不加减针往上编织至122行，从第123行起，左侧减针织成袖窿。衣襟织花样A。

花样A

花样B

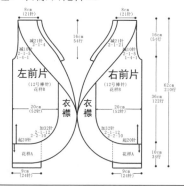

左前片
(12号棒针)
花样B

右前片
(12号棒针)
花样B

衣襟

花样A　　花样A

0696

【工具】12号棒针
【材料】墨绿色棉线
【制作过程】起织左前片，下针起针法，起20针，起织花样B，一边织一边右侧衣摆加针，将织片加至52针，然后不加减针往上编织至122行，从第123行起，左侧减针织成袖窿。衣襟织花样A。

花样A

花样B

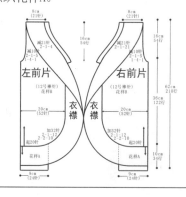

左前片
(12号棒针)
花样B

右前片
(12号棒针)
花样B

衣襟

花样A　　花样A

0697

【成品规格】见图
【工具】10号棒针
【材料】墨绿色棉线 纽扣5枚

【制作过程】起织左前片，下针起针法，起22针，起织花样C，重复编织至60行，左侧减针织成袖窿，同时右侧减针织成前领，减针后不加减针往上织至102行，肩部余下12针，收针断线。按编织方向另织8cm的花样A与花样B的双层边。用同样方法相反方向编织右前片。缝上纽扣。

花样A

花样B

花样C

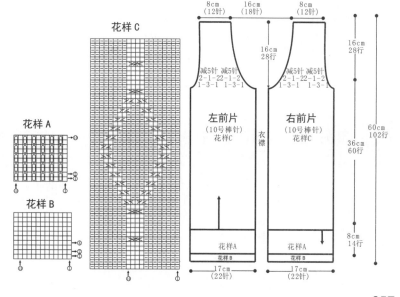

8cm 16cm 8cm
(12针) (18针) (12针)

16cm 28行

16cm 28行

减5针 减5针
2-1-22 1-2
1-3-1 1-3-1

左前片
(10号棒针)
花样C

右前片
(10号棒针)
花样C

衣襟

60cm 102行

36cm 60行

8cm 14行

花样A　　花样A

花样B　　花样B

17cm(22针)　17cm(22针)

0698

【成品规格】见图
【工具】10号、12号棒针 1.5mm钩针
【材料】咖啡色粗棉线 咖啡色中细棉线
【制作过程】前片起8针，起织花样A，一边织一边两侧加针，两侧各加16针，织至28行，然后不加减针往上编织，织至48行，改织花样B，织至52行，两侧同时减针2针，改织花样C，然后织成插肩袖窿。

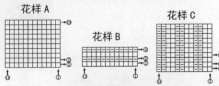

花样A　花样B　花样C

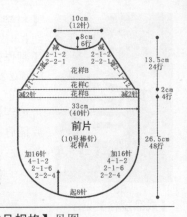

前片
（10号棒针）
花样A

【成品规格】见图
【工具】13号棒针
【材料】灰色棉线
【制作过程】前片按图起4针编织花样，织至185行时，织片中间留取24针不织，两侧减针织成前领，各减11针，织至198行，两肩部各余下20针，收针断线。衣领另织花样。

0699

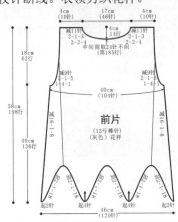

衣领
（13号棒针）
（6cm双层）
花样

花样

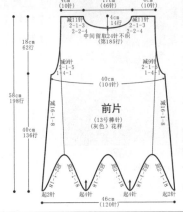

前片
（13号棒针）
（灰色）花样

【成品规格】见图
【工具】12号棒针
【材料】枣红色棉线
【制作过程】起织左前片，下针起针法，起52针，起织花样A，共织28行，改织花样B，织至82行，左侧减针织成袖窿。前摆片按图起针，织10cm花样A后，改织花样C织完。

0700

花样A　花样B

花样C

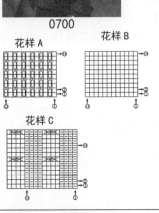

左前片　右前片
（12号棒针）　（12号棒针）
花样A　花样A

左前摆片　右前摆片
（12号棒针）　（12号棒针）
花样C　花样C

花样A　花样A

【成品规格】见图
【工具】12号棒针
【材料】黑色棉线
【制作过程】起织左前片，下针起针法，起20针，起织花样B，一边织一边右侧衣摆加针，将织片加至52针，然后不加减针往上编织至100行时，前胸处织6条2针的下针，如图所示，织至122行，从第123行起，左侧减针织成袖窿。衣襟织花样A。

0701

花样A

花样B

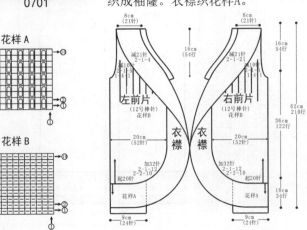

左前片　右前片
（12号棒针）　（12号棒针）
花样B　花样B

衣襟　衣襟

花样A　花样A

【成品规格】见图
【工具】7号棒针
【材料】白色毛线 白色球毛线 拉链1条
【制作过程】左、右前片起82针织花样B8cm，改织花样A，织至35cm收袖窿，平收2针。然后隔4行两边各收1针，收4次。再织至41cm收前领窝，靠近门襟一边平收4针，然后每隔1行减1针，减24次，织至48cm，全部收针。缝上拉链。

0702

8　花样A　1

8　花样B　1

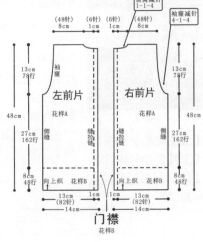

左前片　右前片
花样A　花样A

向上织 花样B　向上织 花样B

门襟
花样B

【成品规格】见图
【工具】7号棒针 小号钩针
【材料】粉红色羊毛绒线 纽扣6枚
【制作过程】前片分左、右2片编织，分别按图起41针，织全下针，织至13cm时打皱褶后，继续编织2cm全上针，再改织全下针，左、右两边按图示收成袖窿。对称织出另一片。缝上纽扣。

0703

【成品规格】见图
【工具】8号棒针
【材料】粉红色毛线 拉链1条
【制作过程】前片以机器边起针编织双罗纹针，衣身编织基本针法。缝上拉链。

0704

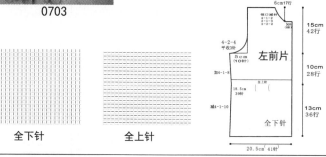

全下针　　全上针

左前片

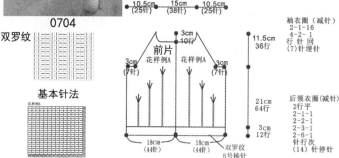

双罗纹

基本针法

前片

【成品规格】见图
【工具】7号棒针 绣花针
【材料】粉红色、红色羊毛绒线 拉链1条 绣花图案
【制作过程】前片分左、右2片编织，分别按图起35针，织5cm双罗纹后，改织全下针，并间色，左、右两边按图示收成袖窿。绣上图案，缝上拉链。

0705

【成品规格】见图
【工具】7号棒针
【材料】粉红色、白色羊毛绒线 拉链1条 亮片若干
【制作过程】前片分左、右2片编织，分别按图起35针，织5cm双罗纹后，改织全下针，并间色，左、右两边按图示收成袖窿。对称织出另一片。缝上拉链和亮片。

0706

全下针

双罗纹

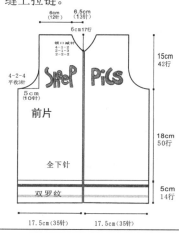

前片

SHEeP PiGS

全下针

双罗纹

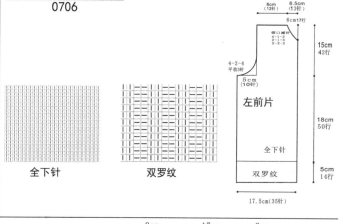

全下针　　双罗纹

左前片

全下针

双罗纹

【成品规格】见图
【工具】12号棒针
【材料】红色、白色、蓝色、粉红色线棉线
【制作过程】前片织花样至40cm，中间留取20针不织，两侧减针织成前领，方法为2-2-6，前片共织46cm长。

0707

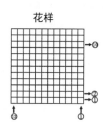

花样

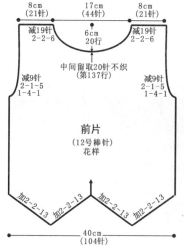

前片
（12号棒针）
花样

0708

【成品规格】见图
【工具】12号棒针
【材料】粉红色棉线　银白色毛线少量　拉链1条
【制作过程】织左前片，双罗纹针起针法，粉红色线起49针织花样A，织20行，改为银白色线与粉红色线组合编织花样B，织至68行，左侧减针织成袖窿。缝上拉链。

花样B

银白色

银白色

花样A

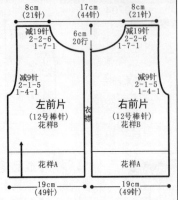

```
8cm        17cm        8cm
(21针)      (44针)      (21针)
      减19针   6cm    减19针
      2-2-6   20行   2-2-6
      1-7-1          1-7-1
减9针                        减9针
2-1-5                        2-1-5
1-4-1                        1-4-1
   左前片          右前片
  (12号棒针)      (12号棒针)
   花样B           花样B
    花样A          花样A
    19cm          19cm
   (49针)        (49针)
```

0709

【成品规格】见图
【工具】12号棒针
【材料】粉红色、蓝色、白色棉线　拉链1条
【制作过程】左前片蓝色线起104针，织花样A，蓝色、白色间隔编织，织至8cm改为粉红色线织花样B，织至16cm左侧袖窿减针，织至24cm右侧前领减针，左前片共织32cm长。用同样方法相反方向织右前片。缝上拉链。

花样A

蓝色
白色
蓝色
白色
蓝色
白色
蓝色
白色
蓝色

花样A

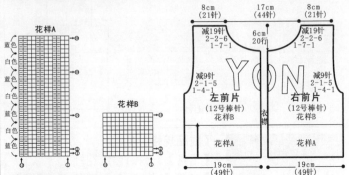

```
8cm        17cm        8cm
(21针)      (44针)      (21针)
      减19针   6cm    减19针
      2-2-6   20行   2-2-6
      1-7-1          1-7-1
减9针                        减9针
2-1-5                        2-1-5
1-4-1                        1-4-1
   左前片          右前片
  (12号棒针)      (12号棒针)
   花样B           花样B
    花样A          花样A
    19cm          19cm
   (49针)        (49针)
```

0710

【成品规格】见图
【工具】12号棒针
【材料】粉红色、蓝色、白色棉线　拉链1条
【制作过程】左前片蓝色线起104针，织花样A，蓝色、白色间隔编织，如衣摆图案，织至7cm改织粉红色线，织至30cm左侧袖窿减针，织至40cm右侧前领减针，左前片共织46cm长，用同样方法相反方向织右前片。缝上拉链。

花样A

花样B
（衣摆图案）

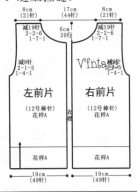

```
8cm        17cm        8cm
(21针)      (44针)      (21针)
      减19针   6cm    减19针
      2-2-6   20行   2-2-6
      1-7-1          1-7-1
减9针                        减19针
2-1-5                        2-2-6
1-4-1                        1-4-1
   左前片          右前片
  (12号棒针)      (12号棒针)
   花样A           花样A
    花样A          花样A
    19cm          19cm
   (49针)        (49针)
```

0711

【成品规格】见图
【工具】8号棒针
【材料】红色、黄色、白色毛线　拉链1条
【制作过程】前片以机器边起针编织双罗纹针，衣身编织基本针法，按图示减袖窿、前领窝、后领窝。缝上拉链。

基本针法
花样例A

双罗纹

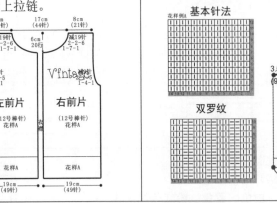

```
5.5cm  16cm  5.5cm
(13针)  (40针) (13针)                0cm
              8cm                         袖衣圈（减针）
              24行                        32行平
                                         6-1-1
3.5cm              3.5cm         15cm    2-1-3
(9针)              (9针)         46行    2-2-1
                                         行 针 回
          前片                           (3)针埋针
                                21cm     前领窝（减针）
                                64行     4行平
                                         4-1-2
                                         2-1-2
                                         2-2-1
                                         2-1-1
                                         2-4-1
                                         2-5-1
                                         行 针 回
    17cm    17cm            3cm          (8)针停针
   (42针)   (42针)          12行
                    双罗纹
                   8号棒针
```

0712

【成品规格】见图
【工具】8号棒针
【材料】红色、黄色、白色毛线　拉链1条
【制作过程】前片以机器边起针编织双罗纹针，衣边插入白色和黄色毛线，衣身编织基本针法，按图示减袖窿、后领、前领。缝上拉链。

基本针法
花样例A

双罗纹

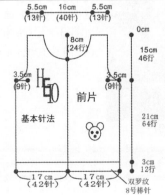

```
5.5cm  16cm  5.5cm
(13针)  (40针) (13针)                0cm
              8cm                         袖衣圈（减针）
              24行                        32行平
                                         6-1-1
3.5cm              3.5cm         15cm    2-1-3
(9针)              (9针)         46行    2-2-1
                                         行 针 回
          前片                           (3)针埋针
      基本针法                   21cm     前领窝（减针）
                                64行     4行平
                                         4-1-2
                                         2-1-2
                                         2-2-1
                                         2-5-1
                                         行 针 回
    17cm    17cm            3cm          (8)针停针
   (42针)   (42针)          12行
                    双罗纹
                   8号棒针
```

【成品规格】见图
【工具】8号棒针
【材料】绿色、白色毛线 拉链1条
【制作过程】前片用白色毛线以机器边起针编织双罗纹针，织12行后换绿色毛线编织基本针法，前片为使拉链上得平整美观，需要在门襟处织6针单针。缝上拉链。

0713

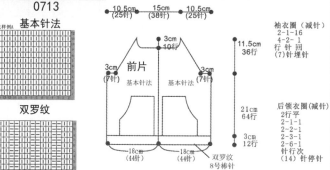

花样例A
基本针法
双罗纹

10.5cm (25针) 15cm (38针) 10.5cm (25针)

前片
3cm (7针) 基本针法 基本针法 3cm (7针)

3cm 10行

11.5cm 36行

21cm 64行

3cm 12行

18cm (44针) 18cm (44针)

双罗纹 8号棒针

袖衣圈（减针）
2-1-16
4-2-1
行 针 回
(7) 针 埋针

后领衣圈(减针)
2行平
2-1-1
2-2-1
2-3-1
2-6-1
针 行次
(14) 针停针

【成品规格】见图
【工具】8号棒针
【材料】红色毛线 拉链1条
【制作过程】前片以机器边起针编织双罗纹针，衣身编织基本针法，前片为使拉链上得平整美观，需要在门襟处织6针单针。缝上拉链。

0714

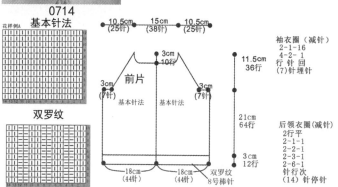

花样例A
基本针法
双罗纹

10.5cm (25针) 15cm (38针) 10.5cm (25针)

前片
3cm (7针) 基本针法 基本针法 3cm (7针)

3cm 10行

11.5cm 36行

21cm 64行

3cm 12行

18cm (44针) 18cm (44针)

双罗纹 8号棒针

袖衣圈（减针）
2-1-16
4-2-1
行 针 回
(7) 针 埋针

后领衣圈(减针)
2行平
2-1-1
2-2-1
2-3-1
2-6-1
针 行次
(14) 针停针

【成品规格】见图
【工具】7号棒针
【材料】大红色、黑色、白色毛线 拉链1条
【制作过程】左、右前片用黑色线起65针，织花样B1cm，换红色线织花样A5cm，织至15cm在侧边平收15针，再每隔1行减1针，减5次，织至18cm再每隔1行加1针，加5次，然后同时加15针（目前65针）织至27cm开始收袖窿。侧兜织花样C。缝上拉链。

0715

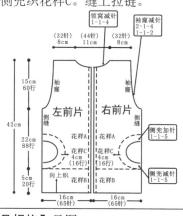

花样A
花样B
花样C

领窝减针
1-1-4

袖窿减针
2-1-4
1-1-2

(32针) 8cm (44针) 11cm (32针) 8cm

15cm 60行

42cm

22cm 88行

5cm 20行

左前片 右前片

花样A 花样A
花样C 花样C
4cm (16行) 4cm (16行)

向上织
花样B 花样B

16cm (65针) 16cm (65针)

侧缝 侧缝

侧兜加针 1-1-5
侧兜减针 1-1-5

【成品规格】见图
【工具】7号棒针
【材料】红色羊毛绒线 纽扣5枚
【制作过程】前片分左、右2片编织，分别按图起40针，织全下针，左、右两边按图示收成袖窿。对称织出另一片。缝上纽扣。

0716

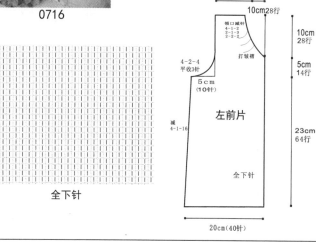

全下针

6cm (12针) 6.5cm (13针)

10cm 28行

领口减针
4-1-2
2-1-3
2-2-1

打皱褶

4-2-4 平收3针

5cm (10针)

减 4-1-16

左前片

10cm 28行

5cm 14行

23cm 64行

20cm (40针)

【成品规格】见图
【工具】7号棒针
【材料】红色、白色毛线 亮片若干 拉链1条
【制作过程】前片分左、右2片编织，分别按图起35针，织5cm双罗纹后，改织全下针，并间色，左、右两边按图示收成袖窿。对称织出另一片。缝上拉链和亮片。

0717

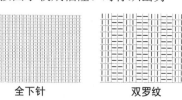

全下针 双罗纹

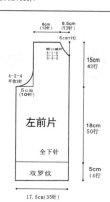

6cm (12针) 6.5cm (13针)

6cm 17行

领口减针
4-1-2
2-1-3
2-2-1

4-2-4 平收3针

5cm (10针)

左前片

15cm 42行

18cm 50行

5cm 14行

双罗纹

17.5cm(35针)

0718

【成品规格】 见图
【工具】 7号棒针
【材料】 粉红色长线 白色羊毛绒线
【制作过程】 前片按图起74针,织10cm双罗纹后,改织全下针,并间色,左、右两边按图示收成袖窿。

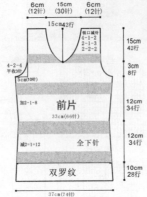

全下针　　双罗纹

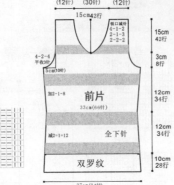

6cm (12针)　15cm (30针)　6cm (12针)

15cm42行
领口减针
4-1-2
2-1-3
2-2-2

15cm 42行

4-2-4
平收3针
5cm(10行)

3cm 8行

加2-1-8

前片
33cm(66针)

12cm 34行

减2-1=12

全下针

12cm 34行

双罗纹

10cm 28行

37cm(74针)

0719

【成品规格】 见图
【工具】 7号棒针
【材料】 粉红色长线 白色羊毛绒线
【制作过程】 前片按图起74针,织10cm双罗纹后,改织全下针,并间色,左、右两边按图示收成袖窿。

全下针　　双罗纹

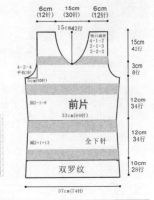

6cm (12针)　15cm (30针)　6cm (12针)

15cm42行
领口减针
4-1-2
2-1-3
2-2-2

15cm 42行

4-2-4
平收3针

3cm 8行

加2-1-8

前片
33cm(66针)

12cm 34行

减2-1=12

全下针

12cm 34行

双罗纹

10cm 28行

37cm(74针)

0720

【成品规格】 见图
【工具】 7号棒针
【材料】 白色、粉红色羊毛绒线 纽扣3枚
【制作过程】 前片按图起37针,织5cm单罗纹后,织12cm全下针,左、右两边按图示均匀减针,收成袖窿,缝上纽扣。

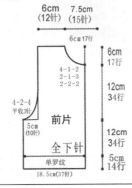

全下针　　单罗纹

6cm (12针)　7.5cm (15针)

6cm 17行

4-1-2
2-1-3
2-2-2

6cm 17行

4-2-4
平收3针
5cm(10针)

12cm 34行

前片
全下针

12cm 34行

单罗纹

5cm 14行

18.5cm(37针)

0721

【成品规格】 见图
【工具】 10号棒针
【材料】 粉红色棉线
【制作过程】 起织前片,下针起针法,起52针,起织花样A,织14行后,改织花样B,织至50行,第51行两侧各减3针,然后减针织成插肩袖窿。按编织方向另织花样A和下摆。

花样A　　　花样B

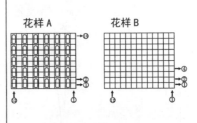

17cm (22针)

14cm 24行

1-3-1

前片
(10号棒针)
花样B

花样A

花样A

花样A

40cm (52针)

0722

【成品规格】 见图
【工具】 12号棒针
【材料】 白色、粉红色、绿色、蓝色、黄色棉线
【制作过程】 前片白色线起104针,织花样B,织16行后与起针合并成双层腰边,改织花样B,织至18cm袖窿减针,织至28cm收前领,中间留取12针不织,两侧减2-1-4,2-2-6,前片共织34cm长。前摆按图另织花样A和花样C。

花样A　　　花样B

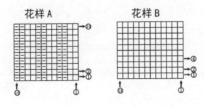

10　　5　　1

花样C

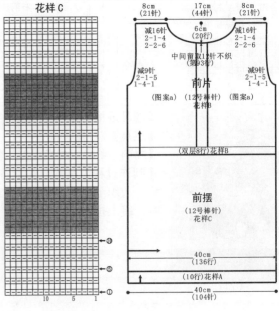

8cm (21针)　17cm (44针)　8cm (21针)

减16针
2-1-4
2-2-6

6cm (20行)

中间留取12针不织
(第93行)

减9针
2-1-5
1-4-1

前片
(12号棒针)
(图案a)　花样B　(图案a)

(双层8行)花样B

前摆
(12号棒针)
花样C

40cm (136行)

(10行)花样A

40cm (104针)

262

【成品规格】见图
【工具】12号棒针
【材料】粉红色棉线 纽扣6枚
【制作过程】前片按编织方向织花样A、B、C、D，织至第191行时，中间留取16针不织，两端相反方向减针编织，各减少8针。缝上纽名。

花样A　花样B　花样C　花样D

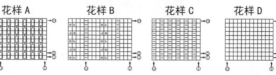

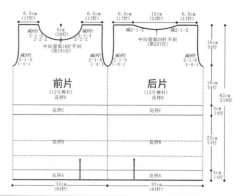

0723

0724

【成品规格】见图
【工具】12号棒针
【材料】粉红色、白色、红色、绿色、蓝色、黄色棉线
【制作过程】前片粉红色线起104针，织花样B，织16行后与起针合并成双层腰边，继续织花样B，织至18cm两侧袖窿减针，同时收前领，减2-1-22，前片共织34cm长。前襟另织花样A和花样C。

花样C
花样A
花样B

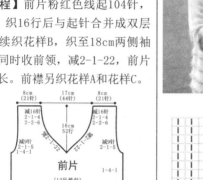

前片
(12号棒针)
花样B
(双层8针)花样B
前摆
(12号棒针)
花样C
(10行)花样A

0725

【成品规格】见图
【工具】7号棒针
【材料】白色毛线 腰带1条
【制作过程】前片按图起74针，织5cm双罗纹后，改织29cm全下针，并编入图案，左、右两边按图示收成袖窿。系上腰带。

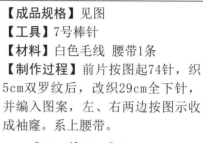

全下针

双罗纹

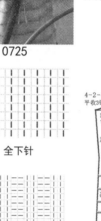

前片

全下针

双罗纹

0726

【成品规格】见图
【工具】12号棒针
【材料】白色、灰色、紫色、浅紫色、蓝绿色毛线
【制作过程】白色线起58针编织下针前上片，一侧按图减针，一侧不加减针织10cm，不减针侧开始袖窿减针，身长共编织到12cm时开始前衣领减针，按结构图减完针后收针断线，肩部余3cm。用同样方法完成另一片前上片，减针方向相反。前下片织花样。

花样

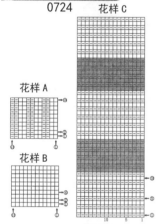

■=蓝绿色 ■=紫色 □=白色 ■=灰色 ■=浅紫色

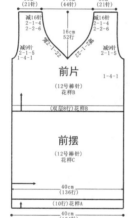

前上片

前下片
花样
编织方向

0727

【成品规格】见图
【工具】13号棒针
【材料】粉红色、红色、白色棉线 纽扣3枚
【制作过程】前片起104针，起织花样A，织28行后，改织花样B，织至150行，第151行两侧开始袖窿减针，方法为1-4-1，2-1-5，织至206行，第207行开始后领减针。缝上纽扣。

花样A

花样B

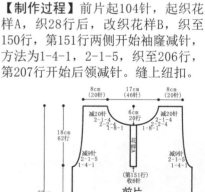

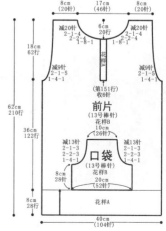

前片
(13号棒针)
花样B

口袋
(13号棒针)
花样B

花样A

【成品规格】见图
【工具】13号棒针
【材料】红色、白色棉线
【制作过程】前片起104针，起织花样A，织28行后，改织花样B，织至150行，第151行两侧开始袖窿减针。口袋按图织花样B。

0728

花样A

花样B

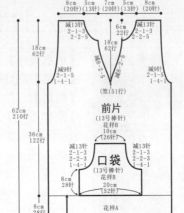

8cm　5cm　7cm　5cm　8cm
(20针)(13针)(20针)(13针)(20针)

减13针
2-1-3
2-2-5
1-4-1

6cm
22行

减13针
2-1-3
2-2-5
1-4-1

18cm
62行

18cm
62行

减9针
2-1-5
1-4-1

减9针
2-1-5
1-4-1

(第151行)

62cm
210行

前片
(13号棒针)
花样B
10cm
(26针)

36cm
122行

减13针
2-1-3
2-2-3
1-4-1

减13针
2-1-3
2-2-3
1-4-1

口袋
(13号棒针)
花样B
20cm
(52针)

8cm
28行

8cm
28行

花样A

8cm
28行

40cm
(104针)

【成品规格】见图
【工具】13号棒针
【材料】粉红色、白色棉线
【制作过程】起织前片，双罗纹针起针法，粉红色线起104针，起织花样A，织28行后，改为6行粉红色线与6行白色线间隔编织，织花样B，织至148行，第149行两侧开始袖窿减针。

0729

花样A

花样B

8cm　　17cm　　8cm
(20针)　(46针)　(20针)

减2-2-6
4cm
14行
减2-2-6

中间留取22针不织
(8层双层)花样A

18cm
62行

减9针
2-1-5
1-4-1

减9针
2-1-5
1-4-1

62cm
210行

前片
(13号棒针)
花样B

36cm
120行

花样A

8cm
28行

40cm
(104针)

【成品规格】见图
【工具】15号棒针
【材料】白色、粉红色、灰色羊毛绒线　亮片若干
【制作过程】前片分上、下片组成，上片按图起145针，织全下针，左、右两边按图示收成插肩袖窿。下片按图起198针，织35cm全下针，并间色，均匀地打皱褶，与上片缝合。缝上亮片。

0730

全下针

双罗纹

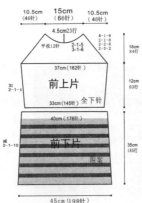

10.5cm　15cm　10.5cm
(46针)(66针)(46针)

4.5cm23行

平收12针

4-1-6
2-1-5
3-1-6

2-1-5
3-1-6

2-2-3
2-3-2
2-4-2

16cm
84行

37cm(162针)

前上片
全下针

12cm
63行

33cm(145针)全下针

加
2-1-4

40cm(176针)

前下片

图案

减
2-1-10

35cm
185行

45cm(198针)

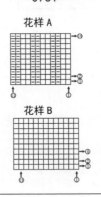

【成品规格】见图
【工具】13号棒针
【材料】深紫色、浅紫色、白色棉线
【制作过程】前片起104针织10行花样A后改织花样B，前领处织至48行时，中间留取16针不织，两侧减针，方法为2-2-4，最后两侧各余1针，断线。

0731

花样A

花样B

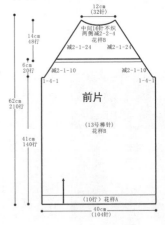

12cm
(32针)

14cm
48行

中间16针不织
两侧减2-2-4
花样B

6cm
20行

减2-1-24

减2-1-24

减2-1-10

减2-1-10

1-4-1

1-4-1

62cm
210行

前片
(13号棒针)
花样B

41cm
140行

(10行)花样A

40cm
(104针)

【成品规格】见图
【工具】13号棒针
【材料】天蓝色、浅紫色、白色棉线
【制作过程】前片起104针织10行花样A后改织花样B，前领处织至48行时，中间留取16针不织，两侧减针，方法为2-2-4，最后两侧各余1针，断线。

0732

花样A

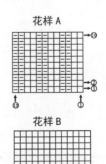

花样B

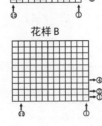

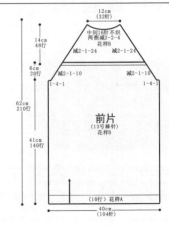

12cm
(32针)

14cm
48行

中间16针不织
两侧减2-2-4
花样B

6cm
20行

减2-1-24

减2-1-24

减2-1-10

减2-1-10

1-4-1

1-4-1

62cm
210行

前片
(13号棒针)
花样B

41cm
140行

(10行)花样A

40cm
(104针)

【成品规格】见图
【工具】13号棒针
【材料】灰色、绿色、白色棉线
【制作过程】灰色线起104针，起织花样A，织10行后，改织花样B，织至140行，第141行两侧各减4针，然后减针织成插肩袖窿。

0733

花样A
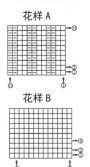

花样B

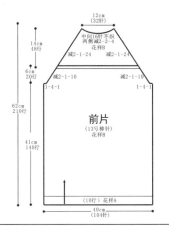

12cm
(32针)
中间16针不织
两侧减2-2-4
花样B
14cm
48行
减2-1-24   减2-1-24
6cm
20行
减2-1-10   减2-1-10
1-4-1   1-4-1

前片
(13号棒针)
花样B

62cm
210行

41cm
140行

(10行) 花样A

40cm
(104针)

【成品规格】见图
【工具】3mm棒针
【材料】白色中粗羊毛线 纽扣5枚
【制作过程】前片起102针，织花样C10cm，然后按图分别织花样A和B，织至袖窿，然后挑起衣边横织6cm花样C作为衣边，留五个扣眼，缝上纽扣。

0734

花样A
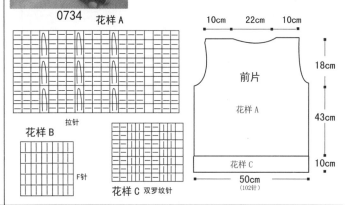

拉针

花样B

F针

花样C 双罗纹针

10cm   22cm   10cm

前片
花样A

18cm

43cm

花样C

10cm

50cm
(102针)

【成品规格】见图
【工具】7号棒针
【材料】白色羊毛绒线 纽扣5枚 绣花图案若干 绣花针
【制作过程】前片分左、右2片编织，分别按图起34针，织7cm双罗纹后，改织全下针，左、右两边按图示收成袖窿。对称织出另一片。缝上纽扣，绣上图案。

0735

双罗纹   全下针

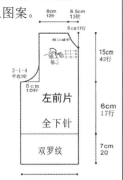

6cm   6.5cm
12针   13针
6cm 17针
2-1-4
平收3针
5cm
10针

15cm
42行

左前片
全下针

6cm
17行

双罗纹

7cm
20

17cm 34针

【成品规格】见图
【工具】8号棒针
【材料】白色、红色毛线 拉链1条
【制作过程】前片以机器边起针编织花样，衣身编织花样。

0737

花样
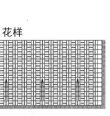

10.5cm   15cm   10.5cm
(25针)   (38针)   (25针)

3cm
10行
3cm
(7针)

前片
花样

3cm
(7针)

11.5cm
36行

21cm
64行

8针
12行

18cm
(44针)   18cm
(44针)

织花样
8号棒针

【成品规格】见图
【工具】7号棒针
【材料】白色毛线 大红色绒线 纽扣5枚
【制作过程】左右前片分别起44针，织花样A，织5cm，织花样B，织至22cm留袖窿，在两边同时各平收2针。然后隔一行两边收1针，收4次。织至30cm，留前领窝同时收肩，先平收4针，再隔1针收1针，收6次。缝上纽扣。

0736

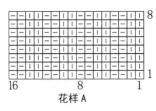

8

1

16   8   1
花样A

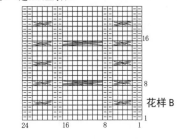

16

8

24   16   8   1
花样B

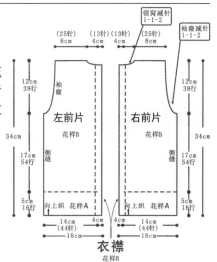

领窝减针
1-1-2

袖窿减针
1-1-2

(25针)   (13针)   (13针)   (25针)
8cm   4cm   4cm   8cm

12cm
38行
袖窿

左前片
花样B

34cm

17cm
54行
侧缝

5cm
16行
向上织 花样A

12cm
38行

右前片
花样B

34cm

17cm
54行
侧缝

5cm
16行
向上织 花样A

14cm
(44针)   4cm   4cm   14cm
(44针)

18cm   18cm

衣襟
花样B

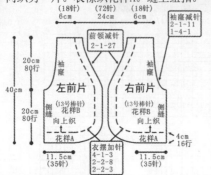

【成品规格】见图
【工具】13号棒针
【材料】红色、白色棉线 纽扣2枚
【制作过程】先织左前片，起35针织花样B，每3行起开始右侧衣摆加针，方法如图示，然后不加减针织至16cm高度后，左侧开始袖窿减针，右侧开始前领减针，方法见图解，前片共织36cm长。用相同方法相反方向织另一片。衣襟织花样A。缝上纽扣。

0738

花样A

花样B

【成品规格】见图
【工具】7号棒针
【材料】桃红色、白色毛线 纽扣5枚
【制作过程】左右前片起44针，织花样B，织5cm，织花样A，织至22cm留袖窿，在两边同时各平收2针。然后隔一行两边收1针，收4次。缝入图案。织至30cm，留前领窝同时收肩，先平收4针，再隔1针收1针，收6次。缝上纽扣。

0739

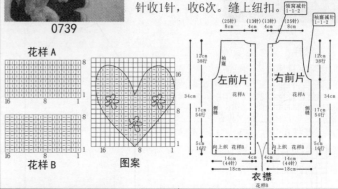

花样A

花样B

图案

（18针）6cm （72针）24cm （18针）6cm

袖窿减针
2-1-11
1-4-1

前领减针
2-1-27

20cm 80行

袖窿

40cm

左前片
（13号棒针）花样B
向上织

右前片
（13号棒针）花样B
向上织

袖窿

20cm 80行

4cm 16行

花样A 衣摆加针
4-1-3
2-2-8
2-2-3

花样A

11.5cm（35针）　11.5cm（35针）

领窝减针 1-1-2

袖窿减针 1-1-2

（25针）8cm （13针）4cm （13针）4cm （25针）8cm

袖 12cm 38行

左前片 花样A

右前片 花样A

12cm 38行

34cm 17cm 54行

侧缝

5cm 16行

向上织 花样A

14cm（44针）4cm　4cm 14cm（44针）
18cm　　　　　18cm
衣襟 花样B

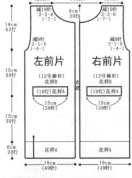 

【成品规格】见图
【工具】12号棒针
【材料】砖红色、粉红色、天蓝色、浅蓝色棉线 白色珍珠若干 纽扣5枚
【制作过程】左前片砖红色线起49针，织花样A，织6cm改为天蓝色、浅蓝色、砖红色、粉红色线间隔编织，每20行换线编织，织花样B，织至21行，中间留取39针不织，第22行在留针的位置加取39针一起编织，织至36cm左侧袖窿减针，织至48cm右侧前领减针，左前片共织54cm长。缝上珍珠及纽扣。

0740

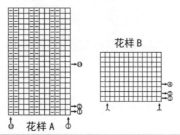

8cm（21针）17cm（44针）8cm（21针）

减19针 2-2-6 1-7-1

6cm 20行

减19针 2-2-6 1-7-1

18cm 62行

减9针 2-1-5 1-7-1

左前片
（12号棒针）花样B
（10行）花样A
15cm（39针）

右前片
（12号棒针）花样B
（10行）花样A
15cm（39针）

减9针 2-1-5 1-7-1

15cm 50行

15cm 50行

6cm 20行

花样A

花样A

19cm（49针）　19cm（49针）

花样A

花样B

【成品规格】见图
【工具】8号棒针
【材料】白色、红色毛线 纽扣3枚
【制作过程】前片用白色毛线以机器边起针编织双罗纹针，衣身编织基本针法，配色编织，按图示减袖窿、前领窝、后领窝。缝上纽扣。

0741

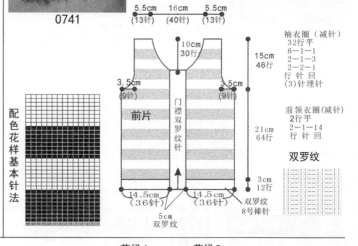

配色花样基本针法

5.5cm（13针）　16cm（40针）　5.5cm（13针）

10cm 30行

3.5cm（9针）

3.5cm（9针）

15cm 46行

前片

门襟双罗纹针

21cm 64行

袖衣圈（减针）
32行平
6-1-1
2-1-3
2-2-1
行 针回
（3）针埋针

前领衣圈（减针）
2行平
2-1-14
行 针回

双罗纹

14.5cm（36针）　14.5cm（36针）

双罗纹 8号棒针

5cm 双罗纹

3cm 12行

【成品规格】见图
【工具】13号棒针
【材料】灰色、白色、红色、绿色棉线 纽扣4枚
【制作过程】身片起174针，织花样A 4cm长改织花样B，织17行后，改为灰色线继续编织花样B，织至16cm长，将织片分成左前片42针、后片90针和右前片42针，分别编织，两侧缝处各减8针，然后减针织成插肩，方法为2-1-4，织至18cm长。缝上纽扣。

0742

花样A　花样B

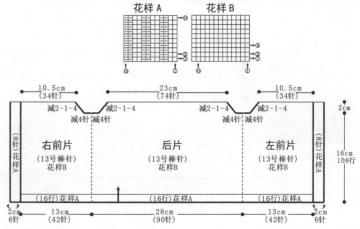

10.5cm（34针）　23cm（74针）　10.5cm（34针）

右前片
（13号棒针）花样B

后片
（13号棒针）花样B

左前片
（13号棒针）花样B

减2-1-4　减2-1-4
减4针 减4针　减4针 减4针

2cm

16cm 108行

（8针）花样A

（8针）花样A

（16行）花样A　（16行）花样A　（16行）花样A

2cm 6针 13cm（42针）　28cm（90针）　13cm（42针）　2cm 6针

0743

【成品规格】见图
【工具】4号棒针 2.5mm
钩针

缘编织

【材料】粉色、白色、红色棉线 黄色装饰线、红色绣花线少许
【制作过程】前片(左、右2片)起54针，配色编织3cm缘边后粉色线编织18.5cm下针，按袖窿减针及前领减针织出袖窿和前领。对称织出另一片。

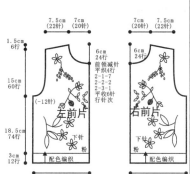

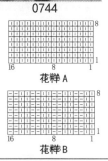

0744

【成品规格】见图
【工具】7号棒针
【材料】桃红色毛线 纽扣5枚
【制作过程】左右前片各起44针，织花样B，织5cm，织花样A，织至22cm留袖窿，在两边同时各平收2针。然后隔一行两边收1针，收4次。织至30cm，留前领窝同时收肩，先平收4针，再隔1针收1针，收6次。缝上纽扣。

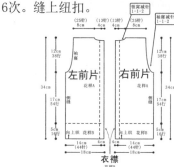

花样A

花样B

衣襟
花样B

0745

【成品规格】见图
【工具】12号棒针
【材料】红色、白色、黑色棉线 纽扣7枚
【制作过程】左前片红色线起52针，织花样A，织8cm后改织花样B，织至30cm左侧袖窿减针，同时右侧前领减针，方法为2-1-27。织至46cm，肩部余下16针，前片共织46cm长，用同样方法相反方向编织右前片。缝上纽扣。

花样A

花样B

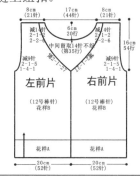

0746

【成品规格】见图
【工具】5号棒针 绣花针1根
【材料】红色、绿色、白色、黄色毛线 苹果纽扣5枚
【制作过程】左前片用5号棒针起50针，从下往上织双罗纹5cm，按图换线往上仍用红线织下针10行，第11行起织花样A，织到23cm处开挂肩，按图解分别收袖窿、收领子。对称织出另一片。缝上纽扣。

花样（下针）

双罗纹

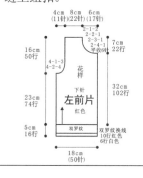

0747

【成品规格】见图
【工具】6号棒针
【材料】橘色、蓝色、黄色、白色、粉色、红色毛线 纽扣4枚
【制作过程】左前片用3.25mm棒针起44针，从下往上用红线织双罗纹5cm，按花样换色编织。缝上纽扣。

双罗纹

花样

右片　左片

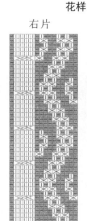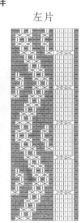

前领减针
2-1-15

袖窿减针
4-1-1
2-1-2
2-2-2
平收3针

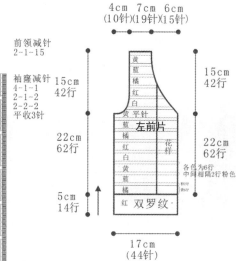

267

【成品规格】见图
【工具】7号棒针
【材料】红色羊毛绒线 丝绸布料制作的衣领1件 纽扣5枚
【制作过程】前片分上、下片组成，上片按图起70针，织全下针，下片按图起50针，织5cm双罗纹后，改织全下针，打皱褶，与上片缝合。缝上纽扣和衣领。

0748

【成品规格】见图
【工具】7号棒针
【材料】红色羊毛绒线 纽扣6枚
【制作过程】前片分左、右2片编织，分别按图起40针，织全下针，左、右两边按图示收成袖窿。对称织出另一片。缝上纽扣。

0749

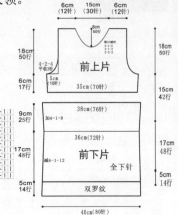

6cm(12针) 15cm(30针) 6cm(12针)

5cm 50行

18cm 50行　前上片
4-2-4 平收3针　5cm(10针)

6cm 17行

35cm(70针)

18cm 50行

15cm 42行

38cm(76针)
9cm 25行　加4-1-8
36cm(72针)

17cm 48行　前下片 全下针

17cm 48行

5cm 14行　减4-1-12　双罗纹

5cm 14行

40cm(80针)

全下针　双罗纹

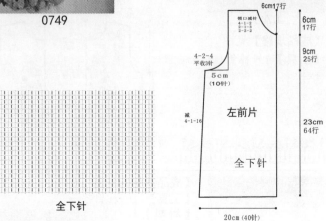

6cm(12针) 6.5cm(13针)

6cm17行

领口减针 4-1-4 2-1-3 2-2-2

6cm 17行

4-2-4 平收3针　5cm(10针)

9cm 25行

左前片
减 4-1-16

全下针

23cm 64行

20cm(40针)

全下针

【成品规格】见图
【工具】12号棒针
【材料】白色、粉红色、黄色、绿色棉线
【制作过程】起织前片，双罗纹针起针法，白色线起104针，起织花样A，织20行后，改织花样B，织至116行，改为四种线组合编织，两侧减针织成袖窿。

0750

花样A

花样B

减7针 2-1-7　减7针 2-1-7
中间窗取22针不织（第157行）
减2-1-27　减2-1-27

16cm 54行

减3针　前片
(12号棒针)
花样B　减3针

50cm 170行

28cm 96行

花样A

6cm 20行

40cm(104针)

【成品规格】见图
【工具】9号棒针
【材料】白色、粉红色、蓝绿色、绿色毛线
【制作过程】白色线起80针编织单罗纹针边，织22行，均加10针，然后配色编织花样1下针前片，织至29cm袖窿减针时进行花样2编织，身长共编织到40cm时开始前衣领减针，按结构图减完针后收针断线。

0751

花样1

花样2

■=蓝绿色 ■=绿色 ■=粉色 □=白色

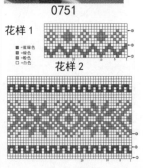

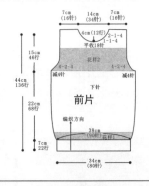

7cm(16针) 14cm(34针) 7cm(16针)

4cm(12行) 2-1-4 2-1-4
平收18针

15cm 46行

花样2
4-2-4　4-2-4

44cm 136行

减4针　下针　减4针

前片

22cm 68行

编织方向
38cm(90针) 花样1

7cm 22行

34cm(80针)

【成品规格】见图
【工具】12号棒针
【材料】白色、绿色、粉红色羊毛线
【制作过程】起织前片，双罗纹针起针法，白色线起104针织花样A，织20行，第21行起，粉红色、绿色、白色线混合编织花样B，织至102行，两侧减针织成袖窿，两侧针数减少9针，不加减针织至136行，第137起将织片中间留取20针不织，两侧减针织成前领，两侧各减12针，织至156行，两肩部各余下21针，收针断线。

0752

花样A　花样B

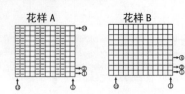

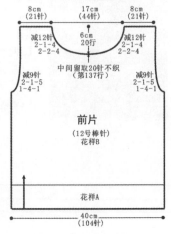

8cm(21针) 17cm(44针) 8cm(21针)

减12针 2-1-4 2-2-4　6cm 20行　减12针 2-1-4 2-2-4
中间窗取20针不织（第137行）

减9针 2-1-5 1-4-1　减9针 2-1-5 1-4-1

前片
(12号棒针)
花样B

花样A

40cm(104针)

0753

【成品规格】见图
【工具】12号棒针
【材料】花色、白色棉线
【制作过程】前片起104针，织4cm花样A后，改织花样B。织至第171行时，中间留取26针不织，两端相反方向减针编织，各减少8针，方法为2-2-2，2-1-4，最后两肩部各余下21针，收针断线。

花样A

花样B

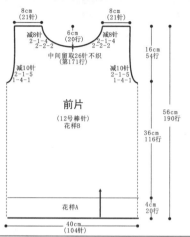

8cm (21针)   8cm (21针)
减8针 2-1-4 2-2-2   6cm (20行)   减8针 2-1-4 2-2-2
中间留取26针不织 (第171行)
减10针 2-1-5 1-4-1   减10针 2-1-5 1-4-1
16cm 54行
前片 (12号棒针) 花样B
56cm 190行
36cm 116行
花样A
4cm 20行
40cm (104针)

0754

【成品规格】见图
【工具】11号棒针
【材料】白色、粉红色、绿色棉线
【制作过程】起织前片，双罗纹针起针法，白色线起80针，起织花样A，织16行，改织花样B，织至88行，两侧同时减针织成袖窿。

花样A

花样B

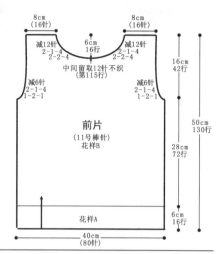

8cm (16针)   8cm (16针)
减12针 2-1-4 2-2-4   6cm (16行)   减12针 2-1-4 2-2-4
中间留取12针不织 (第115行)
减6针 2-1-4 1-2-1   减6针 2-1-4 1-2-1
16cm 42行
前片 (11号棒针) 花样B
50cm 130行
28cm 72行
花样A
6cm 16行
40cm (80针)

0755

【成品规格】见图
【工具】11号棒针
【材料】白色、粉红色、蓝色、绿色、红色棉线
【制作过程】起织前片，双罗纹针起针法，粉红色线起80针，起织花样A，织16行，改织花样B，织至88行，两侧同时减针织成袖窿。

花样A

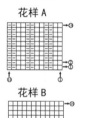

花样B

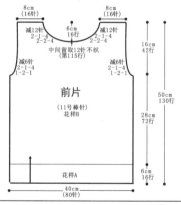

8cm (16针)   8cm (16针)
减12针 2-1-4 2-2-4   6cm (16行)   减12针 2-1-4 2-2-4
中间留取12针不织 (第115行)
减6针 2-1-4 1-2-1   减6针 2-1-4 1-2-1
16cm 42行
前片 (11号棒针) 花样B
50cm 130行
28cm 72行
花样A
6cm 16行
40cm (80针)

0756

【成品规格】见图
【工具】12号棒针
【材料】白色、红色棉线
【制作过程】起织前片，双罗纹针起针法，白色线起104针织花样A，织20行，第21行起，10行红色线、10行白色线间隔编织花样B，织至102行，两侧减针织成袖窿。

花样A

花样B

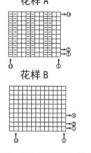

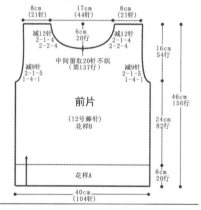

8cm (21针)   17cm (44针)   8cm (21针)
减12针 2-1-4 2-2-4   6cm (20行)   减12针 2-1-4 2-2-4
中间留取20针不织 (第137行)
减9针 2-1-5 1-4-1   减9针 2-1-5 1-4-1
16cm 54行
前片 (12号棒针) 花样B
46cm 156行
24cm 82行
花样A
6cm 20行
40cm (104针)

0757

【成品规格】见图
【工具】9号棒针
【材料】粉色、白色、咖啡色毛线
【制作过程】粉色线起80针配色编织双罗纹针边，织20行，然后配色编织花样前片，均加10针，即加至90针，袖窿减针同后片，身长共编织到38cm时开始前衣领减针，按结构图减完针后收针断线。

双罗纹

■=咖啡色 ▨=粉色 □=白色

花样

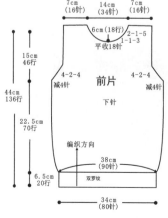

7cm (16针)   14cm (34针)   7cm (16针)
6cm (18行) 2-1-5 1-1-3
平收18针
15cm 46行
4-2-4 减4针   前片 下针   4-2-4 减4针
44cm 136行
编织方向
22.5cm 70行
38cm (90针)
6.5cm 20行
双罗纹
34cm (80针)

【成品规格】见图
【工具】9号棒针
【材料】白色、粉色、玫红色、浅蓝色、秋香绿色毛线
【制作过程】粉色线起80针编织单罗纹针边，织22行，然后按花样配色编织下针前片，均加10针，即加至90针，袖窿减针同后片，身长共编织到40cm时开始前衣领减针，按结构图减完针后收针断线。

0758

花样

□=浅蓝色
□=秋香绿色
□=玫红色
□=粉色
□=白色

后片配色花样

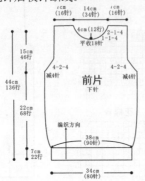

【成品规格】见图
【工具】12号棒针
【材料】白色、紫色、浅紫色、粉红色、天蓝色棉线
【制作过程】起织前片，双罗纹针起针法，白色线起104针织花样A，织20行，从第21行起，紫色、浅紫色、粉红色、天蓝色、白色线混合编织花样B，织至102行，两侧减针织成袖窿。

0759

花样A

花样B

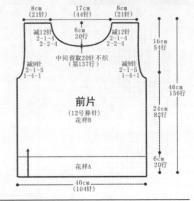

【成品规格】见图
【工具】12号棒针
【材料】浅红色、白色、红色、蓝色、灰色棉线
【制作过程】起织前片，双罗纹针起针法，浅红色线起104针织花样A，织至20行，改织花样B，织至136行，改为五色线混合编织，两侧减针织成插肩袖窿。

0760

花样A

花样B

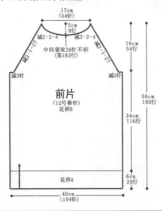

【成品规格】见图
【工具】3号棒针
【材料】粉色、白色、深粉色羊毛线
【制作过程】前片起122针，按编织方向织花样A，按图减针，在离衣长5cm处收前领。

0761　花样B

花样A

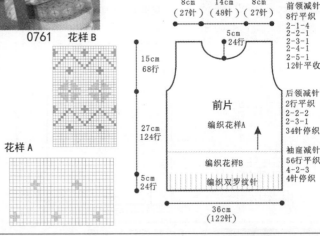

0762

【成品规格】见图
【工具】11号棒针
【材料】粉红色、红色、白色、绿色、黄色棉线
【制作过程】起织前片，双罗纹针起针法，粉红色线起80针，起织花样A，共织16行，改为五色线混合编织，织花样B，织至88行，两侧同时减针织成袖窿。

花样A

花样B

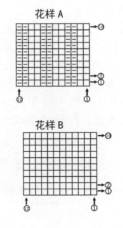

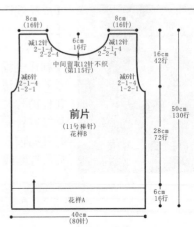

【成品规格】见图
【工具】7号棒针
【材料】白色、蓝色、红色毛线
【制作过程】前片起88针，织花样A，织7cm，织花样C，织至26cm，每隔4行两边各收1针，收4次，织花样D，织至32cm留袖窿。

0763

花样B

花样A

花样C　花样D

领窝减针
1-1-2

(24针)　(32针)　(24针)　袖窿减针
6cm　8cm　6cm　6-1-2

13cm
52行　袖窿　前片
花样D　袖窿　13cm
52行

45cm　侧缝　侧缝　45cm

32cm
128行　衣片减针
4-1-4　花样C　32cm
128行

向上织　花样A
7cm
(28行)

22cm
(88针)

【成品规格】见图
【工具】12号棒针
【材料】绿色、黑色、粉红色、蓝色棉线
【制作过程】起织前片，双罗纹针起针法，绿色线起104针，起织花样A，织20行后，改为四种线混合编织花样B，织至32行，全部改用红色线编织，织至116行，改为四种线混合编织，两侧减针织成袖窿。

0764

花样A

花样B

减7针　减7针
2-1-7　2-1-7

中间窗取22针不织（第157行）　减1-1-27

16cm
54行

减3针　减3针

前片
(12号棒针)
花样B

50cm
170行

28cm
96行

花样A　6cm
20行

40cm
(104针)

【成品规格】见图
【工具】12号棒针
【材料】红色、白色、黑色棉线
【制作过程】起织前片，双罗纹针起针法，红色线起104针，起织花样A，共织34行，改为红色、白色和黑色线混合编织，织花样B，织至136行，两侧开始袖窿减针。

0765

花样A

花样B

8cm
(21针)　8cm
(21针)

减8针　6cm
20行　减8针
2-1-2　　2-1-2
2-2-2　　2-2-2

中间窗取26针不织（第171行）

减10针　减10针
2-1-5　2-1-5
1-4-1　1-4-1

前片
(12号棒针)
花样B

56cm
190行

花样A

40cm
(104针)

【成品规格】见图
【工具】7号棒针
【材料】白色羊毛绒线 亮珠图案若干
【制作过程】前片按图起74针，织17cm花样后，改织3cm单罗纹，再织全下针，左、右两边按图示收成袖窿。

0766

6cm　15cm　6cm
(12针)　(30针)　(12针)

6cm17行

平收10针　领口减针
4-1-2
2-1-3
2-2-2

18cm
50行

4-2-4
平收3针

5cm
(10针)

前片
全下针

14cm
39行

加2-4-8

33cm(66针)

单罗纹　3cm
9行

减2-4-10　花样A　12cm
34行

5cm
14行

花样

单罗纹　全下针

37cm(74针)

【成品规格】见图
【工具】7号棒针
【材料】白色毛线
【制作过程】前片(分上片、中片和下片)中片起99针，织花样B2cm，织花样A12cm，织至12cm留袖窿，在两边同时各平收2针。然后隔4行两边收1针，收5次，上片织花样C。织至16cm，全部平收。

0767

花样C

花样A　花样B

16　8　1

8　1　8　1

领窝减针
1-1-2

(24针)　(36针)　(24针)　袖窿减针
8cm　11cm　8cm　4-1-5

11cm
36行　袖　上　袖　11cm
36行
窿　花样C　窿

45cm　侧缝　侧缝　45cm

14cm
46行　侧缝2cm　前片 中
花样A
花样B　侧缝　14cm
46行

20cm
64行　向上织　下
花样B　20cm
64行

30cm
(99针)

0768

【成品规格】见图
【工具】7号棒针
【材料】白色毛线
【制作过程】前片起80针织花样，织15cm留袖窿，两边各平收2针，然后隔2行两边各收1针，收4次，织至24cm，收领窝（前片织至21cm），中间平收15针，再每隔1行收1针，收4次，织至26cm，全部平收。

花样

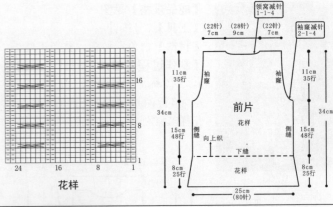

领窝减针
1-1-4

(22针) (28针) (22针)
7cm 9cm 7cm

袖窿减针
2-1-4

11cm
35行

袖窿　袖窿

11cm
35行

34cm

前片
花样

侧缝　侧缝

34cm

15cm
48行

向上织

15cm
48行

下缝

8cm
25行

花样

8cm
25行

25cm
(80针)

0769

【成品规格】见图
【工具】10号棒针
【材料】白、红色棉线
【制作过程】前片起120针，织花样C，织4cm后改织花样A，织6cm后改织花样B，织至34cm袖窿减针。

花样A

花样B

花样C

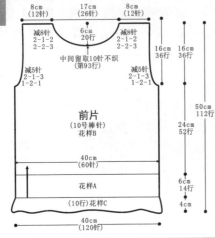

8cm
(12针)

17cm
(26针)

8cm
(12针)

减8针
2-1-2
2-2-3

6cm
20行

中间留取10针不织
（第93行）

减8针
2-1-2
2-2-3

16cm
36行

16cm
36行

减5针
2-1-3
1-2-1

减5针
2-1-3
1-2-1

前片
(10号棒针)
花样B

50cm
112行

24cm
52行

40cm
(60针)

花样A

6cm
14行

4cm

（10行）花样C

40cm
(120针)

0770

【成品规格】见图
【工具】11号棒针
【材料】粉红色棉线
【制作过程】前片起16针，织花样，一边织一边两侧加针，方法为2-4-6，然后不加减针往上织至30cm袖窿减针，方法为1-2-1，2-1-3。织至40cm收前领，中间留取12针不织，两侧为2-2-4。前片共织46cm长。

花样

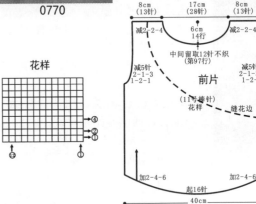

8cm
(13针)

17cm
(28针)

8cm
(13针)

减2-2-4

6cm
14行

中间留取12针不织
（第97行）

减2-2-4

16cm
38行

减5针
2-1-3
1-2-1

减5针
2-1-3
1-2-1

前片
(11号棒针)
花样

缝花边

46cm
110行

30cm
72行

加2-4-6

加2-4-6

起16针

40cm
(64针)

0771

【成品规格】见图
【工具】11号棒针
【材料】粉红色棉线 纽扣5枚
【制作过程】左前片起30针，织花样A和花样B，织至25cm左侧袖窿减针，方法为1-2-1，2-1-3。织至35cm右侧减针织前领，方法为1-4-1，2-2-4，织至41cm长，两肩部各余下13针。

花样A

花样B

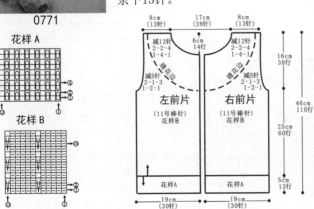

8cm
(13针)

17cm
(28针)

8cm
(13针)

减12针
2-2-4
4-1-1

6cm
14行

减12针
2-2-4
4-1-1

16cm
38行

减5针
2-1-3
1-2-1

缝花边

减5针
2-1-3
1-2-1

缝花边

左前片
(11号棒针)
花样B

右前片
(11号棒针)
花样B

46cm
110行

25cm
60行

花样A

花样A

5cm
12行

19cm
(30针)

19cm
(30针)

0772

【成品规格】见图
【工具】11号棒针
【材料】粉红色棉线400g 纽扣3枚
【制作过程】左前片起30针，织花样，织至30cm袖窿减针，方法为1-2-1，2-1-3，同时右侧减针织前领，方法为2-1-12，织至46cm长，两肩部各余下13针。缝上纽扣。

花样

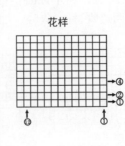

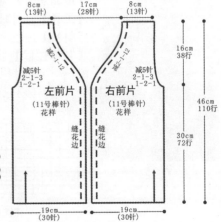

8cm
(13针)

17cm
(28针)

8cm
(13针)

减2-1-12

减2-1-12

16cm
38行

减5针
2-1-3
1-2-1

减5针
2-1-3
1-2-1

左前片
(11号棒针)
花样

右前片
(11号棒针)
花样

缝花边

缝花边

46cm
110行

30cm
72行

19cm
(30针)

19cm
(30针)

【成品规格】见图
【工具】11号棒针
【材料】粉红色棉线 纽扣3枚
【制作过程】左前片起30针织花样A，同时织花样B与花样C组合编织，组合方法见结构图所示，织至25cm袖窿减针，方法为1-2-1，2-1-3，同时右侧减针织前领，方法为2-1-12，织至41cm长，两肩部各余下13针。缝上纽扣。

0773

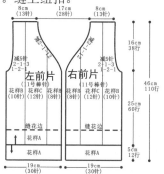

花样C

花样A

花样B

左前片
（11号棒针）
花样B
(10针)　花样C　花样A
(12针)(8针)

右前片
（11号棒针）
花样A　花样C　花样B
(8针)(12针)(10针)

减5针
2-1-3
1-2-1

减5针
2-1-3
1-2-1

2-1-1减

8cm
(13针)　17cm
(28针)　8cm
(13针)

16cm
38行

46cm
110行

25cm
60行

5cm
12行

19cm
(30针)　19cm
(30针)

缝花边

花样A

【成品规格】见图
【工具】8号棒针
【材料】粉红色棉线
【制作过程】前片以机器边起针编织基本针法几行再编织双罗纹针，衣身编织花样，按图示减袖窿、后领、前领。

0774

双罗纹

花样

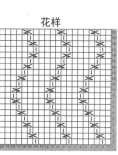

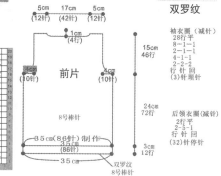

前片
8号棒针

5cm
(12针)　17cm
(42针)　5cm
(12针)

1cm
(4行)

1cm
(10针)

1cm
(10针)

15cm
46行

24cm
72行

3cm
8行

袖衣圈（减针）
28行平
8-1-1
2-1-1
4-1-1
2-2-2
行 针 回
(3)针埋针

后领衣圈（减针）
2行平
2-5-1
行 针 回
(32)针停止

3.5cm(8.6针)制作
3.5cm
(86针)

3.5cm

双罗纹
8号棒针

【成品规格】见图
【工具】8号棒针
【材料】粉色毛线 白色纯羊毛 纽扣5枚
【制作过程】左、右前片各起34针织花样A，织至24cm开始收袖窿，两边各平收2针，然后两边各收1针，收4次，织至32cm开始收前领窝，先平收4针，每隔1行收1针，收6次，织至38cm，全部平收。缝上纽扣。

0775

花样

16　　8　　1

领窝减针
1-1-6

袖窿减针
2-1-4

(19针)
6cm　(22针)
7cm　(19针)
6cm

14cm
44行　袖窿　　袖窿　14cm
44行

38cm　左前片
花样　右前片
花样　38cm

24cm
76行　侧缝　　侧缝　24cm
76行

向上织　　花样C
4cm(对折)

10cm
(34针)　10cm
(34针)

【成品规格】见图
【工具】7号、8号棒针
【材料】白色、粉色、黄色毛线
【制作过程】前片以辫子针起针编织基本针法，配色编织，按图示减袖窿、衣摆圆角、前领窝、后领窝。

0776

前片（2片）

配色花样基本针法

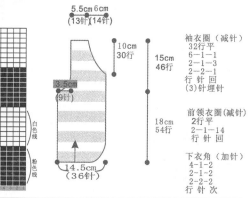

白色线

粉色线

5.5cm
(13针)　6cm
(14针)

10cm
30行

3.5cm
(9针)

15cm
46行

18cm
54行

14.5cm
(36针)

袖衣圈（减针）
32行平
6-1-1
2-1-3
行 针 回
(3)针埋针

前领衣圈（减针）
2行平
2-1-14
行 针 回

下衣角（加针）
4-1-2
2-1-2
2-2-2
行 针 次

0777

【成品规格】见图
【工具】3号棒针 2.0钩针
【材料】红色、白色纯棉线 红色微丝光马海毛线少许
【制作过程】前片起30针编织花样A，按图示加针，编织10cm高度后按图示减针，形成前片袖窿、领。

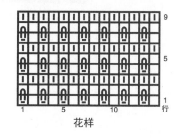

花样

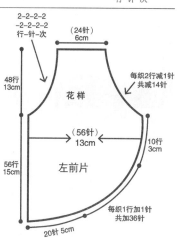

2-2-2-2
-2-2-2-2
行-针-次

(24针)
6cm

48行
13cm

花样

每织2行减1针
共减14针

(56针)
13cm

10行
3cm

56行
15cm　左前片

每织1行加1针
共加36针

20针 5cm

273

【成品规格】见图
【工具】13号棒针
【材料】红色、白色棉线 纽扣2枚
【制作过程】前片为两片单独编织。从衣摆往上编织，先织左前片，起35针织花样A和花样B，每3行起开始右侧衣摆加针，方法如图示。缝上纽扣。

0778

花样A　花样B

【成品规格】见图
【工具】7号棒针 小号钩针
【材料】红色羊毛绒线 钩花1朵
【制作过程】前片按图起290针，织花样A至12cm时，后领暂停编织，其余部分继续编织至8cm，左、右两边按图示停止编织收成袖窿。

0779

花样C

花样B

花样A

全下针

8cm 11cm 8cm
(16针)(22针)(16针)

8cm
22行

A C B
前片

11cm
(22针)4cm
16行
后领

15cm
(30针)

花样A

145cm(290针)

(18针)(72针)(18针)
6cm 24cm 6cm

前领减针
2-1-27

袖窿减针
2-1-11
1-4-1

20cm
80行

40cm

袖窿　袖窿

左前片　右前片
(13号棒针)　(13号棒针)
花样B　花样B
侧缝　向上织　向上织　侧缝

20cm
80行

花样A　花样A

4cm
16行

衣摆加针
4-1-3
2-2-8
2-2-3

11.5cm
(35针)　11.5cm
(35针)

【成品规格】见图
【工具】7号棒针
【材料】孔雀蓝色羊毛绒线 纽扣3枚
【制作过程】前片分左、右2片编织，分别按图起16针，织全下针，下摆角按图加针，左、右两边按图示收成袖窿。对称织出另一片。缝上纽扣。

0780

全下针

6cm 7.5cm
(12针)(15针)

15cm42行

领口减针
4-1-1
2-1-3
2-2-2
平收3针

15cm
42行

5cm
(10针)

左前片

加4-1-8

16.5cm(33针)

全下针

10cm
28行

减4-1-10

2-1-8

13cm
36行

8cm(16针)

【成品规格】见图
【工具】11号棒针
【材料】蓝色、白色棉线 红色、黄色绣花线少量
【制作过程】左前片蓝色线起12针，织花样A和花样B，一边织一边右侧加针，方法为2-4-1，2-2-4，2-1-4，然后平织4行，再减针织衣领，方法为4-1-10，织至10cm左侧袖窿减针，方法为1-2-1，2-1-3。左前片共织46cm。

0781

花样A

白色
蓝色

花样B

8cm 5cm
(13针)(12针)

减10针
4-1-10

减5针
2-1-3
1-2-1

平4行

左前片
(11号棒针)
花样B
起12针

加16针
2-4-1
2-2-4
2-1-4

16cm
38行

31cm
74行

5cm 8cm
(12针)(13针)

减10针
4-1-10

减5针
2-1-3
1-2-1

平4行

加16针
2-2-4
2-1-4
2-4-1

右前片
(11号棒针)
花样B
起12针

10cm
24行

5cm
12针

花样A　花样A

18cm
(28针)　18cm
(28针)

【成品规格】见图
【工具】9号棒针
【材料】白色、粉色、黄色、绿色、橘红色、褐色毛线 纽扣5枚
【制作过程】前片按图起针，先织双罗纹，织下针，织至完成。

0782

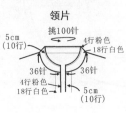

领片

挑100针

5cm
(10行)

4行粉色
18行白色

36针　36针

4行粉色
18行白色

5cm
(10行)

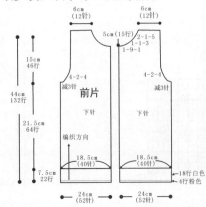

6cm 6cm
(12针)(12针)

5cm(15行)
2-1-1
1-1-3
1-9-1

15cm
46行

44cm
132行

减3针　前片　减3针
4-2-4　　　4-2-4

21.5cm
64行

下针　下针

编织方向

18.5cm
(40针)　18.5cm
(40针)

7.5cm
22行

18行白色
4行粉色

24cm(52针)　24cm(52针)

【成品规格】见图
【工具】7号棒针 绣花针
【材料】白色、粉红色羊毛绒线 纽扣5枚
【制作过程】前片分左、右2片，分别按图起37针，织10cm双罗纹后，改织全下针，并间色，左、右两边按图示收成袖窿。对称织出另一片。领子织单罗纹起针。缝上纽扣。

0783

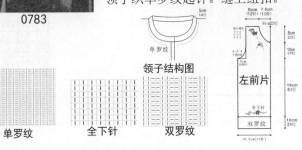

领子结构图

单罗纹

5cm
14行

单罗纹

6cm 7.5cm
(12针)(15针)

5cm
(10行)

左前片

全下针

双罗纹

18.5cm(37针)

8cm
20行

10cm
28行

19cm
53行

10cm
28行

单罗纹　全下针　双罗纹

【成品规格】见图
【工具】7号棒针 绣花针
【材料】白色、粉红色羊毛绒线 纽扣5枚
【制作过程】前片分左、右2片编织,分别按图起37针,织10cm双罗纹后,改织全下针,并间色,左、右两边按图示收成袖窿。对称织出另一片。缝上纽扣。

0784

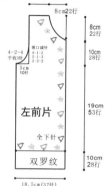

全下针　双罗纹

6cm 7.5cm
(12针)(15针)
8cm22行

横口减针
4-1-2
4-1-2
2-1-3
2-2-2

4-2-4
平收3针
5cm
10针

左前片
全下针
双罗纹

8cm 22行
10cm 28行
19cm 53行
10cm 28行

18.5cm(37针)

【成品规格】见图
【工具】5号棒针
【材料】白色羊毛线 各色彩色线少许 拉链1条
【制作过程】左前片起54针,先织双罗纹后,改织平针,在离衣长6cm处收前领。编织另一片。缝上拉链。

0785

平针针法

双罗纹针针法

8cm
(24针)

15cm
54行

26cm
96行

6cm
22行

左前片
编织平针
编织双罗纹针

6cm
20针

前领减针
6行平织
2-1-4
2-2-2
2-3-1
12针停织

18cm
(54针)

【成品规格】见图
【工具】7号棒针
【材料】白色、粉色、绿色羊毛线
【制作过程】前片起72针,编织双罗纹针5cm,然后改织平针,织27cm后收袖窿,离衣长5cm处收前领。

0786

平针针法

双罗纹针针法

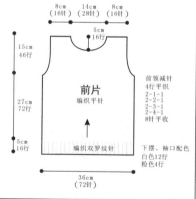

8cm 14cm 8cm
(16针)(28针)(16针)

5cm
16行

15cm
46行

27cm
72行

5cm
16行

前片
编织平针

前领减针
4行平织
2-1-1
2-2-1
2-3-1
2-4-1
8针平收

下摆、袖口配色
白色12行
粉色4行

36cm
(72针)

【成品规格】见图
【工具】9号棒针
【材料】白色、粉红色、桃红色毛线 纽扣5枚
【制作过程】起52针编织下针前片,身长编织到30cm,开始袖窿减针,按图完成减针编织至肩部,身长共织到44cm时减出后衣领,两肩部各余下12针。

0787

领片

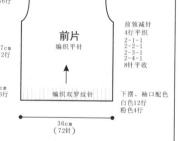

5cm
(12行)

挑100针

36针　　36针

5cm
(12行)

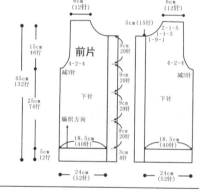

6cm
(12针)

6cm
(12针)

15cm
46行

45cm
132行

25cm
74行

4-2-4
减3针

前片
下针
编织方向

5cm
12针

18.5cm
(40针)

5cm(15行)
2-1-1
2-1-3
1-9-1

9cm
20行
9cm
20行
9cm
20行
9cm
20行

4-2-4
减3针

下针

8针

18.5cm
(40针)

24cm
(52针)

24cm
(52针)

【成品规格】见图
【工具】11号棒针
【材料】白色棉线
【制作过程】起织前片,起80针,起织花样A,共织16行,改织花样B,织至59行,右侧减针编织,方法为2-2-20,织至89行,左侧减针织成袖窿,方法为1-2-1、2-1-4,减6针,余下针数左侧不加减针往上织至99行,右侧减针织成前领,方法为2-2-9、2-1-4,减少22针,最后两肩部各余下12针,收针断线。另起针编织右侧片。

0788

花样 A

花样 B

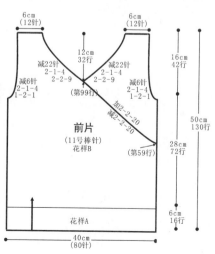

6cm
(12针)

6cm
(12针)

12cm
32行

减22针
2-2-9
2-1-4

减22针
2-2-9
2-1-4

减6针
2-1-4
1-2-1

减6针
2-1-4
1-2-1

(第99行)

加2-2-20

前片
(11号棒针)
花样B

花样A

(第59行)

16cm
42行

50cm
130行

28cm
72行

6cm
16行

40cm
(80针)

0789

【成品规格】见图
【工具】9号棒针
【材料】白色、洋红色、黄色、绿色、粉红色、浅蓝色毛线 纽扣5枚
【制作过程】洋红色线起104针，织12行，然后换白色线中的上针2针并1针编织，均减24针，即减至80针，然后编织下针后片，身长编织到30cm，开始袖窿减针。

装饰小花

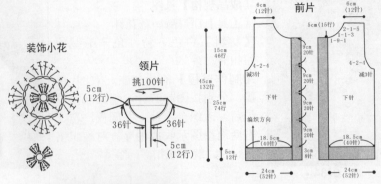

0790

【成品规格】见图
【工具】5号棒针
【材料】粉色、白色羊毛线 羊毛圈圈线各色彩色线少许 拉链1条
【制作过程】左前片起54针，先织双罗纹后，改织平针，在离衣长6cm处收前领。编织另一片。缝上拉链。

平针针法

双罗纹针针法

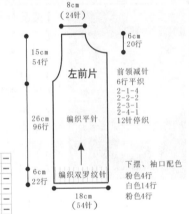

0791

【成品规格】见图
【工具】9号棒针
【材料】粉紫色、粉色、绿色宝宝绒线 纽扣5枚 装饰珍珠
【制作过程】起56针编织下针前片，衣襟边随前片同织，编织到29cm，开始袖窿减针，按图完成减针编织至肩部。

领片

挑110针下针

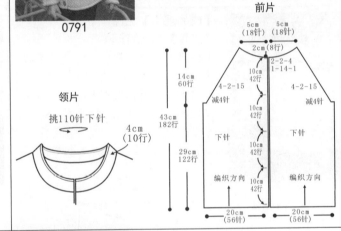

0792

【成品规格】见图
【工具】9号棒针
【材料】粉红色、白色、绿色毛线 纽扣6枚
【制作过程】粉红色线起80针编织边花样，织16行，然后编织下针后片，身长编织到30cm，开始袖窿减针，按图完成减针编织至肩部，身长共织到44cm时减出后衣领，两肩各余12针。缝上纽扣。

领片

边花样

花样

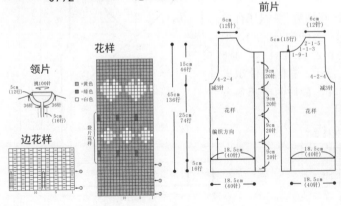

0793

【成品规格】见图
【工具】12号棒针 1.25mm钩针
【材料】粉红色棉线
【制作过程】起织左前片，下针起针法，起49针织花样，织至102行，左侧减针织成袖窿，减针方法为1-4-1，2-1-5，共减少9针，不加减针织至136行，右侧减针织成前领，方法为1-7-1，2-2-6，共减19针，织至156行，两肩部各留下21针，收针断线。用同样的方法相反方向编织右前片。

花样

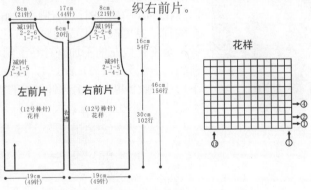

276

0794

【成品规格】见图
【工具】10号棒针
【材料】粉红色、红色、蓝色、白色棉线
【制作过程】起织左前片，起24针，起织花样A，织10行后，改织花样B，织至58行，左侧减针织成袖窿。

花样A

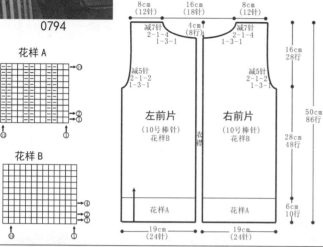

花样B

左前片
(10号棒针)
花样B

右前片
(10号棒针)
花样B

花样A | 花样A

8cm(12针) | 16cm(18针) | 8cm(12针)
减7针 2-1-4 1-3-1 | 4cm(8行) | 减7针 2-1-4 1-3-1
减5针 2-1-2 1-3-1 | | 减5针 2-1-2 1-3-1
16cm 28行
28cm 48行
50cm 86行
6cm 10行
19cm(24针) | 19cm(24针)

0795

【成品规格】见图
【工具】7号棒针
【材料】青色、紫色、西瓜红色、粉色毛线 纽扣6枚
【制作过程】左、右前片各起44针织花样B7cm(分布为8行/4行/8行)，然后改织花样A，织至32cm收袖窿，平收2针。然后隔2行两边各收1针，收4次。缝上纽扣。

领子
19cm(58针)
4cm 14行
花样B 花样B
23cm(70针)

花样A | 花样B

图案A | 图案B

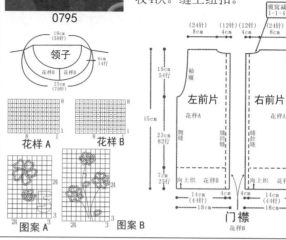

领窝减针 1-1-4
袖窿减针 2-1-4

左前片
花样A

右前片
花样A

门襟
花样B

(24针)8cm (12针)4cm (12针)4cm (24针)8cm
15cm 54行
15cm 54行
15cm
23cm 82行
23cm 82行
45cm
7cm 25行
7cm 25行
14cm(44针) 4cm 4cm 14cm(44针)
18cm | 18cm

0796

【成品规格】见图
【工具】10号棒针
【材料】白色、黄色毛线 纽扣5枚
【制作过程】白色线起116针编织边花样，织20行，第21行将边花样2针并1针，然后编配色花样前片，身长编织到29cm，开始袖窿减针，并改织白色下针花样，身长共编织到38cm时开始前衣领减针，按结构图减完针后收针断线。用同样方法完成另一片前片。

边花样

挑84针 10cm(46行)
反面
正面
挑104针
领边

前片

花样 ■=黄色 □=白色

减针后白色花样

左 花样 | 右 花样

6cm(20针) | 6cm(26行) | 6cm(20针)
| 2-1-8 1-8-1 |
4-2-6 减6针 花样 | 4-2-6 减6针 花样
15cm 70行
44cm 202行
24cm 112行
编织方向
18cm(58针) | 18cm(58针)
5cm 20行
36cm(116针) | 36cm(116针)

0797

【成品规格】见图
【工具】7号棒针
【材料】黄色羊毛绒线 拉链1条 下摆绳子1根
【制作过程】前片分左、右2片编织，分别按图起37针，织10cm双罗纹后，改织全下针，左、右两边按图示收成袖窿。穿上绳子，缝合拉链。

全下针

双罗纹

领子结构图
18cm(36针)
双罗纹 31cm(50行) 12cm(34针)

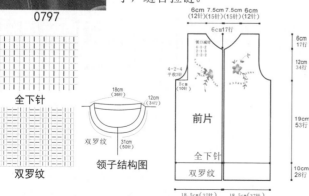

前片
全下针
双罗纹

6cm 7.5cm 7.5cm 6cm
(12针)(15针)(15针)(12针)
6cm17行
领口减针 4-1-2 2-1-3 2-2-2
4-2-4 平收针 8cm(10行)
6cm 17行
12cm 34行
19cm 53行
10cm 28行
18.5cm(37针) | 18.5cm(37针)

0798

【成品规格】见图
【工具】7号棒针
【材料】白色、红色、黑色羊毛绒线
【制作过程】前片分左、中、右3片组成，左、右2片织法一样，只是收针方向相反，分别按图起16针，织花样B，左、右两边按图示收成袖窿，中间衣片按编织方向起66针，织花样A，并编入图案，领口按图加减针，收成领口，下摆另织14行双罗纹。然后左、中、右片和下摆缝合。

花样A

花样B | 双罗纹

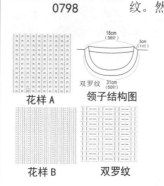

18cm(36针)
5cm 14行
31cm(50针)
领子结构图

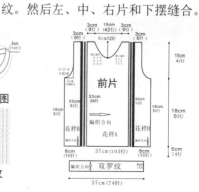

前片
花样A

花样B | 花样B

3cm(6针) | 18cm(42针)9行 | 3cm(6针)
6cm12针
4-2-4 平收针 3cm(6针)
33cm 66针
33cm 92行
18cm 50行
18cm 50行
15cm 42行
编织方向
双罗纹
8cm(16针) 37cm(103针) 8cm(16针)
5cm 14行
37cm(74针)

277

【成品规格】见图
【工具】7号棒针
【材料】咖啡色、白色、红色羊毛绒线
【制作过程】前片按图起74针，织5cm单罗纹后，改织花样，并间色，左、右两边按图示收成插肩袖窿。

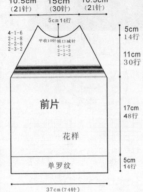

0799

【成品规格】见图
【工具】7号棒针 绣花针
【材料】咖啡色、杏色、白色羊毛绒线
【制作过程】前片按图起74针，织5cm单罗纹后，改织花样，并间色，左、右两边按图示收成插肩袖窿。

0800

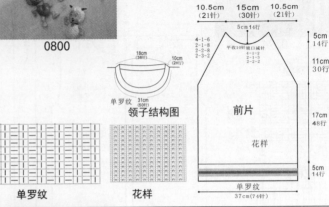

领子结构图
单罗纹
花样
前片
花样
单罗纹

10.5cm（21针） 15cm（30针） 10.5cm（21针）
5cm 14行
4-1-6 2-1-8 2-2-8 2-3-2
平收10针领口减针 2-1-2 2-1-3 2-2-2
5cm 14行
11cm 30行
17cm 48行
5cm 14行
37cm（74针）

0801

【成品规格】见图
【工具】7号棒针
【材料】浅杏色羊毛绒线 皮革肩托2片
【制作过程】前片按图起74针，织8cm单罗纹后，改织花样，左、右两边按图示收成袖窿。

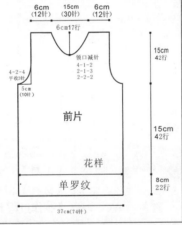

领子结构图
单罗纹
花样
单罗纹

6cm（12针） 15cm（30针） 6cm（12针）
6cm 17行
领口减针 4-1-2 2-1-3 2-2-2
5cm 平收10针
前片
花样
单罗纹
15cm 42行
15cm 42行
8cm 22行
37cm（74针）

【成品规格】见图
【工具】7号棒针
【材料】黄色、灰色、褐色毛线
【制作过程】前片以机器边起针编织双罗纹针，衣身编织基本针法，按图示减袖窿、前领窝、后领窝。

0802

领子结构图
17.5cm（53针）
5cm（22行）
26cm（79针）
双罗纹 7号棒针
双罗纹

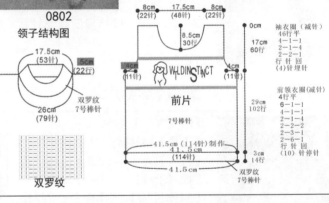

8cm（22针） 17.5cm（48针） 8cm（22针）
0cm
8.5cm 30行
17cm 60行
4cm（11针）
WILDINSTINCT
前片 7号棒针
4cm（11针）
41.5cm（114针）制作
41.5cm（114针）
41.5cm
29cm 102行
3cm 14行
双罗纹 7号棒针

袖衣圈（减针）46行平 4-1-1 2-1-4 2-2-2 2-3-1 2-6-1 行 针回 (4)针埋针
前领衣圈（减针）4行平 6-1-1 4-1-1 2-1-4 2-2-2 2-3-1 2-6-1 行 针回 (10) 针停针

0803

【成品规格】见图
【工具】8号棒针
【材料】黑灰色毛线 白色纯羊毛线
【制作过程】前片起160针，织花样B，织5cm，中间织花样A，两边继续织花样B，织至33cm开始收袖窿，两边各平收2针。然后隔一行减1针，共收4次。织至42cm开始收肩和后领窝，先平收4针，再隔1针收1针，收2行。

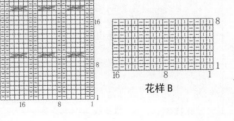

花样A
花样B
领子
10cm（60针）
10cm 60行
花样B
13cm（78针）

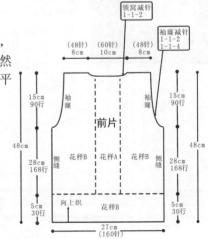

领窝减针 1-1-2
袖窿减针 1-1-2 1-1-4
（48针）8cm （60针）10cm （48针）8cm
15cm 90行
袖窿
前片
袖窿
15cm 90行
48cm
28cm 168行
侧缝
花样B
花样A
花样B
侧缝
28cm 168行
48cm
5cm 30行
向上织
花样B
5cm 30行
27cm（160针）

0804
领

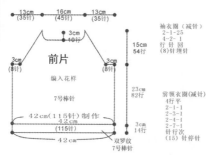

【成品规格】见图
【工具】7号棒针
【材料】灰色、白色毛线
【制作过程】前片以机器边起针编织双罗纹针，衣身编织下针，按图示减袖窿、前领窝、后领窝。

13cm（35针）　16cm（45针）　13cm（35针）
3cm 10行
前片
3cm（8针）　3cm（8针）
编入花样
7号棒针
42cm（115针）制作
42cm（115针）
42cm
双罗纹 7号棒针

15cm 54行
23cm 82行
3cm 14行

袖衣圈（减针）
2-1-25
4-2-1
行 针 回
（8）针埋针

前领衣圈（减针）
4行平
2-1-1
2-3-1
2-4-1
2-7-1
针行次
（15）针停针

11.5cm（35针）
5cm（22行）
17cm（53针）
双罗纹 7号棒针

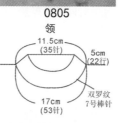

0805
领

【成品规格】见图
【工具】7号棒针
【材料】灰色、白色毛线
【制作过程】前片以机器边起针编织双罗纹针，衣身编织下针，按图示减袖窿、前领窝、后领窝。

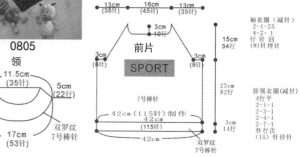

13cm（35针）　16cm（45针）　13cm（35针）
3cm 10行
前片
3cm（8针）　3cm（8针）
SPORT
7号棒针
42cm（115针）制作
42cm（115针）
42cm
双罗纹 7号棒针

15cm 54行
23cm 82行
3cm 14行

袖衣圈（减针）
2-1-25
4-2-1
行 针 回
（8）针埋针

前领衣圈（减针）
4行平
2-1-1
2-3-1
2-4-1
2-7-1
针行次
（15）针停针

11.5cm（35针）
5cm（22行）
17cm（53针）
双罗纹 7号棒针

0806

【成品规格】见图
【工具】7号棒针 绣花针
【材料】灰色羊毛绒线
【制作过程】前片按图起74针，织双罗纹，左、右两边按图示收成袖窿。

20cm（40针）
双罗纹
18cm 50行
4-1-20
圈织49cm（98针）

领子结构图

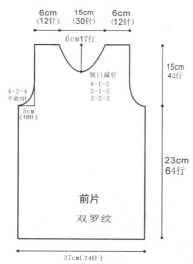
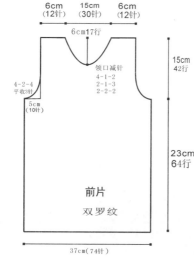

双罗纹

双罗纹

6cm（12针）　15cm（30针）　6cm（12针）
6cm17行
15cm 42行
领口减针
4-1-2
2-1-3
2-2-2
4-2-4 平收3针
5cm（10针）
23cm 64行
前片
双罗纹
37cm（74针）

0807

【成品规格】见图
【工具】7号棒针
【材料】黑灰色毛线
【制作过程】前片起160针，织花样，织至33cm开始收袖窿，两边各平收2针。然后隔一行减1针，共收4次。织至42cm开始收肩和后领窝，先平收4针，再隔1针收1针，收2行。

10cm（60针）　5cm（30行）
花样A
领子
13cm（78针）

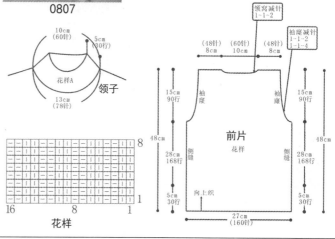

领窝减针 1-1-2
袖窿减针 1-1-2 1-1-4
（48针）8cm　（60针）10cm　（48针）8cm
15cm 90行　袖窿　袖窿　15cm 90行
48cm　前片 花样　48cm
28cm 168行　侧缝　侧缝　28cm 168行
5cm 30行　向上织　5cm 30行
27cm（160针）

16　8　1
花样

0808

【成品规格】见图
【工具】7号棒针
【材料】灰色羊毛绒线
【制作过程】前片按图起74针，织5cm花样A后，改织花样B，左、右两边按图示收成袖窿。

18cm（36针）　10cm（28行）
花样A
31cm（50针）
领子结构图

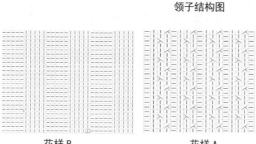
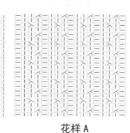

花样B　花样A

6cm（12针）　15cm（30针）　6cm（12针）
6cm17行
15cm 42行
领口减针
4-1-2
2-1-3
2-2-2
4-2-4 平收3针
5cm（10针）
ＡＭ８５
18cm 50行
前片
花样B
花样A
5cm 14行
37cm（74针）

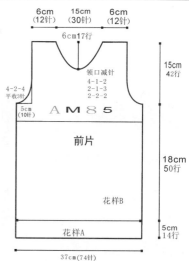

0809

【成品规格】见图
【工具】7号棒针
【材料】灰色羊毛绒线
【制作过程】前片按图起74针,织5cm双罗纹后,改织花样,左、右两边按图示收成袖窿,前片3个"A"按图解编织。

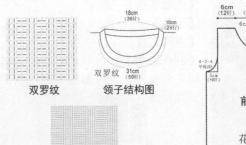

双罗纹

领子结构图

花样

前片
花样
双罗纹

6cm(12针) 15cm(30行) 6cm(12针)
6cm17行
领口减针
4-1-1
2-2-2
4-2-4
平收5cm(10针)
15cm 42行
18cm 50行
5cm 14行
37cm(74针)

0810

【成品规格】见图
【工具】7号棒针 绣花针
【材料】紫蓝色、白色、黑色羊毛绒线
【制作过程】前片按图起74针,织5cm双罗纹后,改织全下针,并编入图案,左、右两边按图示收成袖窿。

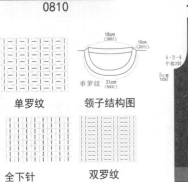

单罗纹

领子结构图

全下针

双罗纹

6cm(12针) 15cm(30针) 6cm(12针)
6cm17行

4-2-4
平收5cm(10针)

前片

15cm 42行
18cm 50行
5cm 14行
37cm(74针)

0811

【成品规格】见图
【工具】7号棒针
【材料】紫蓝色、黑色、白色羊毛绒线
【制作过程】前片按图起74针,织5cm双罗纹后,改织全下针,左、右两边按图示收成插肩袖窿。

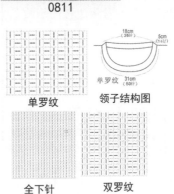

单罗纹

领子结构图

全下针

双罗纹

10.5cm(21针) 15cm(30针) 10.5cm(21针)
5cm14行

4-1-6
2-1-8
2-2-8
2-3-2
平收10针领口减针
4-1-2
2-1-3
2-2-2

前片
全下针
双罗纹

5cm 14行
11cm 30行
17cm 48行
5cm 14行
37cm(74针)

0812

【成品规格】见图
【工具】7号棒针 绣花针
【材料】紫蓝色、黑色、浅蓝色羊毛绒线
【制作过程】前片按图起74针,织5cm双罗纹后,改织全下针,并间色,左、右两边按图示收成插肩袖窿。

单罗纹

领子结构图

全下针

双罗纹

10.5cm(21针) 15cm(30针) 10.5cm(21针)
5cm14行

4-1-6
2-1-8
2-2-8
2-3-2
平收10针领口减针
4-1-2
2-1-3
2-2-2

前片
sporty casual
we are powerful grow in number
Five ups
全下针

5cm 14行
11cm 30行
17cm 48行
5cm 14行
37cm(74针)

0813

【成品规格】见图
【工具】7号棒针
【材料】紫蓝色、黑色、白色羊毛绒线
【制作过程】前片按图起74针,织5cm双罗纹后,改织全下针,左、右两边按图示收成插肩袖窿。

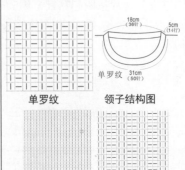

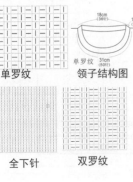

单罗纹

领子结构图

全下针

双罗纹

10.5cm(21针) 15cm(30针) 10.5cm(21针)
5cm14行

4-1-6
2-1-8
2-2-8
2-3-2
平收10针领口减针
4-1-2
2-1-3
2-2-2

前片 全下针
双罗纹

5cm 14行
11cm 30行
17cm 48行
5cm 14行
37cm(74针)

0814

【成品规格】见图
【工具】7号棒针
【材料】白色、湖蓝色羊毛绒线 拉链1条
【制作过程】前片按图起74针，织3cm全下针后，改织8cm双罗纹，再织全下针，并间色，前片织至20cm时，分左、右两边编织，袖窿2边按图示收成插肩袖。缝上拉链。

领子结构图
18cm(36针)　5cm(14行)
双罗纹

双罗纹

全下针

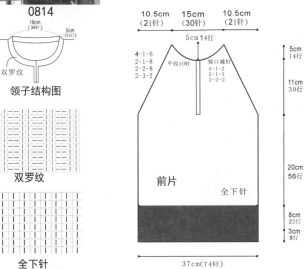

10.5cm(21针)　15cm(30针)　10.5cm(21针)
5cm 14行
4-1-6
2-1-8
2-2-8
2-3-2
平收10针　领口减针 4-1-2 2-1-3 2-2-2
5cm 14行
11cm 30行
前片
20cm 56行
全下针
8cm 22行
3cm 8行
37cm(74针)

0815

【成品规格】见图
【工具】7号棒针
【材料】白色、红色、黑色羊毛绒线
【制作过程】前片按图起74针，织10cm双罗纹后，改织全下针，并间色，左、右两边按图示收成插肩袖。

领子结构图
18cm　5cm(14行)
双罗纹 31cm(50针)

全下针

双罗纹

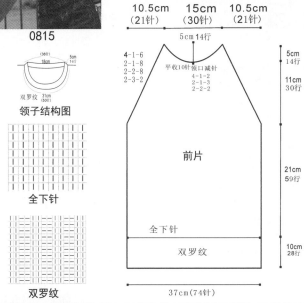

10.5cm(21针)　15cm(30针)　10.5cm(21针)
5cm 14行
4-1-6
2-1-8
2-2-8
2-3-2
平收10针领口减针 4-1-2 2-1-3 2-2-2
5cm 14行
11cm 30行
前片
21cm 59行
全下针
双罗纹
10cm 28行
37cm(74针)

0816

【成品规格】见图
【工具】3号棒针
【材料】黑色、白色、紫红、红色、绿色、灰色、黄色羊毛线 布贴1个
【制作过程】前片起122针，先织5cm双罗纹针后，改织平针，在离衣长4cm处收前领。

平针针法

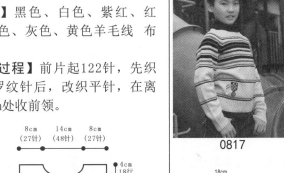

8cm(27针)　14cm(48针)　8cm(27针)
4cm 18行
15cm 70行
前片
25cm 116行
编织平针
前领减针
2行平织
2-1-3
2-3-2
1-6-1
28行平织
8针平收
5cm 24行
编织双罗纹针
36cm(122针)

双罗纹针针法

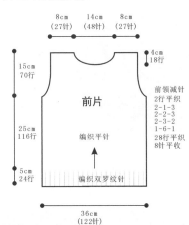

0817

【成品规格】见图
【工具】7号棒针
【材料】浅灰色羊毛绒线 橙色、黑色毛线
【制作过程】前片按图起74针，织10cm双罗纹后，改织全下针，并间色，左、右两边按图示收成插肩袖。

领子结构图
18cm(36针)　5cm(14行)
双罗纹 31cm(50针)

双罗纹

全下针

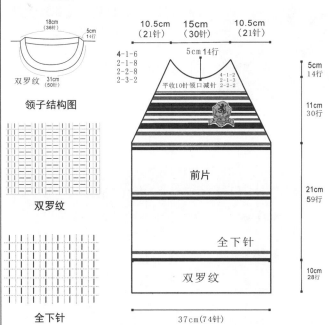

10.5cm(21针)　15cm(30针)　10.5cm(21针)
5cm 14行
4-1-6
2-1-8
2-2-8
2-3-2
平收10针领口减针 4-1-2 2-1-3 2-2-2
5cm 14行
11cm 30行
前片
21cm 59行
全下针
双罗纹
10cm 28行
37cm(74针)

【成品规格】见图
【工具】14号棒针
【材料】米色、咖啡色羊毛线
咖啡色格子布少量
【制作过程】前片用咖啡色线
起144针，编织6行双罗纹针，
然后换米色线继续编织，织5cm
后改织花样，织27cm后收袖
窿，在离衣长6cm时收前领。

0818

双罗纹针针法

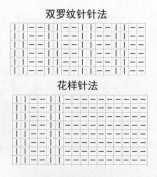

花样针法

8cm (32针)　14cm (56针)　8cm (32针)

6cm 30行

15cm 78行

前领减针
18行平织
2-1-1
2-2-1
2-3-1
2-4-1
2-5-1
14针停织

前片
编织花样

27cm 140行

编织双罗纹针

5cm 26行

36cm (144针)

【成品规格】见图
【工具】5号棒针
【材料】灰色、深蓝色、橘色棉线
布贴1套
【制作过程】橘色线起86针，先编
织6行双罗纹针，然后再用灰色线继
续编织14行双罗纹针，接着改平针
编织，织29cm后如图示收针，在离
衣长6cm处收前领。

0819

平针针法

双罗纹针针法

8cm (19针)　14cm (34针)　8cm (19针)

6cm 18行

15cm 44行

前领减针
6行平织
2-1-3
2-2-1
2-3-1
2-4-1
10针停织

前片
编织平针

28cm 86行

6cm 20行

36cm (86针)

【成品规格】见图
【工具】9号棒针
【材料】深蓝色、白色、浅蓝色宝宝
绒线
【制作过程】深蓝色线起96针，织22
行，然后配色编织花样前片，袖窿减
针同后片，身长共编织到39cm时开始
前衣领减针，按结构图减完针后收针
断线。

0820

花样

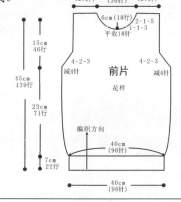

8cm (20针)　16cm (36针)　8cm (20针)

6cm (18行)
平收18针
2-1-5
1-1-3

15cm 46行

45cm 139行

4-2-3
减4针

前片
花样

4-2-3
减4针

23cm 71行

编织方向

40cm (96针)

7cm 22行

40cm (96针)

10　5　1

【成品规格】见图
【工具】5号棒针
【材料】灰色、深蓝色、橘色棉线
布贴1套
【制作过程】起86针，编织双罗纹
针5cm，然后如图示进行配色平针
编织，织29cm后如图示收针，在离
衣长2cm处收后领。

0821

平针针法

双罗纹针针法

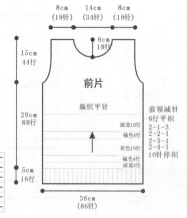

8cm (19针)　14cm (34针)　8cm (19针)

6cm 18行

15cm 44行

前片
编织平针

深蓝10行
橘色4行
灰色10行
橘色4行
深蓝4行

29cm 88行

前领减针
6行平织
2-1-3
2-2-1
2-3-1
2-4-1
10针停织

5cm 16行

36cm (86针)

【成品规格】见图
【工具】5号棒针
【材料】灰色、黑色棉线
【制作过程】前片起94针，编织双
罗纹针5cm，然后如图示进行配色
平针编织（黑色与灰色各10行），织
26cm后如图示收袖窿，在离衣长
3cm处收前领。

0822

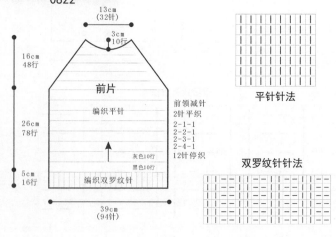

13cm (32针)

3cm 10行

16cm 48行

前片
编织平针

灰色10行
黑色10行

编织双罗纹针

26cm 78行

前领减针
2行平织
2-1-1
2-2-1
2-3-1
2-4-1
12针停织

5cm 16行

39cm (94针)

平针针法

双罗纹针针法

0823

【成品规格】见图
【工具】5号棒针
【材料】黑色、白色羊毛线
【制作过程】用黑色线起86针，编织双罗纹针6cm，然后配色编织花样，织28cm后如图示收袖窿，在离衣长6cm处收前领。

花样针法

双罗纹针针法

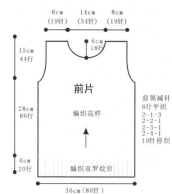

8cm（19针） 14cm（34针） 8cm（19针）

6cm 18针

15cm 44行

28cm 86行

前片
编织花样

前领减针
6行平织
2-1-3
2-2-1
2-3-1
2-4-1
10针停织

6cm 20行

编织双罗纹针

36cm（86针）

0824

【成品规格】见图
【工具】5号棒针
【材料】宝蓝色、黑色、白色棉线
【制作过程】前片用宝蓝色线起86针，编织双罗纹针5cm，然后如图示编织花样，在离衣长6cm处收前领。

花样

8cm（19针） 14cm（34针） 8cm（19针）

6cm 18针

15cm 44行

前片

29cm 88行

前领减针
6行平织
2-1-3
2-2-1
2-3-1
2-4-1
10针停织

5cm 16行

36cm（86针）

领

挑36针

24行双折

双罗纹针

挑48针

0825

【成品规格】见图
【工具】3号棒针
【材料】深蓝色、白色羊毛线
【制作过程】前片起122针，先编织双罗纹后，改织平针，在离衣长4cm处收前领。

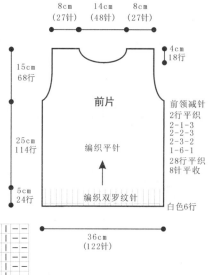

8cm（27针） 14cm（48针） 8cm（27针）

4cm 18行

15cm 68行

前片

25cm 114行

编织平针

前领减针
2行平织
2-1-3
2-2-3
2-3-2
1-6-1
28行平织
8针平收

5cm 24行

编织双罗纹针

白色6行

36cm（122针）

平针针法

双罗纹针针法

0826

【成品规格】见图
【工具】9号棒针
【材料】红色、黄色、蓝色、黑色开司米线
【制作过程】起96针编织下针前片，身长共编织到26cm，开始袖窿减针，按图完成减针编织至肩部。身长织到39cm时开始前衣领减针，按结构图减完针后收针断线。

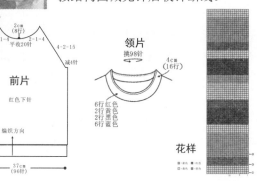

2cm（8针）

15cm 60行 4-2-15 减针

2-1-4 平收20针 2-1-4

4-2-15 减4针

41cm 164行

前片
红色下针

21cm 84行

编织方向

5cm 20行

37cm（96针）

领片

挑98针

4cm（16行）

6行红色
2行黄色
2行黑色
6行蓝色

花样

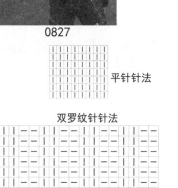

0827

【成品规格】见图
【工具】5号棒针
【材料】红色、黑色、灰色羊毛线
【制作过程】起86针，如图示配色编织双罗纹针6cm，然后用红色线织平针，织29cm后如图示收针，在离衣长6cm处收前领。

平针针法

双罗纹针针法

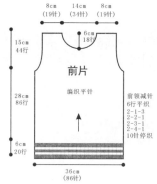

8cm（19针） 14cm（34针） 8cm（19针）

6cm 18针

15cm 44行

前片
编织平针

前领减针
6行平织
2-1-3
2-2-1
2-3-1
2-4-1
10针停织

28cm 86行

6cm 20行

36cm（86针）

0828

平针针法

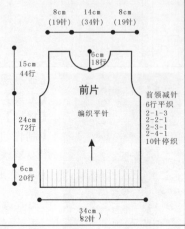

双罗纹针针法

【成品规格】见图
【工具】5号棒针
【材料】红色、黑色、灰色羊毛线
【制作过程】前片用红色线起82针，先编织双罗纹针6cm，改平针编织，织24cm后如图示收袖窿，在离衣长6cm处收前领。

8cm | 14cm | 8cm
(19针) | (34针) | (19针)

6cm
18行

15cm
44行

前片

编织平针

前领减针
6行平织
2-1-3
2-2-1
2-3-1
2-4-1
10针停织

24cm
72行

6cm
20行

34cm
（82针）

0829

花样

■=红色　□=蓝色

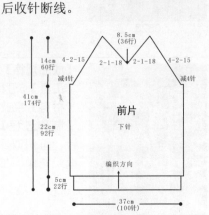

【成品规格】见图
【工具】10号棒针
【材料】红色、蓝色宝宝绒线
【制作过程】红色线起100针双罗纹针边后编织下针前片，编织到27cm，开始袖窿减针，按图完成减针编织至肩部。身长织到33.5cm时开始前衣领减针，按结构图减完针后收针断线。

8.5cm
(36针)

14cm
60行
4-2-15　2-1-18　2-1-18　4-2-15
减4针　　　　　　　　　减4针

41cm
174行

前片

下针

22cm
92行

5cm
22行

编织方向

37cm
(100针)

0830

领子结构图

全下针

【成品规格】见图
【工具】7号棒针
【材料】白色羊毛绒线　纽扣2枚　绳子1根
【制作过程】前片分左、右2片编织，分别按图起40针，织全下针，左、右两边按图示收成袖窿。缝上纽扣。

6cm | 6.5cm
(12针) | (13针)

6cm17行

领口减针
4-1-2
2-1-5
2-2-2

6cm
17行

4-2-4
平收3针

9cm
25行

5cm
(10针)

左前片

全下针

减
4-1-16

23cm
64行

20cm（40针）

0831

花样A

花样B

领子

花样C

10cm
(40针)

2cm
8行

22cm
(90针)

【成品规格】见图
【工具】7号棒针
【材料】白色毛线　纽扣3枚
【制作过程】前片织至28cm分开织，留前开口，中间平收12针，左边织至32cm收袖窿，织至38cm收前领窝，平收20针，每隔1行收1针，收2次。（右边同左边）。缝上纽扣。

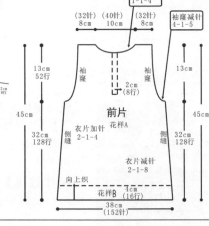

领窝减针
1-1-4

(32针) | (40针) | (32针)
8cm | 10cm | 8cm

袖窿减针
4-1-5

13cm
52行

袖窿　　　　　袖窿

2cm
(8行)

13cm

45cm

前片

花样A

45cm

侧缝　衣片加针　　侧缝
2-1-4

32cm
128行

衣片减针
2-1-8

32cm
128行

向上织

花样B

4cm
(16行)

38cm
(152针)

0832

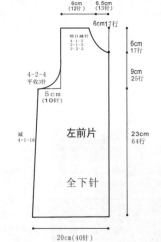

花样

双罗纹

15cm
(30针)

8cm
(22行)

31cm
(62针)

领子结构图

缝合

双层平针底边图解　全下针　双罗纹

【成品规格】见图
【工具】7号棒针
【材料】白色羊毛绒线　丝绸花边和亮片若干
【制作过程】前片按图起74针，先织双层平针底边后，改织15cm花样，再改织全下针，胸口的位置继续织花样，左、右两边按图示收成袖窿。缝上花边和亮片。

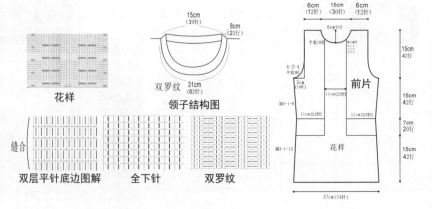

6cm | 15cm | 6cm
(12针) | (30针) | (12针)

6cm17行

平收10针

15cm
42行

4-2-4
平收3针

5cm
(10针)

前片

15cm
42行

加4-1-8

11cm(22针)　11cm(22针)

7cm
20行

花样

减4-1-12

15cm
42行

37cm(74针)

0833

领子结构图

全下针

【成品规格】见图
【工具】7号棒针
【材料】白色羊毛绒线 纽扣2枚 绳子1根
【制作过程】前片分左、右2片编织，分别按图起40针，织全下针，左、右两边按图示收成袖窿。

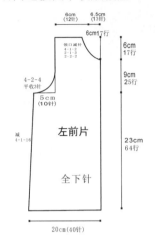

6cm(12针) 6.5cm(13针)
6cm17行
领口减针
4-1-2
2-1-3
2-2-2
6cm 17行
4-2-4 平收3针
5cm(10针)
9cm 25行
左前片
全下针
减4-1-16
23cm 64行
20cm(40针)

0834

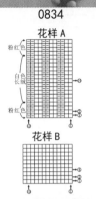
花样A
粉红色
白色长绒
粉红色
花样B

【成品规格】见图
【工具】12号棒针
【材料】白色棉线 白色长绒线 粉红色棉线 亮片若干 拉链1条
【制作过程】左前片粉红色线起49针，织花样A，粉红色棉线与白色长绒线间隔编织6cm改为白色线织花样B，织至30cm，左前片共织46cm长。缝上拉链。

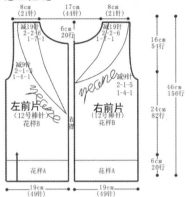

8cm(21针) 17cm(44针) 8cm(21针)
减19针 6cm 20行 减19针
2-2-6 2-2-6
1-7-1 1-7-1
16cm 51行
减9针 减9针
2-1-5 2-1-5
1-4-1 1-4-1
左前片 右前片
(12号棒针) (12号棒针)
花样B 花样B
46cm 156行
24cm 82行
花样A 花样A
6cm 20行
19cm(49针) 19cm(49针)

0835

全下针

花样

领子结构图

【成品规格】见图
【工具】7号棒针
【材料】白色、黄色羊毛绒 拉链1条
【制作过程】前片分左、右2片编织，分别按图起35针，织8cm花样后，改织全下针，并间色，左、右两边按图示收成袖窿。缝上拉链。

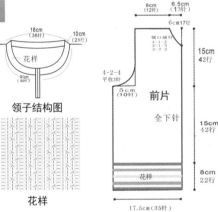

18cm(36针) 10cm(28针)
花样
31cm(60针)
领子结构图

6cm(12针) 6.5cm(13针)
6cm17行
领口减针
4-1-2
2-1-3
2-2-2
15cm 42行
4-2-4 平收3针
5cm(10针)
前片
全下针
15cm 42行
花样
8cm 22行
17.5cm(35针)

0836

领子结构图

花样 全下针

【成品规格】见图
【工具】7号棒针
【材料】白色羊毛绒线 红色、蓝色长毛线少许
【制作过程】前片按图起74针，织10cm花样后，改织全下针，并编入图案，左、右两边按图示收成插肩袖。

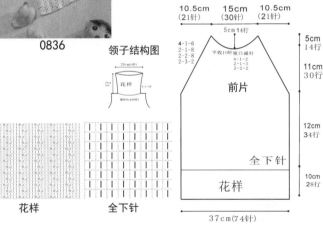

10.5cm(21针) 15cm(30针) 10.5cm(21针)
5cm 14行
4-1-6 平收10针领口减针
2-1-8 4-1-2
2-2-8 2-1-1
2-3-2 2-2-2
5cm 14行
11cm 30行
前片
全下针
12cm 34行
花样
10cm 28行
37cm(74针)

0837

【成品规格】见图
【工具】7号棒针
【材料】白色毛线
【制作过程】前片起50针，织花样A1cm，织花样A和花样B，织至10cm，每隔一行减1针，减8次，织至28cm开始收袖窿，两边各平收22针然后隔一行减1针，共收2次。

花样A

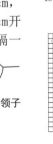
花样B
领子

花样B

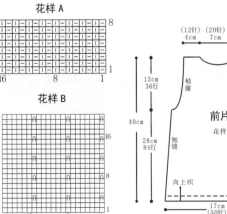

领窝减针 1-1-4
(12针)(20针)(12针)
4cm 7cm 4cm
袖窿减针 1-1-2
12cm 36行
袖窿 袖窿
12cm 36行
40cm 前片 40cm
花样B
28cm 84行
侧缝 衣片减针 侧缝
1-1-8
28cm 84行
向上织 花样A
17cm(50针)

285

【成品规格】见图
【工具】7号棒针
【材料】白色、红色羊毛绒线 拉链1条
【制作过程】前片分左、右2片编织，分别按图起35针，织8cm单罗纹后，改织全下针，并间色，左、右两边按图示收成袖窿。对称织出另一片。缝上拉链。

0838

领子结构图

单罗纹 35针(50行)
18cm(36针) 10cm(28针)

6cm(12针) 6.5cm(13针)

全下针

单罗纹

领口减针
4-2-2
4-2-1
2-3-2
2-3

6cm17行

15cm 42行
4-2-4 平收3针
5cm(10针)

左前片

全下针

15cm 42行

单罗纹
8cm 22行

17.5cm(35针)

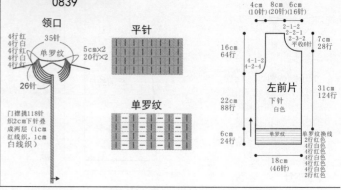

【成品规格】见图
【工具】5号棒针
【材料】白色棉线 红色线 拉链1条
【制作过程】右前片用3.0mm棒针起46针，从下往上织单罗纹6cm，按图解红白线相间织，换白色线织到22cm处开挂肩，按图解分别收袖窿、收领子。对称织出另一片。缝上拉链。

0839

领口
4行红
4行白
4行红
4行白
4行红
单罗纹
35针
26针

5cm×2 20行×2

平针

单罗纹

门襟挑118针织2cm下针叠成两层(1cm红线织,1cm白线织)

4cm(10针) 8cm(20针) 6cm(16针)
2-1-2
2-2-1
2-3-2
平收6针

16cm 64行
4-1-2
4-2-4

7cm 28行

左前片
下针
白色

22cm 88行

31cm 124行

6cm 24行

单罗纹换白线
2行红白色
4行白色
2行红白色
4行白色
2行红白色
4行白色
2行红白色

18cm(46针)

【成品规格】见图
【工具】8号棒针
【材料】白色、桃红色、蓝色线
【制作过程】前片用8号棒针起80针，从下往上织花样18cm，按图解两边收针，织到18cm处换线编织，织平针，织到15cm处开斜肩，按图解编织。

0840

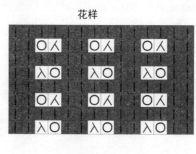

花样

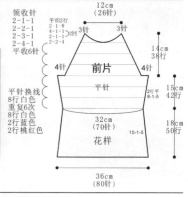

领收针
2-1-1
2-2-1
2-3-1
2-4-1
平收6针

平织2行

12cm(26针)

3针

3cm

2-1-2
2-1-1 2回
2-2-4

3针

4针

前片

平针

4针

14cm 38行

平针换线
8行白色
重复6次
8行白色
2行蓝色
2行桃红色

2行平
8-1-5

15cm 42行

32cm(70针)
花样

18cm 50行

10-1-5

36cm(80针)

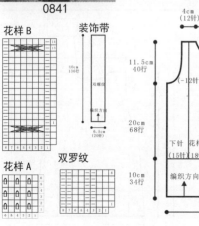

【成品规格】见图
【工具】4号棒针
【材料】草绿色中粗棉线 黑色线1卷
【制作过程】前片双罗纹起针法起112针，花样A编织10cm后，编织花样B，如前片图所示针数往上织20cm后按袖窿减针及前领减针织出袖窿和前领。

0841

花样B

装饰带

10cm 130行

双螺纹

编织方向

6.5cm(20针)

花样A

双罗纹

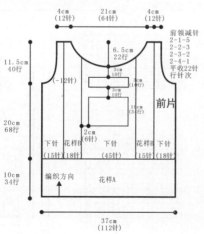

4cm(12针) 21cm(64针) 4cm(12针)

前领减针
2-1-5
2-2-3
2-3-2
2-4-1
平收22针
行针次

11.5cm 40行

6.5cm 22行

(-12针)

4cm(10行)

3cm(10行)

10cm(3行)

前片

20cm 68行

2cm(6针)

10cm 34行

下针 花样B 下针 花样B 下针
(15针) 18针 (45针) 15针 18针

编织方向 花样A

37cm(112针)

【成品规格】见图
【工具】3号、4号棒针
【材料】粉色棉线 灰色含金丝线
【制作过程】前片用3号棒针粉色线双罗纹起针法起152针，双罗纹配色编织6cm；换4号棒针粉色线按腋下减针及腋下加针织出腋下；按袖山减针及前领减针织出袖山和前领。

0842

双罗纹

系带
3cm 14行
2行粉
2行灰
2行粉
2行灰
2行粉

双罗纹

30cm(120针)

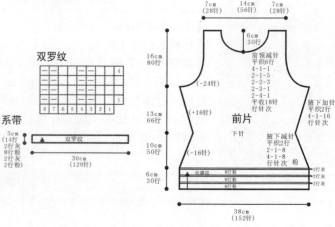

7cm(28针) 14cm(56针) 7cm(28针)

前领减针
平织6行
4-1-1
2-1-5
2-2-3
2-3-1
2-4-1
平收18针
行针次

6cm 30行

16cm 80行

(-24针)

前片
下针

13cm 66行

(+16针)

腋下加针
4-1-16
行针次

腋下减针
平织2行
2-1-8
4-1-8
行针次

10cm 50行

(-16针)

6cm 30行

双螺纹
8行粉
8行灰
8行粉

2行粉
2行灰
2行粉

38cm(152针)

0843

【材料】红色棉线 彩色绣花线若干
【制作过程】前片配色见图。5号棒针普通起针法起8针，按下摆加针下针编织8cm，不加减针织17cm，按前袖窿减针扭针双罗纹针织6行后花样编织4行再改为扭针双罗纹针编织，同时按前领减针织出前领。

【成品规格】见图
【工具】4号、5号棒针

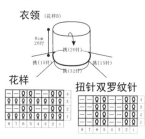

衣领 (花样8)
8cm 26行
挑(20针)
挑(15针) 挑(15针)
挑(32针)

花样

扭针双罗纹针

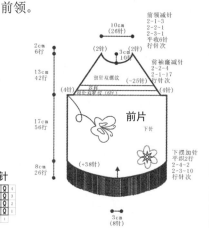

前领减针
2-1-3
2-2-1
2-3-1
平收6针 行针次
(2针) 3cm (2针)
10行
13cm 42行
前袖窿减针
扭针双罗纹 2-2-4
2-1-17
(~25针) 平收6针 行针次
(4针) (4针)
苍辟
扭针和罗纹花样(6行)

前片
下针

17cm 56行

8cm 26行
下摆加针
平织2行
2-2-4
2-3-10 行针次
(+38针)

3cm (8针)

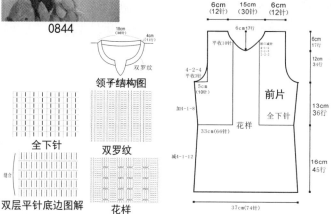

0844

【成品规格】见图
【工具】7号棒针
【材料】粉红色羊毛绒线 丝绸装饰花边和亮片若干
【制作过程】前片按图起74针，先织双层平针底边后，改织花样16cm，再织全下针，左、右两边按图示收成袖窿。缝上丝绸花边和纽扣。

18cm(36针) 4cm(11行)
双罗纹
领子结构图

全下针 双罗纹
双层平针底边图解 花样

6cm(12针) 15cm(30针) 6cm(12针)
6cm17行
平收10针 领口减针
4-1-1
2-2-1
2-1-2
6cm 17行
12cm 34行
4-2-4 平收3针
5cm(10针)
加4-1-8
前片 全下针
33cm(66针)
花样
13cm 36行
减4-1-12
16cm 45行
37cm(74针)

0845

【成品规格】见图
【工具】7号棒针
【材料】红色羊毛绒线
【制作过程】前片按图起80针，织全下针，左、右两边按图收成袖窿。

衣袋
14cm 39行
全下针
12cm(24针)

领子结构图

全下针

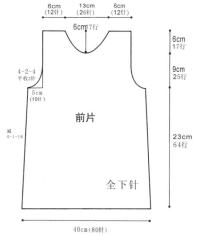

6cm(12针) 13cm(26针) 6cm(12针)
6cm17行
6cm 17行
4-2-4 平织3针
5cm(10针)
9cm 25行
前片
减4-1-16
全下针
23cm 64行

40cm(80针)

0846

【成品规格】见图
【工具】7号棒针
【材料】白色羊毛绒线 纽扣1枚
【制作过程】前片分左、右2片编织，分别按图起9针，织花样，并按图均匀地加针至8cm，左、右两边按图示收成袖窿。对称织出另一片。缝上纽扣。

领子结构图

花样

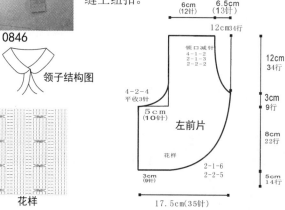

6cm(12针) 6.5cm(13针)
12cm34行
领口减针
4-1-2
2-1-3
2-2-2
12cm 34行
4-2-4 平织3针
5cm(10针)
3cm 9行
左前片
8cm 22行
花样
2-1-6
2-2-5
3cm(9针)
5cm 14行
17.5cm(35针)

0847

【成品规格】见图
【工具】7号棒针
【材料】白色羊毛绒线 纽扣2枚
【制作过程】前片分左、右2片编织，分别按图起6针，织全下针，并按图示加针，左、右两边按图示收成袖窿。对称织出另一片。缝上纽扣。

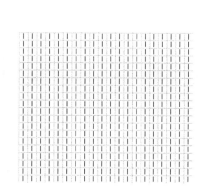

全下针

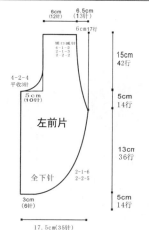

6cm(12针) 6.5cm(13针)
6cm17行
领口减针
4-1-2
2-1-3
2-2-2
15cm 42行
4-2-4 平织3针
5cm(10针)
5cm 14行
左前片
全下针
13cm 36行
2-1-6
2-2-5
3cm(6针)
5cm 14行
17.5cm(35针)

0848

【成品规格】见图
【工具】4号棒针 3mm钩针
【材料】白色棉线 米色马海毛线 粉色装饰扣2枚
【制作过程】前片分左、右2片，白色棉线普通起针法起11针，按图示花样，摆加针织8cm；按袖窿减针织5cm，按领减针织10.5cm后按肩斜减针织出肩斜。对称织出另一片。

花样

领门襟缘编织

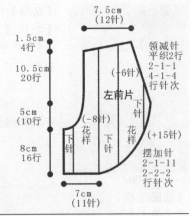

7.5cm（12针）
1.5cm 4行
10.5cm 20行
5cm（10针）
8cm 16行
领减针 平织2行 2-1-1 4-1-4 行针次
左前片
下针（-6针）
下针
（-8针）花样 下针 花样 （+15针）
摆加针 2-1-11 2-2-2 行针次
7cm（11针）

0849

【成品规格】见图
【工具】7号棒针 绣花针
【材料】白色羊毛绒线
【制作过程】前片分左、右2片编织，分别按图起6针，织全下针，并按图示加针，左、右两边按图示收成袖窿。对称织出另一片。

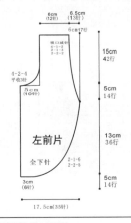

6cm（12针）6.5cm（13针）
6cm17行
领口减针 4-1-2 2-1-3 2-2-3
4-2-4 平收3针
5cm（10针）
左前片
全下针
15cm 42行
5cm 14行
13cm 36行
5cm 14行
2-1-6 2-2-5
3cm（6针）
17.5cm（35针）

全下针

狗牙边

打褶缝合

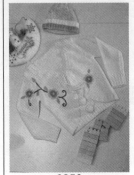

0850

【成品规格】见图
【工具】7号棒针 绣花针
【材料】白色羊毛绒线
【制作过程】前片分左、右2片编织，分别按图起6针，织全下针，并按图示加针，左、右两边按图示收成袖窿。对称织出另一片。

全下针

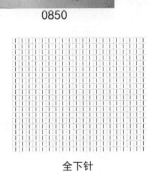

6cm（12针）6.5cm（13针）
6cm17行
领口减针 4-1-2 2-1-3 2-2-3
4-2-4 平收3针
5cm（10针）
左前片
全下针
15cm 42行
5cm 14行
13cm 36行
5cm 14行
3cm（6针）
17.5cm（35针）

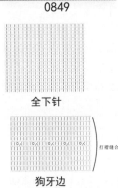

0851

【成品规格】见图
【工具】9号棒针 2.0mm钩针
【材料】白色纯棉线 橡皮色、红色纯棉毛线
【制作过程】前片起20针编织花样，按图示加针，编织11cm高度后按图示减针，形成前片袖窿、领口。

钩花

花样

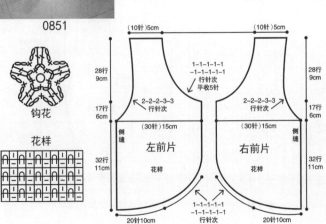

（10针）5cm （10针）5cm
28行 9cm
17行 6cm
32行 11cm
侧缝
左前片
花样
1-1-1-1-1 -1-1-1-1-1 行针次 平收5针
2-2-2-3-3 行针次
（30针）15cm
右前片
花样
2-2-2-3-3 行针次
（30针）15cm
28行 9cm
17行 6cm
32行 11cm
侧缝
20针10cm 1-1-1-1-1 行针次 20针10cm

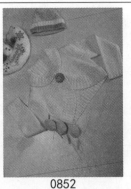

0852

【成品规格】见图
【工具】9号棒针
【材料】白色棉线 梅花形状纽扣1枚
【制作过程】前片平起22针编织花样，按图示加针，织7cm高度后按图示减针，形成前片袖窿、前片领边。缝上纽扣。

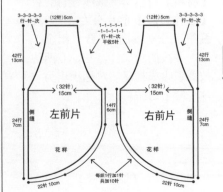

3-3-3-3-3 行针次 （12针）5cm
42行 13cm
24行 7cm
侧缝
左前片
花样
（32针）15cm
1-1-1-1-1 -1-1-1-1-1 行针次 平收5针
14行 6cm
（12针）5cm 3-3-3-3-3 行针次
42行 13cm
24行 7cm
侧缝
右前片
花样
（32针）15cm
22针10cm 每织1行加1针 共加10针 22针10cm

前后片、领片
花样B
（372针）169cm
20行 6cm

花样

0853

【成品规格】见图
【工具】5号棒针 2.0钩针
【材料】白色棉线 橡皮色微丝光马海毛线少许
【制作过程】前片平起10针编织花样B，按图示加针，织6cm高度后按图示减针，形成前片袖窿、前片领边。

花样A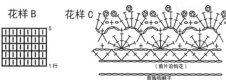

花样B 花样C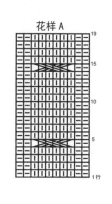

（前片沿钩花）
前胸钩胸子

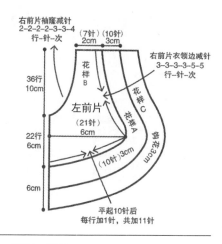

右前片袖窿减针
2-2-2-2-3-3-4
行-针-次
（7针）（10针）
2cm 3cm
右前片衣领边减针
3-3-3-3-5-5
行-针-次
36行 10cm
花样B
左前片
（21针）6cm
花样C
花样A
钩花35cm
22行 6cm
（10针）3cm
6cm
平起10针后
每行加1针，共加11针

0854

【成品规格】见图
【工具】7号棒针
【材料】白色纯棉线

【制作过程】圆起322针，按图示各个部位的针数、行数分别编织花样，并分前后片编织，前片衣领片编织36行后按图示减针。

花样A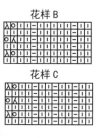

花样B
花样C

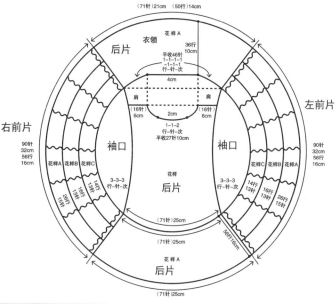

（71针）21cm （50行）14cm
衣领 花样A
后片
36行 10cm
平收46针
1-1-1-1
-1-1-1
行-针-次
4cm
左前片
右前片
肩 肩
（16针）6cm 2cm （16针）6cm
1-1-2
行-针-次
平收27针10cm
右前片
90针 32cm 56行 16cm
袖口
花样A 花样B 花样C
18针 13针
26针 15针
花样
后片
3-3-3
行-针-次
左前片
90针 32cm 56行 16cm
花样C 花样B 花样A
14针 16针 13针
26针 13针
3-3-3
行-针-次
袖口
（71针）25cm
（71针）25cm
56行16cm
花样A
后片
（71针）25cm

0855

【成品规格】见图
【工具】5号棒针 环形针
【材料】白色棉线 水晶扣1枚
【制作过程】前片分左、右2片，普通起针法起8针，按下摆加针织3cm后按袖窿减针织7cm，按摆减针及肩斜减针织出袖窿和肩斜。对称织出另一片。缝上水晶扣。

双罗纹

| | | | | | | | 6 |
|8|7|6|5|4|3|2|1| |

7cm（14针）
左前片
下针
（-6针）
摆减针
平织2行
2-1-2
4-1-4
行针次
7.5cm 22行
7cm 20行
3cm 10行
（-8针）
下摆加针
2-1-13
2-3-1
2-4-1
行针次
4cm（8针）

7cm（14针）
右前片
下针
（-6针）
肩斜减针
平织2行
2-7-1
平收7针
行针次
（+20针）
4cm（8针）

衣襟门襟及绣花

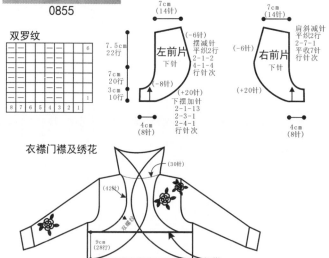

（30针）
（42针）
双罗纹
9cm（28行）
（72针）

0856

【成品规格】见图
【工具】9号棒针 2.0mm钩针1支
【材料】白色纯棉线 白色纽扣3枚
【制作过程】前片、袖片用4mm棒针编织，前片起37针，编织花样A12行按图示分别编织花样B、C、B，编织5cm高度后按图示编织花样，并减针。缝上纽扣。

花样E

花样B
花样F
逆短针
短针
花样A
纽扣洞

花样C
花样D

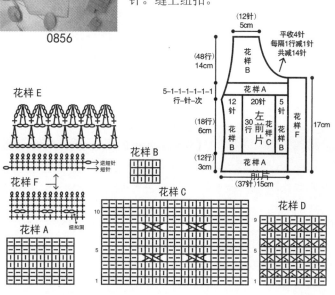

（12针）5cm
平收4针
每隔1行减1针
共减14针
（48行）14cm
花样B
5-1-1-1-1-1-1
行-针-次
花样A
12针 20针 5针
左前片
（18行）6cm
花样B 30行 花样C 花样F
（12行）3cm
花样A
别片
（37针）15cm
17cm

289

0857

【成品规格】见图
【工具】7号棒针 小号钩针
【材料】白色羊毛绒线 黑色毛线少许 钩边若干
【制作过程】前片分左、右2片编织，分别按图起6针，织全下针，并按图示加针，左、右两边按图示收成袖窿。

0858

【成品规格】见图
【工具】5号棒针 2.0mm钩针
【材料】粉色纯棉线
【制作过程】起324针，按图示各个部位分别编织花样，并分前、后片编织，编织35行后前片按图示收针、减针。

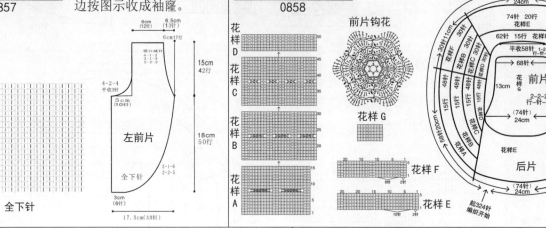

花样D
花样C
花样B
花样A

前片钩花
花样G

花样F
花样E

0859

【成品规格】见图
【工具】12号棒针
【材料】黄色、白色棉线 纽扣4枚
【制作过程】左前片起50针，织12cm花样A，改织下针，织至28cm，袖窿第21行起，在前片编织一条花样B直至领口，织至36cm，最后肩部余下14针，前片共织44cm长。右前片织法与左前片编织方法相同，方向相反。

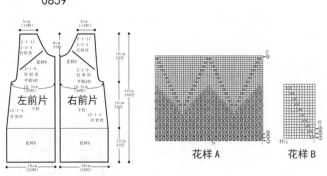

左前片　右前片

花样A　花样B

0860

【成品规格】见图
【工具】7号棒针
【材料】玫红色丝光棉线
【制作过程】前片起5针编织花样B，两边按图示加针5cm后按图示减针，形成袖窿、前片领边。

花样

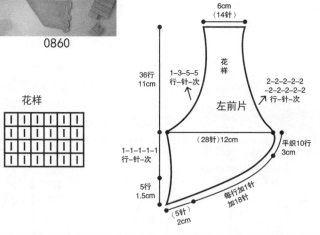

左前片

0861

【成品规格】见图
【工具】7号棒针 小号钩针
【材料】米黄色羊毛绒线 白色毛线少许 钩边若干
【制作过程】前片分左、右2片编织，分别按图起6针，织全下针，并按图示加针，左、右两边按图示收成袖窿。对称织出另一片。

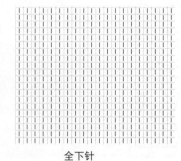

全下针

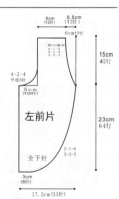

左前片

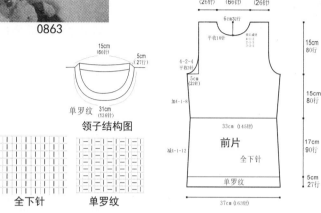

0862

【成品规格】见图
【工具】14号棒针
【材料】白色羊毛绒线
【制作过程】前片按图起163针，先织5cm单罗纹后，改织全下针，左、右两边按图示收成袖窿。

领子结构图
15cm（66针）　5cm（27行）
单罗纹　31cm（136针）

全下针　　单罗纹

6cm（26针）　15cm（66针）　6cm（26针）
6cm32行
平收10针　　　领口减针
4-1-2
2-1-3
2-2-2
4-2-4
平收3针
5cm（22针）
加4-1-8
减4-1-12

前片
33cm（145针）
全下针
单罗纹
37cm（163针）

15cm 80行
15cm 80行
17cm 90行
5cm 27行

0863

【成品规格】见图
【工具】14号棒针
【材料】白色羊毛绒线
【制作过程】前片按图起163针，先织5cm单罗纹后，改织全下针，左、右两边按图示收成袖窿。

领子结构图
15cm（66针）　5cm（27行）
单罗纹　31cm（136针）

全下针　　单罗纹

6cm（26针）　15cm（66针）　6cm（26针）
6cm32行
平收10针　　　领口减针
4-1-2
2-1-3
2-2-2
4-2-4
平收3针
5cm（22针）
减4-1-12

前片
33cm（145针）
全下针
单罗纹
37cm（163针）

15cm 80行
15cm 80行
17cm 90行
5cm 27行

0864

【成品规格】见图
【工具】14号棒针
【材料】白色羊毛绒线
【制作过程】前片按图起163针，先织5cm单罗纹后，改织全下针，左、右两边按图示收成袖窿。

领子结构图
15cm（66针）　5cm（27行）
单罗纹　31cm（136针）

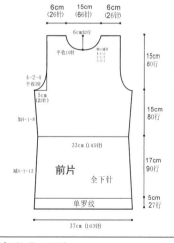

全下针　　单罗纹

6cm（26针）　15cm（66针）　6cm（26针）
6cm32行
平收10针　　　领口减针
4-1-2
2-1-3
2-2-2
4-2-4
平收3针
5cm（22针）
加4-1-8
减4-1-12

前片
33cm（145针）
全下针
单罗纹
37cm（163针）

15cm 80行
15cm 80行
17cm 90行
5cm 27行

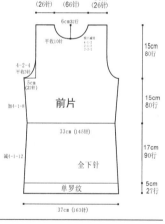

0865

【成品规格】见图
【工具】14号棒针
【材料】白色羊毛绒线
【制作过程】前片按图起163针，先织5cm单罗纹后，改织全下针，左、右两边按图示收成袖窿。

领子结构图
15cm（66针）　5cm（27行）
单罗纹　31cm（136针）

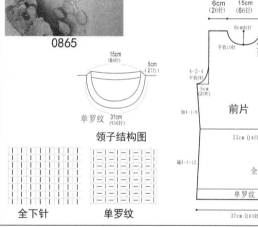

全下针　　单罗纹

6cm（26针）　15cm（66针）　6cm（26针）
6cm32行
平收10针　　　领口减针
4-1-2
2-1-3
2-2-2
4-2-4
平收3针
5cm（22针）
加4-1-8
减4-1-12

前片
33cm（145针）
全下针
单罗纹
37cm（163针）

15cm 80行
15cm 80行
17cm 90行
5cm 27行

0866

【成品规格】见图
【工具】5号、6号棒针
【材料】白色、红色、黑色羊毛线
【制作过程】前片用5号棒针起106针，从下往上织双罗纹8cm，按图示换红色、黑色两种线，换6号棒针织平针，织到23cm处开挂肩，按图解两边分别收袖窿、收领子。

领子结构图
双罗纹　12cm（40行）
（42针）
（66针）

平针

双罗纹

4cm（11针）　7cm（20针）　16cm（44针）　7cm（20针）　4cm（11针）
6cm 20行
17cm 58行
2-1-1
2-2-1
2-3-1
4-1-1　　2-4-1
2-1-2　　2-5-1
2-2-2　　平收14针
平收4针

前片
平针
23cm 78行

双罗纹换线
4行白
2行黑
4行红
2行黑
4行白
2行黑
4行红
2行黑
4行白
2行黑
4行红
2行黑
4行白

8cm 28行
38cm（106针）

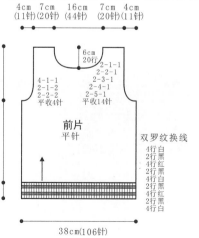

【成品规格】见图
【工具】14号棒针
【材料】西瓜红羊毛绒线
【制作过程】前片按图起163针，先织5cm单罗纹后，改织全下针，左、右两边按图示收成袖窿。

0867

【成品规格】见图
【工具】3号棒针
【材料】红色绒线 彩色绣花线若干
【制作过程】前片双罗纹起针法起148针，双罗纹针编织8cm，下针编织18.5cm后按袖窿减针及前领减针织出袖窿和前领。

0868

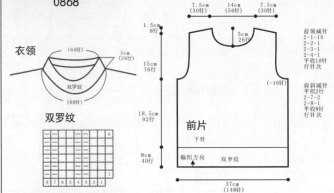

【成品规格】见图
【工具】3号棒针
【材料】红色绒线
【制作过程】前片双罗纹起针法起148针，双罗纹针编织8cm，下针编织18.5cm后按袖窿减针及前领减针织出袖窿和前领。

0869

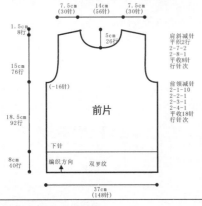

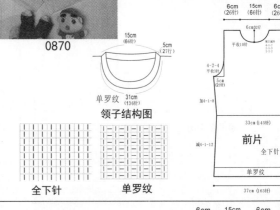

【成品规格】见图
【工具】14号棒针
【材料】粉红色羊毛绒线
【制作过程】前片按图起163针，先织5cm单罗纹后，改织全下针，左、右两边按图示收成袖窿。

0870

【成品规格】见图
【工具】14号棒针
【材料】粉红色羊毛绒线
【制作过程】前片按图起163针，先织5cm单罗纹后，改织全下针，左、右两边按图示收成袖窿。

0871

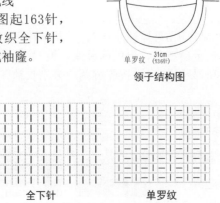

0872

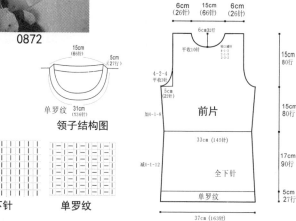

【成品规格】见图
【工具】14号棒针
【材料】粉红色羊毛绒线
【制作过程】前片按图起163针，先织5cm单罗纹后，改织全下针，左、右两边按图示收成袖窿。

15cm
(66针)
5cm
(27行)

单罗纹 31cm
(136针)

领子结构图

全下针　单罗纹

6cm
(26针)　15cm
(66针)　6cm
(26针)

6cm32行

平收10针　领口减针
4-1-5
1-1-5
2-2-2

15cm
80行

4-2-4
平收3针
5cm
(22行)

前片

加4-1-8

33cm (145针)

15cm
80行

17cm
90行

全下针

减4-1-12

单罗纹

5cm
27行

37cm (163针)

0873

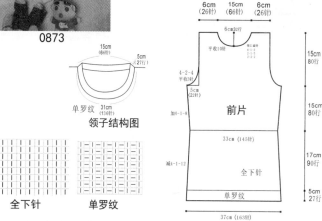

【成品规格】见图
【工具】14号棒针
【材料】粉红色羊毛绒线
【制作过程】前片按图起163针，先织5cm单罗纹后，改织全下针，左、右两边按图示收成袖窿。

15cm
(66针)
5cm
(27行)

单罗纹 31cm
(136针)

领子结构图

全下针　单罗纹

6cm
(26针)　15cm
(66针)　6cm
(26针)

6cm32行

平收10针　领口减针
4-1-5
1-1-5
2-2-2

15cm
80行

4-2-4
平收3针
5cm
(22行)

前片

加4-1-8

33cm (145针)

15cm
80行

17cm
90行

全下针

减4-1-12

单罗纹

5cm
27行

37cm (163针)

0874

【成品规格】见图
【工具】14号棒针
【材料】紫色羊毛绒线
【制作过程】前片按图起163针，先织5cm单罗纹后，改织全下针，左、右两边按图示收成袖窿。

15cm
(66针)
5cm
(27行)

单罗纹 31cm
(136针)

领子结构图

全下针　单罗纹

6cm
(26针)　15cm
(66针)　6cm
(26针)

6cm32行

平收10针　领口减针
4-1-5
1-1-5
2-2-2

15cm
80行

4-2-4
平收3针
5cm
(22行)

前片

加4-1-8

33cm (145针)

15cm
80行

17cm
90行

全下针

减4-1-12

单罗纹

37cm (163针)

0875

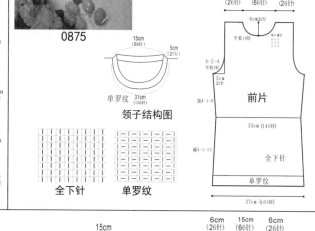

【成品规格】见图
【工具】14号棒针
【材料】紫色羊毛绒线
【制作过程】前片按图起163针，先织5cm单罗纹后，改织全下针，左、右两边按图示收成袖窿。

15cm
(66针)
5cm
(27行)

单罗纹 31cm
(136针)

领子结构图

全下针　单罗纹

6cm
(26针)　15cm
(66针)　6cm
(26针)

6cm32行

平收10针　领口减针
4-1-5
1-1-3
2-3-2

15cm
80行

4-2-4
平收3针
5cm
(22行)

前片

加4-1-8

33cm (145针)

15cm
80行

17cm
90行

全下针

减4-1-12

单罗纹

5cm
27行

37cm (163针)

0876

【成品规格】见图
【工具】14号棒针
【材料】紫色羊毛绒线
【制作过程】前片按图起163针，先织5cm单罗纹后，改织全下针，左、右两边按图示收成袖窿。

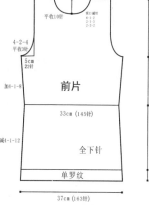

15cm
(66针)
5cm
(27行)

31cm
单罗纹(136针)

领子结构图

全下针　单罗纹

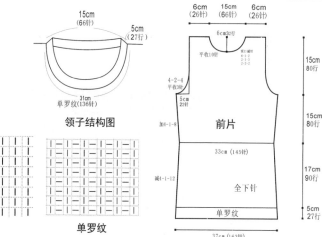

6cm
(26针)　15cm
(66针)　6cm
(26针)

6cm32行

平收10针　领口减针
4-1-5
1-1-3
2-3-2

15cm
80行

4-2-4
平收3针
5cm
(22行)

前片

加4-1-8

33cm (145针)

15cm
80行

17cm
90行

全下针

减4-1-12

单罗纹

5cm
27行

37cm (163针)

0877

【成品规格】见图
【工具】6号棒针
【材料】淡紫色毛线 亮片若干 拉链1条
【制作过程】左前片用3.25mm棒针起40针，从下往上织双罗纹5cm，往上织平针，织到26cm处开挂肩，按图解分别收袖窿、收领子。对称织出另一片。缝上亮片和拉链。

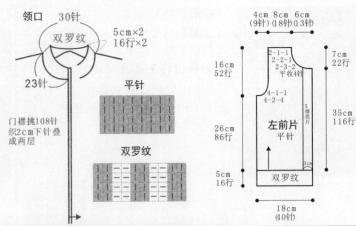

领口 30针
双罗纹
5cm×2
16行×2
23针
门襟挑108针织2cm下针叠成两层

平针

双罗纹

4cm 8cm 6cm
(9针)(18针)(13针)
2-1-1
2-2-1
2-3-2
平收4针
4-1-1
4-2-4
5排亮片
16cm 52行
26cm 86行
5cm 16行
35cm 116行
左前片 平针
双罗纹
18cm (40针)

0878

【成品规格】见图
【工具】12号棒针
【材料】白色、粉红色棉线 白色长绒线 亮片若干 拉链1条
【制作过程】左前片用粉红色线起49针，织花样A，粉红色棉线与白色长绒线间隔编织6cm改为白色线织花样B。缝上亮片和拉链。

花样A

粉红色
白色长绒
粉红色

花样B

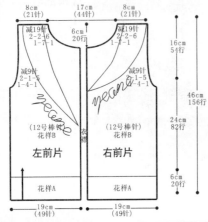

8cm (21针) 17cm (44针) 8cm (21针)
减19针 2-2-6 1-7-1
6cm 20行
减19针 2-2-6 1-7-1
16cm 54行
减9针 2-1-5 1-4-1
减9针 2-1-5 1-4-1
46cm 156行
24cm 82行
(12号棒针) 花样B
(12号棒针) 花样B
衣襟
左前片
右前片
花样A
花样A
6cm 20行
19cm (49针)
19cm (49针)

0879

【成品规格】见图
【工具】5号棒针
【材料】白色、红色棉线 拉链1条
【制作过程】左前片用3.0mm棒针起46针，从下往上织单罗纹6cm，按图解红白相间着织，换白色线织到22cm处开挂肩，按图解分别收袖窿、收领子。对称织出另一片。缝上拉链。

领口 35针
4行红 4行白 4行红 4行白 4行红
单罗纹
5cm×2 20行×2
26针
门襟挑118针织2cm下针叠成两层(1cm红线织，1cm白线织)

平针

单罗纹

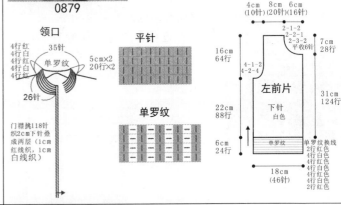

4cm 8cm 6cm
(10针)(20针)(16针)
2-1-2
2-2-1
2-3-2
平收6针
4-1-2
4-2-4
16cm 64行
22cm 88行
6cm 24行
31cm 124行
左前片 下针 白色
单罗纹 换线色
18cm (46针)
2行红白色
4行白色
4行红色
4行白色
4行红色
2行白色
4行红色

0880

【成品规格】见图
【工具】7号棒针
【材料】白色、黄色羊毛绒线 拉链1条
【制作过程】前片分左、右2片编织，分别按图起35针，织8cm花样后，改织全下针，并间色，左、右两边按图示收成袖窿。对称织出另一片。缝上拉链。

18cm (36针) 10cm (28针)
花样
31cm (50针)
领子结构图

全下针

单罗纹

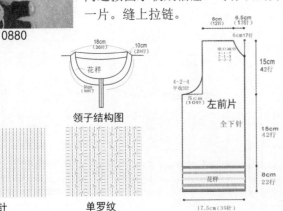

6cm (12针) 8.5cm (13针)
6cm17行
挑边1-1-5 2-1-1 3-2-1
4-2-4 平收3针
5cm (10针)
左前片 全下针
15cm 42行
15cm 42行
8cm 22行
花样
17.5cm (35针)

0881

【成品规格】见图
【工具】7号棒针
【材料】白色、红色羊毛绒线 拉链1条
【制作过程】前片分左、右2片编织，分别按图起35针，织8cm单罗纹后，改织全下针，并间色，左、右两边按图示收成袖窿。对称织出另一片。缝上拉链。

18cm (36针) 10cm (28针)
单罗纹
31cm (50针)
领子结构图

全下针

单罗纹

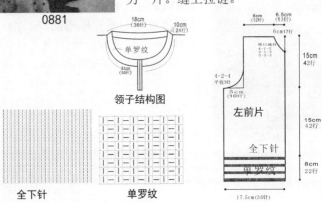

6cm (12针) 8.5cm (13针)
6cm17行
领口1-1-5 4-1-3 2-2-3
4-2-4 平收5针
5cm (10针)
左前片 全下针
15cm 42行
15cm 42行
8cm 22行
单罗纹
17.5cm (35针)

0882

【成品规格】见图
【工具】8号棒针
【材料】白色、红色棉线 拉链1条
【制作过程】前片以机器边起针编织花样，衣身编织基本针法。缝上拉链。

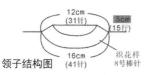

领子结构图

12cm（31针）　5cm（15行）
16cm（41针）
织花样 8号棒针

基本针法

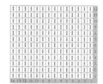

花样

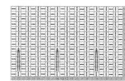

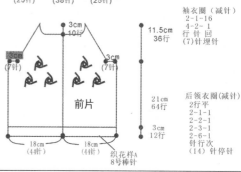

10.5cm（25针）　15cm（38针）　10.5cm（25针）
3cm（10行）
3cm（7针）　3cm（7针）

前片

18cm（44针）　18cm（44针）
织花样A 8号棒针

袖衣圈（减针）
2-1-16
4-2-1
行 针 回
（7）针埋针
11.5cm 36行

后领衣圈（减针）
2行平
2-1-1
2-2-1
2-3-1
2-6-1
针行次
（14）针停针
21cm 64行
3cm 12行

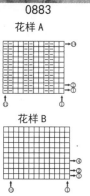

0883

【成品规格】见图
【工具】12号棒针
【材料】白色、粉红色、蓝色棉线 拉链1条
【制作过程】起织左前片，粉红色线起49针织花样A，4行粉红色、4行白色与4行蓝色间隔编织，织20行，改织白色线编织花样B，织至102行，左侧减针织成插肩袖窿。缝上拉链。

花样A

花样B

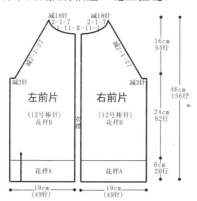

减18针 2-1-7　减18针 2-1-7
1-1-Ⅱ-11-1-Ⅱ
减2-1-27
减3针　减3针

左前片（12号棒针）花样B　右前片（12号棒针）花样B

花样A　花样A

16cm 54行
46cm 156行
24cm 82行
6cm 20行

19cm（49针）　19cm（49针）

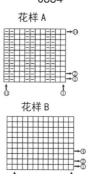

0884

【成品规格】见图
【工具】12号棒针
【材料】白色、粉红色、蓝色棉线 拉链1条
【制作过程】起织左前片，粉红色线起49针织花样A，4行粉红色、4行白色与4行蓝色间隔编织，织20行，改用白色线编织花样B，织至102行，左侧减针织成插肩袖窿。缝上拉链。

花样A

花样B

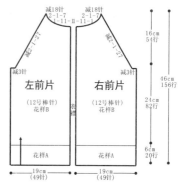

减18针 2-1-7　减18针 2-1-7
1-1-Ⅱ-11-1-Ⅱ
减2-1-27
减3针　减3针

左前片（12号棒针）花样B　右前片（12号棒针）花样B

16cm 54行
46cm 156行
24cm 82行
6cm 20行

19cm（49针）　19cm（49针）

0885

【成品规格】见图
【工具】12号棒针
【材料】粉红色、白色棉线 拉链1条
【制作过程】起织左前片，起49针织花样A，4行白色与4行粉红色间隔编织，织20行，改为粉红色线编织花样B，织至102行，左侧减针织成插肩袖窿。缝上拉链。

花样A

花样B

减18针 2-1-7　减18针 2-1-7
1-1-Ⅱ-11-1-Ⅱ
减2-1-27
减3针　减3针

左前片（12号棒针）花样B　右前片（12号棒针）花样B

花样A　花样A

16cm 54行
46cm 156行
24cm 82行
6cm 20行

19cm（49针）　19cm（49针）

0886

【成品规格】见图
【工具】8号棒针
【材料】粉红色、红色棉线 拉链1条
【制作过程】前片以机器边起针编织双罗纹针，衣身编织花样，按图示减袖窿、后领、前领。

领子结构图

18cm（42针）　3cm（22行）
双罗纹 8号棒针
24.5cm（66针）

基本针法

花样

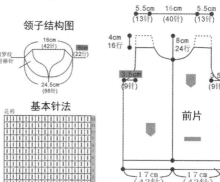

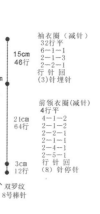

5.5cm（13针）　16cm（40针）　5.5cm（13针）
4cm 16行　8cm 24行
3.5cm（9针）　3.5cm（9针）

前片

17cm（42针）　17cm（42针）
3cm 12行
双罗纹 8号棒针

袖衣圈（减针）
32行平
6-1-1
4-2-1
2-2-1
行 针 回
（3）针埋针
15cm 46行

前领衣圈（减针）
4行平
4-1-2
2-1-1
2-1-1
2-1-1
2-2-1
2-5-1
行 针 回
（8）针停针
21cm 64行

295

【成品规格】见图
【工具】7号棒针
【材料】粉红色、大红色、白色毛线 拉链1条
【制作过程】左、右前片起68针织花样A和花样B，织至32cm收袖窿，织至41cm收前领窝，先平收6针，再每隔1行减1针，减4次，再每隔2行减1针，减2次。织至48cm，收针。缝上拉链。

花样A

花样B

领子

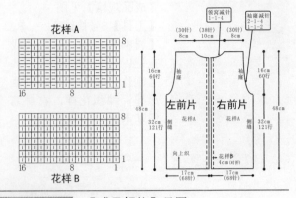

0887

0888

【成品规格】见图
【工具】12号棒针
【材料】粉红色、红色、白色棉线 拉链1条
【制作过程】起织左前片，起49针织花样A，织20行，改织花样B织至102行，左侧减针织成袖窿。缝上拉链。

花样A

花样B

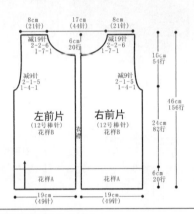

【成品规格】见图
【工具】12号棒针
【材料】粉红色棉线 拉链1条
【制作过程】起织左前片，起49针织花样A，织20行，改为花样B与花样C组合编织，如结构图所示，织至102行，左侧减针织成袖窿。缝上拉链。

0889

花样A   花样B

花样C

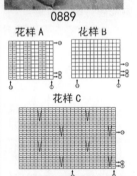

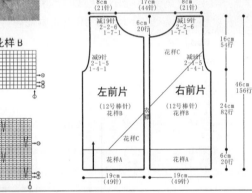

0890

【成品规格】见图
【工具】3.5mm棒针
【材料】白色、黄色羊毛绒线 纽扣5枚
【制作过程】前片分左、右2片编织，分别按图起35针，织5cm单罗纹后，改织全下针，并间色，左、右两边按图示收成袖窿。对称织出另一片。缝上纽扣。

领子结构图

单罗纹   全下针

图案

0891

【成品规格】见图
【工具】12号棒针
【材料】蓝色、白色棉线 拉链1条
【制作过程】起织左前片，起49针织花样A，4行白色与4行蓝色间隔编织，织20行，改为蓝色线编织花样B，织至102行，左侧减针织成插肩袖窿。缝上拉链。

花样A

花样B

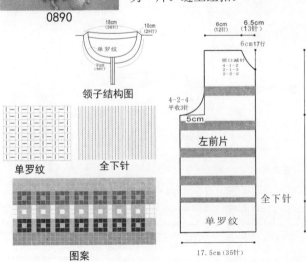

左前片

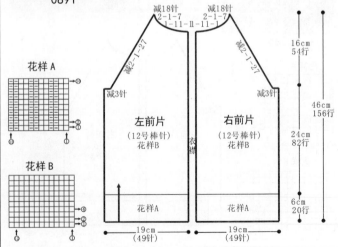

左前片   右前片

0892

0893

【成品规格】见图
【工具】12号棒针
【材料】红色棉线 拉链1条
【制作过程】起织左前片，起49针织花样A，织20行，改织花样B，织至102行，左侧减针织成袖窿。缝上拉链。

【成品规格】见图
【工具】8号棒针
【材料】黄色、蓝色棉线 胶木扣5枚
【制作过程】前片用蓝色毛线起针编织花样，织几行后用黄色毛线编织，衣身编织基本针法。缝上纽扣。

花样A

花样B

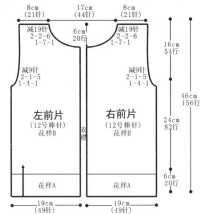

8cm
(21针)
17cm
(44针)
8cm
(21针)
减19针
2-2-6
1-7-1
6cm
20行
减19针
2-2-6
1-7-1
16cm
54行
减9针
2-1-5
1-4-1
减9针
2-1-5
1-4-1
左前片
(12号棒针)
花样B
右前片
(12号棒针)
花样B
46cm
156行
24cm
82行
花样A
花样A
6cm
20行
19cm
(49针)
19cm
(49针)

基本针法

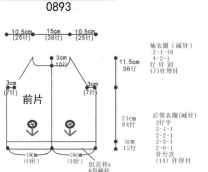

10.5cm
(25针)
15cm
(38针)
10.5cm
(25针)
3cm
10行
3cm
(7针)
3cm
(7针)
前片
11.5cm
36行
21cm
64行
3cm
12行
18cm
(44针)
18cm
(44针)
织花样A
8号棒针

袖衣圈（减针）
2-1-16
4-2-1
行 针 回
(7)针堙回

后领衣圈（减针）
2行1平
2-1-1
2-3-1
2-6-1
针停次
(14)针停回

花样

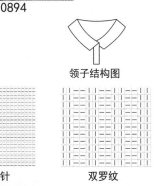

0894

【成品规格】见图
【工具】3.5mm棒针 绣花针
【材料】白色羊毛绒线 粉红色毛绒线 拉链1条 亮珠若干
【制作过程】前片分左、右2片编织，分别按图起35针，织5cm双罗纹后，改织全下针，并间色，左、右两边按图示收成袖窿。对称织出另一片。缝上拉链和亮珠。

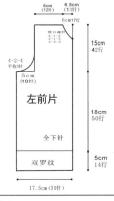

领子结构图

全上针

双罗纹

6cm
(12针)
6.5cm
(13行)
6cm17行
领口减针
4-1-3
2-1-3
2-2-2
15cm
42行
4-2-4
平收针
5cm
(10针)
左前片
全下针
18cm
50行
双罗纹
5cm
14行
17.5cm(35针)

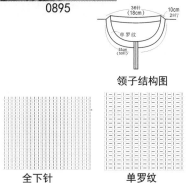

0895

【成品规格】见图
【工具】3.5mm棒针 绣花针
【材料】白色羊毛绒线 粉红色毛绒线 拉链1条
【制作过程】前片分左、右2片编织，分别按图起35针，织5cm单罗纹后，改织全下针，并间色，左、右两边按图示收成袖窿。对称织出另一片。缝上拉链。

36针
(18cm)
10cm
(28行)
单罗纹
31cm
(50针)
领子结构图

全下针

单罗纹

6cm
(12针)
6.5cm
(13行)
6cm17行
领口减针
4-1-3
2-1-3
2-2-2
15cm
42行
4-2-4
平收针
5cm
(10针)
左前片
全下针
18cm
50行
单罗纹
5cm
14行
17.5cm(35针)

0896

【成品规格】见图
【工具】7号棒针
【材料】白色羊毛绒线 粉红色毛绒线 拉链1条
【制作过程】前片分左、右2片编织，分别按图起35针，织5cm双罗纹后，改织全下针，并间色，左、右两边按图示收成袖窿。对称织出另一片。缝上拉链。

全下针

双罗纹

36针
(18cm)
10cm
(28行)
单罗纹
31cm
(50针)
领子结构图

6cm
(12针)
6.5cm
(13行)
6cm17行
领口减针
4-1-3
2-1-3
2-2-2
15cm
42行
4-2-4
平收针
5cm
(10针)
左前片
全下针
18cm
50行
双罗纹
5cm
14行
17.5cm(35针)

【成品规格】见图
【工具】7号棒针
【材料】白色羊毛绒线　粉红色毛绒线　拉链1条
【制作过程】前片分左、右2片编织，分别按图起35针，织5cm双罗纹后，改织全下针，左、右两边按图示收成袖窿。对称织出另一片。缝上拉链。

0897

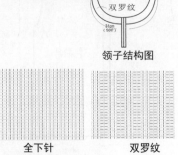

领子结构图

全下针　　双罗纹

6cm(12针)　6.5cm(13针)
6cm17行
领口减针
4-1-2
4-1-3
2-2-2
15cm 42行
4-2-4 平收4针
5cm(10行)
左前片
18cm 50行
全下针
双罗纹
5cm 14行
17.5cm(35针)

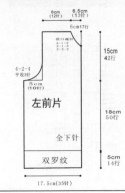

【成品规格】见图
【工具】7号棒针
【材料】白色羊毛绒线　粉红色毛绒线　拉链1条
【制作过程】前片分左、右2片编织，分别按图起35针，织5cm双罗纹后，改织全下针，并编入图案，左、右两边按图示收成袖窿。对称织出另一片。缝上拉链。

0898

36针(18cm)　10cm(28行)
双罗纹
31cm(50针)
领子结构图

全下针　　双罗纹

6cm(12针)　6.5cm(13针)
6cm17行
领口减针
4-1-2
4-1-3
2-2-2
15cm 42行
4-2-4 平收4针
5cm(10行)
左前片
18cm 50行
全下针
双罗纹
5cm 14行
17.5cm(35针)

【成品规格】见图
【工具】7号棒针
【材料】白色羊毛绒线　粉红色毛绒线　拉链1条　亮珠若干
【制作过程】前片分左、右2片编织，分别按图起35针，织5cm双罗纹后，改织全下针，并间色，左、右两边按图示收成袖窿。对称织出另一片。缝上拉链和亮珠。

0899

18cm(36针)　10cm(28行)
双罗纹
31cm(50针)
领子结构图

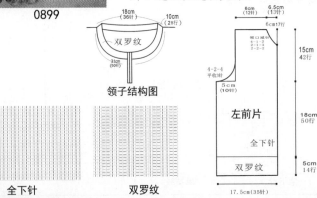

全下针　　双罗纹

6cm(12针)　6.5cm(13针)
6cm17行
领口减针
4-1-2
4-1-3
2-2-2
15cm 42行
4-2-4 平收3针
5cm(10行)
左前片
18cm 50行
全下针
双罗纹
5cm 14行
17.5cm(35针)

【成品规格】见图
【工具】7号棒针
【材料】粉红色羊毛绒线　粉红色长毛绒线　拉链1条
【制作过程】前片分左、右2片编织，分别按图起35针，织5cm双罗纹后，改织全下针，并间色，左、右两边按图示收成袖窿。对称织出另一片。缝上拉链。

0900

36针(18cm)　10cm(28行)
双罗纹
31cm(50针)
领子结构图

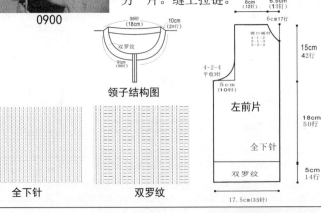

全下针　　双罗纹

6cm(12针)　6.5cm(13针)
6cm17行
领口减针
4-1-2
4-1-3
2-2-2
15cm 42行
4-2-4 平收3针
5cm(10针)
左前片
18cm 50行
全下针
双罗纹
5cm 14行
17.5cm(35针)

【成品规格】见图
【工具】7号棒针
【材料】粉红色羊毛绒线　粉红色长毛绒线　拉链1条　亮珠若干
【制作过程】前片分左、右2片编织，分别按图起35针，织5cm双罗纹后，改织全下针，并间色，左、右两边按图示收成袖窿。对称织出另一片。缝上拉链和亮珠。

0901

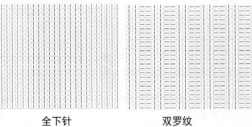

全下针　　双罗纹

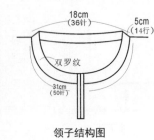

18cm(36针)　5cm(14行)
双罗纹
31cm(50针)
领子结构图

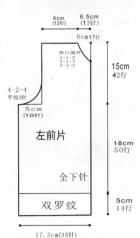

6cm(12针)　6.5cm(13针)
6cm17行
领口减针
4-1-2
4-1-3
2-2-2
15cm 42行
4-2-4 平收3针
5cm(10行)
左前片
18cm 50行
全下针
双罗纹
5cm 14行
17.5cm(35针)

【成品规格】见图

【工具】7号棒针

【材料】白色羊毛绒线 拉链1条

【制作过程】前片分左、右2片编织，分别按图起36针，织5cm双罗纹后，改织花样，左、右两边按图示收成袖窿。对称织出另一片。缝上拉链。

0902

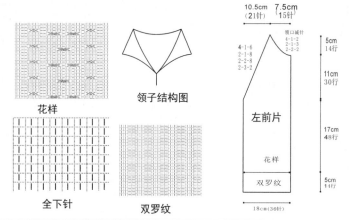

花样

领子结构图

全下针　　双罗纹

左前片　花样　双罗纹

10.5cm(21针)　7.5cm(15针)

领口减针
4-1-2
2-1-3
2-2-2
4-1-6
2-1-8
2-2-8
2-3-2

5cm 14行
11cm 30行
17cm 48行
5cm 14行

18cm(36针)

【成品规格】见图

【工具】7号棒针

【材料】白色、粉红色、蓝色羊毛绒线 拉链1条 亮片若干

【制作过程】前片分左、右2片编织，分别按图起35针，织5cm双罗纹后，改织全下针，并间色，左、右两边按图示收成袖窿。对称织出另一片。缝上拉链和亮片。

0903

领子结构图

18cm(36针)　10cm(28行)
双罗纹
31cm(50行)

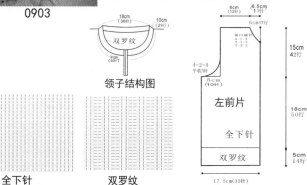

全下针　　双罗纹

左前片　全下针　双罗纹

6cm(12针)　6.5cm(13针)
6cm 17行
领口减针
4-1-1
2-1-2
2-2-2
4-2-4
平收3针
5cm(10针)

15cm 42行
18cm 50行
5cm 14行

17.5cm(35针)

【成品规格】见图

【工具】7号棒针 绣花针

【材料】粉红色、白色羊毛绒线 拉链1条 亮片若干

【制作过程】前片分左、右2片编织，分别按图起35针，织5cm双罗纹后，改织全下针，并间色，左、右两边按图示收成袖窿。对称织出另一片。缝上拉链和亮片。

0904

领子结构图

18cm(36针)　10cm(28行)
双罗纹
31cm(50行)

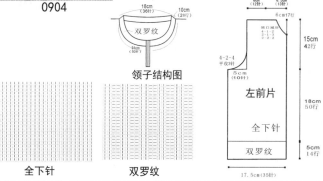

全下针　　双罗纹

左前片　全下针　双罗纹

6cm(12针)　6.5cm(13针)
6cm 17行
领口减针
4-1-1
2-1-2
2-2-2
4-2-4
平收3针
5cm(10针)

15cm 42行
18cm 50行
5cm 14行

17.5cm(35针)

【成品规格】见图

【工具】6号棒针

【材料】粉红色、白色棉线 30cm粉色丝带2根 拉链1条

【制作过程】右前片用6号棒针起40针，从下往上织双罗纹5cm，往上织平针，按图织入白色花朵，织到25cm处开挂肩，按图解分别收袖窿、收领子。对称织出另一片。

0905

30针
双罗纹　5cm 16行
领口
23针
门襟挑108针织2cm下针叠成两层

双罗纹

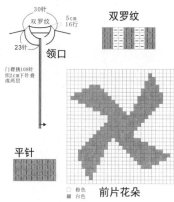

平针

前片花朵
□ 粉色
■ 白色

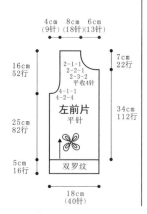

左前片　平针　双罗纹

4cm(9针)　8cm(18针)　6cm(13针)
16cm 52行
2-1-1
2-2-1
平收4针
4-1-1
4-2-4
7cm 22行
25cm 82行
34cm 112行
5cm 16行

18cm(40针)

【成品规格】见图

【工具】5号棒针

【材料】粉红色、黄色、白色棉线 拉链1条

【制作过程】左前片用5号棒针起50针，从下往上织双罗纹5cm，按图换线往上用黄线织下针54行后，往上仍用黄线编织，按图解分别收袖窿、收领子。对称织出另一片。缝上拉链。

0906

14行粉红色
重复3次
2行黄色
4行粉红色
领口
35针
双罗纹
26针
5cm×2 16行×2
门襟挑108针织2cm下针叠成两层(黄色)

平针

双罗纹

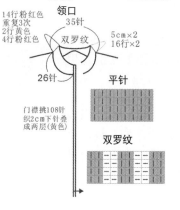

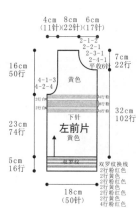

左前片　下针　黄色

4cm(11针)　8cm(22针)　6cm(17针)
16cm 50行
2-1-1
2-2-1
2-3-1
平收6针
7cm 22行
4-1-3
4-2-4
黄色
23cm 74行
32cm 102行

5cm 16行

双罗纹换线
2行粉红色
2行黄色
4行粉红色
2行黄色
4行粉红色

18cm(50针)

0907

【成品规格】见图
【工具】7号棒针 绣花针
【材料】红色、黄色羊毛绒线 拉链1条 亮片若干
【制作过程】前片分左、右2片编织，分别按图起35针，织8cm双罗纹后，改织全下针，并间色，左、右两边按图示收成袖窿。缝上拉链和亮片。

双罗纹
领子结构图
全下针　双罗纹
前片

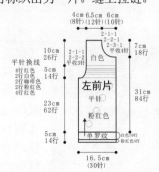

0908

【成品规格】见图
【工具】15号棒针
【材料】白色、粉色、红色、咖啡色棉线 拉链1条
【制作过程】左前片用4.0mm棒针、粉色线起30针，从下往上织单罗纹4行，换白色线织10行，共织5cm，往上换粉色线织23cm，开挂肩，并按图解换线编织。按图分别收袖窿、收领子。对称织出另一片。缝上拉链。

领口
单罗纹
平针
单罗纹
左前片
门襟挑88针织2cm下针叠成两层

0909

【成品规格】见图
【工具】3号棒针
【材料】白色、紫色、绿色棉线 拉链1条
【制作过程】前片分左、右2片，双罗纹起针法起56针，双罗纹编织8cm，下针织19cm后，按袖窿减针及前领减针织出袖窿和前领，对称织出另一片。缝上拉链。

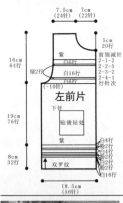  

左前片
右前片
双罗纹

0910

【成品规格】见图
【工具】5号棒针 绣花针1根
【材料】白色棉线 拉链1条
【制作过程】左前片用5号棒针起45针，从下往上织单罗纹5cm，往上织反针和花样，织到23cm处开挂肩，按图分别收袖窿、收领子。对称织出另一片。缝上拉链。

花样
上针
单罗纹
刺绣花样
左前片

0911

【成品规格】见图
【工具】5号棒针
【材料】白色、红色、粉红色棉线 拉链1条
【制作过程】左前片用3.0mm棒针起46针，从下往上织双罗纹5cm，往上织下针和花样，织到23cm处开挂肩，按图分别收袖窿、收领子。缝上拉链。

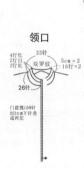 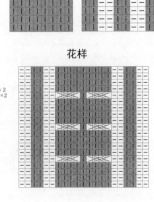 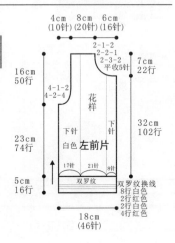

平针　双罗纹
花样
领口
双罗纹
门襟挑108针加织2cm下针叠成两层
左前片

【成品规格】见图
【工具】7号棒针
【材料】红色、黄色羊毛绒线 拉链1条
【制作过程】前片分左、右2片编织，分别按图起35针，织8cm双罗纹后，改织全下针，并间色，左、右两边按图示收成袖窿。缝上拉链。

0912

领子结构图
18cm（36针） 10cm（28行）
双罗纹
31cm（50针）

全下针　双罗纹

前片
全下针
双罗纹
8cm（12针）6.5cm（13针）6.5cm（13针）6cm（12针）
6cm17行
领口减针
2-4-2
2-2-1
2-2-2
4-2-4
平收4针
5cm（10针）
15cm 42行
15cm 42行
8cm 22行
17.5cm（35针）　17.5cm（35针）

【成品规格】见图
【工具】6号棒针
【材料】粉红色、桃红色、绿色、紫色、红色、黄色、白色棉线 拉链1条
【制作过程】左前片用桃红色线、3.25mm棒针起40针，从下往上织双罗纹5cm，往上织平针，织到15cm处按图换色编织，织到10cm处开挂肩，按图解分别收袖窿、收领子。对称织出另一片。缝上拉链。

0913

4cm（9针）8cm（18针）6cm（13针）
2-1-1
2-3-2
2-3-2
4-1-1
4-2-4
16cm 52行
10cm 32行
15cm 50行
5cm 16行
左前片
平针
桃红色
7cm 22行
34cm 112行
右前片
平针
桃红色
双罗纹
双罗纹
18cm（40针）
粉红色

领口
30针
双罗纹
5cm 16行
23针
粉红
门襟挑108针织2cm下针叠成两层（粉红色）

平针

双罗纹

【成品规格】见图
【工具】7号棒针
【材料】粉红色羊毛绒线 粉红色长毛绒线 拉链1条
【制作过程】前片分左、右2片编织，分别按图起35针，织5cm双罗纹后，改织全下针，左、右两边按图示收成袖窿。对称织出另一片。缝上拉链。

0914

领子结构图
18cm（36针） 10cm（28行）
双罗纹
31cm（50针）

全下针　双罗纹

6cm（12针）6.5cm（13针）
6cm17行
领口减针
4-1-2
2-2-3
2-2-2
4-2-4
平收3针
5cm（10针）
左前片
全下针
双罗纹
15cm 42行
18cm 50行
5cm 14行
17.5cm（35针）

【成品规格】见图
【工具】7号棒针
【材料】粉红色毛绒线 拉链1条
【制作过程】前片分左、右2片编织，分别按图起35针，织5cm双罗纹后，改织花样A，左、右两边按图示收成袖窿。对称织出另一片。缝上拉链。

0915

领子结构图
18cm（36针） 10cm（28行）
双罗纹
31cm（50针）

花样　双罗纹

6cm（12针）6.5cm（13针）
6cm17行
领口减针
4-1-2
2-2-3
2-2-2
4-2-4
平收3针
5cm（10针）
左前片
花样
双罗纹
15cm 42行
18cm 50行
5cm 14行
17.5cm（35针）

【成品规格】见图
【工具】7号棒针
【材料】白色纯羊毛线 拉链1条
【制作过程】前片分左、右2片编织，分别按图起35针，织5cm双罗纹后，改织花样，左、右两边按图示收成袖窿。对称织出另一片。缝上拉链。

0916

双罗纹　花样

领子结构图
18cm（36针） 10cm（28行）
双罗纹
31cm（50针）

6cm（12针）6.5cm（13针）
6cm17行
领口减针
4-1-2
2-2-3
2-2-2
4-2-4
平收3针
5cm（10针）
左前片
双罗纹
15cm 42行
18cm 50行
5cm 14行
17.5cm（35针）

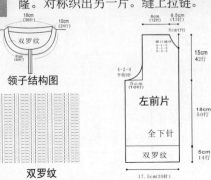

0917

【成品规格】见图
【工具】7号棒针
【材料】粉红色、蓝色、白色羊毛绒线 拉链1条 亮片若干
【制作过程】前片分左、右2片编织，分别按图起35针，织5cm双罗纹后，改织全下针，并间色和编入图案，左、右两边按图示收成袖窿。对称织出另一片。缝上拉链。

领子结构图
18cm(36针) 10cm(28行)
双罗纹
31cm(50针)

全下针　双罗纹

左前片
6cm(12针) 6.5cm(13针)
6cm17行
领口减针
15cm 42行
4-2-4平收3针
5cm(10行)
左前片
全下针
18cm 50行
双罗纹
5cm 14行
17.5cm(35针)

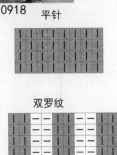

0918

【成品规格】见图
【工具】8号棒针
【材料】玫红色、白色棉线 拉链1条
【制作过程】前片用8号棒针起40针，从下往上织双罗纹6cm，按图解换线编织，用玫红色线织平针，织到27cm处开斜肩，按图编织。对称织出另一片。缝上拉链。

平针

双罗纹

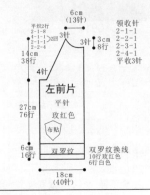

左前片
6cm(13针)
领收针
2-1-1
2-2-1
2-3-1
2-4-1
平收3针
3cm 8针
平织2行
2-1-8
4-1-1 2回
2-1-1
3针
14cm 38行
4cm
27cm 76行
左前片
平针
玫红色
布贴
6cm 16行
双罗纹换线
10行玫红色
6行白色
18cm(40针)

0919

【成品规格】见图
【工具】7号棒针
【材料】红色、金色、白色羊毛绒线 拉链1条
【制作过程】前片分左、右2片编织，分别按图起35针，织5cm双罗纹后，改织全下针，并间色，左、右两边按图示收成袖窿。对称织出另一片。缝上拉链。

领子结构图
18cm(36针) 6cm(17针)
双罗纹
31cm(50针)

全下针　双罗纹

左前片
6cm(12针) 6.5cm(13针)
6cm17行
领口减针
4-1-2
2-1-3
2-2-2
15cm 42行
4-2-4平收3针
5cm(10针)
左前片
全下针
18cm 50行
双罗纹
5cm 14行
17.5cm(35针)

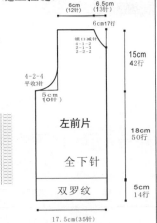

0920

【成品规格】见图
【工具】7号棒针
【材料】大红色、蓝色、黄色、黑色毛线 拉链1条
【制作过程】左、右前片起44针织双罗纹花样C 7cm（红色3cm、黄色1cm、蓝色1cm、红色2cm），织花样B和花样D，织至33cm开始收袖窿，两边各平收2针，然后两边各收1针，收4次，织至42cm开始收前领窝，在前襟上先平收4针，每隔1行收1针，收6次，织至45cm开始收肩。缝上拉链。

领子
13cm(40针)
花样C 花样C
16cm(26针)

花样A　花样B　花样C

花样D　图案

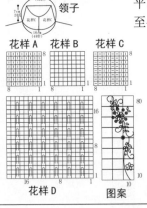

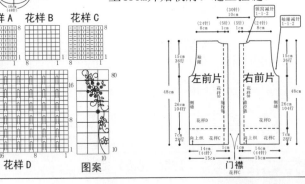

左前片　右前片
门襟 花样C

0921

【成品规格】见图
【工具】7号棒针
【材料】玫红色、粉红色羊毛绒线 拉链1条
【制作过程】前片分左、右2片编织，分别按图起35针，织5cm双罗纹后，改织全下针，左、右两边按图示收成袖窿。对称织出另一片。缝上拉链。

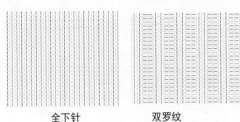

全下针　双罗纹

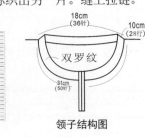

领子结构图
18cm(36针) 10cm(28行)
双罗纹
31cm(50针)

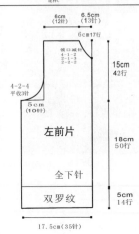

左前片
6cm(12针) 6.5cm(13针)
6cm17行
领口减针
4-1-2
2-1-3
2-2-3
15cm 42行
4-2-4平收3针
5cm(10针)
左前片
全下针
18cm 50行
双罗纹
5cm 14行
17.5cm(35针)

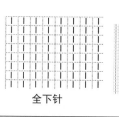

0922

【材料】绿色、白色羊毛绒线　拉链1条

【制作过程】前片分左、右2片编织，分别按图起36针，织5cm双罗纹后，改织全下针，左、右两边按图示收成袖窿。对称织出另一片。缝上拉链。

【成品规格】见图

【工具】7号棒针

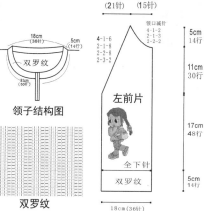

10.5cm 7.5cm
(21针) (15针)

领口减针
4-1-2
2-1-8
2-2-2

5cm
14行

4-1-6
2-1-8
2-2-8
2-3-2

11cm
30行

18cm
(36针)

5cm
(14行)

双罗纹

31cm
(60针)

领子结构图

左前片

全下针

17cm
48行

双罗纹

全下针

双罗纹

5cm
14行

18cm(36针)

【成品规格】见图

【工具】8号棒针

【材料】玫红色、蓝色、黄色棉线　拉链1条

【制作过程】前片用蓝色毛线起针编织花样，织几行后换黄色毛线编织，衣身编织基本针法。缝上拉链。

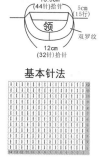

0923

16.5cm
(44针)拾针

5cm
(15行)

领

双罗纹

12cm
(32针)拾针

基本针法

胸前装饰小花的钩织方法

10.5cm 15cm 10.5cm
(25针) (38针) (25针)

3cm
10行

11.5cm
36行

袖衣圈（减针）
2-1-16
4-2-1
行 针 回
(7)针埋针

3cm
(7针)

3cm
(7针)

前片

下针编织

后领衣圈（减针）
2行平
2-1-1
2-2-1
2-3-1
2-6-1
针行次
(14)针停针

21cm
64行

3cm
12行

18cm
(44针)

18cm
(44针)

织花样A
8号棒针

0924

【成品规格】见图

【工具】7号棒针

【材料】白色、紫色羊毛绒线　拉链1条

【制作过程】前片分左、右2片编织，分别按图起35针，织5cm双罗纹后，改织全下针，并间色，左、右两边按图示收成袖窿。对称织出另一片。缝上拉链。

18cm
(36针)

10cm
(2针)

双罗纹

31cm
(50针)

领子结构图

全下针

双罗纹

6cm
(12针)

6.5cm
(13针)

6cm17行

领口减针
4-1-2
4-2-1
2-2-2

15cm
42行

4-2-4
平收3针

5cm
(10针)

左前片

全下针

双罗纹

18cm
50行

5cm
14行

17.5cm(35针)

【成品规格】见图

【工具】5号棒针

【材料】红色、白色棉线　拉链1条

【制作过程】右前片用白色棉线、3.0mm棒针起50针，从下往上织双罗纹6cm，按图换线，往上用红色线织平针，织到25cm处开挂肩，按图解分别收袖窿、收领子。左前片上部按图换线。缝上拉链。

0925

领口

30针

双罗纹

23针

5cm*2
20行*2
换线
20行红
2行红
2行白
2行红
2行白
2行红
2行白

门襟挑120针
起2cm下针叠成两层

平针

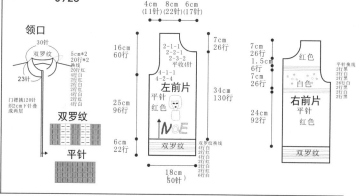

4cm 8cm 6cm
(11针) (22针) (17针)

2-1-1
2-1-2
2-3-2

7cm
26行

16cm
60行

4-1-1
4-2-4

左前片
平针
红色

25cm
96行

34cm
130行

6cm
22行

双罗纹

18cm
(50针)

双罗纹换线
4行白
2行红
2行白
2行红
2行白
2行红
6行白

7cm
26行
1.5cm
6行
7cm
26行

红色

白色

24cm
92针

右前片
平针
红色

双罗纹

平针换线
2行黑
2行白
26行红
2行白
2行黑
2行白
2行黑

0926

【成品规格】见图

【工具】7号棒针

【材料】白色羊毛绒线　粉红色毛线

【制作过程】前片按图起74针，织5cm双罗纹后，改织全下针，左、右两边按图示收成袖窿。

全下针

双罗纹

18cm
(36针)

5cm
(14行)

双罗纹

31cm
(50针)

领子结构图

6cm 15cm 6cm
(12针) (30针) (12针)

6cm17行

领口减针
4-1-2
2-1-3
2-2-2

15cm
42行

4-2-4
平收3针

5cm
(10针)

前片

全下针

双罗纹

18cm
50行

5cm
14行

37cm(74针)

303

0927

【成品规格】见图
【工具】7号棒针
【材料】白色羊毛绒线 粉红色毛线
【制作过程】前片按图起74针，织5cm双罗纹后，改织全下针，并间色，左、右两边按图示收成袖窿。

领子结构图

18cm
(36针)
5cm
(14针)
双罗纹
31cm
(62针)

领子结构图

全下针　双罗纹

6cm
(12针)　15cm
(30针)　6cm
(12针)

6cm17行

领口减针
4-1-2
2-1-3
2-2-2

4-2-4
平收6针
5cm
(10针)

前片

全下针

双罗纹

15cm
42行

18cm
50行

5cm
14行

37cm(74针)

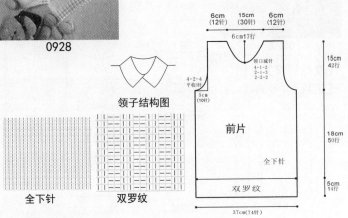

0928

【成品规格】见图
【工具】7号棒针
【材料】白色羊毛绒线 粉红色毛线
【制作过程】前片按图起74针，织5cm双罗纹后，改织全下针，并间色，左、右两边按图示收成袖窿。

领子结构图

全下针

6cm
(12针)　15cm
(30针)　6cm
(12针)

6cm17行

领口减针
4-1-2
2-1-3
2-2-2

4-2-4
平收6针
5cm
(10针)

前片

全下针

双罗纹

15cm
42行

18cm
50行

5cm
14行

37cm(74针)

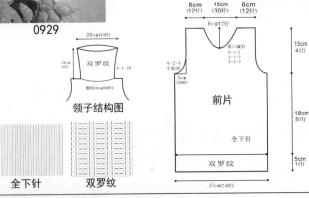

0929

【成品规格】见图
【工具】7号棒针
【材料】白色羊毛绒线 粉红色毛线
【制作过程】前片按图起74针，织5cm双罗纹后，改织全下针，并间色，左、右两边按图示收成袖窿。

领子结构图

20cm(40针)
双罗纹
18cm
50行
围织49cm(98针)
4-1-20

领子结构图

全下针　双罗纹

6cm
(12针)　15cm
(30针)　6cm
(12针)

6cm17行

领口减针
4-1-2
2-1-3
2-2-2

4-2-4
平收6针
5cm
(10针)

前片

全下针

双罗纹

15cm
42行

18cm
50行

5cm
14行

37cm(74针)

0930

【成品规格】见图
【工具】10号棒针
【材料】白色、红色、粉红色长绒线
【制作过程】前片用粉红色长绒线起60针，织花样A，织6cm后改为白色线织花样B，织至30cm袖窿减针，方法为1-2-1，2-1-3，织至40cm，收前领，中间留取10针不织，两侧减2-2-3，2-1-2，前片共织46cm。

花样A

图案　□白色 ■粉红色

花样B

8cm
(12针)　17cm
(26针)　8cm
(12针)

减8针
2-1-2
2-2-3

6cm
20行

减8针
2-1-2
2-2-3

16cm
36行

中间留取10针不织
(第83行)

减5针
2-1-3
1-2-1

图案

减5针
2-1-3
1-2-1

前片
(10号棒针)
花样B

46cm
102行

24cm
52行

花样A

6cm
(14行)

40cm
(60针)

0931

【成品规格】见图
【工具】10号棒针
【材料】白色、红色、粉红色长绒线
【制作过程】前片用粉红色长绒线起60针，织花样A，织6cm后改为白色线织花样B，织至30cm袖窿减针，方法为1-2-1，2-1-3，织至40cm，收前领，中间留取10针不织，两侧减2-2-3，2-1-2，前片共织46cm。

花样A

花样B

图案　□白色 ■粉红色

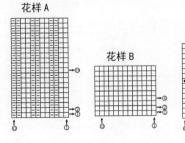

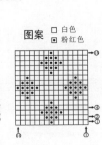

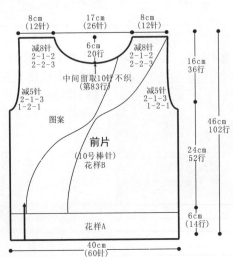

8cm
(12针)　17cm
(26针)　8cm
(12针)

减8针
2-1-2
2-2-3

6cm
20行

减8针
2-1-2
2-2-3

16cm
36行

中间留取10针不织
(第83行)

减5针
2-1-3
1-2-1

图案

减5针
2-1-3
1-2-1

前片
(10号棒针)
花样B

46cm
102行

24cm
52行

花样A

6cm
(14行)

40cm
(60针)

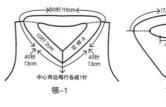 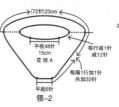 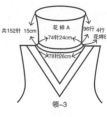

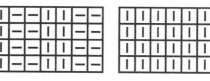

0932

【成品规格】见图

【工具】3号、7号棒针

【材料】白色纯棉线 粉红色带毛线 粉色珠子少许 白色、粉色纱条各少许

【制作过程】前片起80针编织花样A18行后，均匀减针成60针，按图示编织花样B，编织15cm高度后按图示减针，织10行后平均分成两份，按图示减针，形成前片袖窿、V字领口。

0933

【成品规格】见图

【工具】7号棒针 绣花针

【材料】白色羊毛绒线 粉红色长毛线

【制作过程】前片由上、下片组成，上片起30针按图加针，前领口均匀减针，下片起74针，织5cm双罗纹后，改织花样。

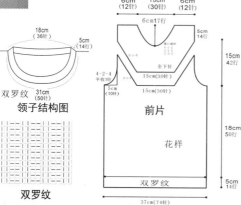

0934

【成品规格】见图

【工具】10号棒针

【材料】白色、红色棉线 粉红色长绒线

【制作过程】前片用粉红色长绒线起60针，织花样A，织6cm后改为白色线织花样B，织至30cm袖窿减针，方法为1-2-1，2-1-3。织至40cm，收前领，中间留取10针不织，两侧减2-2-3，2-1-2，前片共织46cm长。

 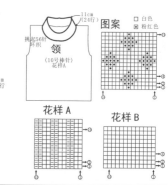

0935

【成品规格】见图

【工具】7号棒针

【材料】白色毛线及粉色松树纱

【制作过程】前片用粉色松树纱线起70针约37cm，平织12行约5cm花样，用白色毛线及粉色松树纱相间隔织花样斜条纹(见花样C图)，同时织花样B，平织到袖窿处，领窝处留6cm高。

  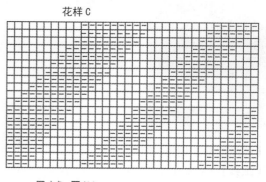

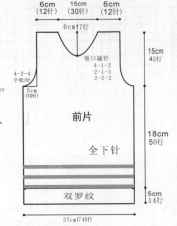

【成品规格】见图
【工具】7号棒针
【材料】白色、粉红色羊毛绒线 粉红色长毛线
【制作过程】前片按图起74针，织5cm双罗纹后，改织全下针，并间色，左、右两边按图示收成袖窿。

0936

领子结构图
单罗纹
20cm(40针)
18cm 50行
圈织49cm(98针)

双罗纹

全下针 单罗纹

6cm(12针) 15cm(30针) 6cm(12针)
6cm17行
领口减针
4-1-2
2-1-3
2-2-2
4-2-4平收3针
5cm(10针)
15cm 42行
前片
全下针
18cm 50行
双罗纹
5cm 14行
37cm(74针)

【成品规格】见图
【工具】10号棒针
【材料】白色、红色棉线 粉红色长绒线
【制作过程】前片用白色长绒线起60针，织花样A，织6cm后改为粉红色线织花样B，织至30cm袖窿减针，织至40cm，收前领，中间留取10针不织，两侧减2-2-3，2-1-2，前片共织46cm长。

0937

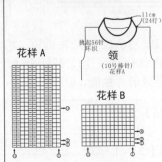

花样A

领
挑起56针环织
(10号棒针)花样A
11cm(24行)

花样B

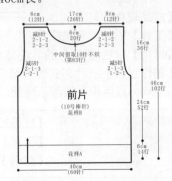

8cm(16针) 17cm(26针) 8cm(12针)
减8针 6cm20行 减8针
2-2-3 2-1-2
2-1-2 中间留取10针不织(第83行)
减5针 减5针
2-1-1 2-1-1
1-2-1 1-2-1
16cm 36行
前片
(10号棒针)
花样B
46cm 102行
24cm 52行
花样A
6cm 14行
40cm(60针)

【成品规格】见图
【工具】7号棒针 绣花针
【材料】白色羊毛绒线 橙色长毛线 绣花图案若干
【制作过程】前片按图起74针，织5cm双罗纹后，改织花样，并间色，左、右两边按图示收成袖窿。

0938

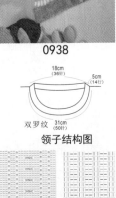

18cm(36针) 5cm(14针)
双罗纹 31cm(50针)

领子结构图

花样 双罗纹

6cm(12针) 15cm(30针) 6cm(12针)
6cm17行
领口减针
4-1-2
2-1-3
2-2-2
4-2-4平收4针
5cm(10针)
15cm 42行
2-1-3 2-1-3
前片
花样
18cm 50行
双罗纹
5cm 14行
37cm(74针)

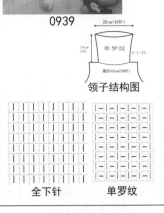

【成品规格】见图
【工具】7号棒针
【材料】紫色羊毛绒线 紫色长毛线若干
【制作过程】前片用长毛线按图起74针，织5cm单罗纹后，改用羊毛绒线织全下针，左、右两边按图示收成袖窿。

0939

20cm(40针)
单罗纹
18cm 50行
圈织49cm(98针)
4-1-20
领子结构图

全下针 单罗纹

6cm(12针) 15cm(30针) 6cm(12针)
6cm17行
领口减针
4-1-2
2-1-3
2-2-2
4-2-4平收
5cm(10针)
15cm 42行
前片
全下针
18cm 50行
单罗纹
5cm 14行
37cm(74针)

0940

【成品规格】见图
【工具】7号棒针

【材料】红色毛线 枣红色珍珠线
【制作过程】前片用珍珠线起70针约37cm，织单罗纹针10行约4cm，换线用红色毛线织平针，平织到袖窿处，领窝处留6cm高。

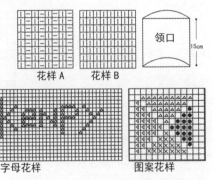

花样A 花样B

领口
15cm

字母花样 图案花样

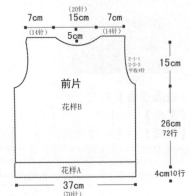

(20针)
7cm 15cm 7cm
(14针) 5cm (14针)
2-1-1
2-2-3平收4针
15cm
前片
花样B
26cm 72行
花样A
4cm10行
37cm
(70针)

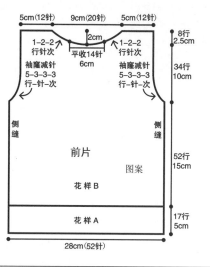

【成品规格】见图
【工具】15号棒针
【材料】咖啡色纯棉线　粉红色带毛线
【制作过程】前片起52针编织花样A17行后，按图示编织花样B，编织15cm高度后按图示减针，形成前片袖窿、领口。

0941

5cm(12针)　9cm(20针)　5cm(12针)

2cm

8行
2.5cm

1-2-2
行针次
袖窿减针
5-3-3-3
行-针-次

平收14针
6cm

1-2-2
行针次
袖窿减针
5-3-3-3
行-针-次

34行
10cm

侧缝　　　　　　　侧缝

前片

图案

花样B

52行
15cm

17行
5cm

花样A

28cm(52针)

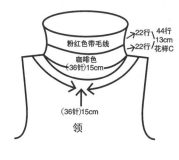

粉红色带毛线　22行　44行
　　　　　　　　　　13行
咖啡色　　　　　22行　花样C
(36针)15cm

(36针)15cm

领

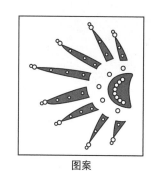

图案

花样A

		-			-		
	-			-			-	
		-			-			
-			-			-		

花样B

【成品规格】见图
【工具】7号棒针
【材料】白色羊毛绒线　长毛线
【制作过程】前片按图起74针，织5cm双罗纹后，改织全下针，并间色，左、右两边按图示收成插肩袖。

0942

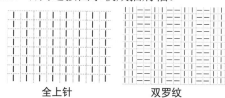

全上针　　　　双罗纹

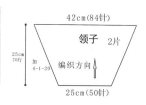

42cm(84针)

领子　2片

25cm
70行

加
4-1-20

编织方向 ↑

25cm(50针)

10.5cm　15cm　10.5cm
(21针)　(30针)　(21针)

5cm14行

4-1-6
4-1-8
2-1-2
2-2-3
2-2-3

平收10针袖口减针
4-1-2
2-1-3
2-2-3

5cm
14行

11cm
30行

前片

全下针

17cm
48行

双罗纹

5cm
14行

37cm(74针)

【成品规格】见图
【工具】4号棒针
【材料】白色棉线　球球线　粉色长毛线
【制作过程】前片单罗纹针长毛线起92针，单罗纹编织6cm，换白色线下针织3cm后按白线减针规律白线和球球线交替编织3cm，球球线编织至袖窿处按袖窿减针及球球线领减针织出袖窿和领，用白色棉线在领处挑2针，按球球线领减针及前领减针织出前领。

0943

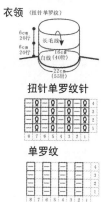

衣领　(扭针单罗纹)

6cm　　长毛线
20行
6cm　　16cm
20行　(40针)白线

22cm
(55针)

扭针单罗纹针

		Q			Q			4
		Q			Q			3
		Q			Q			2
		Q			Q			1

8 7 6 5 4 3 2 1

单罗纹

								4
								3
								2
								1

8 7 6 5 4 3 2 1

7cm　15cm　7cm
(18针)　(36针)　(18针)

前领减针
4cm　2-1-3
14行　2-2-3
　　　2-3-1
另挑针白色棉线　平收12针
行针次

16.5cm
56行

4cm
(14针)

前片
下针

22.5cm
74行

球球线领减针
2-1-2
2-2-12
行针次

6cm　白线减针规律
(20针)白色棉线

球球线
2-9-5
平收10针
行针次

3cm　单罗纹(长毛线)
10行

6cm
20行

37cm(92针)

【成品规格】见图
【工具】7号棒针
【材料】白色毛线　紫色松树纱线
【制作过程】前片用紫色松树纱线以辫子针起针编织下针，衣身编织花样与基本针法，按图示换线编织，按图示减袖窿、前领窝、后领窝。

0944

花样

双罗纹等图

双罗纹

5.5cm　16cm　5.5cm
(13针)　(40针)　(13针)

8cm
24行

编入花样

前片
8号棒针

34cm(84针)制作
34cm
(84针)

34cm

紫色松树纱线
编织下针

袖衣圈 (减针)
32行平
6-1-1
4-1-2
2-2-1
行针回
(3)针埋针

15cm
46行

前领衣圈(减针)
4行平
4-1-2
2-2-3
2-1-1
2-4-1
2-5-1
行针回
(8)针停针

21cm
64行

3cm
12行

领子结构图

16cm
(42针)

紫色松树纱线
8号棒针

24.5cm
(66针)

装饰花朵

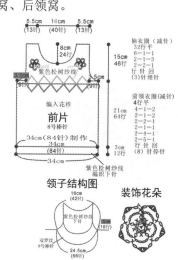

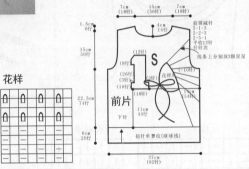

【成品规格】见图
【工具】4号棒针
【材料】白色、红色、粉色棉线　球球线　装饰星星若干　粉色线
【制作过程】前片扭针单罗纹针球球线起92针，扭针单罗纹编织6cm，换白色线下针织22.5cm后按袖窿减针及前领减针织出袖窿和前领。

0945
衣领（扭针单罗纹针）

扭针单罗纹针　　花样

前片

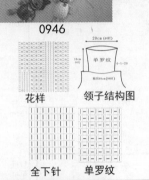

0946

【成品规格】见图
【工具】7号棒针
【材料】粉红色羊毛绒线　红色长毛线
【制作过程】前片用红色长毛线按图起74针，织5cm单罗纹后，改用羊毛绒线织花样，左、右两边按图示收成袖窿。

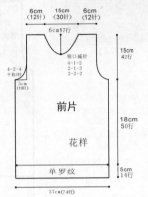

花样　　领子结构图

前片
花样

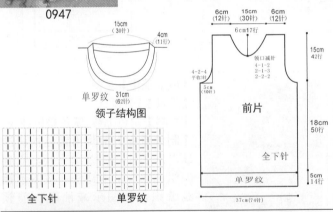

0947

【成品规格】见图
【工具】7号棒针
【材料】粉红色羊毛绒线　红色长毛线
【制作过程】前片用红色长毛线按图起74针，织5cm单罗纹后，改用羊毛绒织全下针，左、右2边按图示收成袖窿，前片中间的位置衬边用红色长毛线另织，与前片缝合。

单罗纹
领子结构图

全下针　　单罗纹

前片
全下针
单罗纹

0948

【成品规格】见图
【工具】7号棒针
【材料】粉红色、白色羊毛绒线　红色长毛线
【制作过程】前片用红色长毛线按图起74针，织5cm单罗纹后，改用羊毛绒线织全下针，并编入图案，左、右2边按图示收成袖窿。

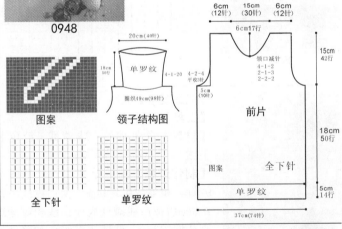

图案　　领子结构图

前片
图案　　全下针
单罗纹

0949

【成品规格】见图
【工具】7号棒针
【材料】粉红色毛线
【制作过程】前片起108针，织5cm花样A后，改织花样B，织至33cm开始收袖窿，两边各收平2针。然后隔1行减1针，共收4次。织至42cm开始留前领窝，先平收16针，再每隔1行两边各收1针，共收2次。

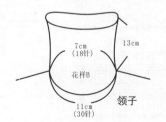

花样B
领子

花样A

花样B

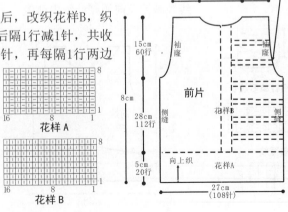

袖窿减针
2-1-2

前片
袖　花样B　侧
窿　　　　缝
向上织
花样A

0950

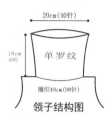

20cm(40针)

18cm
50行

单罗纹

圈织49cm(98针)

领子结构图

【成品规格】见图
【工具】7号棒针
【材料】白色、咖啡色、蓝色羊毛绒线 红色长毛线
【制作过程】前片按图起74针，织6cm单罗纹后，改织全下针，并编入图案，左、右两边按图示收成袖窿。

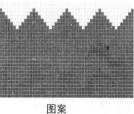

图案

全下针

单罗纹

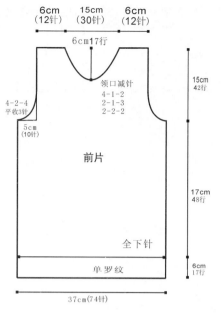

6cm (12针)　15cm (30针)　6cm (12针)

6cm17行

领口减针
4-1-2
2-1-3
2-2-2

4-2-4
平收3针

5cm (10针)

前片

全下针

单罗纹

15cm 42行

17cm 48行

6cm 17行

37cm(74针)

0951

【成品规格】见图
【工具】7号棒针
【材料】蓝色毛线 红色、粉色小球毛线
【制作过程】前片织至42cm开始留前领窝，先平收16针，再每隔1行两边各收1针，共收2次，横花纹织2行换一次线，纵花纹隔2针换一次线。

10cm
40行

9cm (36针)
花样B

11cm (44针)

领子

花样A

16　　8　　1

8

1

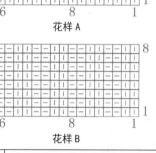

花样B

16　　8　　1

8

1

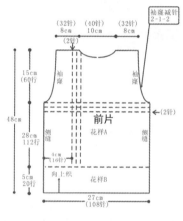

(32针) (40针) (32针)
8cm　10cm　8cm

(2针)

袖窿减针
2-1-2

15cm (60行)

袖窿

袖窿

48cm

28cm 112行

前片
花样A

侧缝

侧缝

4cm (16针)

5cm 20行

向上织

花样B

27cm (108针)

0952

【成品规格】见图
【工具】7号棒针
【材料】铁锈红色毛线 粉色、蓝色小球毛线
【制作过程】前片起108针，织花样B，织5cm后改织花样A，织至33cm开始收袖窿，两边各平收2针。然后隔1行减1针，共收4次。织至42cm开始留前领窝，先平收16针，再每隔1行两边各收1针，共收2次。

10cm
40行

9cm (36针)
花样B

11cm (44针)

领子

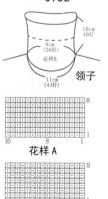

花样A

16　　8　　1

8

1

花样B

16　　8　　1

8

1

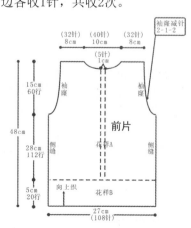

(32针) (40针) (32针)
8cm　10cm　8cm

(5针) 1cm

袖窿减针
2-1-2

15cm 60行

袖窿

袖窿

48cm

28cm 112行

前片
花样A

侧缝

侧缝

5cm 20行

向上织

花样B

27cm (108针)

0953

【成品规格】见图
【工具】7号棒针
【材料】红色毛线 红色、粉色小球毛线
【制作过程】前片织至42cm开始留前领窝，先平收16针，再每隔1行两边各收1针，共收2次。

花样A

8　　　1

花样B

8　　　1

10cm
40行

9cm (36针)
花样B

11cm (44针)

领子

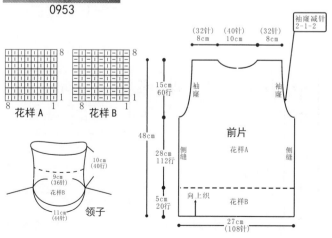

(32针) (40针) (32针)
8cm　10cm　8cm

袖窿减针
2-1-2

15cm 60行

袖窿

袖窿

48cm

28cm 112行

前片
花样A

侧缝

侧缝

5cm 20行

向上织

花样B

27cm (108针)

309

0954

【成品规格】见图
【工具】7号棒针
【材料】蓝色毛线 红色、粉色小球毛线
【制作过程】前片起108针，织花样B，织5cm后改织花样A，织至31cm换粉色球线，斜着织2cm，织至33cm（注意花样C穿叉）开始收袖窿，两边各平收2针。

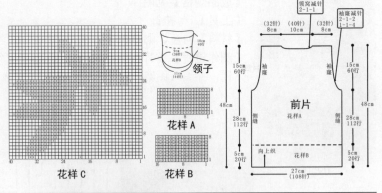

花样C

领子

花样A

花样B

前片
花样A

领窝减针
2-1-1

袖窿减针
2-1-2
1-1-4

（32针）8cm （40针）10cm （32针）8cm

15cm 60行

28cm 112行

5cm 20行

15cm 60行

28cm 112行

5cm 20行

48cm

袖窿 袖窿

侧缝 侧缝

向上织 花样B

27cm（108针）

0955

【成品规格】见图
【工具】7号棒针
【材料】蓝色毛线 红色、粉色小球毛线
【制作过程】前片起108针，织5cm花样B后，改织花样A，织至31cm换粉色球线，斜着织2cm，织至33cm开始收袖窿，两边各平收2针。

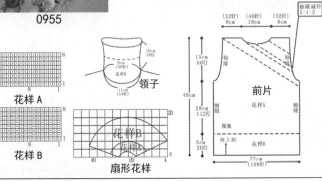

花样A

花样B

扇形花样

领子

前片
花样A

袖窿减针
2-1-2

（32针）8cm （40针）10cm （32针）8cm

15cm 60行

28cm 112行

5cm 20行

48cm

袖窿 袖窿

侧缝 侧缝

向上织 花样B

27cm（108针）

0956

【成品规格】见图
【工具】7号棒针
【材料】蓝色毛线 红色、粉色小球毛线
【制作过程】前片起针，织5cm花样B后，改织花样A，织至31cm换粉色球线，斜着织2cm，织至33cm开始收袖窿，两边各平收2针。

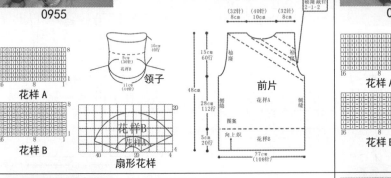

花样A

花样B

扇形花样

领子

前片
花样A
图案

袖窿减针
2-1-2

（32针）8cm （40针）10cm （32针）8cm

15cm 60行

28cm 112行

5cm 20行

48cm

袖窿 袖窿

侧缝 侧缝

向上织 花样B

27cm（108针）

0957

【成品规格】见图
【工具】7号棒针
【材料】蓝色毛线 红色、西瓜红色毛线、白色毛线、大红色毛线
【制作过程】前片织至42cm开始留前领窝，先平收16针，再每隔1行两边各收1针，共收2次。

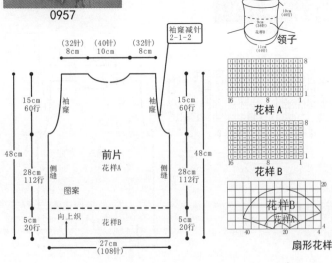

领子

花样A

花样B

扇形花样

前片
花样A
图案

袖窿减针
2-1-2

（32针）8cm （40针）10cm （32针）8cm

15cm 60行

28cm 112行

5cm 20行

15cm 60行

28cm 112行

5cm 20行

48cm

袖窿 袖窿

侧缝 侧缝

向上织 花样B

27cm（108针）

0958

【成品规格】见图
【工具】7号棒针
【材料】灰色、白色、红色、黑色羊毛绒线
【制作过程】前片按图起74针，先织双层平针底边后，改织全下针，左、右两边按图示收成袖窿。

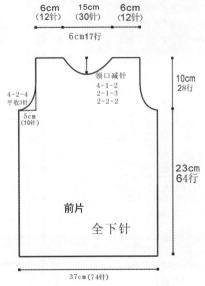

领子结构图

单罗纹

全下针

双层平针底边图解

缝合

6cm 17行

6cm（12针）15cm（30针）6cm（12针）

领口减针
4-1-2
2-1-3
2-2-2

4-2-4
平收3针

10cm 28行

23cm 64行

5cm（10针）

前片
全下针

37cm（74针）

18cm（36针） 8cm（20行）

31cm（50行）

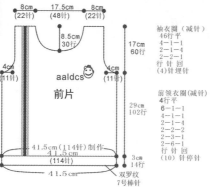

【成品规格】见图
【工具】7号棒针
【材料】墨绿色、灰色、红色羊毛绒线 纽扣3枚
【制作过程】前片以机器边起针编织双罗纹针，衣身编织基本针法，按图示减袖窿、前领窝、后领窝。

0959

领
17.5cm
(53针) 5cm
(22行)
26cm
(79针)

花样例A
基本针法

8cm (22针) 17.5cm (48针) 8cm (22针)
8.5cm 30行
17cm 60行
4cm (11针)
前片
aaldcs
4cm (11针)
29cm 102行
41.5cm(114针)制作
41.5cm (114针)
3cm 14行
41.5cm
双罗纹 7号棒针

袖衣圈（减针）
46行平
4-1-1
2-1-4
2-2-1
行 针 回
(4)针埋针

前领衣圈(减针)
4行平
6-1-1
4-1-1
2-1-4
2-2-2
2-3-1
2-6-1
行 针 回
(10)针停针

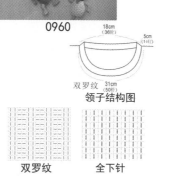

【成品规格】见图
【工具】7号棒针
【材料】墨绿色、灰色、白色羊毛绒线
【制作过程】前片按图起74针，织5cm双罗纹后，改织全下针，并间色，左、右两边按图示收成袖窿。

0960

6cm (12针) 15cm (30针) 6cm (12针)
6cm17行
前片
领口减针
4-1-2
2-1-3
2-2-3
15cm 42行
4-2-4
平收针(10针)
18cm 50行
全下针
双罗纹
5cm 14行
37cm(74针)

18cm (36针)
5cm (14行)
双罗纹 31cm (50针)
领子结构图
双罗纹   全下针

【成品规格】见图
【工具】7号棒针
【材料】蓝色、灰色、红色羊毛绒线
【制作过程】前片以机器边起针编织双罗纹针，衣身编织基本针法，按图示减袖窿、前领窝、后领窝。

0961

领
17.5cm (53针)拾针 5cm (22行)
26cm (79针)拾针
双罗纹 7号棒针

花样

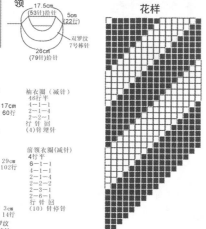

8cm (22针) 17.5cm (48针) 8cm (22针)
8.5cm 30行
17cm 60行
4cm (11针)
前片
4cm (11针)
29cm 102行
41.5cm(114针)制作
41.5cm (114针)
3cm 14行
41.5cm
双罗纹 7号棒针

袖衣圈（减针）
46行平
4-1-1
2-1-4
2-2-1
行 针 回
(4)针埋针

前领衣圈(减针)
4行平
6-1-1
4-1-1
2-1-4
2-2-2
2-3-1
2-6-1
行 针 回
(10)针停针

【成品规格】见图
【工具】3号、4号棒针
【材料】暗红色、白色、黑色中粗棉线
【制作过程】前片用3号棒针暗红色线双罗纹起针122针，双罗纹编织6cm，换4号棒针下针编织22cm，按袖窿减针4cm后配色编织12行，再用白色线下针编织，按前领减针织出前领。

0962

衣领
(32针) 5cm (14行)
双罗纹
配色图
双罗纹

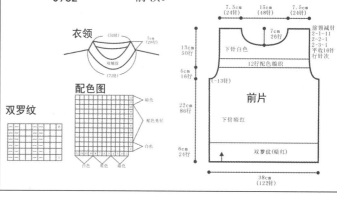

7.5cm (24针) 15cm (48针) 7.5cm (24针)
7cm 26针
前颈减针
2-1-1
2-2-1
2-3-1
平收16针
行针次
13cm 50行
下针白色
12行配色编织
4cm 16行 (-13针)
22cm 86行
前片
下针暗红
6cm 24行
双罗纹(暗红)
38cm (122针)

【成品规格】见图
【工具】7号棒针
【材料】墨绿色、白色、红色羊毛绒线
【制作过程】前、后片以机器边起针编织双罗纹针，衣身编织基本针法，按图示减袖窿，后领、前领。

0963

基本针法

领
16.5cm (50针) 5cm (18行)
26cm (78针)
双罗纹 7号棒针

8cm (22针) 17cm (46针) 8cm (22针)
4cm 16行
8.5cm 26行
3.5cm (10针)
USUAL DAYS
前片
3.5cm (10针)
16.5cm 58行
24.5cm 90行
40cm(110针)制作
40cm (110针)
5cm 18行
40cm
双罗纹 7号棒针

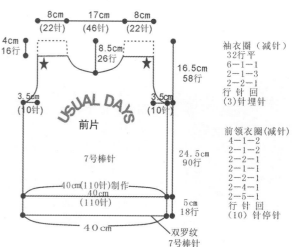

袖衣圈（减针）
32行平
6-1-1
2-1-3
2-2-1
行 针 回
(3)针埋针

前领衣圈(减针)
4-1-2
2-1-1
2-2-1
2-2-1
2-2-1
2-5-1
行 针 回
(10)针停针

【成品规格】见图
【工具】7号棒针
【材料】墨绿色、灰色、白色羊毛绒线
【制作过程】前片以机器边起针编织双罗纹针，衣身编织花样与基本针法，按图示减袖窿、前领窝、后领窝。

0964

领子结构图

17.5cm
(53针)   3cm
(14针)
26cm
(79针)   双罗纹
7号棒针

花样

8cm   17.5cm   8cm
(22针) (48针) (22针)

8.5cm
30针

前片

17cm
60行

qizle 95

4cm   4cm
(11针)   (11针)

29cm
102行

编入花样

41.5cm(114针)制作
41.5cm
(114针)

3cm
14行

41.5cm

双罗纹
7号棒针

袖衣圈（减针）
46行平
4-1-1
4-1-4
2-2-1
行 针 回
(4)针埋针

前领衣圈(减针)
4行平
6-1-1
4-1-1
2-1-4
2-2-3
2-3-1
2-6-1
行 针 回

【成品规格】见图
【工具】7号棒针
【材料】墨绿色、红色羊毛绒线
【制作过程】前片以机器边起针编织双罗纹针，衣身编织基本针法，按图示减袖窿、后领、前领。

0965

双罗纹

领子结构图

16.5cm
(50针)   5cm
(18针)
26cm
(78针)   双罗纹
7号棒针

基本针法

8cm   17cm   8cm
(22针) (46针) (22针)

4cm
16行

8.5cm
26行

前片

66

4cm   4cm
(10针)   (10针)

3.5cm   3.5cm
(10针)   (10针)

16.5cm
58行

24.5cm
90行

40cm(110针)制作
40cm
(110针)

5cm
18行

40cm

双罗纹
7号棒针

袖衣圈（减针）
32行平
6-1-1
4-1-1
2-2-1
行 针 回
(3)针埋针

前领衣圈(减针)
4-1-2
2-2-1
2-2-1
2-2-1
行 针 回
(10) 针停针

【成品规格】见图
【工具】7号棒针
【材料】黑色、红色、白色毛线
【制作过程】前片起164针，织双罗纹花样B至7cm(红色毛线隔1行加5针，黑色毛线隔1行减5针后，改织花样A)，织至33cm收袖窿。

0966

花样 A

16   8   1

花样 B

16   8   1

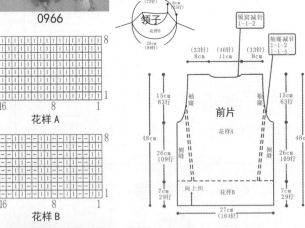

领子

花样B

17cm
(72针)   6cm
(25针)

20cm
(88针)

领窝减针
1-1-2

袖窿减针
1-1-2
1-1-4

(33针)(46针)(33针)
8cm 11cm 8cm

15cm
63行   袖窿

前片

花样A

15cm
63行   袖窿

48cm

26cm
109行   侧缝

向上织

花样B   圆缝

48cm

26cm
109行

7cm
29行

7cm
29行

27cm
(164针)

【成品规格】见图
【工具】7号棒针
【材料】红色、黑色羊毛绒线
【制作过程】前片按图起74针，织5cm双罗纹后，改织全下针，并间色，左、右两边按图示收成袖窿，前片织花样。

0967

双罗纹

花样   全下针

18cm
(36针)   10cm
(28行)

31cm
(50针)

双罗纹

领子结构图

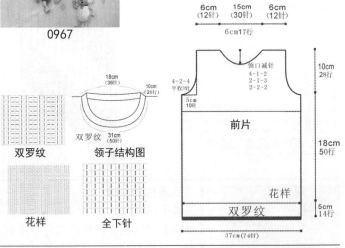

6cm   15cm   6cm
(12针) (30针) (12针)

6cm17行

4-2-4
平收9针

5cm
10行

领口减针
4-1-2
2-1-3
2-2-2

10cm
28行

前片

18cm
50行

花样

双罗纹

5cm
14行

37cm(74针)

【成品规格】见图
【工具】3号、4号棒针
【材料】蓝色、橙色、白色、草绿色中粗棉线
【制作过程】前片用3号棒针蓝色线双罗纹起针122针，双罗纹编织6cm，换4号棒针下针编织19cm，按袖窿减针及前领减针及前片配色图解织出袖窿和前领。

0968

衣领 (橙色)

5cm
20行
折山处加2行
5cm
20行

3号针

4号针16cm
(52针)

22cm
(72针)

双罗纹

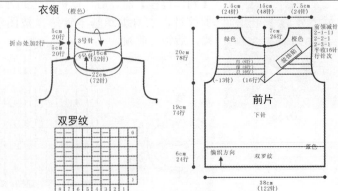

7.5cm   15cm   7.5cm
(24针) (48针) (24针)

绿色

7cm
26行   橙色

前领减针
2-1-1
2-2-1
2-2-1
平收16针
行针次

20cm
78行

(~13针)   (16针)   植物结

19cm
74行   前片

下针

编织方向   双罗纹   蓝色

6cm
24行

38cm
(122针)

0969

【成品规格】见图
【工具】7号棒针
【材料】墨绿色、红色、白色羊毛绒线
【制作过程】前片以机器边起针编织双罗纹针，衣身编织花样与基本针法，按图示减袖笼、前领窝、后领窝。

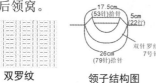

双罗纹

17.5cm（53针）拾针
5cm（22行）
26cm（79针）拾针
双针罗纹7号针

领子结构图

花样

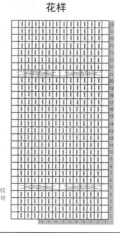

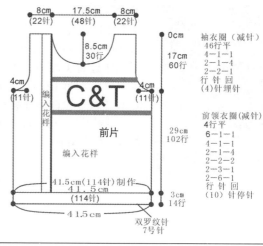

8cm（22针） 17.5cm（48针） 8cm（22针）
8.5cm 30行
0cm
17cm 60行

袖衣圈（减针）
46行平
4-1-1
2-1-4
2-2-1
行 针 回
（4）针埋针

4cm（11针）
C&T
4cm（11针）

前片
编入花样
编入花样

29cm 102行

前领衣圈（减针）
4行平
6-1-1
4-1-1
2-1-4
2-2-2
2-3-1
2-6-1
行 针 回
（10）针停针

41.5cm（114针）制作
41.5
（114针）
41.5cm

3cm 14行

双罗纹针 7号针

0970

【成品规格】见图
【工具】7号棒针
【材料】红色、黑色羊毛绒线
【制作过程】前片按图起122针，织6cm双罗纹后，改织全下针，并间色，左、右两边按图示收成袖窿。

衣领（橙色）

5cm 20行
折山处如加2行
5cm 20行
3号针
16cm（52针）
22cm（72针）

双罗纹

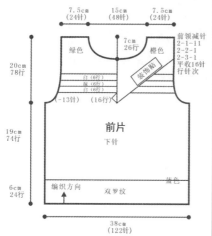

7.5cm（24针） 15cm（48针） 7.5cm（24针）

绿色
7cm 26行 橙色

前领减针
2-1-1
2-2-1
2-3-1
平收16针
行针针次

20cm 78行

白（6行）
灰（6行）
红（6行）

装饰贴

（-13行）（16行）

19cm 74行

前片
下针

6cm 24行
编织方向 双罗纹
蓝色

38cm（122针）

领子

17.5cm（53针）拾针
5cm（22行）
26cm（79针）拾针
双针罗纹 7号针

花样

0971

【成品规格】见图
【工具】7号棒针
【材料】绿色、褐色、橙色毛线
【制作过程】前片以机器边起针编织双罗纹针，衣身编织花样，按图示减袖笼、前领窝、后领窝。

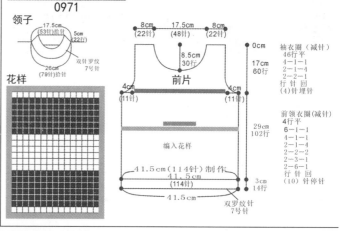

8cm（22针） 17.5cm（48针） 8cm（22针）
8.5cm 30行
0cm
17cm 60行

袖衣圈（减针）
46行平
4-1-1
2-1-4
2-2-1
行 针 回
（4）针埋针

4cm（11针）
4cm（11针）

前片

29cm 102行

前领衣圈（减针）
4行平
6-1-1
4-1-1
2-1-4
2-2-2
2-6-1
行 针 回
（10）针停针

编入花样

41.5cm（114针）制作
41.5
（114针）
41.5cm

3cm 14行

双罗纹针 7号针

【制作过程】前片3号棒针橙色线双罗纹起针122针，双罗纹编织6cm，换4号棒针下针编织，花样见图，按袖笼减针及前领减针织出袖笼和前领。

0972

【成品规格】见图
【工具】3号、4号棒针
【材料】橙色、草绿色、白色、黑色中粗棉线

花样

双罗纹

衣领

5cm 20行
折山处如加2行
5cm 20行
3号针
16cm（52针）
22cm（72针）
12行橙 4行白 26行草绿

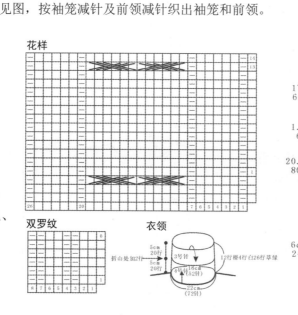

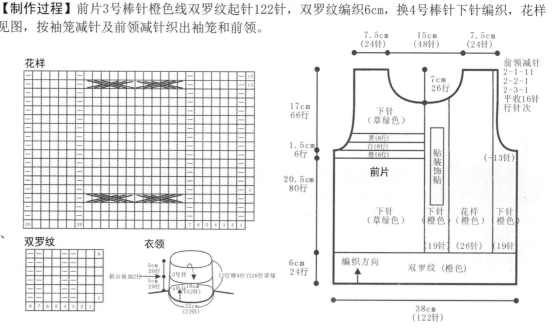

7.5cm（24针） 15cm（48针） 7.5cm（24针）

前领减针
2-1-1
2-2-1
2-3-1
平收16针
行针针次

17cm 66行

下针（草绿色）

1.5cm 6行

黑（6行）
白（6行）
橙（6行）

20.5cm 80行

前片

贴装饰贴

（-13针）

下针（草绿色）
下针（橙色）
花样（橙色）
下针（橙色）

6cm 24行
编织方向 双罗纹（橙色）

（19针）（26针）（19针）

38cm（122针）

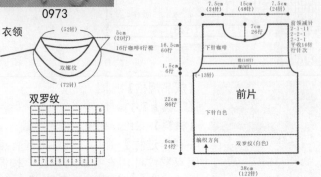

【成品规格】见图
【工具】3号、4号棒针
【材料】咖啡色、橙色、白色棉线
【制作过程】前片3号棒针用白色线双罗纹起针122针，双罗纹编织6cm，换4号棒针下针编织22cm，按袖笼减针织1.5cm后配色编织，按前领减针织出前领。

0973

衣领

(52针)

5cm
20行

16行咖啡4行橙

双罗纹

(72针)

双罗纹

| | | | | | 6 |
| 8 | 7 | 6 | 5 | 4 | 3 | 2 | 1 |

7.5cm
(24针)　15cm
(48针)　7.5cm
(24针)

7cm
26行

前领减针
2-1-11
2-2-3
2-3-1
平收16针
行针次

16.5cm
60行

下针咖啡

1.5cm
6行

(-13针)

22cm
86行

下针白色

前片

6cm
24行

编织方向　双罗纹(白色)

38cm
(122针)

【成品规格】见图
【工具】7号棒针
【材料】白色、黑色羊毛绒线
【制作过程】前片按图起74针，织5cm双罗纹后，改织全上针，左、右两边按图示收成袖窿。

0974

18cm
(36针)

4cm
(11行)

双罗纹

31cm
(50针)

领子结构图

全上针

双罗纹

6cm
(12针)　15cm
(30针)　6cm
(12针)

6cm17行

领口减针
4-1-2
2-1-3
2-2-2

15cm
42行

4-2-4
平收3针

5cm
10针

前片

全上针

18cm
50行

双罗纹

5cm
14行

37cm(74针)

【成品规格】见图
【工具】7号棒针
【材料】白色、红色、黑色羊毛绒线
【制作过程】前片按图起74针，织5cm双罗纹后，改织全下针，并间色，左、右两边按图示收成插肩袖。

0975

36针
(18cm)　28cm
(14针)

双罗纹

31cm
(50针)

领子结构图

全下针　双罗纹

10.5cm
(21针)　15cm
(30针)　10.5cm
(21针)

5cm14行

4-1-6
2-1-8
2-2-8
2-3-2

平收10针领口减针
4-1-2
2-1-3
2-2-2

5cm
14行

11cm
30行

前片

全下针

17cm
48行

双罗纹

5cm
14行

37cm(74针)

【成品规格】见图
【工具】7号棒针
【材料】黑色、灰色、红色羊毛绒线
【制作过程】前片按图起74针，织5cm单罗纹后，改织全下针，并间色，左、右两边按图示收成袖窿。

0976

单罗纹

全下针

18cm
(36针)

8cm
(22行)

单罗纹

31cm
(50针)

领子结构图

6cm
(12针)　15cm
(30针)　6cm
(12针)

6cm17行

领口减针
4-1-2
2-1-3
2-2-2

15cm
42行

4-2-4
平收3针

5cm
10针

前片

全下针

18cm
50行

单罗纹

5cm
14行

37cm(74针)

【成品规格】见图
【工具】3号、4号棒针
【材料】蓝色、橙色、白色中粗棉线
【制作过程】前片3号棒针用蓝色线双罗纹起针122针，双罗纹编织6cm，换4号棒针下针编织10cm后按图配色编织，斜线处每1针往上推一行，按袖笼减针及前领减针织出袖笼和前领。

0977

衣领　(橙色)

折山处加2行

5cm
20行

5cm
20行

3号针

4号针　16cm
52行

22cm
(72针)

双罗纹

					6
8	7	6	5	4	3	2	1

7.5cm
(24针)　15cm
(48针)　7.5cm
(24针)

7cm
26行

前领减针
2-1-11
2-2-1
2-3-1
平收16针
行针次

15cm
60行

(橙色)

(-13针)

14cm
56行

下针

前片

10cm
38行

蓝色

6cm
24行

编织方向　双罗纹

38cm
(122针)

0978

【成品规格】见图
【工具】8号棒针
【材料】红色、墨绿色、白色羊毛绒线
【制作过程】前片以机器边起针编织双罗纹针，衣身编织花样，按图示减袖笼，后领，前领。

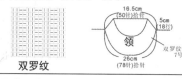
花样

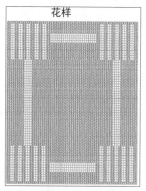

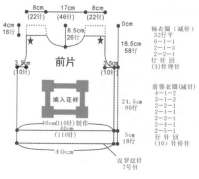

16.5cm
(50针)拾针
5cm
18行
领
26cm
(78针)拾针
双罗纹针
7号针
双罗纹

8cm
(22针)
17cm
(46针)
8cm
(22针)
4cm
16行
0cm
前片
8.5cm
26行
★　　　★
16.5cm
58行
3.5cm
(10针)
3.5cm
(10针)

编入花样

24.5cm
90行

40cm(110针)制作
40cm
(110针)
5cm
18行
40cm
双罗纹针
7号针

袖衣阔（减针）
32行平
6-1-1
2-1-3
2-2-1
行 针 回
(3)针埋针

前领衣阔（减针）
4-1-2
2-1-1
2-1-3
2-2-1
2-4-1
2-5-1
行 针 回
(10)针停针

0979

【成品规格】见图
【工具】7号棒针
【材料】黑色、红色羊毛绒线
【制作过程】前片按图起74针，织5cm双罗纹后，改织全下针，并间色，左、右两边按图示收成袖窿。

双罗纹　　　单罗纹

全下针　　　领子结构图

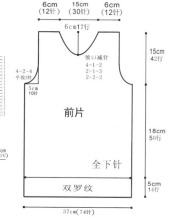

6cm(12针)　15cm(30针)　6cm(12针)
6cm17行
领口减针
4-1-2
2-1-3
2-2-2
15cm42行
4-2-4
平收3针
5cm10针
前片
18cm50行
全下针
双罗纹
5cm14行
37cm(74针)

18cm(36针)　8cm(22行)
单罗纹　31cm(50针)

0980

【成品规格】见图
【工具】7号棒针
【材料】红色、黑色、白色羊毛绒线
【制作过程】前片按图起74针，织3cm双罗纹后，改织全下针，并间色，左、右两边按图示收成袖窿。

单罗纹　　　领子结构图

全下针　　　双罗纹

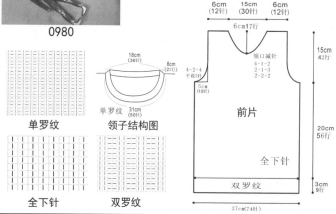

6cm(12针)　15cm(30针)　6cm(12针)
6cm17行
领口减针
4-1-2
2-1-3
2-2-2
15cm42行
4-2-4
平收3针
5cm10针
前片
20cm56行
全下针
双罗纹
3cm9行
37cm(74针)

18cm(36针)　8cm(22行)
单罗纹　31cm(50针)

0981

【成品规格】见图
【工具】7号棒针
【材料】红色、灰色羊毛绒线
【制作过程】前片按图起74针，织6cm双罗纹后，改织全下针，左、右两边按图示收成袖窿。

单罗纹　　　领子结构图

全下针　　　双罗纹

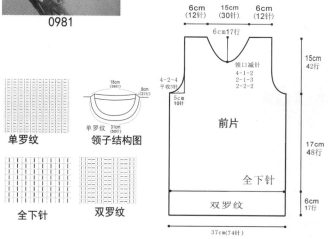

6cm(12针)　15cm(30针)　6cm(12针)
6cm17行
领口减针
4-1-2
2-1-3
2-2-2
15cm42行
4-2-4
平收3针
5cm10针
前片
17cm48行
全下针
双罗纹
6cm17行
37cm(74针)

18cm(36针)　8cm(22行)
单罗纹　31cm(50针)

0982

【成品规格】见图
【工具】7号棒针 绣花针
【材料】黑色、白色、红色羊毛绒线
【制作过程】前片按图起74针，织5cm单罗纹后，改织全下针，并间色，左、右两边按图示收成袖窿。

单罗纹

全下针　　　领子结构图

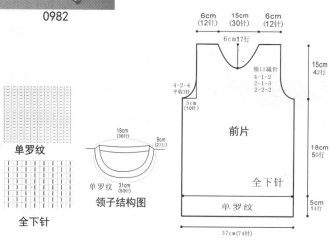

6cm(12针)　15cm(30针)　6cm(12针)
6cm17行
领口减针
4-1-2
2-1-3
2-2-2
15cm42行
4-2-4
平收3针
5cm10针
前片
18cm50行
全下针
单罗纹
5cm17行
37cm(74针)

18cm(36针)　8cm(22行)
单罗纹　31cm(50针)

0983

【成品规格】见图
【工具】7号棒针
【材料】深蓝色、浅蓝色羊毛绒线
【制作过程】前片按图起74针，织3cm双罗纹后，改织全下针，并间色，左、右两边按图示收成袖窿。

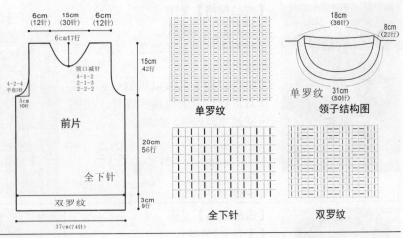

6cm（12针） 15cm（30针） 6cm（12针）
6cm17行
领口减针
4-1-2
2-1-3
2-2-2
15cm 42行
4-2-4 平收
5cm 10针
前片
20cm 56行
全下针
3cm 9行
双罗纹
37cm（74针）

单罗纹

18cm（36针） 8cm（22行）
单罗纹 31cm（50针）
领子结构图

全下针

双罗纹

0984

【成品规格】见图
【工具】7号棒针
【材料】黑色、红色羊毛绒线
【制作过程】前片按图起74针，织5cm单罗纹后，改织全下针，并间色，左、右两边按图示收成袖窿。前片衬贴领织，按彩图缝好。

单罗纹

全下针

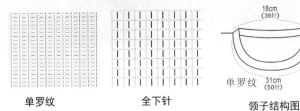

18cm（36针） 8cm（22行）
单罗纹 31cm（50针）
领子结构图

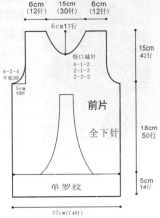

6cm（12针） 15cm（30针） 6cm（12针）
6cm17行
领口减针
4-1-2
2-1-3
2-2-2
15cm 42行
4-2-4 平收
5cm 10针
前片
全下针
18cm 50针
5cm 14行
单罗纹
37cm（74针）

0985

【成品规格】见图
【工具】7号棒针
【材料】黑色、白色、红色羊毛绒线
【制作过程】前片从侧缝织起，按编织方向起34针，织全下针，并间色，前领和袖窿按图加减针，织至另一边侧缝。

单罗纹

全下针

18cm（36针） 10cm（28行）
单罗纹
31cm（50针）
领子结构图

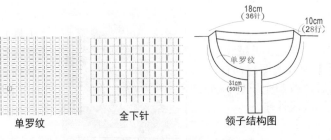

6cm（17行） 15cm（42行） 6cm（17行）
减 4-1-2 2-1-3 2-2-2
减 4-2-4 平收
5cm 14行
6cm（17行）
加 4-2-4 平收
5cm 10针
5cm 10针
6cm 12针
前片
17cm 34针
编织方向 **全下针**
37cm（104针）

0986

【成品规格】见图
【工具】7号棒针
【材料】墨绿色、橙色羊毛绒线
【制作过程】前片按图起74针，织5cm单罗纹后，改织全下针，并间色，左、右两边按图示收成袖窿。前片织花样。

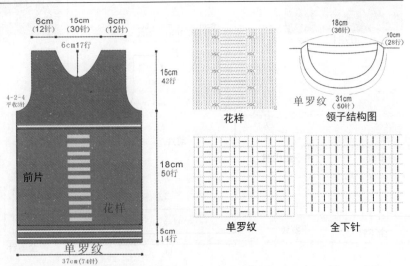

6cm（12针） 15cm（30针） 6cm（12针）
6cm17行
15cm 42行
4-2-4 平收3针
前片
花样
18cm 50行
5cm 14行
单罗纹
37cm（74针）

花样

18cm（36针） 10cm（28行）
单罗纹 31cm（50针）
领子结构图

单罗纹

全下针

0987

【成品规格】见图
【工具】7号棒针
【材料】墨绿色、红色、白色羊毛绒线
【制作过程】前片以机器边起针编织双罗纹针，衣身编织花样，按图示减袖笼、前领窝、后领窝。

双罗纹

8cm (22针) 17.5cm (48针) 8cm (22针)

0cm

8.5cm 30行

4cm (11针)

qizle 95

前片

编入花样

17cm 60行

4cm (11针)

29cm 102行

41.5cm (114针) 制作
41.5cm (114针)
41.5cm

3cm 14行

双罗纹 7号棒针

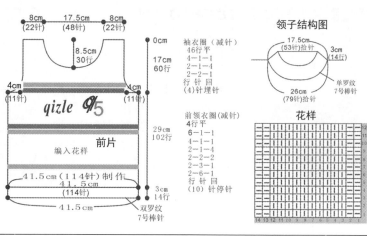

袖衣圈（减针）
46行平
4-1-1
2-1-4
行 针 回
(4) 针埋针

前领衣圈（减针）
4行平
6-1-1
4-1-1
2-1-4
2-2-2
2-3-1
2-6-1
行 针 回
(10) 针停针

领子结构图

17.5cm (53针)拾针

3cm (14行)

26cm (79针)拾针

单罗纹 7号棒针

花样

0988

【成品规格】见图
【工具】7号棒针
【材料】红色、深蓝色、白色羊毛绒线
【制作过程】前片分上、中、下3片编织，上片按图起54针，织9cm全下针，领子按图示均匀减针，中片按编织方向起34针，织全下针，袖窿按图示减针，下片另织6cm双罗纹，前片按图并间色。

6cm (12针) 15cm (30针) 6cm (12针)

6cm17行

9cm 25行

编织方向

领口减针

27cm54行

4-2-4 平收针

6cm 17行

27cm76行

前片

5cm (14行)

5cm (14行)

17cm 34行

编织方向 全下针

17cm 48行

6cm 17行

双罗纹

6cm 17行

编织方向

37cm (74针)

单罗纹

全下针

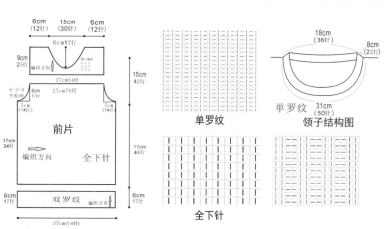

18cm (36针)

8cm (22行)

31cm (50针)

单罗纹

领子结构图

0989

【成品规格】见图
【工具】7号棒针
【材料】红色、黑色羊毛绒线
【制作过程】前片按图起74针，先织双层平针底边后，改织全下针，左右两边按图示收成插肩袖。

36针 (18针) 28cm (14行)

双罗纹 31cm(50针)

领子结构图

全下针

双罗纹

缝合

双层平针底边图解

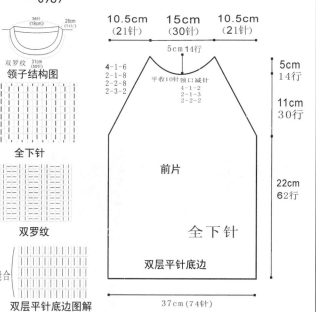

10.5cm (21针) 15cm (30针) 10.5cm (21针)

5cm14行

4-1-6
2-1-8
2-2-8
2-3-1

平收10针领口减针

4-1-2
2-1-3
2-2-2

5cm 14行

11cm 30行

前片

全下针

22cm 62行

双层平针底边

37cm (74针)

0990

【成品规格】见图
【工具】8号棒针
【材料】白色、红色羊毛绒线 拉链1条
【制作过程】前片以机器边起针编织双罗纹，衣身编织花样，按图收针。

花样

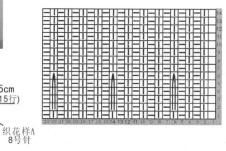

12cm (31针)

5cm (15行)

领

16cm (41针)

织花样A 8号针

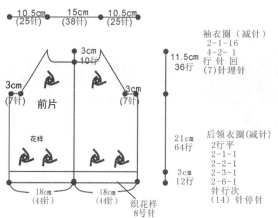

10.5cm (25针) 15cm (38针) 10.5cm (25针)

3cm 10行

3cm (7针)

前片

花样

3cm (7针)

11.5cm 36行

21cm 64行

3cm 12行

18cm (44针) 18cm (44针)

织花样 8号针

袖衣圈（减针）
2-1-16
4-2-1
行 针 回
(7) 针埋针

后领衣圈（减针）
2行平
2-1-1
2-2-1
2-3-1
2-6-1
针停次
(14) 针停针

317

【成品规格】见图
【工具】9号棒针
【材料】白色、粉色、红色、蓝色毛线 拉链1条
【制作过程】右前片用4.0mm棒针、用粉色线起34针，从下往上织双罗纹，按图解换线编织。按图解分别收袖笼、收领子。对称织出另一片。缝上拉链。

0991

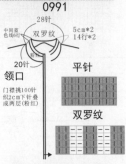

中间蓝色线6行
28针
双罗纹
5cm*2
14行*2
20针
领口
平针
门襟挑100针织2cm下针叠成两层(粉红)
双罗纹

4cm 7cm 6cm
(8针)(14针)(12针)
2-1-3
2-2-1
2-3-1
平收4针
15cm 44行
白色
白色
7cm 20行
2-1-2
2-2-2
2-3-1
平收4针
左前片
平针
23cm 70行
平针换线
2行粉色
4行蓝色
4行红色
4行粉色
4行蓝色
4行红色
2行粉色
平针22行
双罗纹换线
6cm 18行
双罗纹
31cm 94行
17cm (34针)

【成品规格】见图
【工具】7号棒针
【材料】粉色毛线 粉色小球毛线
【制作过程】前片起22针，织花样B，织7cm织花样A，然后改织花样B织至21cm留袖台，平收2针。然后隔一行减1针，减两行。织至27cm，收前领窝，先平收4针，再隔1针收1针，收两行。

0992

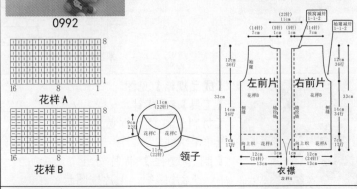

16   8   1
花样A

16   8   1
花样B

11cm(22针)
9cm 22行
花样C 花样C
11cm (22针)
领子

(22针)
11cm
领窝减针
1-1-2
袖笼减针
1-1-2
(14针)
7cm
(5针)
1cm
(5针)
1cm
(14针)
7cm
12cm 36行
左前片
花样B
侧缝
右前片
花样B
侧缝
12cm 36行
33cm
14cm 34行
14cm 34行
7cm 17行
向上织 花样B
向上织 花样A
7cm 17行
12cm (24针)
1cm
1cm
12cm (24针)
13cm
衣襟
13cm

【成品规格】见图
【工具】12号棒针
【材料】粉红色、白色、黑色棉线
【制作过程】起织左前片，双罗纹针起针法，用白色线起49针织花样A，白色与粉红色间隔编织，织20行，改为粉红色线织花样B织至10行，左侧减针织成袖窿。

0993

花样A

花样B

8cm (21针)   17cm (44针)   8cm (21针)
减19针
2-2-6
1-7-1
6cm 20行
减19针
2-2-6
1-7-1
16cm 54行
减9针
2-1-5
1-4-1
6cm (20行)
减9针
2-1-5
1-4-1
左前片
(12号棒针)
花样B
右前片
(12号棒针)
花样B
衣襟
46cm 156行
24cm 82行
花样A   花样A
6cm 20行
19cm (49针)   19cm (49针)

【材料】白色、红色、蓝色棉线 拉链1条
【制作过程】前片用白色线起49针，织花样A，织6cm改为28行红色与28行白色间隔编织，织花样B，织至30cm左侧袖窿减针，方法为1-4-1，2-1-5，织至40cm右侧前领减针，方法为1-7-1，2-2-6，共减19针，左前片共织46cm长。

0994

【成品规格】见图
【工具】12号棒针

花样A

白色
红色
蓝色
红色
白色

花样B

8cm (21针)   17cm (44针)   8cm (21针)
减19针
2-2-6
1-7-1
6cm 20行
减19针
2-2-6
1-7-1
16cm 54行
减9针
2-1-5
1-4-1
减9针
2-1-5
1-4-1
左前片
(12号棒针)
花样B
衣襟
右前片
(12号棒针)
花样B
46cm 156行
24cm 82行
花样A   花样A
6cm 20行
19cm (49针)   19cm (49针)

【成品规格】见图
【工具】7号棒针
【材料】紫色、蓝色、黄色、白色、粉色、红色毛线 拉链1条
【制作过程】左前片用7号棒针起46针，从下往上用红线织双罗纹5cm，按图解换色编织。对称织出另一片。

0995

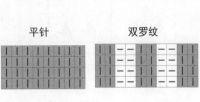

平针   双罗纹

4cm 8cm 6cm
(10针)(20针)(15针)
前领减针
2-1-2
2-2-1
2-2-1
2-3-2
平收5针
16cm 44行
红
白
黄
蓝
紫
左前片
7cm 20行
袖笼减针
4-1-1
2-1-2
2-2-1
平收3针
白
白
黄 平针
蓝
紫
花样
34cm 94行
25cm 70行
红
黄
蓝
紫
各色为6行 中间相隔2行粉色
5cm 14行
红 双罗纹
18cm (46针)

花样
左片   右片

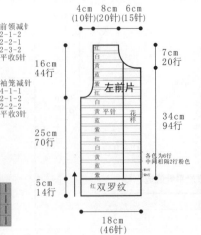 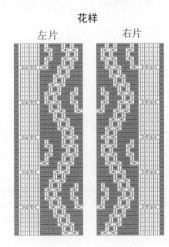

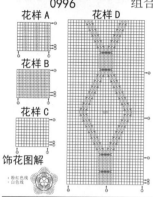

0996

【成品规格】见图
【工具】12号棒针
【材料】红色、粉红色、白色、浅紫色、黄色棉线 拉链1条
【制作过程】前片用红色线起104针，织花样A，织6cm改织花样B，织至17cm，改为浅紫色线织花样C，织4行后，改为白色线织花样B，织4行后，改为粉红色线织花样B与花样D组合，组合方法见结构图所示。缝上拉链。

花样A　花样D
花样B
花样C
饰花图解
粉红色线
白色线

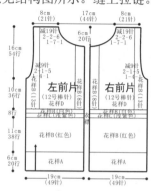

0997

【成品规格】见图
【工具】12号棒针
【材料】红色、白色棉线 拉链1条
【制作过程】前片红色线起49针，织花样A，织6cm改为28行白色与28行红色间隔编织，织花样B，织至30cm改为12行红色与2行白色间隔编织，左侧袖窿减针，同样方法相反方向织右前片。缝上拉链。

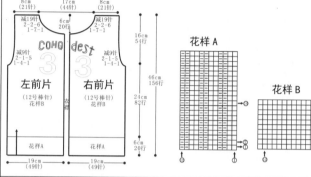

花样A
花样B

0998

【材料】橙色、白色、深蓝色棉线 拉链1条
【制作过程】前片用橙色线起52针织花样A，织6cm改为橙色线织花样B，织8行后，右侧33针每隔1针加1针，加起的针数留起暂时不织，织片右侧的33针一边织一边左侧减针织成口袋，减2-1-13，织26行。缝上拉链。

【成品规格】见图
【工具】12号棒针

花样A
橙色 白色 橙色 深蓝色 橙色 白色 橙色
花样B

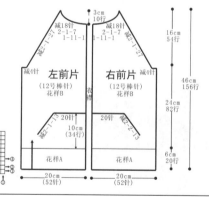

0999

【材料】大红色、白色、绿色、黑色、黄色毛线 拉链1条
【制作过程】前片起64针，织花样B，织13cm织花样A，织至32cm留袖窿，在两边同时各平收2针。然后隔一行两边收1针，收5次。织至41cm，留前领窝同时收肩，先平收7针，再隔1针收1针，收4次。缝上拉链。

【成品规格】见图
【工具】7号棒针

花样A
花样B
领子

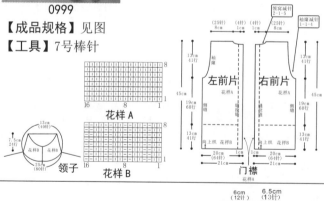

左前片　右前片
门襟

1000

【成品规格】见图
【工具】7号棒针
【材料】粉红色、白色羊毛绒线 拉链1条
【制作过程】前片分左、右2片编织，分别按图起35针，织5cm双罗纹后，改织全下针，并间色，左、右两边按图示收成袖窿。对称织出另一片。缝上拉链。

全下针　　双罗纹

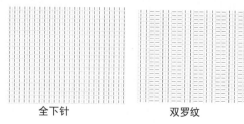

领子结构图

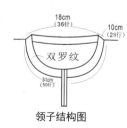

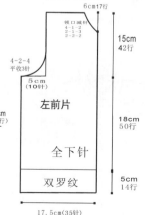

左前片
全下针
双罗纹

1001

【成品规格】见图
【工具】7号棒针
【材料】玫红、绿色、黄色、蓝色、白色、大红色毛线 拉链一条
【制作过程】左右前片起44针用浅粉色小球绒线织花样B，织7cm，换粉色毛线织花样A，织至33cm开始收袖窿，两边各平收2针，然后两边各收1针，收4次，织至42cm开始收前领窝，在前襟上先平收4针，每隔1行收1针，收6次，织至45cm开始收肩。缝上拉链。

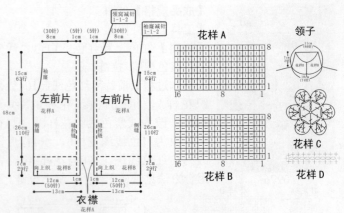

1002

【材料】绿色、白色、黑色棉线 黄色、白色丝线少量 拉链1条
【制作过程】前片起49针，织花样A，织6cm改为绿色线织花样B，织至30cm左侧袖窿减针，方法为1-4-1，2-1-5，织至40cm右侧前领减针，方法为1-7-1，2-2-6，共减19针，左前片共织46cm。同样方法相反方向织右前片。缝上拉链。

【成品规格】见图
【工具】12号棒针

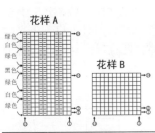

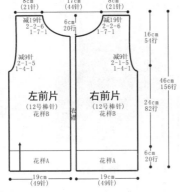

1003

【成品规格】见图
【工具】12号棒针
【材料】蓝色、白色棉线 拉链1条
【制作过程】左前片用蓝色棉线起49针，织花样A，织6cm改织花样B，织至30cm，左侧袖窿减针，方法为1-4-1，2-1-5，织至40cm右侧前领减针，方法为1-7-1，2-2-6，共减19针，左前片共织46cm。同样方法相反方向织右前片。缝上拉链。

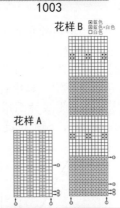

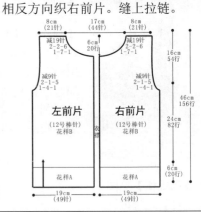

1004

【成品规格】见图
【工具】6号棒针
【材料】淡紫色毛线 拉链1条
【制作过程】右前片用3.0mm棒针起46针，从下往上织双罗纹5cm，往上织平针，织到25cm处开挂肩，按图解分别收袖笼、收领子。对称织出另一片。缝上拉链。

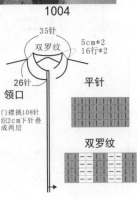

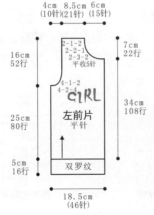

1005

【材料】紫色绒线 拉链1条
【制作过程】前片分左、右两片，双罗纹起针法起74针，双罗纹织10cm，下针织16.5cm后按袖笼减针，前领减针及肩斜减针织出袖笼，前领和肩斜。对称织出另一片。缝上拉链。

【成品规格】见图
【工具】3号棒针

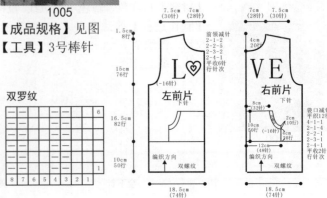